동물영양학

저자 대표 : 고영두

명예교수 : 정근기 · 류영우

강한석 · 김두환 · 김용국 · 김재황 · 김창현
남기홍 · 명규호 · 문양수 · 송영민 · 안병홍
안종호 · 이성실 · 장인석 · 하정기 (가나다 순)

유한문화사

머리말

21세기에 접어들어 WTO 체제하에 축산물 시장의 개방과 무한경쟁 시대를 맞이하여 모든 산업이 복잡하고 어려움을 겪고 있지만 식량증산과 식량자원의 확보는 국력배양과 일치한다는 사실은 누구나 절실하게 느끼고 있다. 특히 고급식품인 축산물을 생산한다는 것은 더욱 중요한 것으로 여기에 관련된 책들은 많으나 그 중에서 동물영양학(動物營養學)은 동물체의 영양소 대사작용에 관한 지식을 바탕으로 사료 중의 각종 영양소를 효율적으로 공급함으로써 고기, 계란, 우유 및 모피 등을 생산하여 인류에 제공할 수 있는 응용학문이다. 따라서 동물영양학은 동물체 내에서 각종 영양소의 소화흡수 및 체내 대사과정을 거쳐 세포 내에 운반하는 전 과정에 대하여 공부하는 학문으로서 축산분야의 기간(基幹)이 된다고 할 수 있다.

최근, 생명과학(生命科學), 유전공학(遺傳工學) 및 생화학(生化學)과 같은 기초학문이 발달함에 따라 동물의 생산성을 높이고, 품질을 향상시키며, 특히 인체에 영향이 높은 기능성 물질에 대한 연구로 동물영양학은 더욱 분야가 넓어지고 발전되고 있다. 저자들은 오랫동안 여러 대학에서 강의해 오던 동물영양학의 내용을 수정 보완하여 새롭게 동물영양학이란 이름으로 출판하게 되었다.

이 책의 제 1장에서는 영양소와 소화흡수에 대하여, 제 2장은 물과 대사작용, 제 3장은 탄수화물과 대사작용, 제 4장 지방과 대사작용, 제 5장 단백질과 대사작용, 제 6장 무기물과 대사작용, 제 7장 비타민과 대사작용, 제 8장 에너지와 대사작용, 제 9장 사료가치 평가법, 제 10장 사양표준, 제 11장 사료첨가제로서 동물영양학 연구에 필요한 분야를 집필하였다. 특별히 동물영양학으로 편집하면서 제 12장에서는 영양과 유전자 분야를 첨가하고 집필진도 추가하여 내용을 더욱 충실히 하는데 노력하였다.

그러나 앞으로 이 책을 이용하시는 독자 여러분의 고견과 지도편달을 바람은 물론이거니와 미비된 부분이나 잘못된 점을 지적해 주시면 수정 보완할 것을 약속하는 바입니다.

끝으로, 이 책이 나오기까지 여러 가지 어려움을 무릅쓰고 물심양면으로 협조하여 주신 유한문화사 천승배 사장님과 편집부 여러분의 노고에 깊은 감사드립니다.

월아산 기슭에서

저자대표 농학박사 고영두

집 필 진

(가나다순)

강한석	(姜漢錫)	밀양대학교	동물자원학과	교수
고영두	(高永杜)	경상대학교	농업생명과학대학	교수
김두환	(金斗煥)	진주산업대학교	농업생명과학대학	교수
김용국	(金容國)	충남대학교	농업생명과학대학	교수
김재황	(金載荒)	한국응용미생물산업연구소		소장
김창현	(金昌炫)	한경대학교	농업생명과학대학	교수
남기홍	(南基烘)	대구대학교	자연자원대학	교수
류영우	(柳永佑)	상주대학교	생명자원과학대학	명예교수
명규호	(明珪鎬)	전남대학교	농업생명과학대학	교수
문양수	(文良壽)	진주산업대학교	농업생명과학대학	교수
송영민	(宋瑛敏)	진주산업대학교	농업생명과학대학	교수
안병홍	(安炳弘)	경상대학교	농업생명과학대학	교수
안종호	(安鐘浩)	한경대학교	농업생명과학대학	교수
이성실	(李誠實)	경상대학교	농업생명과학대학	교수
장인석	(蔣仁錫)	진주산업대학교	농업생명과학대학	교수
정근기	(鄭槿基)	영남대학교	자연자원대학	명예교수
하정기	(河正基)	경상대학교	농업생명과학대학	교수

차 례

제 1장 영양소와 소화흡수 / 15

제 2장 물과 대사작용 / 53

제 3장 탄수화물과 대사작용 / 67

제 4장 지방과 대사작용 / 109

제7장 비타민과 대사작용 / 243

제 8장 에너지와 대사작용 / 283

제 9장 사료의 영양가치 평가법 / 295

제 10장 사양표준 / 319

제 11장 사료첨가제 및 성장촉진제 / 353

제12장 영양과 유전자 / 373

1

영양소와 소화흡수

1. 서 론

동물은 주로 식물체 및 식물의 원료를 가공한 물질을 섭취하고 생명을 유지하며 생산활동을 하고 있다. 이들 동물체는 단백질·탄수화물·지질·핵산·비타민 등의 유기물과 무기물 및 수분으로 구성되어 있다. 이러한 체성분은 영양소 대사작용를 통하여 끊임없이 새로운 성분과 교체되고 있으며, 동물이 생명을 유지하는 것도 이들 체성분이 지속적으로 갱신되고 있기 때문이다. 즉, 동물은 사료를 섭취하여 생명을 유지하고, 고기·우유·알·털 등의 축산물을 생산하게 된다. 이러한 일련의 과정은 사료성분이 동물 체내의 생리적·화학적 작용을 통하여 체성분으로 변화되기 때문이다.

동물이 필요로 하는 영양소와 소화작용은 섭취하는 사료의 성분, 소화관의 형태, 동물의 연령, 생산능력, 동물이 생산하는 축산물 등 여러 요인들에 의해 영향을 받는다. 그러므로 이와 같은 영양현상을 이해하기 위해서는 영양과 영양소, 사료로 이용되는 식물체의 물리·화학적 구성과 이를 섭취하여 형성된 동물체의 조성 및 영양소의 소화와 흡수에 대한 기본지식의 이해는 매우 중요하다.

2. 영양과 영양소

동물이 사료를 섭취하는 것은 체성분과 생산물의 구성성분이 되는 단백질·지질·탄수화물·비타민·무기물 등과 같은 물질을 공급받고, 또한 체성분과 생산물의 합성 및 근육운동 등에 필요한 에너지원을 획득하거나 체내대사가 원활하게 진행되는 데 필요한 보조물질을 얻는 데 있다. 이와 같이 동물이 생명현상을 유지하고 성장,

표 1-1. 영양소의 종류 및 분류

- **영양소** (nutrients)
  - 고형물 (dry matter)
    - 유기물 (organic compounds)
      - 질소화합물 (nitrogen compounds)
        - 단백질 (protein)
          - 필수아미노산 (essential amino acids)
          - 준필수아미노산 (semiessential amino acids)
          - 비필수아미노산 (nonessential amino acids)
        - 비단백질 (nonprotein)
      - 지 질 (lipids)
        - 필수지방산 (essential fatty acids)
        - 스테롤 (sterols)
        - 터펜노이드 (terpenoids)
        - 왁 스 (waxes)
        - 인지질 (phospholipids)
        - 기 타 (miscellaneous)
      - 탄수화물 (carbo-hydrates)
        - 단당류 (monosaccharides)
        - 이당류 (disaccharides)
        - 과당류 (oligosaccharides)
        - 비섬유성 다당류 (nonfibrous polysaccharides)
        - 섬유성 다당류 (fibrous polysaccharides)
      - 비타민 (vitamins)
        - 수용성 비타민 (water soluble vitamins)
        - 지용성 비타민 (lipid soluble vitamins)
    - 무기물 (inorganic compounds)
      - 필수광물질 (essential minerals)
        - 다량원소 (macro-elements)
        - 미량원소 (micro-elemnets)
      - 준필수광물질 (semiessential minerals)
      - 비필수광물질 (nonessenial minerals)
      - 중독광물질 (toxic minerals)
  - 수 분 (moisture)

생산 및 번식활동을 이어가는 데 필요한 물질을 이용하는 과정, 즉 사료섭취, 소화, 흡수 및 세포 내에서 일어나는 성분의 합성 및 분해작용(대사작용)을 통틀어 **영양**(nutrition)이라 하고, 이러한 영양작용을 수행하기 위하여 동물이 체외로부터 섭취해야 할 사료내 화학적 성분을 **영양소**(nutrients)라 한다. 영양소의 종류 및 분류에 대한 상세한 내용은 표 1-1에 나타낸 바와 같다.

3. 식물 및 동물체의 조성

동물이 섭취하는 사료는 주로 식물과 식물 부산물로 구성되어 있다. 식물은 태양에너지, CO_2, H_2O, 무기물, 질소 및 엽록소 등을 이용하여 단백질·지질·탄수화물 등의 복잡한 화학물질을 합성할 수 있다. 또한 태양에너지를 화학적 에너지로 전환하여 상당량을 식물체내에 저장할 수 있다. 동물은 식물로부터 유래된 사료를 섭취하여 화학에너지로 전환하여 호흡작용, 신경전달과 혈액순환 등과 같은 관련된 체내 기초대사에 사용하여 고기·우유·계란·털 등의 축산물을 생산한다.

1) 식물체의 조성

동물이 섭취하는 식물성 사료의 화학적 조성은 표 1-2에 나타낸 바와 같이 성장단계 및 종류에 따라 매우 다양하다. 일반적으로 식물체에는 섬유소 함량이 높고, 단백질 함량은 비교적 낮다. 성장중인 식물체는 주성분이 수분인데 반하여, 건조한 식물체는 탄수화물(조섬유와 가용무질소물)이다. 식물체의 조성은 식물이 성숙함에 따라 수분과 조단백질 함량은 감소하고 조섬유 함량은 증가한다. 두과 목초는 화본과 목초에 비해 조단백질과 칼슘 함량이 높으며, 볏짚같은 농산 부산물은 두과와 화본과 목초에 비해 조단백질 함량이 매우 낮다.

한편, 유실류(油實類)에 속하는 대두(大豆)는 조단백질, 가용무질소물 및 조지방의 함량이 높은 것이 특징인데, 대두박은 대두에서 지방을 추출한 것으로 대두에 비하여 조단백질의 함량이 월등히 높다.

2) 동물체의 조성

동물체는 식물체에 비해 비교적 일정한 체구성을 나타내지만, 동물의 종류·품종·연령·성(性)·사육방법·영양상태 등에 따라 상이하다.

표 1-3에 나타난 화학적 조성을 보면, 동물체는 수분이 가장 많으나 동물이 성장하거나 비육이 진행됨에 따라 수분함량은 현저히 감소한다. 이에 반하여 지방은 급속

표 1-2. 식물성 사료의 화학적 조성(%)

사 료 명	수 분	조단백질	조지방	조섬유	조회분	가용무질소물	칼 슘	인
이탈리안 라이그라스								
수잉기	85.17	3.75	0.68	3.10	1.45	5.85	0.06	0.05
출수기	81.45	2.51	0.63	5.76	1.67	7.98	0.06	0.06
개화기	79.88	2.40	0.83	6.61	1.28	9.00	0.08	0.07
결실기	75.42	2.05	0.70	7.29	2.04	12.50	0.10	0.08
오차드그라스								
건 초*	12.07	11.84	3.79	27.14	8.01	37.15	0.24	0.37
알팔파 건초**	11.31	19.14	3.69	24.29	7.21	34.36	1.26	0.31
볏 짚	12.00	4.50	2.18	28.30	15.10	38.00	0.34	0.13
옥수수	14.05	8.51	3.82	2.17	1.64	69.81	0.04	0.28
보 리	12.30	10.98	1.95	4.53	2.58	67.67	0.08	0.38
밀	11.62	12.13	1.56	2.28	1.93	70.49	0.05	0.33
맥강(혼합)	11.41	11.69	5.08	14.01	7.01	50.80	0.10	0.45
소맥피	12.39	14.13	3.87	10.17	4.82	54.62	0.11	0.98
대두(콩)	11.45	38.56	16.47	8.04	4.90	20.58	0.29	0.60
대두박	12.39	44.82	1.68	6.46	6.21	29.44	0.29	0.56

* 출수기, ** 개화전

한국표준사료성분표(1988)

표 1-3. 동물체의 화학적 조성(%)*

동 물	수 분	단 백 질	지 방	광 물 질
송아지(출생시)	74	19	3	4.1
송아지(살찐 것)	68	18	10	4.0
거세우(여윈 것)	64	19	12	5.1
거세우(살찐 것)	43	12	41	3.3
돼지(8 kg)	73	17	6	3.4
돼지(30 kg)	60	13	24	2.5
돼지(100 kg)	49	12	36	2.6
닭(♀)	57	21	19	3.0
말	60	18	18	4.0
토 끼	69	18	8	5.0
인 간	60	18	18	4.0

* 소화관 내용물은 제외한 것임.

Bondi(1987) 및 Pond 등(1995)

히 증가하고 단백질과 회분(광물질)은 약간 감소하는 경향이 있다. 지방은 수분을 함유하고 있지 않기 때문에 동물에서 체지방의 증가는 곧 수분의 감소를 의미한다.

성숙한 포유동물에서 전형적인 체조성은 수분 60%, 단백질 16%, 지질 20%, 광물질 4% 정도인 것으로 알려져 있으며, 지방을 제외하고(fat-free) 산출한 체조성은 수분 75%, 단백질 20%, 광물질 5%로 구성되어 있다(Pond 등, 1995).

또한 동물체내 단백질은 건물기준으로 볼 때 기관(器官)과 조직의 주성분이고, 소의 경우 근육내 단백질 함량은 75～80%를 차지한다.

광물질 조성의 경우도 연령과 체지방 축적, 품종 등에 따라 다소 차이가 있으나, 거세우의 예로 보면 소화관 내용물을 제외한 광물질 함량은 Ca가 1.33%, K가 1.19%, P가 0.74%, Na가 0.16%, S가 0.15%, Cl가 0.11%, Mg가 0.04%로 구성되어 있으며, 이 외도 많은 광물질이 소량 존재하고 있다.

3) 동・식물체의 화학적 조성 비교

수분은 동・식물체를 구성하는 성분 중 가장 많은 부분을 차지하고, 동・식물의 특정 부위의 기능 및 모양을 결정하는 데 중요한 역할을 한다. 건물기준으로 볼 때 동・식물체는 모두 단백질・탄수화물・지질의 3가지 유기물로 구성되고 있으며, 광물질과 비타민도 미량 함유하고 있다. 그러나 동・식물체내 유기물의 구성과 양적인 면에서는 큰 차이를 나타낸다. 식물체는 탄수화물이 건물 중 75～80%로 가장 많고 다량 저장되며, 동물의 에너지와 소화관내 용적(bulk) 공급원으로 이용된다.

동물체는 탄수화물이 에너지를 생산하는 데 필수성분이지만, 체내 탄수화물의 대사가 매우 빨리 진행되기 때문에 글루코오스(glucose)와 글리코겐(glycogen) 형태로 간장, 근육 및 혈액에서 아주 소량(약 1% 미만)이 존재한다. 또한 동물체의 단백질은 체조직과 기관을 구성하며, 지방은 체내 에너지 저장형태로 존재한다.

식물체와 동물체의 조성상 특징적 차이는 건물기준으로 볼 때 식물체의 경우 일부는 단백질과 지방이 풍부한 것도 있으나, 대체로 전분이나 섬유소와 같은 탄수화물 함량이 높고, 동물체의 경우는 기관(器官)과 조직의 구성성분인 단백질 함량이 높은 것이다.

또한 동・식물체에 존재하는 광물질은 종류, 품종, 부위, 연령 또는 숙기(熟期)에 따라 다양한 것으로 알려지고 있다. Ca・P・Mg・Na・K・Cl・S 등과 같은 다량 광물질(macro elements)은 동・식물에 다 같이 다량 분포하고 있으며, Fe・Co・Cu・I・Mn ・Zn・Se 등과 같은 미량 광물질(micro elements)도 소량이지만 동・식물체에 공통적으로 존재하고 있다.

특히 동물은 식물체에서 얻은 탄수화물이나 지방과 같은 영양소를 주로 체내 에너지원으로 사용하며, 아미노산・비타민・광물질 등과 같은 성분은 체내 특정 생리기능을 나타내는 데 이용하여 동물체를 구성한다.

4. 영양소의 소화, 흡수 및 배설작용

사료내 영양소는 고분자로 구성되어 있으며, 이들이 소장 점막세포를 통과하기 위해서는 체내에서 저분자 물질(단순화합물), 즉 단백질은 아미노산, 전분은 단당류, 지방은 지방산과 글리세롤(glycerol)로 분해되어야 한다. 이러한 분해과정을 **소화**(digestion)라 하며, 소화된 영양소가 위장관의 내강(gastrointestinal lumen)에서 점막상피세포를 통과하는 것을 **흡수**(absorption)라 한다.

영양소의 소화(분해)작용은 위장관 내강에서 일어나며, 그 과정은 기계적 및 화학적 소화 그리고 미생물에 의한 소화가 복합적으로 연관되어 이루어진다. 기계적 소화는 저작과 소화관의 근육수축 운동에 의해서, 화학적 소화는 동물이 분비하는 각종 소화효소에 의해서 일어나며, 미생물에 의한 소화는 박테리아와 프로토조아 등의 미생물이 분비하는 효소에 의해 발생한다. 미생물 작용은 특히 반추동물 소화에서 중요하며, 단위동물의 경우도 미생물 작용은 대장에서 일어난다.

분해된 영양소는 위장관벽을 통해 흡수되어 혈관 및 림프관을 통해 간・심장・근육 등과 같은 체내 여러 기관(器官, organs)으로 이동된다. 특정 기관으로 운반된 영양소는 체조직의 세포에서 동물이 생명을 유지하는 데 필요한 기초 대사과정에 이용되며, 고기・우유・계란・털 등과 같은 생산물 합성에 쓰여진다.

따라서 영양소의 이용 및 흡수와 같은 대사과정이 필연적으로 연관되어 있기 때문에 영양생리 및 대사작용을 이해하고 연구하는 데는 소화작용에 직접적으로 연관된 입으로부터 위장관을 거처 항문에 이르는 소화기관에 대한 해부 및 기능과 같은 기초지식은 상당히 중요하다.

1) 소화기관의 해부학적 구조

소화기관의 해부학적 구조와 기능의 차이에 따라 포유류는 반추동물・햄스타・캥거루와 같은 전위 발효동물(pregastric fermentator)과, 설치류・돼지・말 등과 같은 후장관 발효동물(hindgut fermentator)로 구분된다. 또한 편의상 돼지나 개와 같이 하나의 위(胃)를 가진 **단위동물**(monogastric animals), 해부학적으로는 단위동물과 다소 차이는 있지만 전체적인 기능이 유사한 닭과 같은 가금(家禽, avian), 면양과 소와 같이 위가 4개 부위로 구분되는 **반추동물**(ruminants), 그리고 말이나 토끼와 같은 **비반추 초식동물**(herbivorous nonruminant animals)로 나눌 수 있다.

그림 1-1에서와 같이 단위동물과 가금의 소화기관(gastrointestinal tract)은 입에서부터 식도, 위, 소장, 대장을 거쳐 항문에 이르기까지 점막으로 덮여 있는 하나의 관(管) 모양의 구조를 하고 있다. 또한 소화작용을 도와주는 타액선(salivary gland)·췌장(pancreas)·간(liver)·담낭(gall bladder) 등의 부속기관들이 연결되어 소화기계(消化機系)를 형성한다. 그런데 가금의 경우 소화기관에 의한 분류를 할 때는 돼지와 같이 단위동물에 속하지만, 가금은 입술과 턱 대신에 부리(beak)가 있으며, 입

가. 단위동물(돼지)

① 위 ② 소장
③ 맹장 ④ 결장

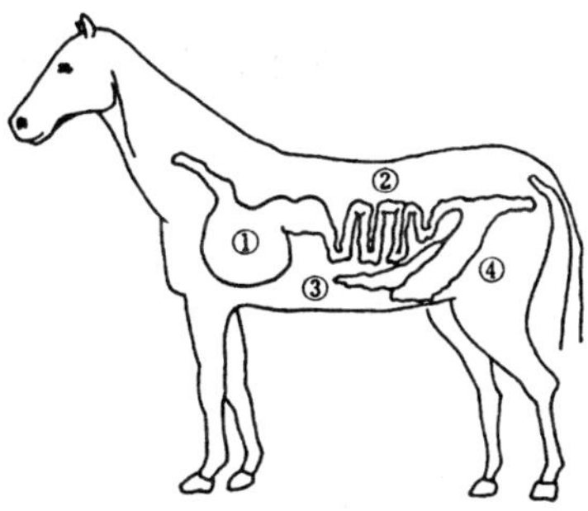

나. 비반추 초식동물(말)

① 위 ② 소장
③ 맹장 ④ 결장

다. 가금(닭)

① 소낭 ② 선위 ③ 근위 ④ 십이지장
⑤ 췌장 ⑥ 간장 ⑦ 소장
⑧ 맹장 ⑨ 결장 ⑩ 배설강

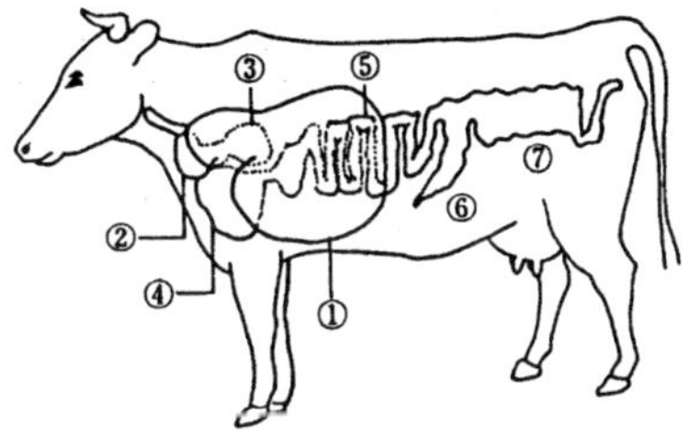

라. 반추동물(소)

① 제1위 ② 제2위 ③ 제3위
④ 제4위 ⑤ 소장
⑥ 맹장 ⑦ 결장

그림 1-1. 각 동물의 소화기관

(구강)에는 이빨이 없고, 식도부에 주머니 모양의 소낭(crop)을 가지고 있다. 위(胃)도 선위(proventriculus)와 근위(gizzard)로 나뉘어지고 있어 해부학적 구조로 볼 때 돼지와는 다르다. 소장은 부위에 따라 십이지장(duodenum) · 공장(jejunum) · 회장(ileum)으로 구분되며, 십이지장에는 담관과 췌관이 연결되어 있다. 돼지와 가금의 경우 공장과 회장의 경계는 명확하지 않다. 장관의 길이에 있어서도 돼지는 체장(體長)의 25배, 소는 체장의 20배, 말은 체장의 15배인데 반하여, 가금은 체장의 약 7배에 지나지 않는다.

대장은 다시 맹장(cecum) · 결장(colon) · 직장(rectum)으로 구분되며, 직장은 항문에 이어진다. 가금의 맹장은 소장과 대장의 경계부에 좌우 한 개씩 2개가 있고, 직장은 배설강(cloaca)에 이어져 있으며, 수란관(輸卵管)과 수뇨관(輸尿管)도 배설강에 연결되어 있어 **총배설강**이라 부르기도 한다. 가금의 분뇨는 총배설강으로부터 혼합되어 배설된다.

반추동물에서는 위(胃)의 구조가 네 구획으로 나뉘어져 확대된 큰 위를 가지고 있는 상이한 모양을 보이고 있다. 위의 구획은 제 1위(rumen), 제 2위(reticulum), 제 3

표 1-4. 각 동물의 소화기관 용적(ℓ) 및 상대적 비율(%)

구 분	돼 지	개	고양이	면 양	소	말
제 1위				23.4 (52.9%)	202.0 (56.7%)	
제 2위				2.0 (4.5%)	8.0 (2.2%)	
제 3위				0.9 (2.0%)	19.0 (5.3%)	
제 4위				3.3 (7.5%)	23.0 (6.5%)	
전체 위(胃) 용적	8.0 (29.1%)	4.3 (62.3%)	0.34 (69.5%)	29.6 (66.9%)	256.0 (66.0%)	17.96 (8.5%)
소 장	9.2 (33.5%)	1.6 (23.3%)	0.11 (14.6%)	9.0 (20.4%)	66.0 (20%)	63.82 (30.2%)
맹 장	1.6 (5.6%)	0.1 (1.3%)	0.12 (15.9%)	1.0 (2.3%)	10.0 (2%)	33.54 (15.9%)
대 장	8.7 (31.7%)	0.9 (13.1%)		4.6 (10.4%)	28.0 (11%)	96.02 (45.5%)
전체 소화관 용적	27.5 (100%)	7.0 (100%)	0.58 (100%)	44.2 (100%)	356.0 (100%)	211.30 (100%)

( ) 전체 용적에 대한 특정 부위의 상대적 비율(%) Argenzio(1993)와 Bondi(1987)

위(omasum) 및 제4위(abomasum)로 구분된다. 제1위가 가장 큰 부분을 차지하며, 전체 위 용적 중에 약 80%나 된다. 제1위와 제2위는 완전히 분리되어 있지 않고 겹으로 된 두터운 근육주름(제1위~2위 겹주름, reticulorumen fold)에 의해 구분되며, 내용물이 서로 자유롭게 이동하도록 되어 있다. 또한, 제1위와 제2위는 기능이 서로 비슷하여 이를 **반추위**(reticulorumen)라 부르기도 한다. 반추위내는 많은 미생물이 서식하고 있어 반추동물의 소화는 반추위 미생물의 발효작용(영양소의 분해와 합성)에 의해 시작된다.

또한, 말이나 토끼 같은 비반추 초식동물의 경우는 다른 동물에 비해 맹장과 결장이 잘 발달되어 있고, 그 곳에 서식하는 미생물의 종류는 반추동물의 반추위 미생물과 유사하며 매우 우수한 영양소 분해기능을 가지고 있다.

종합적으로 볼 때 소화기관의 구조와 기능은 섭취하는 사료, 사료섭취 습관과 밀접한 관계가 있으며, 가금은 해부학적으로 단위동물과 약간의 차이는 있지만, 전체적인 기능은 상당히 유사한 것으로 알려지고 있다. 그러나 반추동물은 단위동물에 비해 매우 복잡한 구조와 기능을 가지고 있다. 또한 동물에 따른 소화기관의 구조적 차이는 사료의 소화, 흡수 및 이용방법의 차이와 매우 밀접한 연관이 있다.

각 동물별 소화기관의 용적과 상대비는 표 1-4에 나타낸 바와 같다.

2) 단위동물의 소화 및 흡수작용

(1) 단위동물의 소화작용

가) 입(口腔, mouth)

동물은 입을 통해 사료를 섭취하고, 혀와 이빨을 이용하여 사료를 잘게 부수는 기계적 기능과 타액선에서 분비되는 타액과 사료를 혼합시키는 기능을 가진다. 입에서 사료를 세절하고 저작하는 작용이 소화에 미치는 영향은 동물의 종류에 따라 다양하다. 잡식동물인 사람, 개 및 돼지에서는 섬유질 사료의 경우 앞니(절치, incisor teeth)로 물어뜯고, 어금니(구치, molar teeth)로 저작한다. 육식동물에서는 송곳니(견치, canine teeth)로 사료를 물어뜯어 찢으며, 견치로서는 일부분 저작을 하며 뼈와 같은 단단한 물질을 부수는 역할을 한다. 말과 같은 비반추 초식동물에서는 턱을 비교적 자유자재로 움직이며, 앞니로서 사료를 물어뜯고 비교적 평평한 모양을 하고 있는 어금니로서 사료를 분쇄한다. 쥐와 같은 설치류에서는 앞니가 일생 동안 자라므로 단단한 사료를 지속적으로 갉아먹을 수 있다.

타액선에서 분비되는 타액은 거의 중성이고, 99%는 수분이며, 나머지 1%는 무기염과 점액단백질(mucoprotein)이다. 타액은 사료에 수분을 공급하여 저작을 돕고, 점액단백질은 매우 점성이 높은 액체로 입에서 윤활작용을 하여 사료를 덩어리(식괴)로 만들어 쉽게 삼킬 수 있도록 한다. 타액 분비는 기계적 자극에 의해 3개의 타액선(이하선 · 하악선 · 설하선)에서 주로 분비되기 때문에 타액 분비량은 섭취하는 사료의 양과 질에 매우 많은 영향을 받는다.

돼지는 하루에 15 ℓ 정도의 타액을 분비하며, 타액 중에 아밀라아제(amylase)를 함유하고 있다. 아밀라아제는 전분과 이당류에 작용하여 말토오스(maltose)와 글루코오스(glucose)로 분해한다. 그러나 사료가 입 안에 머무는 시간은 매우 짧기 때문에 입에서의 탄수화물(전분) 소화는 부분적이고 미미하다. 또한 타액에는 리소자임(lysozyme)이라는 효소가 존재하고 있어서 이것이 타액의 살균효과를 나타내는 것으로 알려져 있으며, 이 효소는 박테리아(bacteria)의 세포벽에 존재하는 다당류를 분해하여 살균 또는 용균시키는 작용을 한다.

나) 위(胃, stomach)

위와 연결된 식도부는 중층 상피세포(stratified epithelium)로 이루어진 근층관으로, 분비세포가 없는 유일한 소화기관이며, 사료와 음수의 섭취 통로로 이용된다. 위는 다량의 사료를 저장하며, 소장으로 조금씩 방출하면서 특히 단백질 소화를 개시한다.

동물의 종류에 따라 위의 크기와 형태는 다양한데, 그림 1-2에서 보는 바와 같이 위는 외관에 따라 분문부(cardiac region) · 기저부(fundus region) · 유문부(pyloric region)로 나누어지며, 서로 다른 형태의 위선(gastric gland)이 점막세포의 결합조직

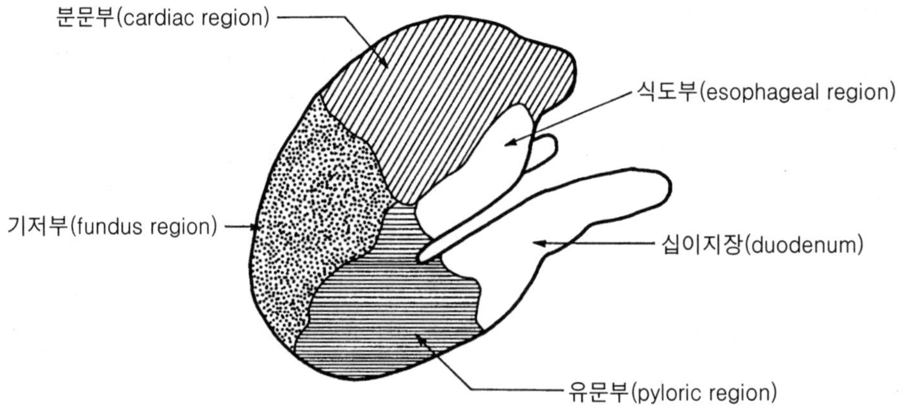

그림 1-2. 단위동물의 위(胃) 구조(돼지)

에 존재하고 있다.

또한, 위의 부위별 크기도 동물의 종류에 따라 다소 상이하다. 말에서는 위의 크기가 비교적 작고 식도가 위의 대부분을 차지하며, 특히 전분을 소화할 때 상당히 활발한 미생물의 분해작용이 일어나는 것으로 알려져 있다(Bondi, 1987). 그러나 돼지에서는 위가 6~8ℓ로 큰데 비해 식도가 상대적으로 매우 작으며, 분문부(cardiac region)가 위의 대부분을 차지한다. 위에 존재하는 상피세포의 구성성분, 위선(gland)의 형태 및 여기서 분비되는 분비물은 위의 부위에 따라 상당히 다르다.

분문부의 분비선에서는 위점액(gastric mucus)만이 분비되며, 점액은 여러 종류의 점액다당류(mucopolysaccharides)와 점액단백질(mucoprotein)을 함유하고 있다. 또한 점액은 위장벽의 상피세포 부근에 점액층을 이루어 염산(HCl)과 펩신(pepsin)으로부터 상피세포, 즉 위벽을 보호하는 역할을 한다. 점액단백질은 비타민 B_{12}와 상호작용하여 회장(ileum)에서 비타민 B_{12}의 흡수를 돕는 작용을 한다.

기저부의 분비선은 **주세포**(chief cell 또는 peptic cell)와 **벽세포**(parietal cell 또는 oxyntic cell)로 2가지 형태로 구성되어 있으며, 주세포에서는 펩신노겐(pepsinogen), 벽세포에서는 염산(HCl)이 분비된다. 염산은 다음과 같은 기전에 의해 형성된다. 즉, 벽세포에서 H_2O와 CO_2가 탄산탈수효소(炭酸脫水酵素, carbonic anhydrase)의 작용에 의해 가수화반응을 하여 H_2CO_3(탄산, carbonic acid)을 생성하며, H_2CO_3은 다시 수소이온(H^+)과 중탄산이온(HCO_3^-)으로 해리된다. 이때 생성된 수소이온은 혈장(plasma)에서 유래된 염소(Cl^-)이온과 함께 각각 능동수송(active transport)에 의해 위내강으로 방출되면서 염산을 형성한다.

대부분의 동물에서 위액내 염산의 농도는 0.1 M 정도인데, 사료섭취에 따라 다소 변동이 있지만, 위내 pH를 2.0까지 낮추는 데 충분한 농도이다. 염산은 위내에서 중요한 기능을 수행하는데, 위에서 단백질을 변성시켜 단백질 분해효소의 작용을 쉽게 받을 수 있게 하고, 펩신노겐을 펩신으로 활성화시킨다. 또한 염산은 제3인산칼슘($Ca_3(PO_4)_2$)과 같은 사료 중에 함유된 광물질을 용해시키는 작용을 하며, 사료 중에 유입되는 병원균을 살균하는 효과도 있다. 위 기저부의 주세포에서 분비된 펩신노겐은 염산에 의해 자동으로 펩신으로 활성화되어 부분적으로 단백질 분해작용을 한다.

포유중인 송아지나 돼지의 위액 내에 존재하는 또 다른 단백분해효소인 레닌(rennin)은 유단백질을 응고시키는 역할을 한다. 그러나 포유중인 동물에서는 위내 pH가 4.0~4.5 정도로 펩신의 활성도가 감소하여 단백질 소화력이 약한 것으로 알려져 있다. 또한 위액 내에는 소량의 리파아제(lipase)가 존재하지만 지방의 소화에 큰 영향을 미치지 못하며, 포유중인 반추동물에서 중요한 역할을 하는 것으로 알려져 있다.

유문부선은 주로 점액을 분비하지만 소량의 펩신노겐도 분비한다. 위액과 사료의 혼합 과정은 돼지의 경우 위의 유문부에서 거의 일어나며, 위장의 앞부분은 pH가 약 알칼리성을 유지하고 있어 타액 아밀라아제와 미생물에 의해 전분의 소화가 가능하다.

위액(胃液, gastric juice), 특히 염산의 분비는 주로 아세틸콜린(acetylcholine), 가스트린(gastrin) 및 히스타민(histamine)의 세 물질에 의해 지배를 받는다. 이들 각 물질은 벽세포를 자극하여 염산 분비를 촉진하는 역할을 하지만, 분비촉진 효과는 각 물질이 단독으로 작용할 때보다 아세틸콜린과 히스타민 또는 가스트린과 히스타민과 같은 두 물질이 공동 작용할 때 더 증가된다. 가스트린은 유문부의 G-세포(gastrin-secreting cells)에서 방출되는 내분비 호르몬으로 위내 pH가 낮아지면(2.5 이하) 가스트린의 분비는 억제된다.

다) 소장에서의 소화

소장은 모든 동물이 필요로 하는 영양소의 주된 소화 및 흡수 장소로서 가장 중요한 역할을 수행하며, 근층으로 이루어진 관상기관(管狀器官)으로 위(胃)의 유문 괄약근과 맹장 괄약근 사이에 위치한다.

소장 상부인 십이지장에는 췌장관과 담낭관이 연결되어 있어 이들로부터 췌액과 담즙이 십이지장으로 분비된다. 또한 십이지장벽의 점막세포에서도 영양소의 소화에 관여하는 여러 종류의 효소가 포함된 장액을 분비한다. 소화작용은 위(胃)에서 십이지장으로 유입된 소화물(chyme)이 췌액, 담즙 및 장액과 혼합되어 진행된다. 소화에 관여하는 여러 효소의 특성과 작용은 표 1-5에 나타내었다.

① 췌액과 담즙에 의한 소화

췌액은 pH 7.5～8.2의 약알칼리성 액체로 췌장의 외분비선(外分泌腺)에서 분비되며, 비교적 다량의 중탄산염($NaHCO_3$)과 무기물 및 불활성 단백질 소화효소인 트립시노겐(trypsinogen), 키모트립시노겐(chymotrypsinogen), 프로카르복시펩티다아제 A, B(procarboxypeptidase A, B)와 엘라스타아제(elastase), 탄수화물 소화효소인 아밀라아제(α-amylase), 지방 소화효소인 리파아제를 함유하고 있다.

단백질의 소화작용은 십이지장 점막세포에서 분비되는 효소인 엔트로키나아제(enterokinase)에 의해 불활성 트립시노겐이 트립신으로 활성화되고, 트립신은 불활성 키모트립신노겐과 프로카르복시펩티다아제 A, B를 키모트립과 카르복시펩티다아제 A, B로 활성화시키는 것에서 시작된다. 활성화된 트립신은 위(胃)에서 펩신에 의해 소화되지 않은 단백질이나 소화된 펩티드에 작용하여 아지닌(arginine)이나 리신

표 1-5. 소화관에서 분비되는 소화효소의 종류 및 기능

효소형태	분비 장소	기 질	최종 분해산물	비 고
〈탄수화물〉				
타액 amylase	타액선	전분, dextrin	Dextrin, maltose	반추동물에 없음
췌장 amylase	췌 장	전분, dextrin	Maltose, isomaltase	반추동물에서 저활성
Maltase	소 장	Maltose	Glucose	반추동물에서 저활성
Lactase	소 장	Lactose	Glucose, galactose	젖먹이 동물에서 고활성
Sucrase	소 장	Sucrose	Glucose, fructose	반추동물에 없음
1, 6-glucosidase	소 장	1, 6-Glucosides	Glucose	
α-limit dextrinase	소 장	α-Limit dextrins	Glucose	
〈지 방〉				
타액 lipase	타액선	중성지방	Diglycerde + fatty acid (FA)	포유류에 중요
췌장 lipase	췌 장	중성지방	Monoglyceride + 2 FA	
소장 lipase	소 장	중성지방	Glycerol + 3 FA	
Phospholipase	소 장	인지질	Glycerol, fatty acid, phosphate	
〈단백질〉				
Pepsin	위	단백질	Peptone, polypeptide	젖먹이 동물에서 고활성
Rennin	위	유단백질	Ca caseinate	
Trypsin	췌 장	단백질, 펩티드	Arginine, lysine기 함유 펩티드	
Chymotrysin	췌 장	단백질, 펩티드	방향족 아미노산기 함유 펩티드	
Elastase	췌 장	단백질, 펩티드	α-아미노산기 함유 펩티드	
Carboxypeptidase A	췌 장	폴리펩티드	중성, 염기성, 산성 아미노산, 작은 펩티드	
Carboxypeptidase B	췌 장	폴리펩티드	염기성 아미노산	
Aminopeptidase	소 장	폴리펩티드	아미노산	
Dipeptidase	소 장	Dipeptide	아미노산	
Nuclease	췌 장	핵산	Nucleotide	
Nucleotidase	소 장	Nucleotide	퓨린, 피리미딘, 인산, 오탄당	

Church와 Pond(1988)

(lysine)을 가지는 펩티드로 가수분해하고, 키모트립신은 페닐알라닌(phenylalanine)·티로신(tyrosine)·트립토판(tryptophan)과 같은 방향족 아미노산을 가지는 펩티드로 분해하며, 엘라스타아제는 α-아미노산을 가지는 펩티드로 분해한다.

한편, 카르복시펩티다아제 A는 방향족 아미노산이나 α-아미노산을 가지는 펩티드에 작용하여 중성 아미노산·산성 아미노산 또는 작은 펩티드(small peptide)로 분해하며, 카르복시펩티다아제 B는 아지닌이나 리신을 가지는 펩티드를 염기성 아미노산으로 분해한다. 탄수화물의 소화는 α-아밀라아제가 α-1, 6 글루코오스 지선(枝線) 결합의 분해에는 관여하지 못하기 때문에 전분은 췌액 아밀라아제에 의해 삼당류(maltotriose), 이당류(maltose), 올리고사카라이드(oligosaccharides) 및 α-덱스트린(α-dextrin)으로 가수분해된다. 지방의 소화는 담즙산염과 췌액 리파아제의 작용에 의해 일어나고, 중성지방(triglyceride)은 리파아제에 의해 지방산과 2-모노글리세리드(2-monoglyceride 또는 β-monoglyceride)로 분해된다.

담즙은 녹색 알칼리성 액체로 간세포에서 합성되어 담낭과 담관을 통해 십이지장으로 배출되며, 담즙산(주로 taurocholic acid와 glycocholic acid), 무기물(NaCl·H_2CO_3·K^+·Na^+ 등), 콜레스테롤과 점액단백질 및 담즙색소(biliverdin과 bilirubin)를 함유하고 있다. 특히 담즙산은 Na, K와 결합하여 담즙산염(bile salts)을 형성한다. 담낭은 모든 동물들이 가지고 있는 것은 아니며, 말·낙타·사슴·엘크·랫드 등에서는 담낭이 존재하지 않는 것으로 알려져 있다. 담즙산염(bile salts)은 소장 pH를 알칼리성으로 유지하며, 리파제를 활성화하고, 지방을 유화(乳化, emulsification)시켜 지방의 가수분해와 흡수를 돕는 역할을 한다.

② 장액에 의한 소화작용

장액은 십이지장 점막의 십이지장선(Brunner's gland)과 소장점막의 소장선(Lieber-kühn gland)에서 분비되는 알칼리성 십이지장액과 장액으로 구분된다. 십이지장액은 점액과 전해질을 함유하고 있어 윤활제로서 역할을 할 뿐만 아니라 위(胃)에서 유입되는 염산을 중화하여 십이지장벽을 보호하는 작용을 한다. 장액도 점액단백질과 중탄산염을 함유하고 있어 소화물(chyme)을 중화하여 장내를 약알칼리성으로 유지하는 데 기여한다.

또한 소장선에서 분비되는 장액은 소량의 리파아제를 함유하고 있으나, 수크라아제(sucrase)·말타아제(maltase)·락타아제(lactase)와 같은 이당류 분해효소와 트리펩티다아제(tripeptidase)·디펩티다아제(dipeptidase)·아미노펩티다아제(aminopeptidase)와 같은 펩티드를 분해하는 효소는 함유하지 않으며, 이들 효소는 소장 상피세포 표면, 즉 미세융모에 존재하는 것으로 알려져 있다. 따라서 수크라아제·말타아제·

락타아제 등의 이당류 및 펩티드 등은 점막을 통과할 때 그 곳에 존재하는 각 효소에 의해 글루코오스, 프럭토오스, 갈락토오스 및 아미노산으로 분해되면서 동시에 흡수가 이루어지는 것으로 보인다. 그외 뉴클레오티다아제(nucleotidase), 인지질분해효소(phospholipase) 등의 분해효소들이 존재하는데, 그 작용에 관해서는 표 1-5에 나타내었다.

③ 소화액의 분비조절

각 소화기관에서 분비되는 소화액은 전 소화과정을 통하여 매우 중요한 역할을 수행한다. 소화액의 분비는 자율신경계의 신경전달물질과 소화관의 호르몬에 의해 조절된다. 주요 소화관 호르몬과 그 작용은 표 1-6에 나타내었다.

소화관 호르몬은 위(胃) 유문부에서 분비되는 게스트린을 비롯하여 췌장벽에서는 췌장 폴리펩티드, 그리고 소장벽에서는 GIP・세크레틴・판크레오지민・콜시스토키닌・엔트로크리닌 등이 생성된다. 소화관 호르몬의 분비세포는 위벽・췌장벽 및 소장벽의 외분비세포 사이에 독립적으로 산재하고 있으며, 위장내강(胃腸內腔)으로부터 자극을 받아 각각의 호르몬을 혈액 중으로 방출한다. 이처럼 대부분의 분비촉진 호르몬은 위장이나 소장에서 분비되지만, 췌장 폴리펩티드와 혈관활성 소장 펩티드

표 1-6. 소화관에서 분비되는 호르몬과 기능

종 류	분비장소	분비기전	작 용
Gastrin	위 유문부	위의 확장 및 위운동	위선에서 산의 분비촉진
Gastric-inhibitory polypeptide(GIP)	십이지장, 공장	십이지장내 지방의 유입, 지방산과 담즙의 존재	위액 분비와 운동억제
Secretin	십이지장	십이지장내 산(酸)과 peptone의 존재	췌장 분비촉진(수분과 중탄산염 분비자극)
Pancreoxymin	십이지장	십이지장내 산(酸)과 peptone의 존재	췌액 분비촉진(효소 분비자극)
Pancreatic polypeptide	췌장	십이지장내 chyme의 유입	췌액 분비억제 또는 감소
Vasoactive intestinal peptide(VIP)	몸 전체의 신경조직	신경자극, 장기간의 운동 및 절식	췌액 분비촉진
Cholecystokinin	십이지장	십이지장내 지방의 존재	담낭과 췌장 수축, 췌장효소의 합성 자극, 위산 분비억제
Enterocrinin	공장	소화물의 존재	장액 분비촉진

Argenzio(1989)와 Pond 등(1995)

(VIP)는 췌장과 온몸의 신경조직에서 각각 생성된다.

췌액의 분비는 세크레틴, 콜시스토키닌, 판크레오지민에 의해 촉진되고, 췌장 폴리펩티드에 의해 억제된다. 세크레틴은 위(胃)에서 유입된 내용물에 의해 십이지장 내가 산성화될 때 분비되며, 콜시스토키닌과 판크레오지민은 아미노산과 지방산이 유입되면 분비된다. 이들 호르몬은 모두 췌액분비를 촉진하지만, 세크레틴은 중탄산염이 풍부한 췌액을, 콜시스토키닌과 판크레오지민은 효소가 풍부한 췌액분비를 촉진한다. 또 콜시스토키닌은 담낭을 수축시키는 작용도 가지고 있다.

또한, 단위동물의 경우 미주신경(迷走神經, vagal nerve)의 자극을 통하여 사료 섭취와 위저부(胃底部)의 확장에 의해서도 췌액분비는 반사적으로 증가한다. 한편, 장액의 분비는 소화관 내용물이 소장 내로 들어오면 증가하며, 소장벽에서 엔트로크리닌이 방출되어 장액분비를 촉진한다.

담즙분비는 비교적 지속적이며, 사료를 섭취하면 증가하고, 절식하면 감소한다. 또한 십이지장 내로 내용물이 유입되면 반사적으로 담낭이 수축하여 담즙이 소장으로 배출된다. 또 담낭의 수축은 십이지장벽에서 분비되는 콜시스토키닌에 의해서도 일어난다.

(2) 단위동물에서 영양소의 흡수작용

소장은 수분·아미노산·당·지방산 등 각종 영양소의 흡수가 일어나는 주요 장소로, 특히 십이지장과 공장에서 가장 왕성하게 흡수된다. 소장은 소장점막 표면이 주름처럼 접혀진 모양의 융모상피세포로 되어 있고, 융모상피세포 표면은 무수한 미세융모(microvilli)로 덮여 있어 내부 표면적이 크게 증가되어 있으므로 영양소 흡수에 알맞도록 되어 있다(그림 1-3).

또한, 융모는 소화된 영양소와 접촉을 쉽게 하기 위하여 펌핑운동을 하게 되며, 이 운동은 신경자극에 의해 일어나지만 빌리키닌(villikinin, 십이지장 점막에 염산이 작용하여 분비되는 호르몬)이라는 호르몬에 의해 촉진된다. 또 각 융모는 유미관(lacteal)이라는 림프계의 도관(導管, drainage tube) 및 세동맥(細動脈, arteriole)과 세정맥(細靜脈, venule)을 가지고 있어 영양소는 상피세포를 통해 모세혈관이나 림프계(조류는 오직 혈액)로 이동된다(그림 1-3).

포유동물에서 소장흡수세포를 통해 흡수된 영양소(지방 제외)는 모세혈관으로 이동하여 간 문맥을 거처 간장에 이른다. 지방과 일부 지용성 비타민은 유미관(lacteal)을 포함한 림프계와 흉관(thoracic duct)을 거쳐 대정맥을 통하여 심장으로 운반된다. 혈액으로 운반된 대부분의 영양소는 간장에서 대사작용을 거처 정맥혈을 통과한 후 우심방으로 들어간다. 영양소를 함유한 혈액은 우심실을 거처 폐에서 산소를 획득한

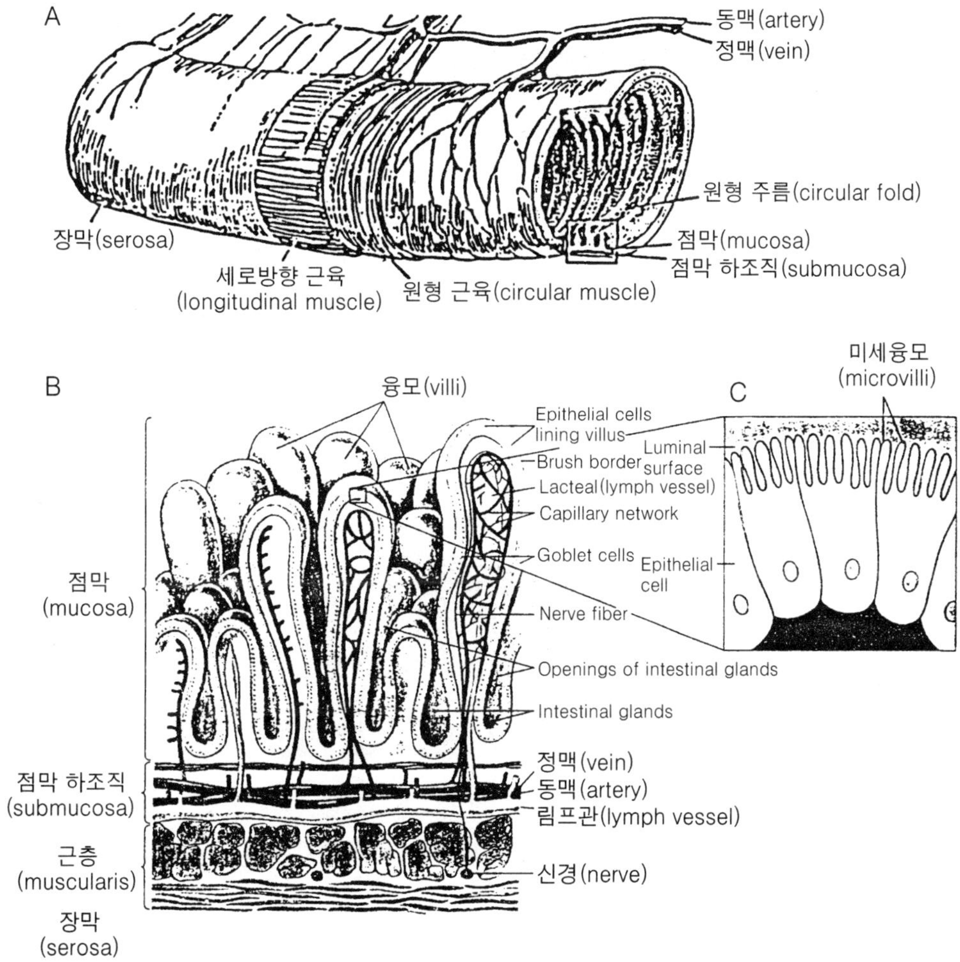

그림 1-3. 소장점막의 형태학적 구조 (Moog, 1981 ; Rhoades와 Pflanzer, 1996)

A : 위장관의 소장벽　B : 장점막 흡수세포　C : 미세융모(microvilli)

후 다시 심장의 좌심방과 좌심실을 통과하여 대동맥과 모세혈관으로 운반되어 몸 전체 조직으로 순환한다(그림 1-4). 세포에서 생성된 노폐물은 모세혈관을 통하여 정맥으로 운반되어 대사과정을 거치거나 배설된다. 노폐물의 배설과정에서 신장이 매우 중요한 역할을 수행하는데, 일부는 완전히 걸러져서 체외로 내보내지만 대부분은 다시 재흡수되거나 대사과정을 거쳐 체내로 이용된다. 노폐물을 배설하는 기능은 신장 외에 소장에서도 일부 발생되고 있는데, 특히 특정 물질이 간장에 많이 축적되었을 때 담즙을 통하여 일어나며, 일부는 모세혈관에서 소장상피세포로 배출하기도 한다.

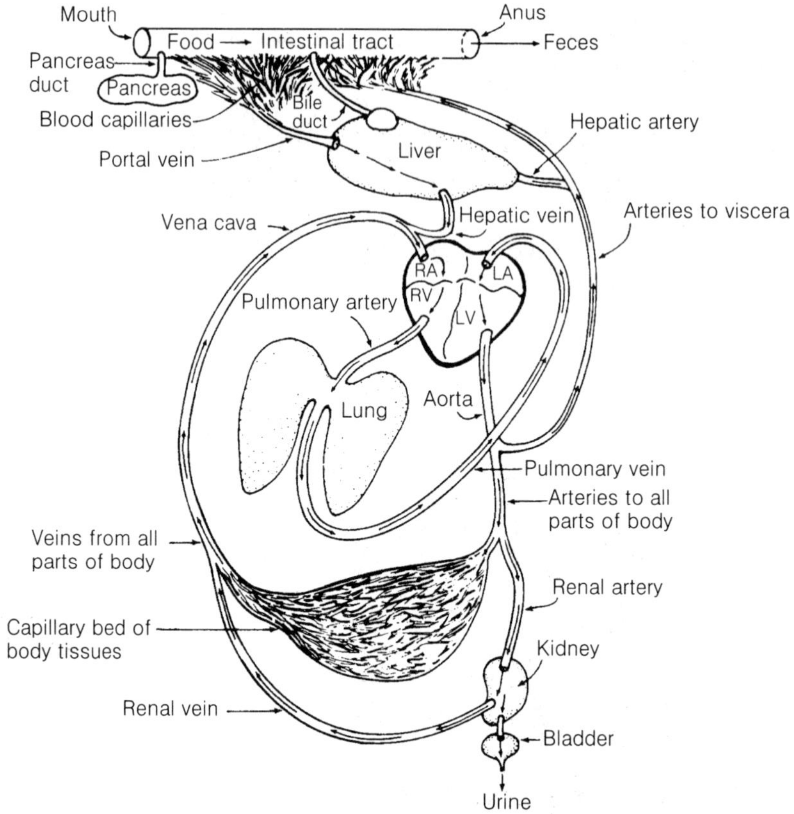

그림 1-4. 체내 영양소의 흡수, 이동 및 배설경로 (Pond 등, 1995)

가) 영양소의 흡수기전

영양소가 소장상피세포 내로 이동하는 흡수방법에는 수동수송(passive transport), 특정 운반체를 이용하는 능동수송(active transport) 및 세포 흡수작용(pinocytosis) 등이 알려져 있다. 수동수송은 물질농도가 높은 세포 외부에서 농도가 낮은 세포내로 이동되는 단순확산(simple diffusion)과 운반체(carrier 또는 transporter)가 관여하는 Na^+ 비의존성 수동수송(Na^+ independent carrier mediated transport)으로 나눌 수 있다.

단순확산은 소화관내 영양소 농도가 소화에 의해 높아지면 영양소는 농도가 낮은 소화관 점막상피세포 내로 확산해 가는 것으로, 에너지를 필요로 하지 않는다. 흡수된 영양소는 혈액과 림프액으로 운반 · 제거되므로 혈류량(血流量)이 많게 되면 수동수송의 농도 차는 크게 유지된 채로 흡수가 계속된다. 단순확산에 의한 흡수속도는 막을 통과하는 영양소의 농도 차와 용해도 등에 비례하고, 비교적 완만한 속도로 진행된다. 이러한 수동수송은 저급지방산, 일부 수용성 비타민 및 무기이온의 흡수에 중요하다.

한편, Na^+ 비의존성 수동수송은 **촉진확산**(促進擴散, facilitated diffusion)이라고도 하며, 영양소를 수송하는 데 에너지를 필요로 하지 않는 점에서는 단순확산과 같다. 그러나 영양소 수송 시에는 세포막에 존재하는 운반체를 필요로 한다. 이 방법에 의한 수송은 흡수속도가 어느 농도 이상 되면 증가하지 않게 되는 포화현상을 나타내거나, 유사한 물질에 의한 경쟁적 수송이 일어나는 점은 능동수송과 공통되는 특징이 있다.

능동수송은 세포외의 영양소 농도가 낮은 곳(소화관)에서 농도가 높은 곳(소화관 점막 상피세포)으로 농도 기울기에 역행하여 영양소를 이동시키는 수송수단이며, 특정 운반체와 에너지를 필요로 한다. 운반체는 2개의 특이적 결합부위를 가지고 있는데, 한쪽은 글루코오스나 아미노산과 같은 유기영양소가 결합하고, 다른 한쪽은 Na^+이 결합한다.

이와 같은 글루코오스(아미노산)-운반체-Na^+의 삼중복합체는 미세융모(microvilli 또는 brush border membrane)에서 형성되어 상피세포 내로 이동된다. 그리고 운반체와 Na^+는 다시 세포막을 통과하여 소장내강(小腸內腔)으로 되돌아와서 계속적으로 다른 영양소를 운반하는 데 이용된다.

이 과정은 소장상피세포의 기저막(basolateral membrane)내 Na^+/K^+ATPase가 관

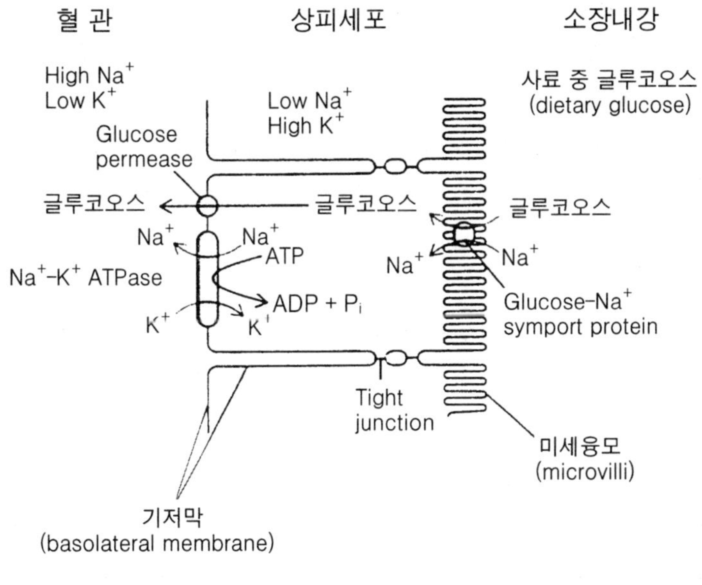

그림 1-5. 소장상피세포의 글루코오스 수송기전 (Darnell 등, 1990)

여하여 2분자의 칼륨이온(K^+)을 세포 밖에서 안으로 이동시키고 동시에 3분자의 나트륨이온(Na^+)을 세포 안에서 밖으로 배출시키는데 이때 에너지가 필요하다. 능동수송에 의한 흡수는 빠른 속도로 진행되며, 능동수송은 글루코오스와 아미노산의 흡수에 중요한 역할을 한다.

영양소를 흡수하는 또 다른 방법으로는 세포 흡수작용 또는 세포 음작용(細胞飮作用, pinocytosis)이 있다. 세포는 아메바(ameoba)가 음식물을 삼키는 형태와 유사한 방법으로 거대분자 물질이나 이온물질을 흡수하는 능력을 가지고 있다. 이러한 흡수방법은 갓 태어난 포유중인 어린 동물에서 중요하며, 초유(初乳, colostrums) 중에 함유하는 면역글로불린(immunoglobulin)을 흡수할 때 이용된다.

그림 1-5는 소장상피세포에서의 글루코오스 수송기전에 관한 모식도를 나타내었다.

나) 영양소 흡수

① 탄수화물

이미 앞에서 설명한 바와 같이 전분이나 당류와 같은 탄수화물은 소화관 내에서 소화과정을 거치는 동안 최종적으로 소장점막에 존재하는 이당류 분해효소에 의해 분해되어 십이지장과 공장 상부의 미세융모(microvilli)에서 활발하게 흡수된다. 그러나 소장의 부위별 흡수능력은 소장 하부로 내려갈수록 감소하며, 단당류 종류별 흡수속도는 갈락토오스와 글루코오스의 경우 매우 빠르게 진행되는데 반하여 프럭토오스, 만노오스, 아라비노오스 등의 단당류는 느리게 상피세포를 통과한다고 알려져 있다. 한편, 단위동물에서는 셀룰로오스(cellulose)나 헤미셀룰로오스(hemicellulose)와 같은 종류의 탄수화물을 분해할 수 있는 효소를 체내에 가지고 있지 않다.

모든 단당류의 명확한 흡수기전은 아직 완전히 밝혀져 있지는 않지만, 대부분의 단당류는 농도 기울기에 따라 단순확산(수동수송)에 의해 흡수되며, 글루코오스와 갈락토오스는 운반체와 에너지를 필요로 하는 능동수송(활성흡수)에 의해 흡수된다.

② 단백질

단백질의 흡수는 소장에서 아미노산으로 분해된 다음 소장상피세포의 미세융모를 통해 주로 능동수송에 의해 흡수된다. 그러나 아미노산의 흡수과정에서는 동일계 내의 아미노산 사이에서도 경쟁적인 흡수가 일어나며, 특히 아미노산의 종류에 따라 중성 아미노산, 염기성 아미노산 및 산성 아미노산을 운반하는 각 수송계가 소장상피세포의 미세융모에 존재하는 것으로 알려져 있다. 중성 아미노산과 염기성 아미노산은 능동수송에 의해 흡수되지만, 산성 아미노산의 경우에는 명확하지는 않으나 특수한 흡수경로가 있는 것으로 추측되고 있다. 또한 중성 아미노산의 능동수송에는 2개의 수송계가 있는 것으로 알려져 있다.

아미노산의 흡수율은 자연계에 존재하는 L-아미노산이 D-아미노산에 비해 월등히 높고, D-아미노산의 흡수기전도 L-아미노산과는 달리 단순확산에 의존한다. 흡수된 아미노산은 간문맥을 거쳐 간장의 아미노산풀(amino acid pool)에 들어가 대사된다. 또한 소장의 상피세포는 단백질이나 고분자 펩티드의 흡수를 방지하는 첫 번째 벽(first barrier)으로서 역할을 수행하지만, 그래도 일부 단백질 분자나 펩티드는 직접 흡수되는 경우가 있으며, 이러한 경우는 알레르기(allergy) 현상을 나타내기도 한다. 그러나 초유(初乳) 중에 있는 거대 단백질 분자인 면역글로불린의 흡수는 갓 태어난 동물에 면역항체를 부여하는 중요한 역할을 한다.

③ 지 질

사료 중의 지질, 주로 중성지방(triglyceride)은 십이지장 내에서 담즙산염과 췌장 리파아제 작용에 의해 유리지방산과 모노글리세리드(monoglyceride)로 분해되며, 이들 분해산물은 담즙산염과 결합하여 수용성 미셀(water-soluble micelle)을 형성한다. 이렇게 형성된 미셀은 주로 십이지장 하부와 공장 상부의 미세융모를 통해 상피세포 내로 단순확산(수동수송)에 의해 쉽게 흡수된다.

또한, 흡수된 미셀 중의 긴사슬 지방산과 모노글리세리드는 소장점막세포 내에서 다시 트리글리세리드(중성지방)로 합성되고, 이 트리글리세리드는 다시 콜레스테롤, 콜레스테롤 에스테르(cholesterol esters), 인지질 및 소량의 단백질과 결합하여 킬로마이크론(chylomicron)을 형성한다. 또 형성된 킬로마이크론은 소장상피세포에서 세포흡수의 역작용에 의해 유미관으로 이동되어 흉관(thoracic duct)을 거쳐 대정맥(大靜脈)으로 들어간다.

한편, 리파아제에 의해 분해된 글리세롤과 저급지방산(C_2～C_{10})은 단순확산에 의해 장간막 정맥혈로 흡수되어 문맥혈로 이동한다. 또한 가금의 경우 흡수된 지질 분해산물은 직접 문맥혈을 거쳐 간장으로 수송된다.

④ 수분과 무기물

수분의 흡수는 주로 삼투압의 차이에 의해 소장점막에서 일어나며, 소장 내의 삼투압이 높은 경우는 수분이 흡수되지 않고 혈액에서 장관(腸管) 내로 이동하는 경우가 가끔 있다.

무기물의 흡수는 종류에 따라 능동수송 또는 단순확산에 의해 이루어지며, 흡수정도와 속도는 많은 요인에 의해 영향을 받는다. Na, K 및 Cl의 흡수는 주로 십이지장에서 일어나며, K와 Cl의 대부분은 단순확산에 의해 흡수된다. 이에 반하여 Na는 소장벽에 대하여 높은 투과성을 가지고 있어 장관 내와 혈액 간에 상호 이동이 가능하고, 능동수송에 의한 흡수도 일어난다. 특히 글루코오스와 같은 당류는 Na흡수를 돕는 역할을 한다.

Ca과 P는 주로 십이지장과 공장에서 능동수송과 단순확산에 의해 흡수되며, 소장내 pH가 비교적 낮을 때 흡수는 능동수송에 의해 이루어지고, 사료내 칼슘의 약 50%는 능동수송에 의해 흡수되는 것으로 알려져 있다. 또한 Ca과 P, 특히 Ca의 흡수는 비타민 D, 부갑상선 호르몬, 사료내 Ca와 P비율, Mg함량, 지방함량 및 소장내 pH 등과 같은 많은 요인이 관여하고 있다.

Mg의 흡수는 대부분 회장에서 일어나며, 흡수기전은 명확하게 알려져 있지 않으나 확산과 동시에 능동수송에 의하는 것같이 보인다. Mg의 흡수는 사료내 Na와 K의 비율에 영향을 받으며, K와 암모니아가 증가하면 흡수는 억제된다. Mg의 흡수량이 감소할 때는 저마그네슘혈증(hypomagnesemia)이 발생하기 쉽다.

한편, Fe는 사료 속에서는 Fe^{3+} 형태로 존재하다가 2가 철(Fe^{2+})로 환원된 다음 소장 상부에서 능동수송에 의해 흡수된다. 상피세포 내에서는 2가 철(Fe^{2+})인 ferrous 상태로 저장되었다가 혈액으로 이동할 때는 다시 재산화되어(Fe^{3+}) transferrin과 결합하여 이동되어 저장된다.

⑤ 비타민

비타민 A, D, E 및 K는 지용성으로 지방의 흡수과정과 밀접한 관계가 있으며, 미셀(micelle) 성분으로 소장점막 상피세포에서 확산에 의해 흡수된다. 또한 지방흡수가 저해되는 경우는 지용성 비타민의 흡수도 감소되는 경향이 있다.

수용성 비타민인 비타민 B군과 비타민 C는 소장 상부에서 단순확산에 의해 흡수되나, 비타민 B_{12}는 회장에서 세포흡수작용에 의해 흡수된다.

3) 가금의 소화 및 흡수작용

가금의 소화기의 해부학적 구조는 앞의 그림 1-1에 나타낸 바와 같이 돼지나 개와 같은 단위동물과는 현저한 차이가 있다. 가금의 소화기는 입, 소낭(嗉囊, crop), 선위(腺胃, proventriculus), 근위(筋胃, gizzard), 소장, 대장 및 총배설강으로 구성되어 있다.

입에서는 이빨이 없어 큰 사료는 부리와 발톱으로 사료를 찢어 삼키며, 주로 사료의 세절은 근위에서 기계적 소화로 이루어진다. 아주 소량의 타액(닭의 경우 1일 7～

30 ml)이 분비되고, 타액에는 아밀라아제 활성이 거의 없기 때문에 타액이 전분소화에 미치는 영향은 거의 없다. 식도의 윗부분에서는 상당히 많은 점액이 분비되며, 점액은 식괴(bolus)에 윤활작용을 하여 삼키기 쉽게 한다.

소낭은 식도의 일부가 팽창되어 형성된 주머니로서 사료를 일시적으로 저장하고 수분을 첨가시키는 역할을 하며, 미생물에 의한 약간의 발효작용이 일어나 초산(acetate)·유산(lactate)과 같은 유기산이 소량 생성된다.

가금의 위내 소화는 선위와 근위에서 나뉘어 일어난다. 선위는 단위동물과 같이 선분비(腺分泌)를 하지만, 주세포와 벽세포의 구별이 명확하지 않으며, 한 종류의 선세포(腺細胞)에서 펩신노겐과 염산을 분비하는 것으로 보여진다. 위액내 염산농도와 펩신 생산량(1일 체중 kg당)은 돼지와 같은 단위동물보다 훨씬 높다. 이처럼 가금에서 펩신노겐으로부터 펩신생성이 활발한 것은 염산작용이 활발하기 때문으로 생각된다. 선위내 pH는 1～4로, 단백질의 분해작용은 pH 2 전후에서 일어난다. 또한 선위에서 사료와 소화효소(펩신)와의 혼합 및 교반작용은 사료가 머무는 시간이 짧아 충분하게 이루어지지 않는다. 위액의 분비는 소화관 내분비 호르몬인 게스트린(gastrin)에 의해 촉진된다.

한편, 근위는 선위에 이어지는 부분으로 여기서는 사료와 함께 섭취된 자갈이 근육의 강력하고 격렬한 수축작용에 의해 사료가 마쇄 또는 분쇄되고, 펩신과의 혼합도 충분히 일어난다. 근위 내에서 효소에 의한 소화작용은 내용물의 수분함량이 낮기(44% 미만) 때문에 일어나지 않는다. 그러나 근위를 통해 나오는 소화물은 매우 곱게 분쇄되어 있으므로 소장에서의 효소작용을 용이하게 한다.

이와 같이 가금에서의 소화작용은 소낭, 선위 및 근위의 세 기관(器官)이 단위동물에서의 이빨과 위(胃)와 같은 역할을 수행한다.

가금의 소장에서 영양소 소화 및 흡수작용은 단위동물의 소장에서의 흡수작용과 거의 유사한 것으로 알려져 있으나 소장점막 흡수세포에는 락타아제가 존재하지 않는 것으로 알려져 있다.

4) 반추동물의 소화 및 흡수작용

(1) 반추동물의 소화작용

가) 입(구강)과 타액 기능

반추동물은 아랫턱에 앞니(incisor teeth)가 있지만 윗턱에는 앞니가 없으며, 딱딱한 잇몸으로 되어 있다. 혀는 길고 튼튼하며, 표면은 까칠까칠하다. 사료를 채식할 때는 입술, 혀, 이빨과 잇몸을 이용한다. 소의 경우는 사료를 입 안으로 넣는데 혀가 주 역할을 한다. 즉, 채식시 목초와 같은 풀을 입 안으로 끌어넣고 아랫턱의 앞니와 윗턱의 잇몸으로 자르며, 어금니를 이용하여 저작하고, 섬유질을 마쇄한다.

분쇄사료도 혀로 핥듯이 하여 채식한다. 한편, 반추동물은 매우 많은 양의 타액을 8개의 타액선(이하선 · 하악선 · 설하선 · 구개선 · 구강선 · 하구치선 · 인두선 · 순선 등)에서 분비하는데, 소(成牛)에서는 1일 약 150 ℓ, 면양(成羊)에서는 10 ℓ 이상 분비된다. 타액은 사료를 채식할 때와 반추할 때 가장 많이 분비되지만 휴식할 때도 계속 분비된다. 타액 분비량은 단위 체중당으로 볼 때 단위동물의 수배에 달한다.

타액(혼합타액) 성분은 99%가 수분이지만, 약 1%의 건물함량 중에 0.9%는 광물질이고, 나머지 0.1%는 요소 · 점액단백질 등의 유기물이다. 무기물 중에는 Na, HCO_3^- 및 P의 함량이 많은 것이 특징이며, 중탄산나트륨($NaHCO_3$)이 많아 타액은 약알칼리성(pH 8.0～8.3)을 나타낸다. 또한 타액은 전분분해효소인 아밀라아제를 함유하지 않으며, 리파아제(지방분해효소)의 경우 송아지 타액에는 존재하나 성장한 소의 타액에는 없다.

반추동물에서 타액은 단위동물에서 보다 더욱 중요한 역할을 한다. 타액은 사료(건조사료)에 다량의 수분을 공급하고 점성을 증가시켜 저작과 삼키는 일을 도우며, 제 1위내 수분을 적정하게 조절하여 제 1위 발효를 원활하게 한다. 또한 타액에 함유된 광물질 및 요소와 점액단백질은 제 1위 미생물의 영양소원으로 이용된다. 무엇보다 타액의 가장 중요한 기능은 타액 중에 존재하는 다량의 중탄산염과 인산염이 제 1위에서 생산되는 다량의 휘발성 지방산(volatile fatty acids; VFA)을 중화하여 안정된 pH를 유지하는 완충작용(조절작용)이다. 타액분비가 부족할 때 제 1위내 pH는 산성화되며, 미생물군에 변화를 일으켜 제 1위 발효에 혼란을 초래하게 된다.

나) 위의 기능과 반추위 발달

반추동물의 위(胃)는 소화기관의 해부학적 구조에서 설명한 바와 같이 제 1위, 제 2위, 제 3위 및 제 4위로 나뉘어진다(그림 1-6, 1-7).

제 1위와 제 2위는 미생물 발효작용에 의한 영양소 분해가 일어나는 곳으로 미생물 발효를 위한 발효통(fermentation vat)으로서 역할을 하며, 활발한 위운동(수축과 이완작용)을 통해 내용물의 혼합과 이동, 반추와 가스배출 등의 기능도 수행한다.

내부의 전체 표면은 유두(乳頭, papillae)라고 하는 케라틴화된 돌기로 덮여 있다. 유두는 어린 동물의 경우 크기가 매우 작지만, 유두의 수와 크기는 고형사료(건초 등) 섭취와 발효로 인해 생긴 휘발성 지방산이나 암모니아와 같은 대사물질의 자극에 의해 증가되며, 영양소의 흡수가 이들 유두를 통해 일어난다. 또한 반추동물의 위

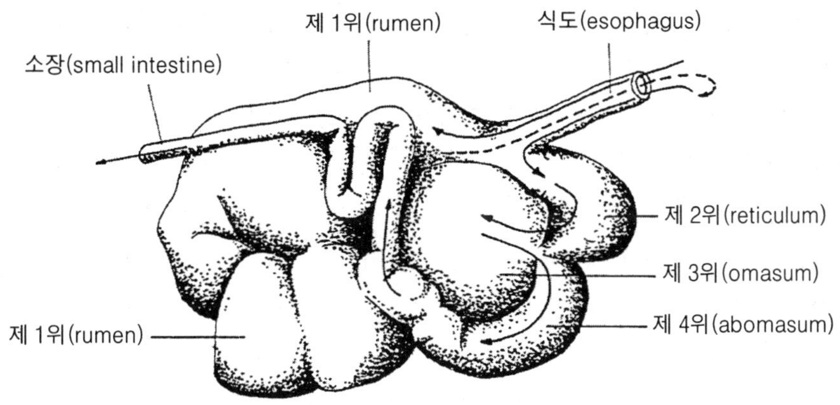

그림 1-6. 반추동물 위(胃)의 구조 (Annison과 Lewis, 1962)

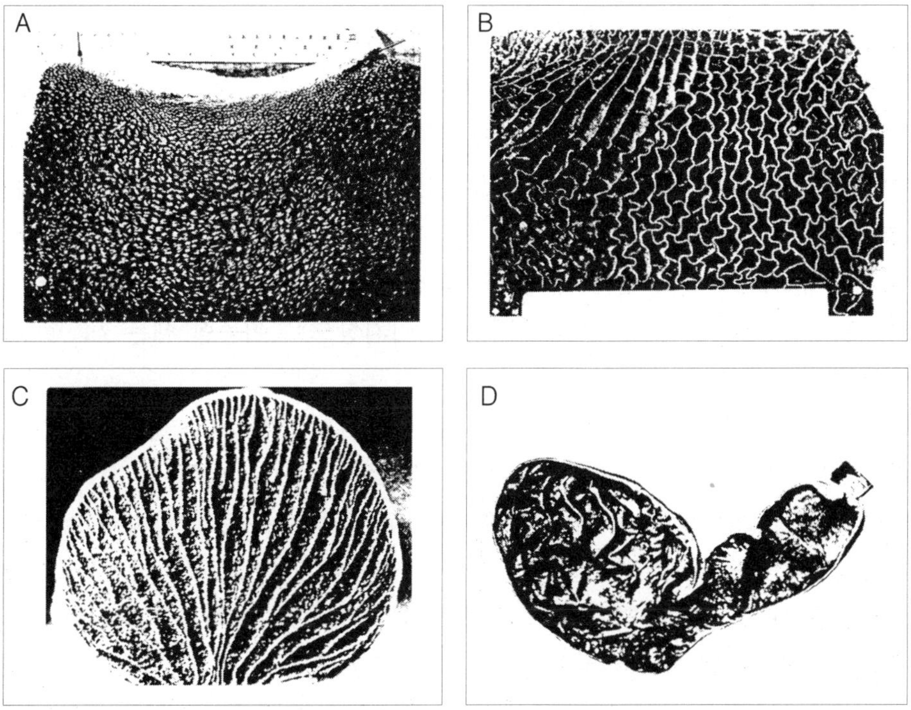

그림 1-7. 반추동물(소)의 위(胃)의 내부 구조

A : 제 1위 내부 B : 제 2위 내부 C : 제 3위 내부 D : 제 4위 내부

는 제2위구(第2胃溝, reticular groove)라는 특수한 구조를 가지고 있는데, 제2위구는 제1위 분문부(식도 끝부분)에서 제2·3위구(第 2·3胃口, reticulo-omasal orifice)까지 이르는 2장의 입술모양 돌기(순상돌기, 脣狀突起)로 되어 있으며, 이 돌기가 수축하면 제 2위구가 폐쇄되어 관(tube)을 형성한다.

제 2위구의 폐쇄는 포유중인 어린 동물에 일어나는 현상이고, 섭취하는 우유는 제 1위와 제 2위를 거치지 않고 식도에서 직접 제 3위로 들어간다. 젖을 떼거나 액상사료를 계속 섭취하지 않는 반추동물에서는 더 이상 기능이 없어진다. 제 3위는 제 2·3위구를 통해 제 2위와 연결되어 있으며, 라미나(laminae)라고 하는 크고 작은 잎모양 주름(근엽, 筋葉)으로 구성되어 있다.

제 3위는 수축작용에 의해 제 2위에서 들어온 사료를 압착하고 여과하여 거친 사료 입자는 다시 제 2위로 보내고, 미세입자와 액상물질은 제 4위로 보내는 역할을 한다. 또한 제 3위는 물, 휘발성 지방산, 중탄산염 같은 영양소를 흡수하는 기능도 가지고 있다. 그러나 물의 흡수는 활발하지 않는 것으로 알려져 있다. 이와 같은 기능을 통해 볼 때 제 3위는 제 1위 발효라고 하는 반추동물의 특이한 소화기구와 제 4위 이하에서 일어나는 소화효소에 의한 소화기구의 두 가지 이질적인 소화를 원활하게 하는 중요한 연결점 역할을 수행하고 있다고 하겠다.

제 4위는 제 3·4위구를 통해 제 3위와 연결되어 있으며, 기저부(proximal fundic region)와 유분부(pyloric region)로 구분된다. 위액분비 및 소화기능은 단위동물의 위 기능과 거의 유사하다(단위동물의 위 기능 참조). 그러나 위액 분비는 초산(acetate) 등의 휘발성 지방산에 의해서도 촉진되는 것으로 알려져 있다. 또한 제 4위에 들어오는 소화물의 pH는 6 정도이지만, 십이지장으로 이동할 때는 2.5 정도의 pH를 유지한다.

어린 반추동물의 경우는 제 1위, 제 2위 및 제 3위가 발달되어 있지 않아 포유중일 때 소화기능은 단위동물처럼 주로 제 4위와 소장의 작용에 의존한다. 그러나 반추동물의 위는 동물이 성장함에 따라 각 부위가 서로 다른 속도로 발달하여 기능을 수행하게 되는데, 반추위의 발달은 주로 고형사료의 급여에 따른 물리적 자극과 휘발성 지방산과 같은 대사산물에 의한 화학적 자극을 통해 일어난다. 갓 태어난 송아지의 경우 제 1위와 제 2위가 차지하는 비율은 전체 위 용적의 30% 정도이고, 제 3위와 제 4위는 70%를 차지한다. 이에 반하여 면양과 산양은 생후 8주, 송아지는 생후 6~9개월이면 성축의 수준에 도달하여(Church와 Pond, 1988) 제 1위와 2위가 차지하는 비율이 전체 위 용적의 85%에 이르고, 제 3위와 4위가 나머지 15% 정도가 된다.

반추위내 소화기능 중 가장 독특한 생리적 특징은 **반추**(rumination)와 **트림**(eructation) 작용이다. 반추는 제 1위 내용물을 입으로 토출하여 입 안에서 재차 고형물질(solid)을 저작·분쇄한 다음 제 1위내로 다시 삼키는 행위이다. 또한 반추는 대개 채식 후 1시간 전·후에서 시작되며, 사료가 제 1위와 제 2위벽에 접촉하여 자극하면 반사적으로 일어난다.

반추의 주 역할은 채식한 사료가 반추위내 제2·3위구를 통과하는 데 알맞게 입자 크기를 마쇄 또는 분쇄하는 것이다. 반추하는 데 소요되는 시간은 사료내 섬유소의 함량, 섭취한 사료량, 개체 등에 따라 다르나, 1일 평균 8시간 정도로 알려져 있으며, 양질의 건초를 섭취할 경우 1일 5～6시간, 조악한 건초를 섭취할 경우는 1일 7～10시간 정도 반추한다.

한편, **트림**은 반추위내 미생물에 의해 탄수화물이 발효될 때 생긴 다량의 가스를 입을 통해 밖으로 내보내는 작용이다. 이러한 트림작용은 제1위가 가스로 확장되면 제1위 분문부에 있는 수용기(受容器, receptor)를 자극하여 반사적으로 일어난다. 그러나 제1위 분문부가 위 내용물이나 거품으로 둘러싸여 트림작용이 장애를 받게 되면 제1위내는 가스나 거품이 축적되어 고창증을 유발하게 된다.

다) 반추위내 소화작용

① 제1위내 환경과 미생물

제1위내에는 많은 미생물이 서식하고 있고, 미생물은 반추동물이 섭취하는 사료를 영양소원으로 이용하여 분해와 합성작용(발효작용)을 하고 있다. 한편, 숙주인 반추동물은 미생물에 의한 발효작용으로 생산된 대사산물를 이용하여 생활하고 있다. 즉, 제1위내 미생물과 반추동물과는 미생물이 활동하는 데 필요한 환경을 반추동물이 제공하고, 반추동물이 생활하는 데 필요한 영양소를 미생물이 제공하는 불가분의 공생관계에 있다.

제1, 2위내에 존재하는 미생물군은 혐기성 박테리아류(anaerobic bacteria), 프로토조아류(protozoa)가 거의 대부분을 차지하며, 이 외에도 파지(phages, bacterial virus)와 효모(yeast)도 존재한다.

㉠ **제1위 환경**: 제1위내 미생물이 성장하고 활동하는 데는 계속적인 사료의 유입과 함께 제1위내 환경조건을 적절하게 유지하는 것이 필수적이다. 제1위내는 산소가 거의 없고, 높은 혐기성 상태가 유지되고 있다. 따라서 산소 부재와 환원력 과다를 나타내는 산화환원전위(Eh)는 약 −350 mV이고, −250～−450 mV 사이에서 변동한다. 사료를 채식할 때는 상당한 산소가 제1위내로 유입되지만 호기성 미생물에 의해 빠른 속도로 소비되며, 그 후는 항상 높은 혐기성 조건이 유지된다. 제1위 pH는 타액의 완충작용과 제1위벽을 통한 휘발성 지방산의 빠른 흡수에 의해 5.5～7.2 범위에서 계속 유지된다. 또한 제1위 pH는 급여하는 사료 종류에 따라 다른데, 건초 급여시는 대개 6.6～6.9 범위이고, 농

후사료 다급 시는 5.0~6.2 정도이다.

제1위내 pH가 저하할 때는 휘발성 지방산과 유산 생산량이 많아지며, pH가 4.5 정도까지 저하하면 동물은 산중독증(lactic acidosis)을 나타내는 경우도 있다. 또한 제1위액의 삼투압은 보통 280 mOsm/kg로 상당히 일정하게 유지되지만, 혈액과의 이온교환을 통하여 260~400 mOsm/kg 사이에서 변동하며, 정상적인 발효는 260~340 mOsm/kg에서 진행된다. 채식 전의 삼투압은 혈액 삼투압(약 300 mOsm/kg)보다 다소 낮지만, 채식 후에는 400 mOsm/kg까지 상승하며, 그 후 다시 원래의 수치로 돌아온다.

제1위 삼투압이 혈액 삼투압보다 높을 때는 혈액내 수분이 제1위내로 역흡수된다. 또 삼투압이 350 mOsm/kg 이상일 때는 전분과 섬유소의 소화 및 반추작용이 저해된다. 제1위내 온도는 직장 온도보다 다소 높지만, 온도조절 기능에 의해 38~42℃(평균 39℃) 범위로 일정하게 유지된다. 또 온도는 제1위 발효시의 열발생 차이에 따라 채식 후에는 높고, 채식 전에는 낮아진다.

㉡ 박테리아와 프로토조아류: 제1위내 박테리아 종류는 상당히 많고, 그 기능도 복잡하다. 제 1위내에 존재하는 박테리아, 프로토조아 및 곰팡이의 수, 용적 및 용량은 표 1-7에 나타내었다. 제1위내 박테리아 수는 위액 1 ml당 10^9~10^{11} 정도이며, 박테리아는 셀룰로오스, 전분, 또는 포도당과 같은 단당류를 이용하여 성장하고, 또 어떤 박테리아는 박테리아에 의해 생성된 유산과 같은 대사산물을 이용하는 것도 있다.

표 1-7. 제 1위내 박테리아, 프로토조아 및 곰팡이의 수, 용적 및 용량

종 류	수, ml	평균용적, μ^3/세포	용량, mg/dℓ	배가시간	총용량에 대한 %
박테리아	1×10^{10}	1	1,600	20분	60~90
Selebomonads	1×10^{8}	30	300		
Oscillospira Flagellats	1×10^{6}	250	25		
섬모 프로토조아					10~40
Endodinia	3×10^{5}	1×10^{4}	300	8시간	
Dasytricha + Diglodinia	1×10^{4}	1×10^{5}	300		
Isotricha + Egidinia	1×10^{4}	1×10^{6}	1,100	36시간	
곰팡이	1×10^{4}	1×10^{5}		24시간	5~10

Van Soest(1994)

박테리아의 수 및 군(群)의 구성은 급여하는 사료의 종류에 따라 변한다. 농후사료를 많이 섭취할 때는 박테리아 수도 증가하고, 전분분해 박테리아가 우세하게 되며, 박테리아 중 유산균(lactobacilli)의 증식을 촉진시킨다. 반면에 조사료 다급 시는 셀룰로오스 분해 박테리아가 우세하게 되며, 같은 셀룰로오스 분해 박테리아에서도 건초 급여시는 루미노코커스 알부스(*Ruminococcus albus*)와 같은 박테리아가 많고, 건초와 농후사료 혼합 급여할 때는 부틸리비브리오(*Butyrivibrio*)균이 증가한다.

한편, 제1위내에 서식하는 프로토조아는 혐기성으로 대부분이 섬모충류(ciliate)에 속하며, 그 수는 위액 1 ml당 $10^5 \sim 10^6$ 정도이다.

섬모충류는 전체 몸 표면이 섬모(cilia)로 덮여 있는 전모류(全毛類, holotrichs)와 섬모가 몸 앞부분에만 모여 있는 빈모류(貧毛類, entodinimorphs 또는 oligotrichs)로 분류된다. 프로토조아의 수는 사료와 제1위 pH에 의해 크게 영향을 받으며, 농후사료 다급 시는 그 수가 감소하고, 특히 pH가 낮을 때는 생존하지 못한다. 또한 프로토조아는 수적인 면에서는 박테리아보다 월등히 적지만, 몸 크기가 훨씬 크기 때문에 전체 미생물 용적으로 볼 때는 박테리아와 거의 비슷하다. 제1위내 프로토조아의 역할은 프로토조아가 모든 식물체의 주요 성분을 이용하는 능력을 가지고 있지만, 주로 전분입자와 박테리아를 포식(捕食)하여 생활하므로 박테리아처럼 제1위 발효에 직접 관여하기보다는 박테리아를 포식해서 제1위내 미생물의 구성과 조화를 유지하고, 간접적으로 제1위 발효를 조절하는 데 관여하는 것으로 보여진다.

이와 같이 제1위내 많은 미생물은 사료입자 표면에 부착하거나 일부는 제1위 상피세포에까지 부착하여 미생물체의 성장과 분열이 지속적으로 진행되기 때문에 제1위내에는 살아 있거나, 사멸되거나 또는 손상된 미생물이 존재하게 된다.

이들 미생물 체세포는 소화물과 함께 4위와 소장으로 이동하여 숙주동물의 단백질원으로 이용된다. 또한 제1위내 미생물은 갓 태어난 새끼에는 거의 발견되지 않으며, 어미와 접촉하거나 사료, 깔짚 및 흙 등을 섭취할 때 제1위로 들어가서 그 중 제1위내 환경에 적합한 종류가 정착하게 된다. 프로토조아는 어미나 다른 성축(成畜)과의 접촉에 의해서만 이전되며, 접촉이 없으면 프로토조아는 제1위에 출현하지 않는다. 박테리아의 경우 생후 9~13주, 프로토조아의 경우 생후 6주가 되면 성축과 거의 같은 미생물 군락이 형성된다.

② 반추위내 발효작용

반추동물이 섭취한 사료의 가소화 건물(digestible dry matter) 중 70~85%는 반추위내 미생물에 의해 소화되며, 주로 미생물이 분비하는 효소에 의해서 일어난다. 또한, 반추위내 미생물은 발효작용(영양소의 분해와 합성작용)을 통하여 휘발성 지방산(VFA), 탄산가스(CO_2), 메탄가스(CH_4), 암모니아(NH_3) 및 미생물체 단백질을 생성한다.

휘발성 지방산과 가스는 주로 탄수화물이 분해될 때 생성되며, 휘발성 지방산은 반추동물의 에너지원으로 이용되고, 가스는 트림을 통해 밖으로 배출된다. 또 암모니아는 단백질과 비단백태 질소화합물의 분해시 발생되며, 이는 미생물이 미생물체 단백질을 합성하는 데 이용된다.

이와 같은 반추위내 미생물의 발효작용은 단위동물에서는 볼 수 없는 반추동물의 독특한 소화작용이라 할 수 있으며, 특히 단위동물이 이용할 수 없는 섬유소를 분해하여 휘발성 지방산을 생성하고, 암모니아를 미생물체 단백질로 합성하는 데 이용하는 것은 반추위내 미생물만이 가지는 기능이다. 이 외에도 반추위 미생물은 비타민(주로 비타민 B군)의 합성 및 불포화지방산의 수소첨가 작용과 홀수 지방산의 합성 등을 수행하는 특수 기능을 가지고 있다.

㉠ 탄수화물 : 사료 중의 탄수화물은 그 종류가 상당히 많고, 제1위내 분해과정도 복잡하다. 사료내 가소화 탄수화물은 대부분 반추위 발효에 의해 분해되지만 탄수화물의 구조와 용해성에 따라 다르다. 당류와 같은 용해되기 쉬운 성분은 쉽게 그리고 신속하게 분해되며, 전분과 같은 용해되기 어려운 성분은 당류에 비해 비교적 느리게 분해된다. 또 셀룰로오스와 같은 용해되지 않는 성분의 분해는 매우 늦다. 반추위내 탄수화물의 분해과정은 매우 빠른 속도로 진행되며, 분해로 생긴 최종 발효산물은 휘발성 지방산과 가스이다.

휘발성 지방산의 종류로는 초산(acetate)·프로피온산(propionate)·낙산(butyrate)·발레린산(valerate)·이소낙산(isobutyrate)·이소발레린산(isovalerate) 및 소량의 유산(lactate) 등이며, 가스는 주로 탄산가스(CO_2)와 메탄가스(CH_4)이다. 각 휘발성 지방산의 생성비율 또는 농도는 사료의 종류, 가공방법, 물리적 형태, 조사료와 농후사료의 비율, 사료 급여수준과 급여빈도 등의 많은 요인에 의해 크게 영향을 받지만, 대개 초산은 60~70%, 프로피온산은 15~25%, 낙산은 8~15%, 그리고 기타 산(酸)들은 2~8% 범위를 나타낸다.

일반적으로 당류와 전분이 많은 사료(어린 목초나 농후사료)를 급여하면 프로피온산이 증가하고, 셀룰로오스가 많은 사료(조사료)를 급여할 때는 초산이 증가한다. 낙산은 전분이 많은 경우와 단백질이 많은 경우에 증가하나 일정한 경향을 나타내지 않는 경우가 많다. 이소낙산이나 이소발레린산은 아미노산의 탈아미노반응에 의해 생기기 때문에 단백질 함량이 높은 사료일 때 증가하는 경향이 있다. 또 반추위 미생물에 의해 분해되지 않은 탄수화물은 소장에서 소화되어 이용된다.

한편, 탄수화물 발효시에 생성된 가스 조성은 CO_2 65%, CH_4 25～27%, N 7%이며, 그 외 O_2, H_2 및 H_2S 등이 소량 생성된다. CO_2는 주로 당류의 발효와 아미노산의 분해에 의해 생성되고, 타액내 존재하는 중탄산염과 휘발성 지방산과의 중화작용에 의해서도 생성된다. CH_4는 미생물의 환원작용에 의해 CO_2로부터 형성된다.

가스 생산은 채식 후 발효가 최대에 이르는 2～4시간 사이에 가장 활발하게 일어나며, 소의 경우는 일일 약 600 ℓ 까지 생성되는 것으로 알려지고 있다. 생성된 가스는 거의 모두가 트림을 통해 제거되는데, 특히 CH_4는 고에너지 화합물이기 때문에 CH_4의 제거는 사료의 총 가소화에너지 중 약 8%가 손실됨을 나타내는 것이 된다.

㉡ 단백질 : 사료 중의 단백질은 반추위내 박테리아의 분해작용에 의해 펩티드(peptide)를 거처 아미노산으로 되며, 아미노산은 다시 암모니아, 휘발성 지방산 및 탄산가스로 전환된다. 단백질 분해속도는 사료단백질의 용해도에 따라 다르고, 용해하기 쉬운 만큼 빨리 분해된다. 또한 목초 중에 많이 함유하는 질산염(nitrate), 펩티드 및 요소(urea)와 같은 비단백태 질소는 반추위내 미생물에 의해 암모니아로 분해된다. 반추위 내에서 생산된 아미노산과 암모니아는 대부분 미생물의 질소원으로 이용되어 미생물체 단백질로 합성된다.

한편, 단백질과 비단백태 질소의 분해시에 생산된 과잉 암모니아는 제1위벽을 통해 흡수되어 간장의 요소회로에서 요소로 합성되고, 합성된 요소의 일부는 타액선으로 운반되어 타액성분으로서 제1위내에 분비되거나 소량이지만, 또 일부는 제1위벽을 통해 제1위내로 직접 확산되어 들어가서 다시 미생물의 질소원으로 이용된다. 이 과정은 계속적으로 반복해서 일어나며, 이를 **재순환 질소**(recycling nitrogen)라 한다. 또한, 이는 반추동물이 질소를 유효하게 이용하는 방편이기도 하다.

이와 같이 여분의 암모니아는 재순환 질소로서 유용하게 이용되기도 하지만, 반추위내 암모니아 농도가 간장의 요소합성 능력 이상으로 훨씬 초과할 때는 혈액 중에 암모니아가 과도하게 축적되어 암모니아 중독이 발생되는 경우도 있다. 실제 사료를 통하여 단백질과 요소와 같은 비단백태 질소를 너무 많이 급여하면 암모니아는 과잉생산되고, 암모니아 중독의 발생 위험성도 높아진다. 그러므로 암모니아 농도는 반추위내 미생물의 증식에 필요한 질소공급 수준(3～5 mg /dℓ)을 유지하는 것으로 충분하다. 또한 제1위 내에서 합성된 미생물체 단백질과 미생물의 분해를 받지 않은 미분해 단백질은 제4위와 소장으로 유입되어 단백질 소화효소에 의해 아미노산으로 되어 이용된다.

최근에는 사료단백질의 이용성 측면에서 반추위내 미생물의 분해를 받지 않는 미분해 단백질에 대한 관심이 높아지고 있다. 반추위내 분해도(degradability)는 단백질에 따라 다르고, 일부의 사료단백질(옥수수글루텐밀 · 주정박 · 어분 · 혈분 등)은 반추위내 분해도가 낮고, 상당한 부분이 분해되지 않고 반추위를 통과하여 소장에서 소화 · 흡수되는 것으로 알려져 있다.

이와 같이 반추위 미생물의 분해를 받지 않고 반추위를 통과하는 단백질을 루멘 바이패스 단백질(rumen by-pass protein)이라 한다. 특히 단백질 요구량이 높은 고능력우(젖소)의 경우는 미생물체 단백질로 그 요구량을 충족시키기에는 불충분하기 때문에 바이패스 단백질을 통한 단백질 공급을 매우 중요시하고 있다.

㉢ 지 질 : 반추동물의 사료 중 지질 함량은 대부분 5% 이하로 적다. 반추동물이 섭취하는 사료는 주로 조사료와 농후사료로, 목초에는 리놀산(linoleic acid) · 리놀렌산(linolenic acid)과 같은 불포화지방산의 함량이 높은 당지질과 인지질이 주를 이루고 있으며, 농후사료에는 포화지방산 함량이 높은 중성지방이 많이 함유되어 있다. 반추위내 미생물은 사료 지질을 가수분해하여 지방산과 글리세롤 및 당을 유리시키고, 반추위내에 존재하는 풍부한 수소이온(H^+)을 이용하여 불포화지방산을 포화지방산으로 전환시킨다(수소첨가 작용). 또한 미생물은 불포화지방산의 이중결합 위치를 변화시키거나, 정상적인 cis형 이중결합을 trans형으로 바꾸기도 한다.

한편, 가수분해로 유리된 당(糖)과 글리세롤은 미생물 발효에 의해 휘발성 지방산으로 되며, 미생물은 휘발성 지방산을 이용하여 미리스틱산(myristic acid), 팔미틱산(palmitic acid)과 같은 새로운 지방산 및 미생물체 지방을 합성한다. 또한 사료 중에 없는 탄소수가 홀수인 지방산(C_{13}~C_{17})도 반추위 미생물에 의해 합성된다.

이와 같이 반추위 내에서 분해 또는 합성된 지방산과 지방은 소장에서 소화 · 흡수되어 체지방에 축적되므로 반추동물의 체지방 조직에는 다량의 포화지방산과 홀수탄소의 지방산이 존재하게 된다. 특히 반추위 미생물은 사료의 지방 함량이 높으면 이상발효를 일으키기 쉬우므로 지방을 첨가할 때도 총 사료 중 5~7%를 초과하지 않는 것이 좋다. 다량의 지방을 급여할 필요가 있을 때는 카제인(casein)이나 포름알데히드(formaldehyde)로 코팅된 지방(coated fat 또는 protected fat)을 급여하여 미생물의 분해를 방지하도록 해야 한다.

㉣ 비타민 : 반추위 미생물은 반추동물이 필요로 하는 대부분의 수용성 비타민, 특히 비타민 B군(thiamin, riboflavin, pyridoxine, cobalamine, niacin, pantothenic acid, folic acid, biotin, inositol, PABA 등)과 비타민 K를 합성할 수 있다. 그러므로 성장한 반추동물에서는 비타민 B 복합체의 결핍사료를 급여해도 결핍증상을 일으키는 경우는 거의 없으나 사료 중에 코발트(Co)가 부족할 때는 비

타민 B_{12}(cobalamine) 결핍증이 발생되는데, 이는 반추위 내에서 비타민 B_{12}를 합성하는 데 원료로서 코발트가 필요하기 때문이다. 또한 반추위에서 매우 쉽게 분해될 수 있는 탄수화물만을 섭취하였을 때 비타민 B_1(thiamin)의 결핍증이 발생될 수 있다. 비타민 C는 반추위 내에서 파괴되지만, 소장이나 대장의 미생물에 의해 합성되므로 결핍은 일어나지 않는다. 한편, 비타민 A, D, E와 같은 지용성 비타민과 카로틴(carotene)은 반추위 내에서 합성되지 않으므로 사료를 통해 공급해야 한다.

(2) 반추동물에서 영양소의 흡수작용

반추동물은 반추위와 소장에서, 비반추 초식동물은 소장과 대장에서도 영양소의 흡수가 활발하게 일어난다. 특히 반추위에서는 미생물 작용에 의한 발효산물 뿐만 아니라 여러 영양소의 흡수가 활발하게 이루어지고 있기 때문에 반추동물에서 영양소의 흡수는 단위동물 경우와는 달리 소화기관에 따라 설명하기로 한다.

가) 반추위

반추위내 탄수화물의 발효로 생성된 휘발성 지방산은 거의 대부분 단순확산에 의해 제1위벽에서 흡수되며, 나머지의 대부분도 제2위벽과 제3위벽에서 흡수된다. 제1위, 제2위 및 제3위에서 흡수되는 양은 생성된 휘발성 지방산의 90~97%에 이른다. 휘발성 지방산의 흡수는 pH가 낮아지는 만큼 증가하지만, 흡수속도는 휘발성 지방산의 종류에 따라 다르다. pH가 낮은 경우는 낙산 > 프로피온산 > 초산의 순서로 흡수되고, pH가 높은 경우 초산·프로피온산·낙산의 흡수속도는 거의 동일한 것으로 알려져 있다. 흡수된 휘발성 지방산은 제1위 정맥을 통해 문맥을 거처 간장으로 들어간다.

또한, 사료내 질소화합물은 반추위 내에서 아미노산과 암모니아로 분해되는데, 암모니아는 확산에 의해 제1위벽에서 흡수가 일어나며, 암모니아 흡수는 반추위내 암모니아 농도와 pH가 높을수록 잘 흡수된다. 흡수된 암모니아는 문맥을 통해 간으로 이동되며, 간에서 요소로 전환되어 배설 또는 순환 질소로서 이용된다. 아미노산의 일부도 제1위벽에서 흡수되지만 그 정도는 매우 적다.

한편, 무기물의 흡수를 보면 무기물의 대부분은 제1위벽에서 흡수되지만 흡수정도는 매우 복잡하다. Na^+는 제1위내 농도가 낮은데도 제1위벽에서 흡수가 되며, 이는 능동수송에 의한 흡수로 보인다. K^+는 단순확산에 의해 흡수가 되지만 가끔 혈액에서 제1위내로 이동하는 역흡수가 일어나는 경우도 있다. Mg^{++}도 제1위벽에서 흡수가 상당히 잘 되는 것으로 알려져 있으며, Ca^{++}는 제1위벽을 통과하지만 제1위내 용해도가 낮아 그 양은 그리 많지 않다. 또 Cl^-는 제 1위내 농도가 낮은데도 제 1위벽에서 흡수가 잘 되는데, 이는 제 1위와 혈액 간의 전위차와 능동수송 방법에 의해 일어나는 것으로 보인다. PO_4^-는 제 1위내 농도가 높은데도 제 1위벽에서의 흡수는 거의 없다.

나) 제 3위

제 3위에서는 휘발성 지방산과 무기물의 흡수가 일어나며, 휘발성 지방산의 일부는 제 3위벽에서 대사된다. 무기물은 Na^+와 중탄산염의 흡수가 일어나는데 반하여, Cl^-은 혈액에서 제 3위내로 이동되어 제 3위 내용물 중의 Cl^- 농도가 증가한다. 이와 같이 제 3위벽에서의 HCO_3^- 흡수와 혈액에서 제 3위로 Cl^- 분비작용은 제 1위와 제 4위의 서로 다른 소화기전을 원활하게 조화시키는 제 3위의 중요한 역할이라 여겨진다.

다) 소 장

반추동물의 소장에서 일어나는 각종 영양소의 흡수는 단위동물에서와 유사하다(단위동물의 영양소 흡수 참조). 그러나 반추동물이 섭취하는 사료 중의 영양소는 반추위에서 미생물에 의한 소화를 받기 때문에 소장에 도달하는 내용물의 양과 질에서는 단위동물과 다소 차이가 있다.

① 탄수화물

반추동물의 경우는 소장으로 유입되는 전분과 당류가 비교적 적어 소장에서 이들 영양소의 흡수는 양적인 측면에서 볼 때 단위동물에 비해 그다지 중요하지 않다. 그러나 다량의 농후사료를 지속적으로 섭취하는 반추동물에서는 소장에 도달하는 전분량이 사료내 전분의 30～50%에 이른다. 이러한 경우 소장에서 글루코오스의 흡수는 중요하다.

일반적으로, 반추동물의 췌장 아밀라아제나 소장점막의 말타아제 활성은 높지 않은 것으로 이해되어 왔으나, 소장으로 유입되는 전분량이 많아지면 α-아밀라아제와 말타아제 활성이 증가하여 다량의 글루코오스가 소장점막에서 흡수될 수 있는 것으로 알려지고 있다. 또한 반추동물의 소장점막 내에는 이당류인 수크로오스를 분해하는 효소(수크라아제)가 없으며, 특히 포유중인 어린 반추동물에는 전분분해효소의 활성도도 낮아 수크로오스와 전분의 분해 및 흡수는 매우 제한적으로 일어난다.

② 단백질

반추동물의 소장에 도달하는 단백질은 미분해 사료단백질(반추위 미생물의 분해를 받지 않는 것), 미생물체 단백질 및 내생 단백질로 구성되어 있으며, 이들 단백질은 단위동물에서와 같은 방식으로 분해되어 흡수된다.

또한 반추동물은 단위동물에 비해 소장으로 유입되는 단백질 중에 미생물체 단백질이 차지하는 부분이 크고, 소화물의 유입이 비교적 연속적이며, 십이지장에 도달하는 소화물은 높은 산성을 나타낸다. 특히 십이지장으로 유입되는 소화물의 pH는 소장을 통과하는 동안에 서서히 증가하기 때문에 아미노산의 능동수송은 주로 공장과 회장에서 일어나며, 회장에서의 흡수가 더욱 활발하다. 아미노산의 흡수속도는 이소루이신(isoleucine)·아지닌(arginine)·메치오닌(methionine)·발린(valine) 등이 빠르고, 프롤린(proline)·트레오닌(threonine)·글루타민산(glutamic acid)·히스티딘(histidine) 등은 느리며, 글리신(glycine)은 아미노산 중에 가장 느린 것으로 알려져 있다.

또한 소장에서는 아미노산 이외에 디펩티드(dipeptides)와 트리펩티드(tripeptides)가 흡수되는데, 이들 펩티드는 아미노산보다 더 빨리 흡수되며, 소장점막 세포내에 존재하는 디펩티다아제(dipeptidase)에 의해 유리아미노산으로 분해된 다음 혈액으로 이동된다.

③ 지 질

사료 중의 지질은 단위동물의 경우 십이지장 이전에서는 소화가 거의 일어나지 않는데 반하여, 반추동물의 경우는 소장에 도달하기 전에 반추위 미생물의 소화작용에 의해 지질 성분에 상당한 질적 변화가 일어난다. 따라서 제4위로 들어오는 지질 중에는 유리지방산(free fatty acid)이 차지하는 비율이 가장 커서 70~80%에 달하며, 나머지 지질의 대부분은 주로 미생물체 지질에서 유래되는 인지질이 차지한다.

그러나 십이지장으로 유입된 소화물에는 십이지장에서 담즙 분비물의 영향으로 제4위의 소화물에서 보다 에스테르화 지방산과 인지질을 더욱 많이 함유하는 것이 특징적이다. 이러한 지질은 소장에서 쉽게 분해되어 단위동물에서와 같은 방식으로 십이지장 하부와 공장 상부에서 흡수된다.

5. 대장의 소화 및 흡수

단위동물 및 반추동물을 포함한 대부분의 포유동물에서 대장은 맹장(cecum)·결장(colon)·직장(rectum)으로 구성되어 있으며, 직장 끝에서 항문과 연결되어 있다. 대장은 소장에 비해 길이는 짧지만 직경은 훨씬 크며, 동물의 종류에 따라 형태와 크기가 다양하다. 일반적으로, 소화된 영양소의 흡수는 소화관 상부에서 대부분 일어나지만 소화효소에 분해되지 않거나 흡수되지 않은 소화물은 대장으로 이동된다. 대장에서 분비되는 분비물에는 소화효소가 없고, 중탄산염과 점액이 함유된 수용성 분비액이며, 이는 대장을 통과하는 내용물과 대장 내벽에 윤활 역할을 한다.

대장에서 일어나는 소화작용은 반추위에 존재하는 미생물과 비슷한 종류의 미생물에 의해 일어나는데, 특히 섬유소를 분해하는 미생물 작용은 활발하다. 대장에서 생성된 휘발성 지방산, 수분과 전해질은 대장의 상피세포를 통해 흡수되며, 수분의 흡수가 가장 활발하다. 또한 대장에서도 비타민 B 복합체와 미생물체 단백질이 합성되지만, 이들 영양소의 흡수는 제한되어 일어나기 때문에 영양적인 의미는 크지 않는 것으로 보인다.

단위동물 중 돼지는 대장이 비교적 길며, 맹장 및 결장의 대부분이 소낭(小囊, saccule)으로 구성되어 있어 상당량의 소화물을 저장할 수 있다. 따라서 돼지에서는 탄수화물의 미생물 분해작용에 의해 많은 휘발성 지방산이 생성되며, 체내 에너지원으로 이용된다. 가금의 맹장은 쌍으로 된 맹낭(盲囊) 형태의 관으로 되어 있는데, 맹장에서의 미생물 분해는 큰 의의가 없다.

반추동물인 면양의 경우 맹장과 결장은 소낭으로 구성되어 있지 않고 위(胃) 용적에 비해 크기가 비교적 적은 편이며, 섬유소의 분해작용은 활발하여 휘발성 지방산을 생산하지만, 말이나 돼지에 비해 영양적 중요성은 낮은 것으로 알려져 있다. 비반추 초식동물인 말은 다른 어떤 동물보다 크고 복잡한 대장을 갖고 있으며, 특히 결장이 매우 발달되어 있어서 섭취한 사료의 대부분은 결장에서 오랫동안 머무르면서 분해되어 체내로 흡수된다. 특히 말의 섬유소의 분해능력은 다른 어떤 동물보다 훨씬 우수하다.

6. 분과 뇨의 배출

분(糞)은 항문을 통해 대장에서 배설되는 노폐물로 수분, 사료의 미소화 물질, 미흡수 소화액, 소화관 벽의 탈락 상피세포, 담즙, 무기염 및 미생물 등을 포함하고 있다. 분 성분 중 담즙, 소화액, 효소, 탈락 상피세포 및 미생물 등에서 유래된 질소는 **대사분질소**(metabolic fecal nitrogen 또는 endogenous nitrogen)라 한다.

분 색깔은 식물성 색소와 스테르코빌리노겐(stercobilinogen ; 담즙색소로부터 장내 세균의 환원작용에 의해 생성됨)이라는 갈색 색소로부터 생성된다.

분의 냄새는 대장 내용물의 박테리아 분해산물로부터 생기는데, 대장에서 트립토판의 탈아미노 및 탈카복실 반응에 의해 생성되는 방향족 물질인 인돌(indole)과 스케

톨(skatole)에 의해 주로 일어난다. 분의 양과 성분은 동물의 종류와 섭취하는 사료의 성분에 따라 다르는데, 단위동물의 분은 박테리아 세포집단이 주를 이루고 있고, 다량의 조사료를 섭취하는 반추동물의 분은 세포벽 물질이 많은 부분을 차지한다.

한편, 뇨는 혈액으로부터 노폐물이 신장을 통해 배설되는 체액으로 수분, 질소 화합물, 아황산 화합물(sulphurous compounds) 및 전해질을 함유하고 있으며, 특히 신장은 매일 필요에 따라 이들 물질을 제거하여 혈액내 농도를 항상 일정하게 유지하는 기능이 있다. 매일 배출되는 뇨량은 환경온도와 체온에 영향을 받는 음수량, 수분 섭취량, 사료를 통한 질소와 전해질 섭취량 및 호흡률에 따라 매우 다양하다.

포유류의 뇨 중에 배설되는 질소 화합물은 요소(urea)가 가장 많고, 조류의 뇨에는 요산(uric acid)이 풍부하다. 요소는 체내 단백질 대사에 의해 생성되는 질소의 최종 분해산물이고, 요산은 핵산의 산화에 의해 형성되는 것으로 반추동물의 조직에서도 산화되어 반추동물의 뇨 중에 알란토인(allantoin)으로서 배설된다.

이 외에도 동물의 뇨 중에는 소량이지만 질소 화합물로서 암모니아, 크레아티닌(creatinine), 히프릭산(hippuric acid)과 펜아세트릭산(phenaceturic acid) 등이 배설된다. 히프릭산과 펜아세트릭산은 페닐알라닌(phenylalanine)의 미생물 대사에 의해 유도되는 것으로 보이며, 이 두 물질은 어느 다른 동물에서 보다 반추동물과 말의 뇨 중에 훨씬 많은 양이 배설된다. 뇨는 보통 Cl, P, K 및 Na 등과 같은 광물질의 주요 배설통로 역할을 한다.

뇨의 pH는 섭취하는 사료에 따라 다른데, 조사료를 급여하는 반추동물의 경우는 녹색식물에 다량 존재하는 칼륨(K) 때문에 pH 7.4～8.4의 약알칼리성을 유지하며, 단백질 함량이 높은 사료를 급여하는 단위동물이나 반추동물의 경우는 뇨 중에 존재하는 HSO_4^-와 HPO_4^{2-} 때문에 pH 5～7의 약산성을 나타낸다. 뇨의 색깔은 주로 우로크롬(urochrome)이라는 담즙색소의 대사산물에 의해 결정된다.

참고문헌

1. Annison, E.T. and D. Lewis. 1962. Metabolism in the Rumen. Methuen & Co., Ltd. London.
2. Argenzio, R.A. 1993. Digestion, Absorption, and Metabolism. In : M.J. Swenson and W.O. Reece Edition. Duke's Physiology of Domestic Animals(11thed.), Cornell University Press, Ithaca.
3. Bondi, A. B. 1987. Animal Nutrition. John Wiley & Sons, New York.
4. Church, D.C. 1988. The Ruminant Animal : Digestive Physiology and Nutrition. A. Reston Book, Prentice-Hall, New Jersey.
5. Church, D.C. and W.G Pond. 1982. Basic Animal Nutrition and Feeding (2nd ed). John Wiley & Sons, New York.
6. Church, D.C. and W.G Pond. 1988. Basic Animal Nutrition and Feeding(3rd ed.). John Wiley & Sons, New York.
7. Church, D.C. 1979. Digestive Physiology and Nutrition of Ruminants. Oxford Press Inc.
8. Darnell J., Lodish H., and Baltimore D. 1990. Molecular Cell Biology(2nd ed). Scientific American Books.
9. Lassiter, J.W. and H.M. Edwards, Jr. 1982. Animal Nutrition. A Reston Publishing Co., Inc. Virginia.
10. McDonald, P., R.A. Edwards, J.F.D. Greenhalgh. 1981. Animal Nutrition (3rd ed.). Longman Group Ltd., London.
11. Moran, Jr. E.T. 1982. Comparative Nutrition of Fowl and Swine. The Gastroin-testinal Systems. University of Guelph. Ontario.
12. Pond W. G., D. C. Church and K. R Pond. 1995. Basic Animal Nutrition and Feeding(4rd ed.). John Wiley & Sons, New York.
13. Rhoades R. and Pflanzer R. 1996. Human Physiology. Saunders College Publishing.
14. 小野寺良次, 星野貞夫, 板橋久雄, 日野常男, 秋葉征夫, 長谷川信. 1993. 家畜榮養學. 川島書店. 東京都.
15. 축산시험장. 1988. 한국표준사료성분표. 농촌진흥청. 수원.

2

물과 대사작용

1. 수분의 중요성

물(수분)은 동물 체내에서 가장 많은 부분을 차지하고 있는 체구성 성분으로서 체내 대사와 체온 조절의 중요한 기능을 수행하며, 생명을 유지하는 데 필수 불가결한 성분이다. 일반적으로 성숙한 동물의 체수분 함량은 생체중(生體重)의 50～70%, 새로 태어난 동물은 약 90%를 차지한다. 또한 동물은 체내에 존재하는 지방의 대부분과 단백질의 1/2 이상이 소실된 경우에도 생존할 수 있지만, 수분은 체내함량의 약 10～15%만 소실되어도 폐사하는 것으로 알려져 있다. 이러한 사실로 볼 때 물은 생명현상 유지에 가장 중요한 필수 영양소라 할 수 있다. 최근에는 환경오염이 수질에 미치는 영향이 지대하여 음수의 질이 동물체에 미치는 영향 또한 중요하므로 항상 깨끗하고 안전한 물을 동물에게 충분히 공급한다는 것은 매우 중요하다.

2. 수분의 체내 생리적 기능

지상에 존재하는 동물의 모든 생리작용은 물을 필요로 하며, 특히 체조직 내에서 발생되는 대부분의 생화학석 반응뿐만 아니라 많은 화합물의 합성과 분해과정에서도 반드시 물의 첨가나 방출을 수반한다. 물의 생리적 기능과 관련하여 체내에서 발생되는 작용은 크게 대사작용과 체온조절 기능으로 나눌 수 있다.

먼저 물의 생리적 기능에 대해 설명하면 동물 체내의 물은 그 성질에 따라 각종 영양소의 소화, 흡수, 대사, 배설 및 체내 항상성 유지 등과 같이 동물체가 생명을 유지하고 생산활동을 영위하는 데 중요한 역할을 한다.

물은 용매작용의 특성에 따른 이온화 능력이 높기 때문에 체내 세포반응을 촉진하여 영양소의 소화(단백질, 지방 및 탄수화물의 가수분해), 소화된 영양소의 흡수, 체내 대사물의 수송 및 노폐물의 배설 등과 같은 일련의 생리학적 반응이 원활하게 이루어지도록 하며, 또 체액의 분비를 돕는 역할도 한다. 특히 물은 세포내 가수분해작용에서는 화학반응의 기질로서 작용되며, 산화작용 시에는 반응의 산물로서 생성된다.

또한, 물은 체온조절이라는 중요한 작용을 수행하는데, 이는 물 자체가 비열(specific heat)이 높기 때문에 세포반응으로 생긴 열을 흡수하여 온도 상승을 최소화하고, 열전도성이 우수하여 발생된 열을 체내에 고르게 분산시킨다. 또 더 나아가서는 세포내 대사반응에 의해 방출된 과량의 물을 체표면이나 호흡작용으로 증발시켜 체온을 조절한다.

일반적으로, 동물은 땀이나 호흡작용을 통해 1 g 의 물이 액체에서 수증기로 증발 또는 발산될 때는 580 Cal의 열을 방출하는 것으로 알려져 있으며, 열교환 작용시에는 동결된 1 g의 물이 끓을 때는 불과 117 Cal 열량만이 필요하다. 물이 열을 축적하는 능력 특성으로 인해 내적 또는 환경변화에 따라 체온이 갑자기 쉽게 변화하는 것을 방지할 수 있다. 이상과 같이 체내에 존재하는 높은 수분함량, 물의 높은 비열 및 잠재 증발열은 급격한 체온의 변화를 방지하는 생리적 작용을 수행한다. 거세우의 경우 땀을 통해서는 21%, 피부의 증·발산을 통해서는 16%, 그리고 호흡작용을 통해서는 5%의 열손실을 나타낸다고 한다.

또한, 물은 체세포 형태를 유지시켜 동물의 체형을 유지하는데, 이는 물이 세포내에 충만하여 세포가 팽창되고 단단하게 되기 때문이다. 이 외도 물은 관절활액으로서 관절부의 윤활작용, 뇌척수액으로서 신경계의 쿠션작용, 귀에서 소리의 전달, 눈에서 시력과의 관련 등 특수한 역할을 한다.

3. 수분의 체내 공급원

동물이 체내에서 필요한 수분은 주로 음용수, 사료에 함유된 수분 및 대사수(代謝水, metabolic water) 등을 통해 얻으며, 이 중에서 일반적으로 가장 중요한 체내 수분의 공급원은 음용수를 통해서이다. 사료를 통한 수분공급은 사료에 함유된 수분함량에 따라 다르고, 사료의 수분함량은 사료의 종류에 따라 일정하지 않다. 농후사료나 건초와 같이 7~15%의 수분함량을 나타내는 것에서부터 청초(靑草)와 사일리지와 같이 70~90%의 수분을 함유하는 것에 이르기까지 다양하다.

대사수는 체조직 내에서의 대사과정, 주로 영양소(탄수화물·지방·단백질)의 산화에 의해 생성되며, 생성되는 양은 영양소의 종류에 따라 다르다. 탄수화물 1 g이 체

표 2-1. 각 영양소의 대사수 생성률

구 분	산소 요구량(ℓ)		영양소 1 g당 대사수 생성량(g)
	영양소(1 g)	대사수(1 g)	
전 분	0.83	1.49	0.56
지 방	2.02	1.88	1.07
단백질	0.97	2.44	0.40

내에서 산화될 때는 0.6 g의 물(대사수)이 생산되고, 지방 1 g과 단백질 1 g이 산화될 때는 각각 1.1 g과 0.4 g의 물이 생산된다(표 2-1). 이와 같이 영양소 중에는 지방이 산화될 때가 탄수화물과 단백질이 산화될 때보다 훨씬 많은 양의 대사수를 생성한다. 이는 영양소에 따라 화학적 조성이 다르고, 산화할 때 소모되는 산소량이 다르기 때문이다.

예를 들면, 포도당 1몰이 분해되면 $C_6H_{12}O_6 + 6CO_2 + 6O_2 \rightarrow 6CO_2 + 6H_2O + 680$ kcal에서 물이 108 ml(180 × 0.6 g)이 생성된다. 대사수를 통한 수분공급은 동물에 따라 다르지만, 소와 말의 경우는 총수분 섭취량의 5～10%를 차지하며, 일반적인 환경조건 하에서는 그리 중요하지 않는다. 그러나 사막에서 서식하는 캥거루, 쥐 등과 같은 동물에서는 대사수가 매우 중요하다. 일반적으로, 체내에서 영양소를 이용할 때 증가된 호흡량 및 배설과 증발에 의해 손실되는 수분을 보충하는 데는 대사수만으로 부족하기 때문에 많은 양의 수분을 음수나 사료를 통해 섭취해야 한다. 따라서 동물의 수분 섭취량은 사료의 수분함량 등과 같은 조건에 상당히 영향을 받는 것으로 알려져 있다.

사사(舍飼)하는 면양을 예로 보면, 건조사료를 급여할 경우 총수분 요구량의 87.8～88.1%는 음용수에 의해서, 2.1～2.7%는 사료에 의해서, 9.1～10.1%는 대사수에 의해서 이루어지는 것으로 보고되고 있으며(Wallace 등, 1972), 65～70%의 수분을 함유하는 목초를 급여할 때는 음용수는 거의 마시지 않는 것으로 알려져 있다(Hyder 등, 1968).

4. 수분의 흡수와 배설

동물에서 수분의 흡수능력에는 섭취하는 사료의 물리·화학적 성상, 동물의 종류, 환경 조건 등에 따라 큰 차이가 있으며, 거의 모든 소화관 부위에서 쉽게 흡수된다.

반추동물의 경우는 제 1위(rumen)와 제 3위(omasum)에서 수분의 흡수가 일어나며, 반추동물의 제 4위와 단위동물의 위(胃)에서는 일부 수분이 흡수되지만, 오히려 위점막선(腺)으로부터 다량의 수분이 위내로 유입된다. 또한 십이지장에서도 장액, 담즙산과 췌장액이 분비되므로 흡수보다는 수분의 배설이 많으며, 공장·회장·대장 등에서는 수분이 많이 흡수된다. 흡수량은 동물의 종류와 사료에 따라 상이하다.

특히 수분의 이동(흡수와 배설)은 장기(臟器) 사이의 삼투압에 의해 크게 영향을 받는데, 사료섭취 직후의 소화관 내용물에는 영양소와 같은 용질들이 다량 녹아 있어 이것이 삼투압을 증가시켜 반추위나 소장내로 수분을 흘러나오게 한다.

그러나 수분만 섭취할 경우에는 삼투압 관계 때문에 수분은 보다 빨리 그리고 완전히 체내로 흡수된다. 이에 반하여 펙틴(pectin)과 같은 다당류는 소화관 내에서 수분과 함께 겔(gel)을 형성하므로 수분의 흡수를 방해한다. 또한 사료오염, 미생물 독소, 장관내 삼투압 변화, 장관운동 저하 등과 같은 원인에 의해 기인된 설사에도 수분의 흡수장애를 일으킨다.

한편, 섭취된 수분은 대부분 분뇨(糞尿), 폐를 통한 증발, 피부를 통한 발산, 피부 땀샘을 통한 땀 등으로 배출된다. 분과 뇨를 통한 배출은 주기적으로 일어나며, 폐·피부·신장을 통한 수분의 배설도 끊임없이 계속되지만 배설되는 양과 비율은 매우 다양하다.

뇨 중으로 배설되는 물은 신장에서 배설된 노폐물의 용매역할을 하며, 뇨는 주로 단백질의 분해산물(포유동물의 경우 요소, 가금의 경우 뇨산)과 광물질을 함유한다. 특히 농축된 수용액 중의 요소는 조직에 유독하므로 뇨 중 요소는 물에 희석된 후 무독한 농축물로 되어 최종 배설된다.

또한, 뇨를 농축하는 능력은 동물에 따라 다른데, 포유동물은 뇨를 거의 농축할 수 없는데 반하여 가금은 뇨를 농축하는 탁월한 능력을 가지고 있다. 이는 배설되는 물질의 형태와 밀접한 관계가 있으며, 가금은 뇨 중에 단백질의 최종 대사산물로서 주로 뇨산을 배설한다. 이 뇨산은 소량의 수분만이 함유된 반고형물 형태로 분 중에 배설된다. 또 체내에서 단백질이 뇨산으로 분해될 때가 최종 요소로 분해될 때보다 더 많은 대사수를 생산한다. 따라서 뇨 중 수분의 배설량은 뇨산 형태로 배설하는 가금의 경우보다 요소 형태로 배설하는 포유동물의 경우가 더 많다.

반추동물이 뇨를 통해 배설되는 수분의 양을 보면, 면양의 경우 사내(舍內) 온도가 20～26℃에서 건조사료를 급여할 때 뇨량은 수분 손실량의 30～33%에 이르며, 젖소의 경우는 물을 자유급수하거나 제한급수하고, 약간의 열 스트레스를 줄 경우 1일 뇨 배설량은 10～30ℓ 범위를 나타내고, 이는 총 수분 배설량의 24～43%를 차지한다.

분(糞) 중으로 배설되는 수분의 양도 섭취하는 사료와 물의 양, 동물의 종류 등 여러 요인에 의해 영향을 받는다. 반추동물의 분 중 수분 배설량은 다른 동물보다 훨씬 높은데, 소의 경우는 뇨를 통해 배설되는 양과 거의 비슷하며, 68～80% 정도의 수분을 함유하는 분을 배설한다. 일반적으로 섬유성 사료를 섭취하는 동물에서는 분을 통해 많은 양의 수분을 배설하지만, 면양과 같이 펠렛(pellets) 형태의 분을 배설하는 동물의 경우 분은 50～70% 정도의 수분을 함유하며, 분 중 수분 배설량은 총 수분 배설량의 13～24%를 나타낸다.

폐를 통한 증발 및 피부를 통한 발산과 같은 무감지 수분 손실은 특히 땀이 나지 않는 온도와 땀샘이 없는 동물의 경우 전체 수분 손실 중에 상대적으로 매우 높은 비율을 차지하고 있다. 예를 들면, 기온이 높을 때 땀을 흘리는 소에서 폐를 통해 소실되는 수분의 양은 전체 수분 손실량의 약 50%를 차지한다. 그러나 피부를 통한 발산으로 손실되는 수분의 양은 그리 많지 않다.

땀을 통해 배출되는 수분은 특히 땀샘이 신체에 잘 발달된 인간과 말의 경우 매우 높다. 땀은 체내 열 분산에 중요한 역할을 하며, 호흡에 의한 열손실에 비해 약 400%의 효율성이 있다. 일반적으로, 땀샘이 잘 발달된 동물이 더위에 대한 저항성이 강하며, 특히 땀샘이 발달되어 있지 않는 동물인 개나 닭은 호흡작용에 의해서, 돼지는 물이나 차광(遮光)에 의해 체온이 증가하지 않도록 주의해야 한다.

5. 체수분의 구성 및 수분섭취 조절

1) 체수분의 구성

동물체의 수분함량은 연령, 체지방의 함량 등에 따라 매우 다양하다. 태아와 갓 태어난 새끼는 체 구성에서 수분함량이 매우 높고, 성장 초기에는 수분이 급격히 감소하지만, 그 후는 서서히 감소하여 성축의 수준에 이른다.

소・돼지・쥐・생쥐・물고기・새 등 비교적 여러 동물 종류에서 체내 수분함량은 지방을 제외하고 나타낼 때 평균 70～75%(평균 73%)의 매우 일정한 비율을 나타낸다고 알려져 있다. 따라서 체지방과 수분함량을 알면 체조성 성분 함량은 쉽고 정확하게 측정할 수 있다. 체내 수분의 함량 측정방법에는 여러 가지 방법이 있으나 염색물질(dye), 중수(重水, deuterium oxide) 혹은 삼중수소(tritium) 등을 경정맥 내에 주입하여 시험물질의 희석량을 측정하여 간접적으로 평가할 수 있다. 체조직내 지방의 함량은 다음 공식에서 계산할 수 있다.

$$\text{지방 } \% = 100 - \frac{\text{수분함량}(\%)}{0.732}$$

체내에 존재하는 수분의 구성을 살펴보면 세포내액(intracellular fluid)이 체중의 약 40% 이상으로 가장 많은 비율을 차지하고 있다. 대부분의 세포내액은 근육과 피부내의 세포 속에 존재하는데, 소량은 다른 체조직에서도 일부 존재하고 있다. 세포외액(extracellular fluid)은 간질액의 구성성분으로, 주로 세포와 세포 사이에 혈장, 림프, 윤활액(synovial fluid) 및 뇌척수액(cerebrospinal fluid) 형태로 존재한다. 세포외액은 체내 수분 중 두 번째로 많으며, 체내 수분의 1/3을 차지하고 있다. 특히 혈장은 체외 수분의 약 6%를 차지하고 있으며, 그외 많은 수분이 소화관과 뇨관에 존재한다.

수분은 세포막을 매우 쉽게 통과하여 이동하며, 세포 사이로 이동할 때는 주로 삼투압과 유체압력의 차이와 에너지가 필요하지 않는 수송방법에 의해 이루어진다. 소화관을 통해 흡수된 수분은 혈액과 림프액을 통해 세포내액으로 이동된다. 혈액의 양은 특히 혈장에 존재하는 주요 양이온인 Na에 의해 주로 조절된다.

소화관에 존재하는 수분의 양은 같은 동물종에서도 매우 다양한데, 섭취하는 사료량과 형태에 따라 큰 영향을 받는다. 이미 앞에서 언급한 것처럼 체내 수분의 함량은 연령과 체지방의 함량에 반비례적 관계가 있는 것으로 알려져 있다. 건유중인 젖소보다는 비유중인 젖소에서 더욱 많은 체내 수분을 함유하고 있으며, 세포외 수분함량은 어린 숫송아지가 암컷에 비해 훨씬 많은 것으로 알려져 있다.

또한, 체내 수분이 저류하는 시간을 살펴보면 단위동물이 반추동물에 비해 저류시간이 짧으며, 낙타는 말이나 소에 비해 체내 수분이 오래 머문다고 알려져 있다. 수분이 체내에 저류하는 시간은 온도와 습도 같은 환경온도 그리고 뇨나 분을 배출하는 요인으로 작용하는 NaCl과 같은 물질 등의 섭취와 밀접한 연관이 있다.

2) 체수분의 섭취 조절

수분섭취 조절 기능은 매우 복잡한 생리적 기전을 나타낸다. 체조직내 탈수현상이 일어날 때 수분의 섭취가 개시되지만, 체조직에 수분을 공급할 필요가 없는 상태에서도 음수는 시작된다. 동물이 갈증을 느낄 때 타액의 분비는 감소되고, 입 안과 목 안이 건조되어 음수를 자극한다. 혈장 용적 감소도 수분의 섭취를 자극하며, 입 안에 존재하는 삼투압 수용기(osmotic receptor) 역시 음수에 영향을 미친다. 대부분의 동물은 사료를 섭취할 때 물을 섭취하며, 음수 빈도는 기온 및 사료 섭취량과 밀접한 연관이 있다.

또한, 체수분의 섭취 조절은 갈증과 함께 레닌(rennin), 항이뇨호르몬(antidiuretic hormone ; ADH)과 같은 호르몬에 의해 이루어진다. 작용기전은 동맥내 혈압의 감소와 함께 레닌이 신장에서 분비되어 혈류 중에 존재하는 앤지오텐신 I와 II(angiotensin I, II)를 연속적으로 활성화시켜 수분과 염(鹽)의 배설량을 억제한다.

항이뇨호르몬은 뇌하수체 후엽에서 분비되는데, 신장의 세뇨관에서 수분의 재흡수를 도와 수분의 손실을 방지한다. 체내에서 수분의 섭취와 배설의 변화는 주로 삼투압 농도에 의해 조절되는데, 이와 같이 체내와 체내액의 이동은 삼투압 농도를 유지하는 데 매우 중요한 역할을 한다.

6. 수분의 요구량

동물 체내의 물 흡수와 배설은 섭취하는 사료와 환경요인에 의해 크게 영향을 받기 때문에 아주 특별한 경우를 제외하고는 어떤 동물에 대한 물 요구량을 결정하기란 쉽지 않다. 동물에서 물 요구량은 동물의 종류, 사료의 물리적 성상, 체내 보수력, 동물의 활동, 임신, 비유 및 환경온도 등 수많은 잠재적 요인에 의해 달라진다.

또한, 물 섭취량은 체내 열 생산량 및 에너지 소비량과도 관계가 있는 것으로 알려져 있다. 특히 동물이 열 스트레스를 받지 않는 환경하에서 물 요구량은 체표(體表) 면적과 밀접한 관계가 있으며, 건물 섭취량과 물 섭취량과는 직선적인 상호관계가 있는 것으로 알려져 있다. 그러나 온도가 스트레스 수준으로 상승하면 즉시 사료 섭취량은 감소되고, 물 섭취량은 크게 증가된다.

1) 사료 요인

정상적인 기온 하에서 건물 섭취량은 수분의 섭취와 밀접한 관계가 있으며, 사료의 수분함량은 음수량에 영향을 미친다. 특히 수분함량이 높은 목초를 섭취할 때 수분의 섭취량이 영향을 받는다. 수분 섭취량에 영향을 미치는 또 다른 요인은 단백질의 섭취량으로서, 단백질의 수준이 증가하면 뇨 중으로 질소 배설이 증가된다.

반추동물의 사료내 주된 질소원으로 요소를 공급할 때는 순단백질을 함유하는 사료를 급여할 때보다 뇨의 배설량이 늘어난다. 어린 동물이 우유를 섭취할 경우, 특히 기온이 높을 때는 추가적으로 수분을 공급해야 한다. 비록 우유 중 수분함량이 85~88%로 높지만, 우유 중에는 단백질 함량이 높아 뇨의 배설이 촉진되기 때문이다.

다량의 지방 사료를 섭취할 때도 수분의 섭취를 증가시키며, 사일리지를 섭취할 때도 뇨의 배설량을 증가시키므로 간접적으로 수분의 섭취를 증가시킬 수 있다(표 2-2). 소금(NaCl)과 같은 염의 섭취도 동물에 따라 차이는 있지만 수분의 섭취를 증가시킨다.

표 2-2. 물 섭취량과 목초내 수분함량과의 상관관계

물 섭취량 ℓ/ kg, 사료 건물	목초의 수분함량, %
3.7	10
3.3	30
2.9	50
2.0	65
1.5	70
0.9	75

Hyder 등(1968)

2) 환경 요인

고온은 물의 섭취를 증가시키는 가장 주된 요인이 된다. 고온으로 인한 스트레스와 함께 습도가 높을 때도 물 요구량이 증가되는데, 이는 체표면과 폐를 통한 열 손실(수분의 증·발산)이 감소되기 때문이다. 사내(飼內)에서 사육하는 동물의 경우는 수조(水槽)의 형태와 접근성, 청결도 등과 방목하는 동물의 경우는 물을 섭취할 수 있는 곳과의 거리가 물의 섭취 빈도와 양에 중요한 영향을 미친다.

3) 물의 요구량

동물에서 물 요구량은 앞에서 언급한 바와 같이 동물의 종류, 사료조건, 생리적 상태(임신, 비유), 환경온도 등과 같은 수많은 요인에 의해 영향을 받는다. 특히 물 섭취량은 건물 섭취량과 밀접한 관계가 있으며, 일반적으로 건물 1 kg을 섭취할 때 2~5 kg의 물을 섭취하는 것으로 알려져 있다.

또한, 사료내 조사료 수준이 증가할 때도 물 요구량이 증가하는데, 사료 중에 비소화물질의 비율이 높으면 높을수록 분 배설량의 증가와 함께 분 중 수분 배설량이 많아져 물 요구량이 증가하게 된다. 또 물 요구량은 체내 수분의 보존능력과 환경온도에 따라서도 다르며, 수분을 보존하는 능력을 가진 동물은 요구량이 적다. 소는 면양에 비해 체내 수분 보존능력이 비효율적이어서 더 많은 물을 요구한다. 외기온의 상승과 습도가 높을 때도 물의 섭취량은 증가한다. 그림 2-1은 외기온과 소 품종에 따른 음수량 관계를 나타내고 있다.

또한, 물 요구량은 동물의 연령과 종류에 따라 다른데, 어린 동물은 체중 단위당으로 볼 때 성축보다 요구량이 많고, 비유중이거나 산란중인 동물은 우유나 계란생산 때문에 요구량이 증가하게 된다. 임신중인 동물에서도 요구량은 증가하며, 태아의 수가 많을수록 섭취량은 많아진다. 동물의 종류 간에도 물 요구량에는 다소 차이가 있어 조류는 포유동물에 비해 요구량이 적다. 성숙한 소는 사료 건물 kg당 3~5 kg의 물을 필요로 하며, 어린 송아지는 건물 kg당 6~8 kg의 물을 섭취한다. 돼지의 물 섭취량은 건물 kg당 2~2.5 kg이고, 말과 가금은 건물 kg당 2~3 kg이다. 각 동물별 1일 물 요구량은 표 2-3에 나타내었다.

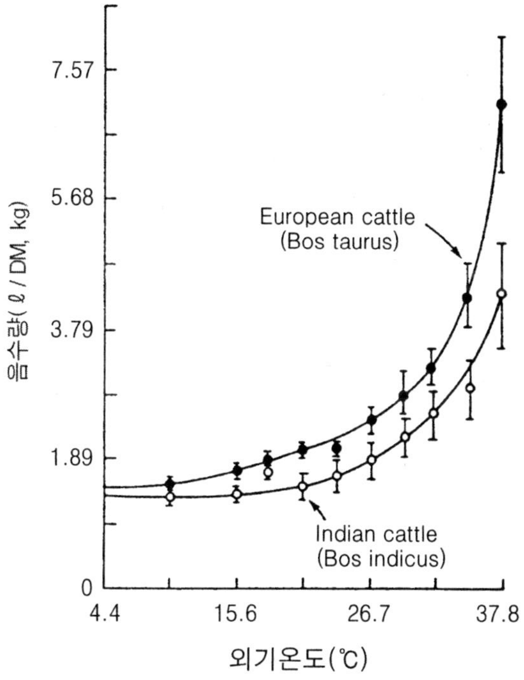

그림 2-1. 동물(소)에서 품종에 따른 물의 요구량

표 2-3. 각 동물별 물 요구량(성축 기준)

동 물 종	ℓ/일(日)
비육우	22~66
젖 소	38~110
면양, 산양	4~15
말	30~45
돼 지	11~19
닭	0.2~0.4
칠면조	0.4~0.6

NRC(1974)

4) 수질(水質)

일반적으로 수질(water quality) 측면에서 인간이 음용할 수 있는 물은 동물이 안전하게 섭취할 수 있으며, 특히 동물은 인간보다 높은 염의 농도에서도 저항성이 강하다고 알려져 있다.

수질은 사료 섭취량에 직접적인 영향을 미치는데, 동물은 오염된 물을 섭취할 경우 음수량이 감소하고, 이에 따라 사료 섭취량도 감소한다. 음수량에 영향을 미치는 요인은 다양한데, NaCl과 같은 염(鹽) 성분은 물의 기호성을 감소시킬 수 있다. 다량의 염을 섭취할 경우에는 중독성이 나타날 수 있는데, 질산염 · 불소 및 일부 중금속 성분을 함유한 염은 기호성에는 큰 영향을 미치지는 않지만 동물 체내 독성을 유발시킨다. 그외 여러 종류의 병원성 미생물, 조류(藻類, algae), 프로토조아, 탄화수소, 유성물질, 살충제, 산업용 화학물질 등이 물의 기호성에 영향을 미치거나 독성을 초래한다. 물에서 발견되는 광물질 중 탄산염 · 중탄산염 · 황산염 · Cl · Ca · Mg · Na · K와 같은 성분은 물에 다량 존재할 수 있다.

일반적으로, 황산염이 일정 농도로 존재할 때는 탄산염이나 Cl보다 동물에게는 더욱 해롭다. 식염 공급도 고능력 젖소에게 영향을 미치는데, 적정량의 식염을 급여할 때는 물 섭취량이 증가되고, 사료 섭취량과 산유량은 약간 감소되는 정도이지만, 고수준의 식염을 급여할 때는 사료 섭취량과 산유량이 더욱 심하게 저하된다. 표 2-4와 표 2-5에서는 음용수내 염의 농도가 동물에 미치는 영향을 나타내었다.

한편, 물에는 체내 독성을 유발할 수 있는 중금속 및 화학물질을 함유하고 있으나 체내 독성 유발에 관한 연구는 상당히 제한되어 있다. 음용수로 섭취하는 독성물질은 단기간 섭취할 경우 독성이 비교적 약하지만, 장기간 만성적으로 섭취할 경우에는 체

표 2-4. 식염(NaCl) 공급이 고능력 젖소의 사료 섭취량, 음수량, 호흡률, 직장 온도 및 산유량에 미치는 영향

구 분	수돗물 공급	식염수(2,500 ppm)
사료섭취량, kg/일		
건초	12.2	11.4
곡류	8.1	8.0
수 분	136	145
산유량, kg	34.8	32.9
호흡률/min	78.4	78.6
직장 온도, ℃	39.4	39.1

Jaster 등(1978)

표 2-5. 동물의 음용수내 염의 농도가 동물에 미치는 영향

음용수내 염의 수준	동물에 미치는 영향
1,000 mg 이하	가금을 비롯한 모든 축종에서 안전함
1,000～5,000 mg	적응되지 않은 동물에서는 일시적으로 설사 유발 가능
3,000～7,000 mg	가금을 제외한 모든 동물에 허용되는 수준이지만 설사 유발 가능
7,000～10,000 mg	가금과 돼지에는 부적절하며 임신, 비유중인 소, 말, 면양, 어린 동물의 경우 음용수로 부적격
10,000 mg 이상	모든 동물에 음용수로 불가능함

NRC(1974)

내에 직접적으로 유해한 영향을 미친다.

유해정도는 동물의 종류, 연령, 건강상태 등에 따라 많은 차이를 보인다. 동물의 성장, 생산성, 번식 등에는 직접적인 영향을 미치지 않지만 체내 세포조직에 영향을 미치므로 질환이나 기생충 감염 등에 민감하게 된다. 미량원소 중 일부는 동물 체내에는 무독하지만 고기・우유・계란 등의 체조직에 축적되어 인간이 섭취하게 되므로 상당한 주의를 요한다. 그러나 이들 원소들은 물 속에 미량이 용해되어 존재하므로 동물에는 큰 영향을 미치지 않는다.

이러한 종류의 중금속은 Fe・Al・Cr・Co・Cu・Mn・Mo・Zn 등이며, 이들 물질은 체내에 축적되지 않는 것으로 알려져 있다. 반면에 Pb・Hg・Cd 등과 같은 무기물은 체내에 축적될 경우 급성이면서 잠재적으로 매우 독성이 높아 오염된 축산물을 인간이 섭취할 경우 유독하다. 이들 무기물은 사료・생리・환경 등 수많은 요인에 의해 영향을 받기 때문에 정확하게 독성을 평가할 수는 없지만, NRC(1974)에 제시된 최대 허용범위 및 동물체에 미치는 영향을 보면 표 2-6에 나타낸 바와 같다.

그러나 동물이 필요한 일부 필수 광물질은 지표수를 통해 섭취 가능하므로 특히 Na・Ca・S와 같은 성분은 상당량이 음용수로 통해 공급될 수 있다. 따라서 체내 필요한 광물질을 급여하는 데 음용수는 중요한 수단이 될 수 있다.

최근에는 nitrate나 nitrite 등이 토양 속에 널리 오염됨에 따라 종종 음수에서 검출되고 있다. 음수에 존재하는 수준의 nitrate(NO_3)는 1,320 mg/ℓ 수준까지 동물들에게 비교적 내성이 있지만, nitrate의 환원형인 nitrite(NO_2)는 장관에서 쉽게 흡수되어 독성수준(33 mg/ℓ)에 이른다. 독성수준에서 혈중 nitrite는 헤모글로빈의 철(Fe)을 메트헤모글로빈으로 산화시켜 헤모글로빈이 산소를 운반하지 못하게 된다.

또한, 음수에 존재하는 nitrate는 세균에 의해 nitrite로 환원되므로 만약 음수에 다

표 2-6. 동물의 음용수내 무기물의 허용 수준 및 체내 독성

분 류	최대 허용 범위(mg/ℓ)	체내 독성	비 고
Aresenic	0.2～0.5	독성 미약, 체내 축적	무기산화물 형태, 심층수에 존재
Boron	10.0	독성 미약, 생산성 저하	< 4 mg / ℓ 존재, > 450 mg / ℓ 성장저해
Cadmium	0.05～0.5	독성 강함, 사료섭취량 감소, 생산성 저하	신장과 간장에 축적
Chromium	1.0～5.0	식욕감퇴, 생산성 저하	산업폐기물에 존재, 체내 흡수율 낮음
Cobalt	1.0	식욕감퇴, 성장률 감소, 빈혈	
Copper	0.5	독성 강함, 성장률 감소, 뇌손상, 폐사	필수 광물질로 자연계에 광범위하게 존재
Cyanide	미정	독성 강함, 생산성 저하, 폐사	
Fluoride	2.0～3.0	체내 축적 미미, 번식률 저하	불소성 경화증이 위험
Iron	미정	설사, 성장률 저하, 폐사	철이 다량 함유된 관개 목초지 위험
Lead	0.1	독성 강함, 체조직 및 우유에 축적, 폐사	체내 축적률이 높음
Manganese	미정	성장률 저하	
Mercury	0.1	독성 강함, 뇌·간·신장에 축적, 폐사	축산물로 인간이 섭취시 유독
Molybdenum	100.0	독성 미약, 생산성 저하	관개 목초지에 축적시 위험
Nickel	1.0	성장률 감소 및 체중 감소	
Nitrate-N	0.1	성장률 저하, 생산성 감소, 설사, 폐사	유기질 비료 및 하수지역에 존재
Nitrite	0.1	성장률 저하, 생산성 감소, 설사, 폐사	유기질 비료 및 하수지역에 존재
Selenium	0.1	성장률 저하, 털 손실, 관절 손상, 폐사	
Vanadium	0.1～1.0	성장률 저하, 생산성 감소, 설사, 야윔	
Zinc	25.0	체중 감소, 생산성 감소	자연계 및 산업지역에 존재, 독성 미약

NRC(1974)와 CAST(1974)

량의 nitrite가 존재할 경우 미생물오염 역시 의심된다. 이러한 경우 인체와 동물에 치명적인 위해요소로 작용한다.

5) 수분의 결핍현상

동물은 체내 생리적 현상 및 항상성 유지를 위해 지속적으로 물을 공급받아야 한다. 그러나 물의 공급이 제한되면 체내 이상(異常)을 초래하는데, 물의 공급이 조금 부족하게 되면 먼저 사료 섭취량과 생산성 감소가 나타나며, 분과 뇨로 배출되는 수분의 양이 현저히 떨어진다. 더욱 심하게 수분의 공급이 제한되면 탈수현상이 일어나 체중 감소가 급속히 일어난다. 탈수현상은 신장을 통해 수분 손실과 함께 질소 및 Na^+와 K^+와 같은 전해질의 배출을 증가시킨다.

수분의 공급 제한은 기온이 높을 때 동물에 더욱 큰 타격을 주게 되며, 이 때는 탈수현상 이외에도 체온을 조절하는 기능이 상실되어 맥박과 직장 온도가 증가되고, 호흡률도 증가된다. 결국에는 혈액 농축현상이 발생하고, 세포내・외액과 기타 체수분의 손실이 현저히 증가되며, 구토 증상을 나타내고, 근육운동의 곤란을 초래하게 된다. 또한 동물은 극도의 신경과민이 되고, 성질이 거칠어진다. 심한 수분 결핍이 너무 오래 계속되면 결국 동물은 쇠약하여 폐사하게 된다.

참고문헌

1. Bondi, A.A. 1987. Animal Nutrition. John Wiley & Sons, Inc. New York.
2. CAST (Council for Agriculture Science & Technology). 1974. Quality of water for livestock, Report No. 26. CAST, Ames, IA.
3. Church, D.C. and W.G Pond. 1988. Basic Animal Nutrition and Feeding (3rd ed.). John Wiley & Sons, Inc, New York.
4. Pond, W. G. D. C. Church and K. G. Pond. 1995. Basic Animal Nutrition and Feeding (4rd ed.). John Wiley & Sons, Inc, New York.
5. Houpt, T.R. 1993. Water Balance and Excretion.. In : M.J. Swenson Duke's Physiology of Domestic Animals (11th ed.). Ithaca and London : Cornell University Press Ithaca.
6. Hyder, D.N., R.E. Bennent and J.L. Norris. 1968. J. Range Management. 21 : 392.
7. Jaster, E.H., J.D. Schuh and T.N. Wegner. 1978. Physiological effects of saline drinking water on high producing dairy cows. J. Dairy Sci. 61 : 66~71.
8. McDonald, P., R.A. Edwards and J.F.D. Greenhalgh. 1981. Animal Nutrition (3rd ed.). Longman Group Ltd., London.
9. NRC. 1974. Nutrients and Toxic Substances in Water for Livestock and Poultry. Nat. Acad. Sci., Washington, D.C.
10. Squires, V.R. 1988. Water and its function, regulation and comparative use by ruminant livestock. In : D.C. Church, The ruminat Animal Digestive Physiology and Nutrition, Pretence Hall. New Jersey.
11. Wallace, J.D., D.N. Hyder and K.L. Knox. 1972. Water metabolism in sheep fed forage rations differing in digestibility. Amer. J. Vet. Res. 33 : 921.
12. Winchester, C.F. and M.I. Morris. 1956. Water intake rates of cattle. J. Animal Sci. 15 : 722~740.

3

탄수화물과 대사작용

1. 탄수화물의 정의

탄수화물(炭水化物, carbohydrate)은 $(CH_2O)_n$형태를 나타내어 분자식 혹은 실험식으로만 보면 탄소와 물의 결합으로 보인다. 탄수화물이라는 이름도 탄소의 수화물(水化物)이라는 의미에서 만들어진 이름이며, 탄수화물의 구조가 밝혀지기 전에는 화학자들이 탄소와 물을 섞어 이런 저런 방법으로 탄수화물을 합성하고자 시도하기도 했었다.

탄수화물의 기본 구성성분 중 하나인 포도당은 광합성의 일차적인 생산물이며, 글리코겐(glycogen)이나 녹말(amylose) 형태로 생체내에 저장되어 있다가 필요할 때 사용되는 3대 영양소 중의 하나 정도로만 생각되어 왔다.

그러나 최근에 와서 세포막을 이루는 단백질이나 지방들이 많은 경우에 탄수화물과 결합된 당단백질(glycoprotein) 혹은 당지질(glycolipid)의 형태를 유지하고 있음이 밝혀졌고, 이 때 탄수화물 올리고머(oligomers)들이 세포간 신호전달 및 세포성장

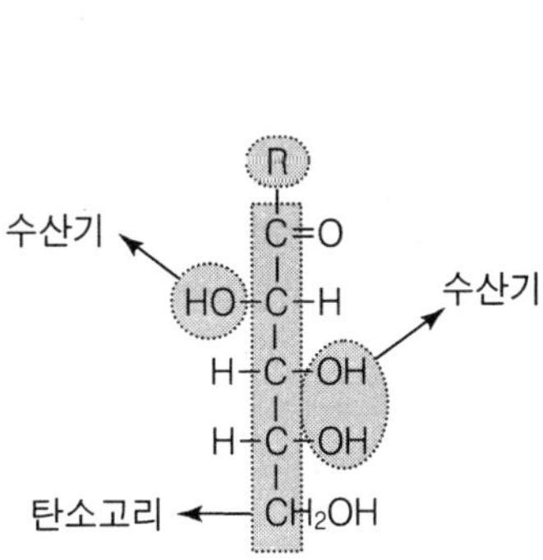

그림 3-1. 탄수화물의 화학적 기본 구조

과 분화 조절에 중요한 역할을 담당한다는 사실이 속속 밝혀지고 있다. 뿐만 아니라 혈액형을 결정하는 항원구조 역시 혈구 세포막 외부에 자리한 탄수화물이며, 인간 면역결핍바이러스(human immunodificiency virus ; HIV)를 비롯한 병원체들이 결합하는 데도 탄수화물 구조가 중요한 역할을 함으로써 면역계 조절 및 암 치료에도 중요한 단서가 되고 있기도 하다.

탄수화물(넓은 의미로 당류, 당질이라 부르기도 함)의 기본단위인 단당류는 탄소(C)・수소(H)・산소(O)의 구성 비율이 1 : 2 : 1로 되어 있다. 그리고 산소 원자수가 일반식보다 하나 적은 것(디옥시리보오스 등)도 탄수화물에 포함시킨다. 탄수화물을 화학적으로 정의하면, 탄소고리에 여러 개의 수산기(水酸基, hydroxyl group, OH)와 1개의 알데히드(aldehyde) 또는 케톤(ketone)이 결합된 기본 구조를 가진 화합물이다(그림 3-1). 여기서 R이 수소(H)일 경우에 **알도오스**(aldose)라 하고, R이 CH_2OH일 경우에 **케토오스**(ketose)라 한다.

2. 탄수화물의 합성

탄수화물은 식물잎의 엽록소(葉綠素, chlorophyll)에서 탄산가스(CO_2)와 물이 햇빛에 의한 광합성 작용(photosynthesis)에 의하여 합성된다.

따라서 탄수화물은 자연계에 널리 분포되어 있어서 구하기 쉽고 또 값이 가장 싼 에너지원으로, 주로 식물체에 다량 존재한다. 이 지구상에서 1년 동안에 물과 이산화

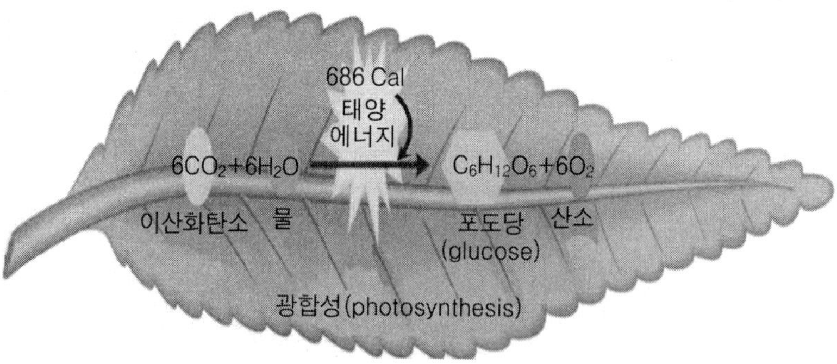

$$\text{물}(6H_2O) + \text{이산화탄소}(6CO_2) \xrightarrow[\text{엽록소}]{\text{식물}} \text{포도당}(C_6H_{12}O_6) + \text{산소}(6O_2) \quad \Delta G^\circ = -673\ \text{kcal/반응}$$

그림 3-2. 광합성 작용에 의한 포도당의 생성과정

탄소를 이용하여 합성되는 탄수화물의 양은 약 1천억 톤(ton)에 달하는 것으로 추정되며, 주로 식물의 목질부와 종자 그리고 뿌리와 줄기 등에 저장 탄수화물의 형태로 존재한다. 이는 동물의 주요 영양소(에너지원)로 이용된다. 동물체 내에서 탄수화물은 에너지원으로 이용되고, 나머지는 체지방으로 전환되어 저장되기 때문에 실제 탄수화물은 혈액내의 포도당(glucose)과 간 조직 등에 일부 글리코겐(glycogen)으로 저장되므로 소량만이 존재한다. 특히 반추동물은 인간이 식량자원으로 이용하지는 못하지만 자연계 탄수화물의 85% 이상을 차지하고 있는 섬유질을 주식으로 하므로 폐기될 수밖에 없는 자원을 활용하여 영양가 높은 고품질 단백질 식품을 생산하고 있다.

태양에너지로부터 만들어진 초식자원을 이용하여 동물성 영양소를 생산한다는 것은 반추동물의 가장 큰 장점이다. 이는 반추위내에 서식하는 여러 종류의 미생물의 작용에 의해 가능한 일이며, 궁극적으로는 이 미생물들이 분비하는 효소의 작용에 의해서 일어난다.

3. 탄수화물의 분류

탄수화물은 탄수화물의 기본 성질을 유지하는 최소 단위(단당류) 내에 함유된 탄소수와 단당류가 2개 이상 결합된 탄수화물은 결합된 단당류 수에 따라 구분하는 방법이 주로 이용된다.

따라서 한 분자의 탄수화물은 **단당류**(單糖類, monosaccharide)로 부르고, 단당류는 다시 탄소수에 따라 삼탄당(triose) 내지 칠탄당(heptose)으로 분류하는데, 삼탄당의 경우는 한 분자(단당류) 내에 탄소(C)가 3개 결합되어 있다는 뜻이다. 탄수화물은 한 분자에 단당류가 2개에서 10개 미만이 결합되어 있으면 소당류(小糖類) 또는 과당류(oligosaccharide)라 부르고, 단당류가 10개 이상 많은 수가 결합된 탄수화물을 **다당류**(多糖類, polysaccharide)로 구분한다.

자연계에 존재하는 탄수화물은 넓게 당분(sugar)·전분(starch)·섬유소(cellulose)로 구분되는 경우도 있는데, 당분은 단당류 또는 소수의 단당류만이 결합된 상태로 과일이나 사탕수수 등에 많이 존재하고, 다당류인 전분(녹말)은 식물이 자체 번식을 위한 영양소 저장수단으로 이용되므로 종자나 영양줄기 및 뿌리에 존재하며, 섬유소는 식물의 형태유지를 위해 식물의 잎·줄기·뿌리에 다량 존재한다. 이때 당분과 구분하기 위하여 다당류를 비당분(non-sugar)으로 구분하기도 한다.

또한, 탄수화물이 비탄수화물과 결합한 물질도 식물이나 동물체에 많이 존재한다. 오탄당인 리보오스(ribose)는 아데노신트리포스페이트(adenosinetriphosphate ; ATP)

의 구성물질로 세포내 에너지 운반에 중요한 역할을 담당하기도 한다. 탄수화물과 지방의 중간 성질을 나타내는 글리세롤(glycerol)과 같은 물질도 있다.

단당류의 실험식은 $(CH_2O)_n$이며, 소당류와 다당류의 실험식은 $C_nH_{2n-2}O_{n-1}$로 나타내는데, 구체적인 탄수화물을 분류하면 다음과 같다.

1) 단당류

(1) 삼탄당(트리오스 ; trioses, $C_3H_6O_3$)

① 글리세르알데히드(glyceraldehyde ; aldotriose)

② 디히드록시아세톤(dihydroxyacetone ; ketotriose)

삼탄당은 식물이나 동물 혹은 미생물의 세포 내에서 포도당의 해당과정(glycolysis)에서 생성되는 탄수화물의 중간 대사산물이므로 자연계에서는 잘 발견되지 않는다.

(2) 사탄당(테트로스 ; tetroses, $C_4H_8O_4$)

① 에리트로스(erythrose)

사탄당도 자연계에서는 잘 발견되지 않으나 에리트로스는 화학적으로 아라비노오스(arabinose)로부터 생성될 수 있으며, 오탄당 인산염회로에서 반응물질로 작용한다.

(3) 오탄당(펜토오스 ; pentoses, $C_5H_{10}O_5$)

① 리보오스(ribose)

② 아라비노오스(arabinose)

③ 크실로오스(xylose)

오탄당은 자연계에서 유리상태로 존재하지 않는다. 리보오스는 동물의 핵단백질이나 비타민 B_2의 구성성분으로 존재하며, 아라비노오스는 고무나무에 많이 들어 있고, 크실로오스는 목당(木糖, wood sugar)이라고도 하며, 목재 및 볏짚 등에 많이 들어 있다. 오탄당은 동물의 영양소로 중요한 역할을 하지만, 체외에서 흡수된 것은 동물이 이용하지 못하고 거의 전부 분이나 뇨로 배설된다. 그러나 반추동물의 반추위에서 발효되어 흡수되면 중요한 에너지원으로 이용된다.

(4) 육탄당(헥소오스 ; hexoses, $C_6H_{12}O_6$)

① 포도당(glucose)

② 과당(fructose)

③ 갈락토오스(galactose)

④ 만노오스(mannose)

육탄당은 자연계에서 가장 많이 존재하고, 단당류 중에서 가장 중요한 탄수화물이며, 이당류 또는 다당류의 구성성분이 된다. 포도당은 포도당 또는 덱스트로스(dextrose)라고도 하며, 포도를 비롯한 각종 과실, 벌꿀 및 동물의 혈액에 많이 들어 있다. 과당은 과일당이라는 의미에서 과당(果糖, fruit sugar) 또는 레부로스(levulose)라 부르며, 과일이나 벌꿀에 많이 존재한다. 갈락토오스는 동물체의 유선에서 우유가 합성될 때 포도당이 변하여 된다. 만노오스는 자연계에 유리된 상태로는 거의 존재하지 않으며, 여러 단당류가 결합된 다당류인 만난(mannan) 상태로 식물체에 다량 존재한다. 동물사료로서 또는 대체 대사물질로서 육탄당은 영양학상 매우 중요한 역할을 한다.

(5) 칠탄당(헵토오스 ; heptoses, $C_7H_{14}O_7$)

① 세도헵튜로스(sedoheptulose)

칠탄당은 돌나물과 식물에 존재하고, 동물체에서 포도당 대사과정에서 생성되며, 오탄당 인산염회로에 관여한다.

2) 소당류(올리고당)

(1) 이당류(disaccharides, $C_{12}H_{22}O_{11}$)

① 서당(sucrose)

② 맥아당(maltose)

③ 유당(lactose)

④ 셀로비오스(cellobiose)

이당류는 2개의 동일한 또는 다른 형태의 단당류가 glucosidic linkage로 결합된 것으로서, 일반화된 분자식은 $C_n(H_2O)_{n-1}$이며, 2개의 단당류가 결합할 때 물 한 분자가 빠져나간 것이다. 단당류가 2개 결합된 소당류인 이당류는 자연계에 다수 존재하는데, 중요한 것은 서당(庶糖), 맥아당(麥芽糖) 및 유당(乳糖) 등이다.

서당(庶糖)은 포도당과 과당이 결합된 이당류로 일명 사탕수수 설탕(cane sugar, saccharose)이라 부르며, 사탕수수 및 사탕무우 등에 다량 함유되어 있다. 맥아당은 포도당이 2분자 결합된 이당류로 보리싹(엿기름)에 많이 존재한다. 유당은 포도당과 갈락토오스가 결합된 이당류로 우유내의 주요 탄수화물이다. 셀로비오스(cellobiose)는 포도당이 두 분자 결합된 이당류로 셀룰로오스(cellulose)가 분해되는 과정에서 나타나며, 식물체에 유리된 상태로는 존재하지 않는다.

이들은 동물의 소화기관 내에서 단당류로 가수분해 되어 흡수된 다음 체내 대사에 참여하게 된다. 따라서 가수분해 되지 않은 이당류는 직접 체내 대사에 관여하지 못하므로 서당을 혈액 내에 주입시키면 이용되지 못하고 체외로 배설된다.

(2) 삼당류(trisaccharides, $C_{18}H_{32}O_{16}$)

① 라피노오스(raffinose)

삼당류인 라피노오스는 포도당, 갈락토오스 및 과당이 결합되어 있으며, 유카리나무와 사탕무우의 당밀에 소량 함유되어 있고, 대두박과 면실박에 상당량 함유되어 있다. 이것은 환원성을 지니고 있지 않은 탄수화물로서 가수분해하면 갈락토오스·포도당·과당이 생성되고, 소화효소에 의해서는 소화되지 않으며 반추위 미생물에 의해서만 발효된다.

(3) 사당류(tetrasaccharides, $C_{24}H_{42}O_{22}$)

① 스타키오스(stachyose)

사당류인 스타키오스는 갈락토오스 2분자, 포도당 1분자 및 과당 1분자가 결합된 것으로 꿀풀과 식물의 뿌리 및 두과의 종자에 함유되어 있다. 이것이 가수분해 되면 2분자의 갈락토오스와 1분자씩의 포도당과 과당이 생성되는데, 동물의 소화효소에 의해서는 소화되지 않고 반추위 미생물에 의해서만 발효된다.

3) 다당류

다당류란 단당류가 10개 이상 수백 또는 수천 개가 결합된 형태의 탄수화물로서, 대표적인 것으로는 식물의 종자에 다량 함유된 전분과 잎이나 줄기를 형성하는 셀룰로오스를 들 수 있다.

(1) 호모글리칸(homoglycan)

호모글리칸이란 한 종류의 단당류로만 결합된 다당류를 의미한다.

① 펜토산(pentosans, $(C_5H_8O_4)n$)

펜토산이란 오탄당의 단일 단당류로만 결합된 다당류를 의미한다.

㉮ 알라반(araban)

㉯ 크실란(xylan)

알라반은 단당류의 아라비노오스로만 결합된 다당류로서 과일류에 많이 존재한다. 크실란은 크실로오스(xylose)만으로 결합된 다당류로서 식물의 목화된 부분, 즉 짚류에 많고, 또한 나무껍질 등에 다량 존재한다.

② 헥소산(hexosans, $(C_6H_{10}O_5)n$)

헥소산이란 탄소수가 6개인 단당류(hexoses)로만 구성되어 있는 다당류를 의미한다.

㉮ 글루칸(glucans)

글루칸은 육탄당 중 포도당으로만 구성된 다당류이다.

- 전분(starch)
- 호정(dextrin)
- 글리코겐(glycogen)
- 셀룰로오스(cellulose)

전분은 식물계에 널리 분포하며, 특히 식물의 종자, 영양줄기 및 영양뿌리에 다량 함유되어 있다. 호정은 전분이 맥아당으로 가수분해 될 때 중간에 생성되는 탄수화물이다. 글리코겐은 식물계에서는 일부가 옥수수 종자에서 발견되나, 주로 동물체에 존재하는 탄수화물로서 동물전분(animal starch)이라 부르기도 한다. 셀룰로오스는 식물 세포막의 주요 구성물질로서 모든 식물의 잎과 줄기에 다량 존재하며, 멍게 등의 동물체에서도 발견된다.

㉯ 프룩토산(fructosans)

프룩토산은 과당으로만 구성된 다당류이다.

- 이눌린(inulin)

• 레반(levan)

이눌린은 달리아와 뚱딴지(돼지감자) 등에 많이 함유되어 있고, 레반은 주로 세균의 세포에 많이 존재한다.

㉰ 갈락탄(galactans)

갈락탄은 갈락토오스로만 구성된 다당류이다.

㉱ 만난(mannans)

만난은 만노오스로만 구성된 다당류이다. 갈락탄과 만난은 식물의 세포벽에서 발견되는 다당류이다. 만난은 종려나무 종자(palm seed)의 껍질의 주요 성분이며, 종자의 발아와 동시에 다른 성분으로 변화된다.

(2) 헤테로글리칸(heteroglycans)

헤테로글리칸이란 여러 종류의 단당류나 당유도체가 결합된 다당류를 의미한다.

① 펙틴(pectin)

② 헤미셀룰로오스(hemicelluloses)

③ 검(gums)

펙틴은 갈락토오스의 유도체인 갈락토유로닉산(galacturonic acid)으로 결합되어 있으며, 식물체의 비목질 부분에 많이 함유되어 있다. 헤미셀룰로오스는 셀룰로오스와 함께 섬유질의 대표적인 성분으로 크실로오스, 포도당, 만노오스 및 아라비노오스 등이 결합되어 있는 다당류이며, 셀룰로오스와 함께 식물체의 잎이나 줄기에 함유되어 있다. 검(gums)은 갈락토오스, 만노오스 및 아라비노오스 등이 결합된 식물이나 동물의 종류에 따라 단당류의 종류가 다르게 구성되어 있다.

4) 특수 당류와 복합 탄수화물

특수 당류나 복합 탄수화물은 탄수화물이 유도되어 있거나 유도체와 탄수화물 이외의 성분과 결합하여 특유한 성질을 나타내는 탄수화물을 의미한다.

(1) 키틴(chitin)

(2) 당지질(glycolipid)

(3) 당단백질(glycoprotein)

(4) 리그닌(lignin)

키틴은 포도당과 아민이 결합된 유도체 글루코시아민(glycocyamine)과 아세틱산이 결합된 탄수화물로서 마디발 동물(가재 및 게)의 보호막인 각질(角質)을 형성한다.

표 3-1. 탄수화물의 분류

당류(sugars)	비당류(non-sugars)
1. 단당류(monosaccharides) 1) 삼탄당(trioses) ① 글리세르알데히드(glyceraldehyde) ② 디히드록시아세톤(dihydroxyacetone) 2) 사탄당(tetroses) ① 에리트로스(erythrose) 3) 오탄당(pentoses) ① 리보오스(ribose) ② 아라비노오스(arabinose) ③ 크실로오스(xylose) 4) 육탄당(hexoses) ① 포도당(glucose) ② 과당(fructose) ③ 갈락토오스(galactose) ④ 만노오스(mannose) 5) 칠탄당(heptoses) ① 세도헵튜로스(sedoheptulose)	1. 다당류(polysaccharides) 1) 호모글리칸(homoglycans) (1) 펜토산(pentosans) ① 알라반(araban) ② 크실란(xylan) (2) 헥소산(hexosans) ① 전분(starch) ② 호정(dextrin) ③ 글리코겐(glycogen) ④ 셀룰로오스(cellulose) ⑤ 이눌린(inulin) ⑥ 레반(levana) 2) 헤테로글리칸(heteroglycans) ① 펙틴(pectin) ② 헤미셀룰로오스(hemicellulose) ③ 검(gums) ④ 뮤실리지(mucilage)
2. 소당류(oligosaccharides) 1) 이당류(disaccharides) ① 서당(sucrose) ② 유당(lactose) ③ 맥아당(maltose) ④ 셀로비오스(cellobiose) 2) 삼당류(trisaccharides) ① 라피노오스(raffinose) 3) 사당류(tetrasaccharides) ① 스타키오스(stachyose)	2. 복합당류(complex carbohydrates) (1) 당단백질(glycoprotein) (2) 당지질(glycolipid) 3. 특수당류(specialized compounds) (1) 디옥시리보오스(deoxyribose) (2) 키틴(chitin) (3) 리그닌*(lignin) *리그닌은 순수한 탄수화물은 아님

당지질은 식물과 동물에 모두 존재하며, 주로 지질 내에 함유되어 있다. 당단백질은 식물의 종자나 세균의 세포벽 및 동물의 혈액 내에 존재한다. 한편, 리그닌(lignin)은 탄수화물이 아닌 페놀(phenol) 화합물이다. 식물의 목질부에서 리그닌은 셀룰로오스와 결합되어 리그노셀룰로오스(lignocellulose)를 형성하는데, 이는 소화를 방해하는 주요 요인이 되고 있다.

이상의 탄수화물 분류내용을 요약하면 표 3-1과 같다.

4. 탄수화물의 구조와 명명

탄수화물의 기본 단위인 단당류는 몇 가지 다른 구조로 표시될 수 있으며, 이때 구조에 따라 고유의 이름 이외에 구조적 이름을 붙이게 된다.

1) 탄소수와 -오스(-ose)

단당류에 결합된 탄소수와 탄소수 끝에 -오스(-ose)를 붙여 탄수화물이라는 의미를 표시한다. 예로서, 포도당과 같이 탄소수가 6개인 단당류는 헥소오스(hexose)라 하는데, 이때 헥스(hex)는 그리스어 헥사(hexa)로 6이란 뜻이며(표 3-2 참조), -오스(-ose)는 탄수화물이란 뜻이다.

2) 알도오스(aldose)와 케토오스(ketose)

단당류의 구조에 알데히드(aldehyde)기가 있으면 알데히드의 알드(ald)와 -오스(-ose)를 붙여 알도오스(aldose)라 하고, 케톤(ketone)기가 있으면 케토오스(ketose)라 한다. 예로서, 포도당은 알도오스이고 또한 헥소오스이므로 이를 알도헥소오스(aldo-

표 3-2. 그리스어의 접두어를 이용한 수의 표현법

의미	접두어	예	의미	접두어	예
½	hemi	hemicrania	6	hexa-	hexose
1	mono-(hen-)	monomolecular	7	hepta-	heptachord
1½	sesqui-	sesquicentenial	8	octa-	octadecanic acid
2	di-(duo-)	diazo	9	ennea-(nona-)	enneagon
3	tri-(tria-)	triose	10	deca-	decalog(ue)
4	tetra-	tetrose	11	hendeca-(undeca-)	hendecagon
5	penta-	pentose	12	dodeca-	dodecagon

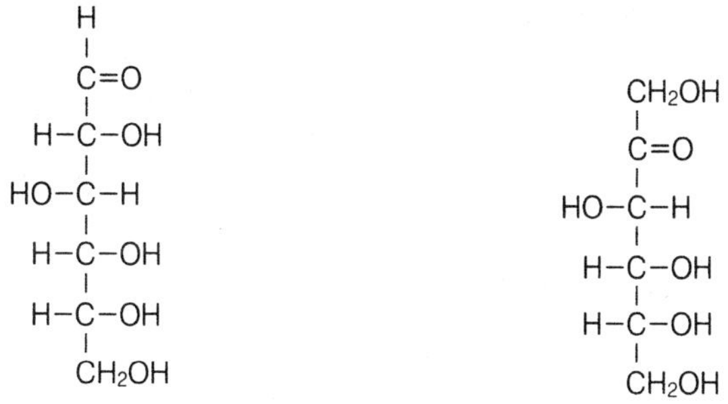

D-Glucose (D-hexoaldose) D-Fructose (D-hexoketose)

그림 3-3. 탄수화물의 알도오스와 케토오스

hexose)라고도 한다. 과당은 케토오스이고 헥소오스이므로 케토헥소오스(ketohexose)라 한다(그림 3-3). 자연계에 존재하는 탄수화물은 케토오스보다는 알도오스가 많다.

3) 직선형과 고리형

단당류의 구조는 탄소와 탄소의 연결형태를 직선 또는 수직으로 표시하는 직선형과 열린형 또는 고리형으로 표시되는데, 이당류 이상 다당류를 표시할 때는 주로 고리형의 연결형태로 표시한다(그림 3-4).

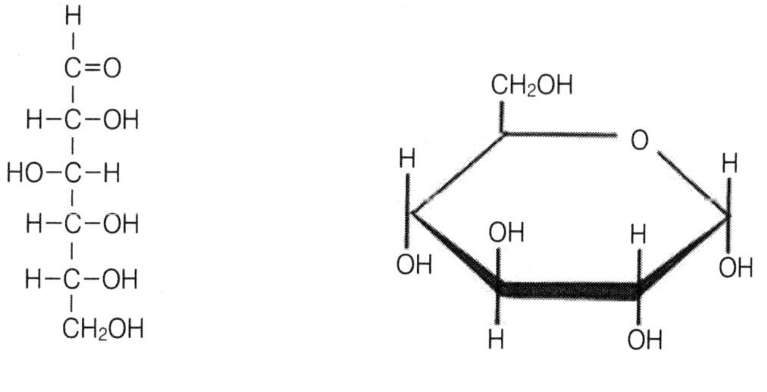

D-Glucose (직선형) D-Glucose (고리형)

그림 3-4. 탄수화물 구조의 직선형과 고리형

4) 피라노오스와 푸라노오스

고리형의 구조에서 피란(pyran)형, 즉 6각형의 형태를 나타내는 단당류를 피라노오스(pyranose), 그리고 푸란(furan), 즉 5각형을 나타내는 단당류를 푸라노오스(furanose)라고 한다. 따라서 포도당은 글루코피라노오스(glucopyranose)이며, 과당은 프룩토푸라노오스(fructofuranose)이다.

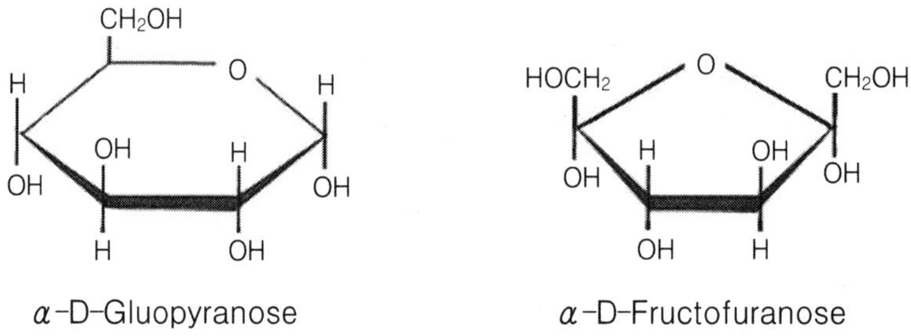

그림 3-5. 탄수화물의 피라노오스와 푸라노오스

5) D형과 L형

직선형의 경우 탄소원자에 이성(異性) 탄소원자가 있으면 입체 이성체쌍이 나타나는데, 이때 편광성이 우회전하면 D**형**(dextrorotatory), 좌회전하면 L**형**(levorotatory)이라 한다. 그러나 이성(異性) 탄소원소의 수가 많은 경우를 고려하여 끝에서 2번째 탄소의 수산기(水酸基, OH)가 오른쪽에 있으면 D**형**, 왼쪽에 있으면 L**형**으로 규정하고 있다. 이때 기준이 되는 탄수화물은 삼탄당인 글리세르알데히드(glyceraldehyde)의 구조이다(그림 3-6). 자연계의 탄수화물은 주로 D형이 많이 존재한다.

그림 3-6. 탄수화물 구조의 D형과 L형

6) α형과 β형

고리형에서 고리의 오른쪽 끝의 탄소(탄소번호 1 또는 2번)에 붙어 있는 수산기(OH)가 아래를 향하면 *α* **형**이고, 위로 향하면 *β* **형**이라 한다. 이때 *α* 형과 *β* 형의 이성체를 나타내는 탄소를 아노머 탄소원자(anomeric carbon atom)라 하며, *α* 형과 *β* 형의 이성체를 서로간의 **아노머**(anomer)라 부른다. 전분은 포도당이 *α* 형으로 연결되어 있고, 셀룰로오스는 *β* 형으로 연결되어 있다(그림 3-7).

셀룰로오스는 전분과 마찬가지로 포도당이 직선으로 연결된 다당류이지만 그 결합이 *β*-1→4-glucosidic linkage이기 때문에 동물체내에서 분비하는 효소에 의해서는 분해되지 않고, 동물의 대장 미생물이나 반추동물의 반추위 미생물이 분비하는 섬유소 분해효소(cellulase)에 의해서만 분해된다.

7) 연쇄형과 측쇄형

다당류에서 단당류의 연결고리가 직선으로 연결된 경우와 직선상에서 부분적으로 측쇄가 연결된 경우가 있다. 전분은 구조상 두 가지 형태가 있다. 단당류인 포도당이

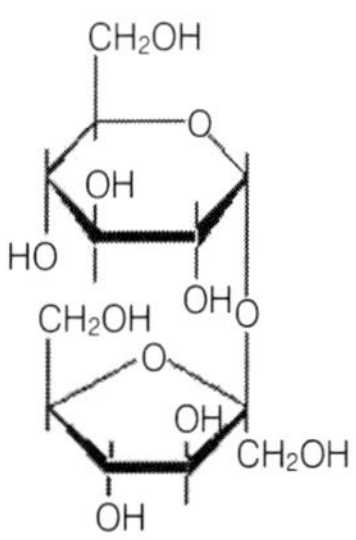

서당(sucrose)
(glucose〈*α* 1→*β* 2〉fructose)

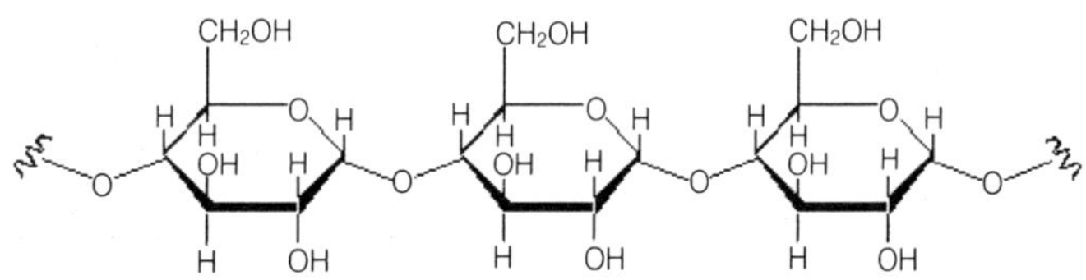

전분(starch)
Poly(1,4'-O-*α*-D-glucopyranoside)

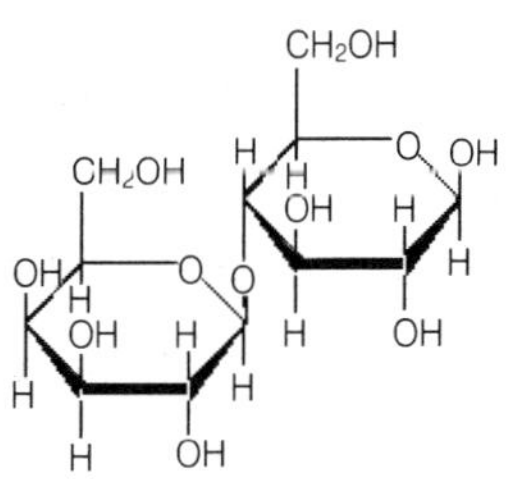

유당(lactose)
(galactose〈*β* 1→4〉glucose)

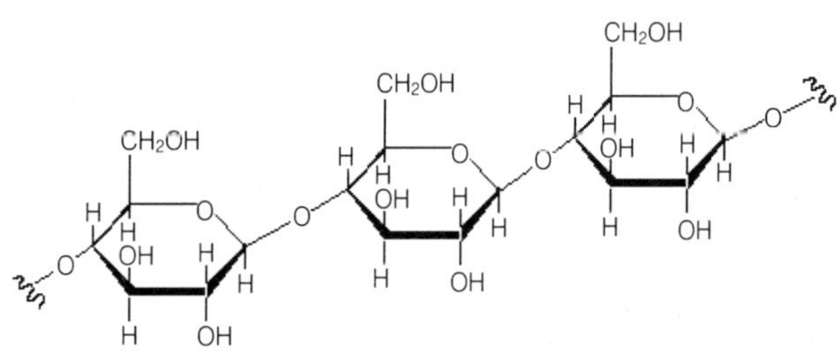

셀룰로오스(cellulose)
Poly(1,4'-O-*β*-D-glucopyranoside)

그림 3-7. 탄수화물 구조의 *α* 형과 *β* 형

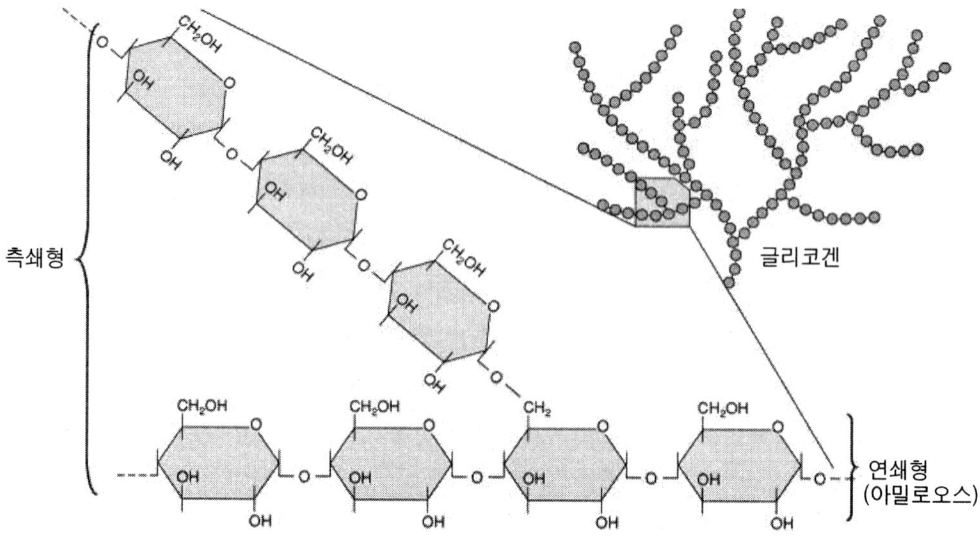

그림 3-8. 탄수화물 구조의 연쇄형과 측쇄형

α-1,4 결합으로 연결된 연쇄형의 아밀로오스(amylose)와 α-1,4 연쇄에 α-1,6 연쇄의 측쇄가 연결된 아밀로펙틴(amylopectin)이 있다.

동물체내에 존재하는 글리코겐도 α-1,4 연쇄형에 측쇄형을 가지고 있는데, 구조에 연쇄만 있는 것보다는 측쇄를 가진 것이 밀집되어 단단한 결합을 나타내고 있다. 한편, 셀룰로오스는 전분과 마찬가지로 포도당으로만 연결되어 있으나, 전분은 α형으로 형성되어 있는 반면 셀룰로오스는 β-1,4 연쇄로 연결되어 있는데, 이는 α형보다 더욱 단단한 구조를 보인다(그림 3-8).

8) 구조탄수화물과 비구조탄수화물

식물체에 함유되어 있는 탄수화물은 동물용 사료와 관련지어 크게 비구조탄수화물(non-structural carbohydrate ; NSC)과 구조탄수화물(structural carbohydrate ; SC)로 대별할 수 있다. 비구조탄수화물은 세포내에 존재하는 탄수화물로서 당, 전분 그리고 fructan 등이 있고, 구조탄수화물은 세포벽을 구성하는 탄수화물로서 cellulose, hemicellulose, pectin 그리고 lignin 등이 있다(그림 3-9).

(1) 비구조탄수화물

비구조탄수화물 또는 비섬유성 탄수화물(non-fiber carbohydrate ; NFC)은 화학적

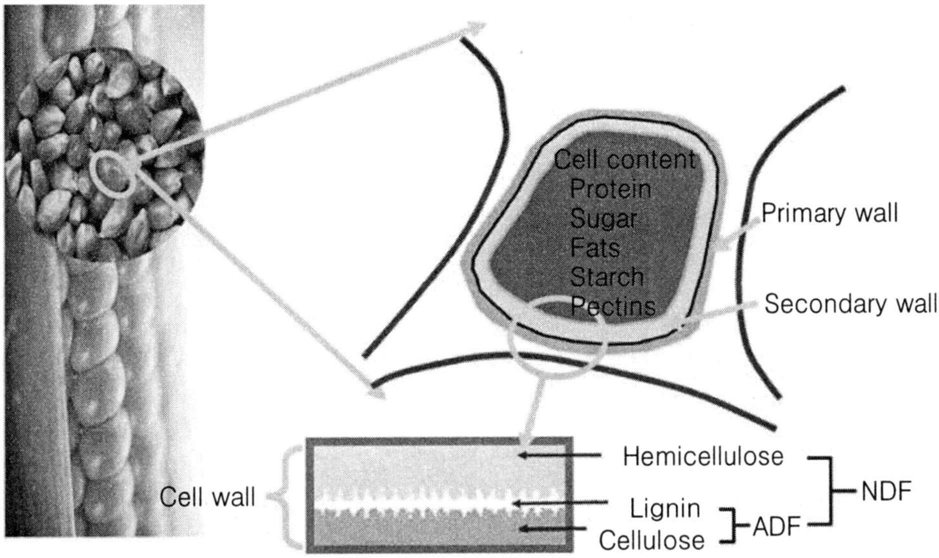

그림 3-9. 옥수수 알곡의 물리적 구조와 화학성분의 분포

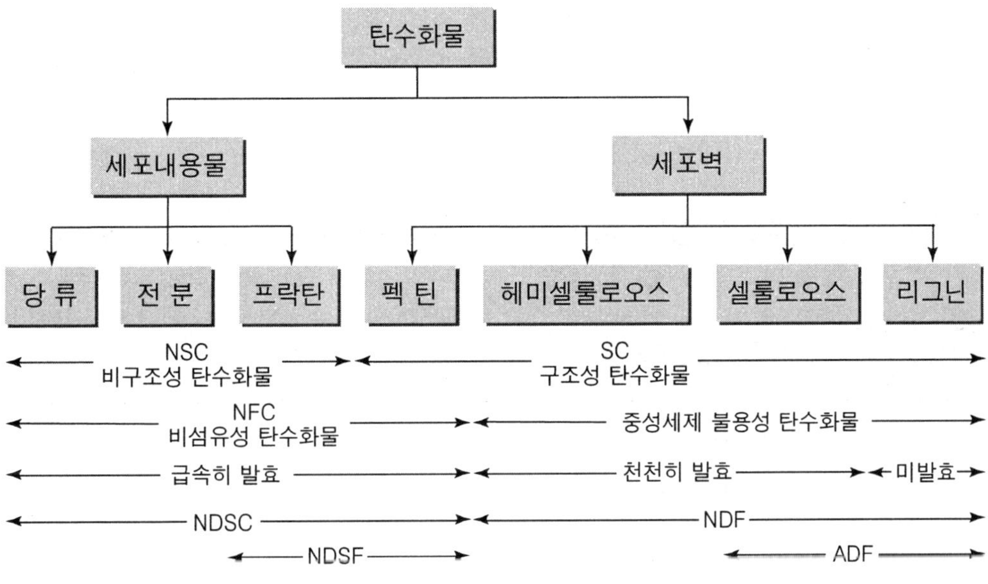

그림 3-10. 화학적 분석에 근거한 탄수화물의 분획
(구조탄수화물과 비구조탄수화물)

으로 분석할 경우에는 NDSC(neutral detergent soluble carbohydrate)에 포함시키는데, 엄격한 의미로는 다소 차이가 있다. 즉, pectin은 구조탄수화물(SC)에 속하지만

NDSC에도 포함되기 때문이다. 비구조탄수화물은 반추동물의 농후사료를 구성하는 주요 물질이다. NDSC는 소화가 잘 되고 소화속도도 매우 빠르며, 사료의 총량에서 NDF와 비탄수화물을 감하여 계산한다(그림 3-10). 즉, 계산식은 100 - (조단백질 + NDF + 조지방 + 조회분)이다.

곡물 중의 전분은 비구조탄수화물의 70～80%를 차지하고, amylose와 amylopectin으로 구성되어 있다. Amylose는 glucose가 α-1,4 연결로 이어진 직선 중합체이고, amylopectin은 glucose가 α-1,4와 α-1,6 연결로 구성된 분지 중합체로서 분지 glucose가 20～25개이다. 전분입자는 결정체(주로 amylopectin) 부위와 비결정체(amorphous) 부위를 같이 포함하고 있다.

(2) 구조탄수화물

구조탄수화물(세포벽 구성물질, cell wall constituent ; CWC) 종류인 cellulose와 hemicellulose는 자연계에서 가장 풍부한 유기물들이며, 반추동물의 조사료를 구성하는 주요 물질이다. 반추동물에 있어서 반추위 미생물에 의한 구조탄수화물의 분해과정은 소화작용에 있어서 율속단계이다. 식물 세포벽의 표면은 표피막층으로 형성되어 있는데, 여기에서는 반추위 미생물들이 쉽게 이용할 수 없는 물질들이 많이 존재하며,

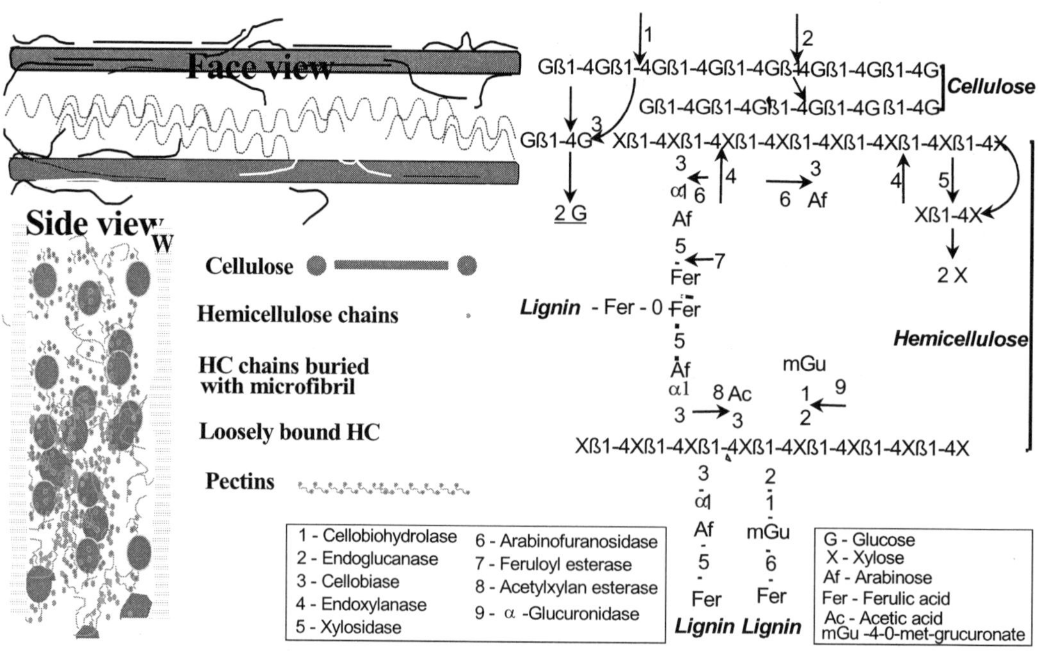

그림 3-11. 식물체 세포벽의 물리적 구조(좌측)와 화학적 구조(우측)

그 중에서도 쿠틴(cutin)과 실리카(silica)가 섬유소의 이용에 가장 많은 장애요소가 되고 있다.

그림 3-11은 식물체 세포벽의 물리·화학적 구조를 도해한 것이다. 상당히 복잡하게 구성되어 있지만 기본 골격은 모두 단순한 당들의 결합이다. 반추동물의 영양과 반추위 미생물에 있어서 주요한 것은 세포벽을 이루고 있는 cellulose, hemicellulose 그리고 pectin이다.

Cellulose는 앞에서 설명했듯이 육탄당인 glucose가 β-1,4 결합을 하고 있는 아주 단순한 구조이다. Hemicellulose 역시 아주 간단한 구조로서 오탄당인 xylose가 β-1,4 결합으로 연결되어 xylan(hemicellulose)을 만든다. 그러나 이 xylan에는 arabinose, 아세틸산(acetyl acid), 페놀산(phenolic acid), 글루쿠로부산(glucuronic acid), ρ-쿠마론산(ρ-coumaroyl acid) 그리고 페룰닐산(feruloyl acid) 등의 잔기들이 측쇄로 연결되어 상당한 복잡성을 보이고 있다(그림 3-11). 실제로 순수 xylan은 cellulose보다 반추위 미생물에 의해 더 빠르고 쉽게 분해되는 물질이지만, 이러한 복잡하게 얽힌 잔기들 때문에 분해가 늦게 진행된다.

더 나아가 xylan에 arabinose가 측쇄로 붙어 있는 구조를 arabinoxylan이라고 하며, 이 arabinoxylan의 arabinose에 phenolic acid, glucuronic acid, ρ-coumaroyl acid 그리고 feruloyl acid 등의 잔기가 또 붙어 있는 구조들을 통칭하여 리그닌 복합체(lignin complex)라고 한다(그림 3-12).

따라서 리그닌은 가수분해에 의해서 phenolic acid, glucuronic acid, ρ-coumaroyl

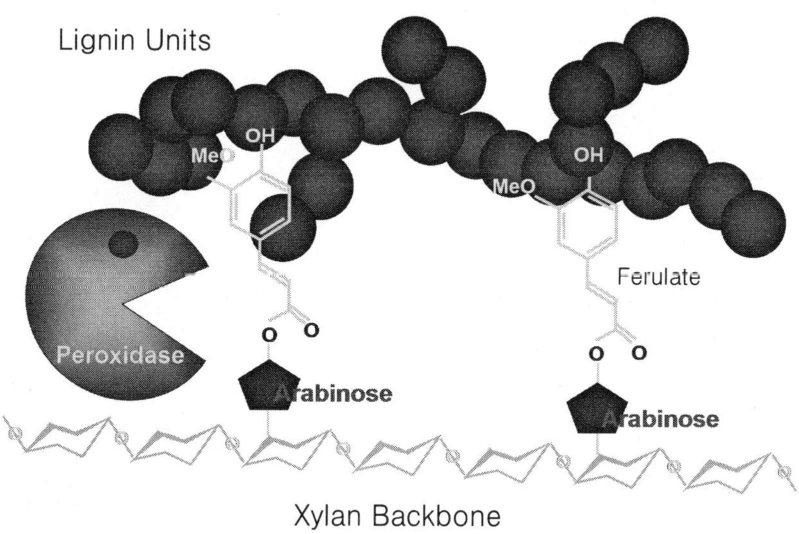

그림 3-12. 식물 세포벽의 lignin complex를 구성하는 기본단위

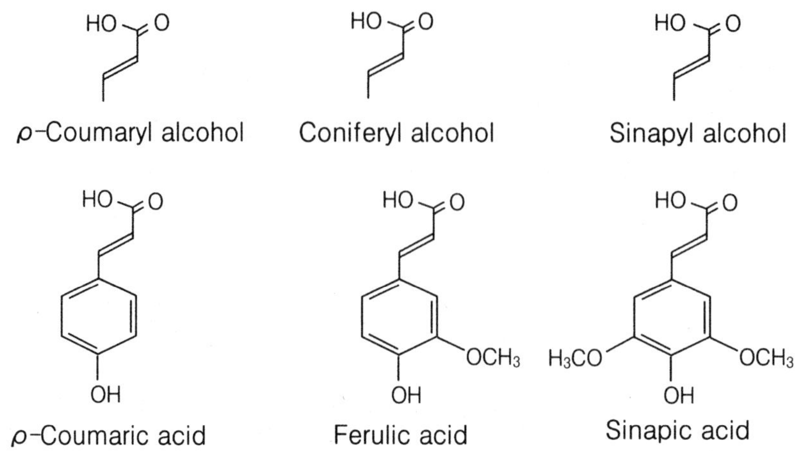

그림 3-13. Arabinoxylan과 결합하여 lignin complex를 형성하는 물질들

acid 그리고 feruloyl acid(그림 3-13)가 검출되는 부분을 통칭하기 때문에 리그닌은 궁극적으로 탄수화물이 아니다. 그리고 탄수화물과 결합하여 세포벽을 구성하는 리그닌은 반추동물 사료에서 소화율을 떨어뜨리는 주범이다.

Pectin은 점질성 구조탄수화물로 세포벽을 형성하는 데 결합재 역할을 하며, 구조탄수화물의 약 5%를 차지한다. Pectin은 갈락투로닉산(galacturonic aicd)이 α-1,4 결합에 의해 직선적으로 연결된 폴리갈락투로니드(polygalacturonide)이고, 카르복실(carboxyl)기의 약 75%가 메틸에스터(methyl ester)로 되어 있다. 이 메틸에스터의 함량이 낮은 것을 펙티닉산(pectinic acid)이라 하고, 메틸에스터가 거의 없는 것을 펙틱산(pectic acid)이라고 한다.

5. 탄수화물의 기능

탄수화물은 식물체 및 동물체 모두에서 각종 생화학작용에 필요한 에너지로 이용되며, 식물체에서는 종자, 영양줄기 및 영양뿌리 등에 에너지 저장용으로 이용되고, 잎・줄기・뿌리에서는 식물의 형태를 유지하는 구조적 역할을 한다. 동물체내에서의 탄수화물은 주요 에너지 공급원이 되고, 일부가 글리코겐으로 저장되나 대부분 체지방으로 전환되어 저장되므로 실제 소량의 탄수화물만이 체내에 존재한다. 한편, 에너지(ATP) 전달체계의 구성물질(ribose)이기도 하며, 일부 조직의 구성물질(예; 당지질)이 되기도 한다. 포도당과 갈락토오스는 유선(乳線, mamary gland)에서 유당(乳

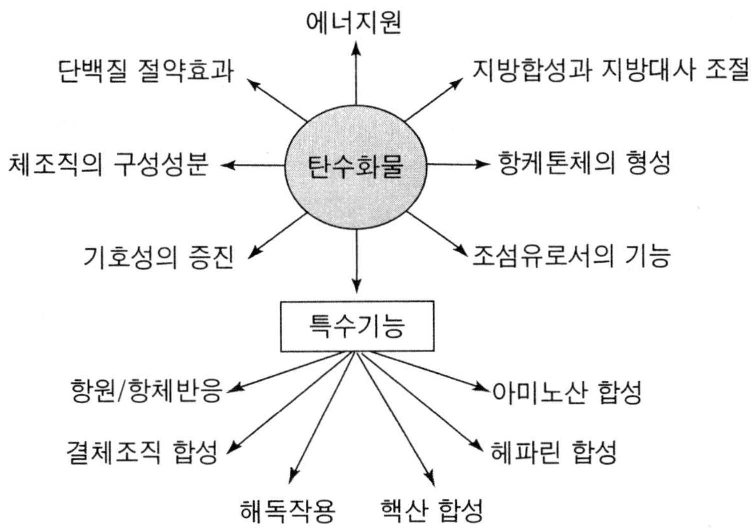

그림 3-14. 사료 중 탄수화물의 주요 기능들

糖, lactose)의 합성물질(전구물질)로 이용된다. 사료 중의 탄수화물은 그림 3-14에서와 같이 여러 가지 중요한 기능들을 수행한다.

1) 에너지의 생성

동물들은 아주 조그마한 체내 활동을 위해서라도 에너지가 끊임없이 요구된다. 뿐만 아니라 뇌나 체내 다른 기관들을 위해서도 지속적으로 에너지가 필요하며, 사료의 소화·흡수 그리고 다른 기관으로의 이동을 위해서도 에너지는 필요하다. 에너지는 체온 유지, 그리고 생명 그 자체를 유지시켜 주는 필수 불가결의 물질이다.

탄수화물의 기능 중 가장 중요한 것이 바로 이 에너지를 생성하는 기능이다. 탄수화물은 체내에서 1g당 4 kcal의 에너지를 생성할 수 있으며, 탄수화물은 소화·흡수된 후 조직세포의 에너지원으로 즉시 이용되거나 글리코겐(glycogen)으로 전환되어 필요할 때 이용할 수 있도록 근육이나 간에 저장되기도 하며, 저장 에너지원인 지방으로도 전환된다.

간에 축적된 글리코겐은 혈당의 수준을 유지하기 위해 글루코오스로 전환되어 이용되지만, 근육 글리코겐은 근육의 에너지 요구량을 충족시킬 뿐 혈당조절을 위해서는 이용되지 않는다. 그리고 글리코겐의 저장과 분해는 글루카곤(glucagon), 인슐린(insulin), 에피네프린(epinephrine) 등의 호르몬에 의하여 조절된다.

2) 단백질 절약효과

탄수화물의 또 다른 중요한 기능 중의 하나는 단백질 절약작용이다. 단백질도 에너지를 생성할 수 있으나, 단백질은 에너지를 생성하는 일 외에도 단백질 고유의 중요하고도 필수적인 기능들이 있다. 사료 중에 탄수화물이나 지방이 부족하게 되면 단백질은 고유 기능을 하지 못하고 에너지원으로 사용된다. 에너지 요구량은 체내의 어떤 다른 기능보다도 우선순위가 높다.

따라서 에너지가 부족하면 단백질이나 지방이 분해되어 우선적으로 에너지를 생성한다. 그러나 탄수화물이 충분히 공급되면 탄수화물을 우선적으로 에너지원으로 이용하게 되므로 단백질은 조직단백질의 합성에 이용될 수 있다. 그러므로 탄수화물은 단백질이 에너지원이 되는 것보다 단백질의 고유기능을 행하도록 단백질을 절약시켜 주는 작용이 있다.

3) 체조직의 구성성분

탄수화물은 동물체내에서 중요한 몇 가지 화합물을 형성하는데, 주로 윤활물질이나 손톱, 뼈, 연골 및 피부 등의 중요한 구성요소가 되고 있다. 그 외에도 단당류로서 오탄당인 리보오스는 DNA와 RNA의 주요 구성성분이 되며, 이당류인 유당은 칼슘의 흡수를 돕는 작용을 한다.

4) 기호성 증진

탄수화물의 단당류들은 단맛을 내며, 사료 중의 단당류들은 단맛을 내어 기호성을 증진하는 작용을 한다. 과당(fructose)은 벌꿀이나 잘 익은 과일에 다량 함유되어 있고, 탄수화물 중에서 단맛이 가장 강하다.

5) 지방대사의 조절

탄수화물의 분해로 생성된 포도당의 일부는 체내에서 요구되는 에너지 요구량을 즉각적으로 충족시키고, 다른 일부는 간과 근육에 글리코겐으로 저장되며, 남는 것은 지방으로 바뀌어 지방조직에 저장된다. 더구나 중추신경계는 에너지원으로 오직 포도당만을 사용하므로 중추신경계의 원활한 작용을 위해서는 탄수화물은 꼭 있어야 한다. 지방도 에너지원으로 쓰이지만, 이 때에도 탄수화물이 필요하다. 탄수화물의 섭취량이 적으면 지방은 완전하게 이용되지 못한다.

특히 탄수화물을 충분히 섭취하지 않으면 지방대사에 의해 생성된 케톤체를 제대로 이용하지 못하고, 지나칠 경우에는 산중독(acidosis) 증상이 일어난다. 따라서 탄수화물은 항케톤체 생성효과로 케톤체의 과잉생산으로 야기되는 케톤증을 예방해 준다.

6) 조섬유로서의 기능(장내 운동성의 부여)

조섬유(셀룰로오스 · 헤미셀룰로오스 · 리그닌 · 펙틴질 · 검 등의 다당류)는 단위동물의 장내에서는 소화되지 않고 그대로 소화기관의 내관을 통과하여 배설된다. 섬유질들은 장내에서 물을 흡수하여 부드러운 덩어리를 만들고, 소화관 내용물에 부피성(bulk)을 제공하고, 소화기관 근육의 수축을 자극하여 장내에서 음식물이 잘 이동하도록 하여 연동운동을 촉진하고, 배변작용을 좋게 한다. 따라서 단위동물에게는 조섬유가 영양소로서의 작용은 하지 않지만, 조섬유가 부족하면 변비와 소화기관의 염증 등을 유발한다.

7) 특수 기능

탄수화물과 탄수화물 유도체들은 체내에서 특수한 구조 또는 기능을 수행하는데, ① 독성물질의 해독작용과 불화활성화 작용(예; glucouronic acid), ② 결체조직의 구성성분(예; hyaluronic acid와 chondroitin sulfate), ③ DNA와 RNA의 구성성분으로서 유전정보의 전달역할, ④ 신경조직에서 지방과의 공동작용, ⑤ 혈액응고를 방지하는 heparin의 구성성분, ⑥ 항원 · 항체반응에 관여하는 것 등이다.

6. 탄수화물의 소화

동물이 섭취하는 탄수화물은 주로 농후사료로부터 섭취하는 전분과 조사료로부터 섭취하는 섬유소 등이다. 이 중 전분은 단위동물 및 반추동물 모두에서 소화되어 이용될 수 있으나, 섬유소는 단위동물에서는 매우 소량이 이용되기도 하나 주로 반추동물만이 미생물의 도움으로 효율적으로 이용할 수가 있다.

1) 단위동물에서의 소화

사람을 포함한 돼지와 같은 동물의 구강에서는 탄수화물의 분해효소인 프티알린(ptyalin) 또는 타액 아밀라아제(amylase)가 분비되어 전분이 일부 맥아당으로 분해되기도 하나, 주요 소화는 소장(小腸, small intestine)에서 이루어진다. 구강에서는 물리적 소화가 주로 이루어지는데, 이는 치아에 의해 사료입자가 잘게 분쇄되어 소화효소와 혼합되어 분해가 용이하게 된다.

그러나 가금(家禽, poultry)은 치아가 없기 때문에 구강에서는 소화가 거의 없고 사낭(砂囊, gizzard)에서 모래 등과 마찰이 이루어져 물리적 분쇄가 이루어진다. 구강을 지나 식도와 위(胃)에서의 탄수화물의 소화는 거의 이루어지지 않으며, 일부 단백질과 결합된 탄수화물만이 위(胃)에서 분리되기도 한다.

소장으로 유입되는 전분의 주요한 2가지 형태는 아밀로오스(amylose)와 아밀로펙틴(amylopectin)인데, 아밀로오스는 α-1, 4 결합에 의한 포도당의 반복적인 결합으로 이루어져 있는 연쇄형이고, 아밀로펙틴은 α-1,6 결합의 잔기를 갖고 있는 측쇄형이다. 소장내로 유입된 전분은 일차적으로 췌장에서 분비되는 췌장 아밀라아제의 작

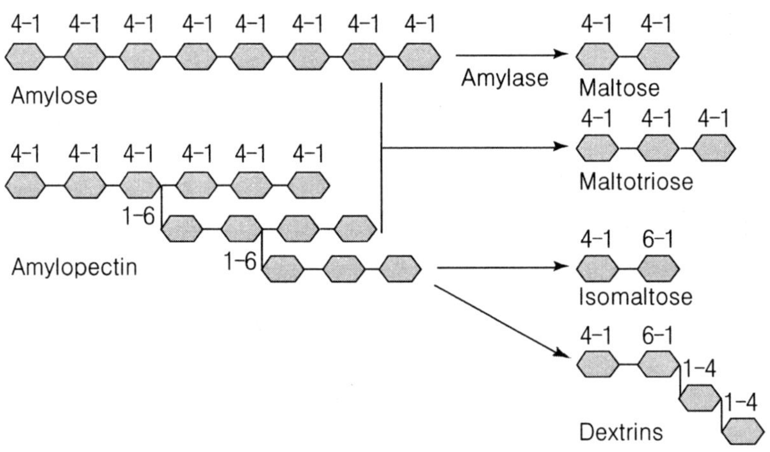

그림 3-15. 소장으로 유입되는 전분의 형태와 췌장 아밀라아제에 의한 전분의 분해

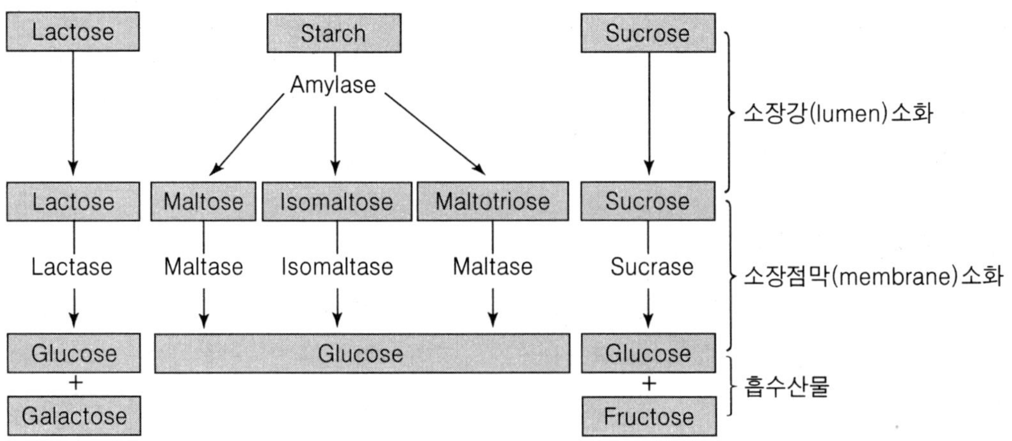

그림 3-16. 소장(소장강과 소장막)에서의 탄수화물의 소화 경로

용으로 maltose, maltotriose, isomaltose(α-1,6 결합) 및 α-dextrin(α-1,4 결합과 α-1,6 결합이 함께 포함)으로 분해되지만 결코 단당류로는 분해되지는 않는다(그림 3-15).

이당류는 단당류로 분해되어야만 비로소 흡수가 가능하다(그림 3-16). 또한 β-결합물도 분해할 수 없으므로 β-결합으로 된 탄수화물은 소장에서 소화되지 않는다.

그림 3-16에서와 같이 소장강에서 췌장 아밀라아제에 의해 분해된 과당류는 소장 점막의 소융모로 옮겨져 그곳의 소화효소인 dextrinase와 maltase에 의해 분해되어 세포막을 통과한다. Sucrose은 장점막의 sucrase에 의해 glucose와 fructose으로 분해되고, lactose은 lactase에 의해 galactose와 glucose로 분해된다. 탄수화물 소화의 최종산물인 단당류는 소장 상피세포를 통하여 흡수된다.

이러한 분해산물들은 사료 중에 함유된 이당류와 함께 소장점막에 존재하는 이당류 분해효소에 의하여 단당류로 분해되어 흡수된다. 즉, 말과 같은 단위 초식동물을 제외하면 십이지장으로 분비되는 막대한 양의 췌장 아밀라아제에 의하여 탄수화물은 공장에 이르면 소화가 거의 완료된다. 그러나 송아지는 췌장 아밀라아제의 활력이 낮기 때문에 다른 동물에 비하여 전분의 분해능력이 낮다. 또한 어린 송아지는 유당을 쉽게 갈락토오스와 포도당으로 분해할 수 있지만 반추동물의 점막에는 sucrase가 없을 뿐만 아니라 신생동물이나 반추동물에서는 맥아당의 활동도가 낮으므로 수크라아제와 전분의 소화능력은 낮다.

2) 반추동물에서의 소화

(1) 입에서의 소화

일반적으로 육식동물과 소과(Bovidae)에 속하는 동물들이 분비하는 타액에는 아밀라아제(amylase)가 없다. 따라서 돼지·쥐·토끼 등에서는 아밀라아제의 효과를 기대할 수 있으나, 고양이·개·말·소·염소 그리고 양은 타액 아밀라아제가 없거나 그 기능이 아주 미약하다. 어린 반추동물의 협선에서 분비되는 타액에는 유지방을 분해는 lipase가 포함되어 있다. 따라서 반추동물의 구강에서는 주로 눌리적 소화만이 이루어진다.

(2) 반추위에서의 소화

소의 제 1위 용량은 150～230 L에 달하는데, 일반적으로 사료와 물이 일정 수준으로 제 1위내로 유입되고, 미생물과 발효되지 않은 사료입자는 제 1위를 떠나 소장으로 이전되기 때문에 제 1위의 용량이 비교적 일정 수준으로 유지된다. 제 1위는 튼튼

표 3-3. 반추동물의 반추위 특성

구 분	단위	면 양	소
반추위의 용적	L	20	200
타액의 유입량	L/일	10(8~16)	120(60~160)
음용수의 유입량	L/일	2(1~3)	35(20~40)
음용수/사료	L/kg	2.5(2~3)	4.5(3.5~5.5)
희석율	회/일	1.5	1.0
수소이온농도(pH)		7.0(5.0~7.5)	
산화환원 전위(Eh)	mV	-350(200~400)	
삼투압	mosmol	250~350	
표면장력	dynes/cm	44~54	

한 근육으로 이루어져 있기 때문에 사료의 혼합이 잘 이루어지고, 입자가 큰 조사료는 다시 입으로 토출해서 저작하여 입자를 감소시켜 미생물의 작용을 용이하게 한다. 표 3-3은 반추동물의 반추위 특성을 요약한 것이다.

반추동물은 단위동물과 달리 반추위에서의 소화율이 매우 높다. 일반적으로 유기물의 65%, 질소화합물의 25%, 세포막 물질의 85%, cellulose의 90%, 가소화 탄수화물의 82~90%가 제 1위 내에서 미생물에 의해 소화된다. 특히 조섬유가 많이 함유되어 있는 사료는 제1위에서 소화율이 높아서 사료 중의 섬유질의 대부분이 제 1-2위 내에서 소화된다. 이와 같이 급여사료의 약 65%가 반추위에서 소화되므로 반추동물에 있어서 반추위는 가장 중요한 소화기관이라고 할 수 있다.

사료 중의 탄수화물은 그 종류가 상당히 많고, 제 1위 내에서의 소화과정도 복잡하다. 사료 중의 탄수화물로는 다당류인 셀룰로오스(cellulose), 헤미셀룰로오스(hemicellulose), 프럭토산(fructosan), 펜토산(pentosan), 펙틴(pectin), 전분 그리고 기타 여러 가지 종류의 단당류들이 있으며, 전분은 체내에서 분비되는 효소에 의하여 모든 동물이 소화시킬 수 있지만, 세포벽을 구성하고 있는 셀룰로오스, 헤미셀룰로오스 및 펙틴은 반추위내 미생물과 맹장내 미생물이 분비하는 효소인 cellulase, xylanase 및 pectinase에 의해서만 각각 분해 가능하다.

반추동물이 섭취하는 탄수화물은 주로 섬유소와 전분인데, 이것은 글루코오스 분자가 길게 연결된 다당류이다. 전분은 글루코오스의 연결이 α-1,4 결합으로 되어 있어 동물의 소화관에서 분비되는 탄수화물 분해효소로서 분해될 수 있지만, 섬유소는 글루코오스의 연결이 β-1,4 결합으로 되어 있어서 반드시 미생물이 분비하는 cellulase

효소에 의해서만 분해된다. 그러므로 반추동물은 인간을 포함한 단위동물이 거의 이용할 수 없는 섬유질을 분해하여 그들이 필요로 하는 영양소로 이용할 수 있다.

반추동물이 섭취한 탄수화물 중에서 수용성 당이 가장 쉽게 발효되고, 전분이 그 다음이며, 섬유질은 가장 천천히 발효된다. 일반적으로 가용성 탄수화물은 1시간 이내에, 전분은 5~6시간 이내에 전부 발효되지만, 섬유질 사료는 72시간이 경과되어도 약 절반 이하만 분해된다. 탄수화물의 반추위 내에서의 소화율은 글루코오스가 99.4%, 전분이 85.5%, 셀룰로오스가 60.6% 정도 된다. 섭취한 탄수화물은 그 구성이 무엇이든 미생물에 의해 발효되어 저급휘발성 지방산인 VFA로 전변되는데, 주종을

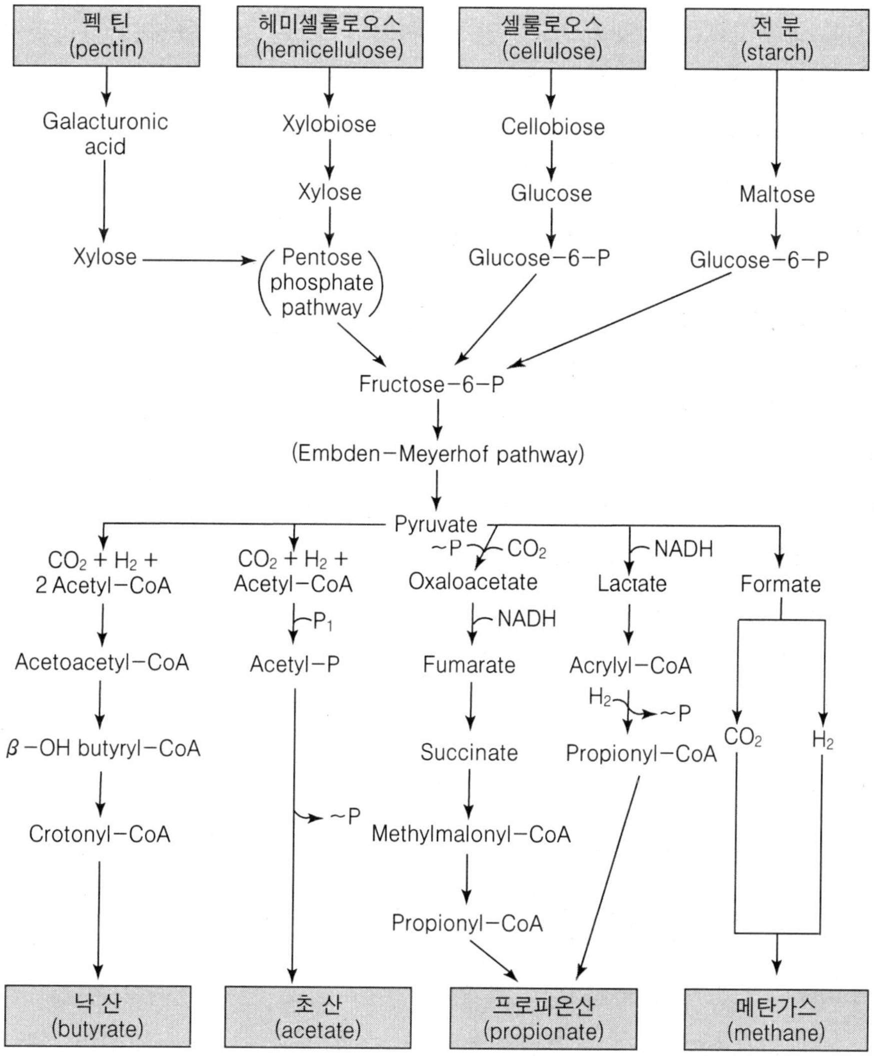

그림 3−17. 반추위 내에서 미생물에 의한 탄수화물의 소화

이루는 VFA(volatile fatty acid ; VFA)는 acetate(C_2), propionate(C_3), butyrate(C_4)이며, 그 생성과정을 요약해 보면 그림 3-17과 같다.

그 밖에도 valerate(C_5), iso-butyrate(iC_4), iso-valerate(iC_5) 등이 생성되지만 그 양은 극히 소량이다. 각 VFA의 생성비율 또는 농도는 사료의 종류, 가공방법, 물리적 형태, 조사료와 농후사료의 비율, 사료 급여수준과 급여빈도 등의 많은 요인에 의해 크게 영향을 받지만, 대개 acetate는 60～70%, propionate는 15～25%, butyrate는 8～15%, 그리고 기타 산들은 2～8% 범위이다.

일반적으로 조사료의 급여량이 많을수록 그리고 가공이 덜된 사료일수록 생성된 총 VFA 중에서 acetate의 생성비율이 증가하고, propionate와 butyrate의 상대적 비율은 감소한다. 이와 반대로 농후사료의 급여비율이 높거나, 조사료를 분쇄 또는 펠렛화하거나, 농후사료를 펠렛화 또는 열처리하거나, 또는 불포화지방산의 급여수준이 높거나, 훈증압착된 사료의 급여량이 증가할수록 총산 중 acetate의 비율이 감소하고 propionate의 비율은 증가되며, 이러한 VFA 조성변화가 생기면 유지율이 떨어지고 체지방의 축적으로 체중이 증가한다.

Butyrate는 사료 중 전분과 단백질이 많은 경우에 증가하나 일정한 경향을 나타내지 않는 경우가 많다. Iso-butyrate와 iso-valerate는 아미노산의 탈아미노 반응에 의해 생기기 때문에 단백질 함량이 높은 사료를 급여하면 증가하는 경향이 있다.

한편, 탄수화물 발효시에 생성된 가스 조성은 이산화탄소(CO_2)가 60% 정도, 메탄(CH_4)은 30～40% 정도이며, 이산화탄소는 주로 당류의 발효와 아미노산의 분해에 의해 생성되고, 타액내 존재하는 중탄산염과 VFA와의 중화작용에 의해서도 생성된다. 메탄은 미생물의 환원작용에 의해 이산화탄소로부터 형성된다. 가스 생산은 채식 후 발효가 최대에 이르는 2～4시간 사이에 가장 활발하게 일어나며, 이때 소의 경우는 시간당 40 L까지 이른다. 생성된 가스는 거의 모두가 트림을 통해 제거되는데, 특히 메탄은 고에너지 화합물이기 때문에 메탄의 제거는 사료의 총 가소화에너지 중 약 8%가 손실됨을 나타내는 것이 된다.

(3) 소장에서의 소화

소장으로 유입되는 탄수화물은 반추위 내에서 발효가 되지 않은 셀룰로오스와 헤미셀룰로오스 등의 세포벽 구성물질과 전분, 그리고 반추위 내에서 합성된 박테리아 및 프로토조아 탄수화물이며, 이들은 주로 lactose, sucrose, 전분, 섬유성 탄수화물로 구성되어 있다. 섬유성 탄수화물은 셀룰로오스와 헤미셀룰로오스를 말하는데, 셀룰로오스는 글루코오스가 β-1,4 결합으로 된 다당류(polysaccharide)이며, 헤미셀룰로오스는 pentosan과 hexosan이 결합되어 있다. 소장에서는 섬유성 탄수화물을 분해하는 효소가 분비되지 않기 때문에 반추위을 떠난 세포벽 구성물질들은 분으로 배설된다.

반추동물의 경우 탄수화물의 소화는 반추위에서 주로 이루어지기 때문에 소장에 도착하는 소화 가능한 탄수화물은 거의 없고, 일부 분해되지 않은 전분이 소장에 도착하게 되면 단위동물의 소장에서와 동일한 방법으로 소화되지만, 췌장 아밀라아제의 작용은 단위동물의 소장에 비하여 매우 약하다.

(4) 대장에서의 소화

대장에서는 소화효소의 분비가 없을 뿐 아니라 대부분의 동물은 소화·흡수가 소장에서 완료되므로 대장에서의 소화·흡수 기능은 소장에 비하면 그리 중요하지 않다. 그러나 대장에서의 소화는 말과 같은 단위 초식동물에서 아주 중요하다. 예를 들면, 말의 경우는 반추동물의 반추위 소화에서처럼 대장에서 미생물에 의한 소화가 이루어진다. 즉, 말에서는 섭취한 탄수화물의 50% 정도가 대장으로 들어오며, 불용성 탄수화물은 거의 대부분이 대장에 이른다.

7. 탄수화물의 흡수

1) 단위동물에서의 흡수

단위동물의 소장에서 분해된 탄수화물(단당류)은 주로 능동흡수에 의하여 소장점막을 거쳐 혈액으로 흡수되고, 반추동물의 반추위에서 분해된 휘발성 지방산은 단순확산에 의하여 위점막을 거쳐 혈액으로 흡수된다. 이때 능동흡수란 에너지(ATP)를 필요로 하는 흡수이고, 단순흡수는 농도차에 의한 확산에 의해 흡수되는 것이다.

포도당과 과당은 나트륨 의존 능동 운반기전에 의하여 농도경사에 역행하는 능동흡수가 이루어진다. 즉, 단당류가 능동적으로 흡수되려면 갈락토오스나 포도당과 같이 구조적으로 D형의 육탄당이고, 2번 탄소에 OH기가 있어야 운반체와 결합할 수 있다.

포도당이 능동적으로 흡수되려면 운반체는 물론 Na^+을 필요로 한다. 솔변연에서는 에너지가 필요하지 않지만 기저막의 Na^+-K^+ ATPase를 차단하면 솔변연에서의 Na^+ 경사가 소멸되므로 포도당의 흡수는 이루어지지 않는다. 이와 같이 에너지가 간접적으로 필요한 경우의 이동을 2**차 능동운반**이라고 한다. 과당은 설탕의 분해과정에서 주로 생성되는 단당류이며, 촉진확산에 의하여 흡수된다. 따라서 이 과정은 에너지를 사용하지 않으므로 농도경사에 역행하여 이동될 수 없으며, 포도당의 흡수율에 비하면 과당은 60～70%에 불과하다. 과당은 흡수될 때 장상피세포에서 포도당으로 전환되기도 한다. Mannose, xylose 그리고 arabinose는 확산에 의하여 흡수되며, 흡수속도가 매우 느리다.

2) 반추동물에서의 흡수

(1) 위에서의 흡수

제 1위내에서 탄수화물의 발효로 생성된 휘발성 지방산(volatile fatty acids ; VFA)은 거의 대부분 단순확산에 의해 제 1위벽을 통하여 흡수되며, 나머지의 대부분도 제 2위벽과 제 3위벽에서 흡수된다. 반추위 내에서 흡수되는 VFA는 76% 정도이고, 19%가 제 3위나 제 4위에서 흡수되며, 나머지 5% 정도가 소장으로 내려간다.

반추위벽을 통한 VFA의 흡수속도는 pH에 의하여 영향을 받는다(그림 3-18). pH가 낮으면 VFA는 이온화되지 않은 상태이므로 빨리 흡수되는데, 이것은 이온화되지 않은 산(HAc)이 직접 세포내로 흡수되고, 또 혈액 쪽으로 쉽게 이동할 수 있기 때문이다.

정상적인 pH 하에서의 VFA의 흡수속도는 acetic acid < propionic acid < butyric acid의 순이나, 위(胃)내의 pH가 알칼리성일 경우에는 흡수속도가 반대의 순서로 된다. pH가 아주 높은 경우에는 acetic acid, propionic acid 그리고 butyric acid의 흡

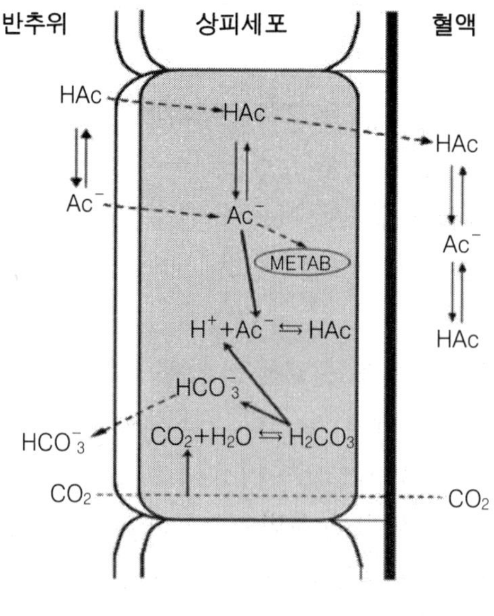

그림 3-18. 제 1위벽을 통한 VFA의 흡수모형

수속도는 거의 동일한 것으로 알려져 있다. 흡수된 VFA는 제1위 정맥을 통해 문맥을 거쳐 간장으로 들어간다.

(2) 소장에서의 흡수

반추동물의 소장에서 일어나는 각종 영양소의 흡수는 단위동물에서와 유사하지만, 반추동물이 섭취하는 사료 중의 영양소는 반추위에서 미생물에 의한 소화를 받기 때문에 소장에 도달하는 내용물의 양과 질에서는 단위동물과 많은 차이가 있다. 반추동물의 경우는 소장으로 유입되는 전분과 당류가 비교적 적어 소장에서 이들 영양소의 흡수는 양적인 측면에서 볼 때 단위동물에 비해 그다지 중요하지 않다. 그러나 다량의 농후사료를 지속적으로 섭취하는 반추동물에서는 소장에 도달하는 전분량이 사료 내 전분의 30~50%에 이르는 경우도 흔히 있다. 이러한 경우 소장에서 포도당의 흡수는 매우 중요하다.

일반적으로, 반추동물의 췌장 amylase나 소장점막의 maltase 활성은 높지 않은 것으로 알려져 왔으나, 소장으로 유입되는 전분량이 많아지면 α-amylase와 maltase 활성이 증가하여 다량의 포도당이 소장점막에서 흡수될 수 있는 것으로 알려지고 있다.

또한, 반추동물의 소장점막 내에는 이당류인 sucrose를 분해하는 효소인 sucrase가

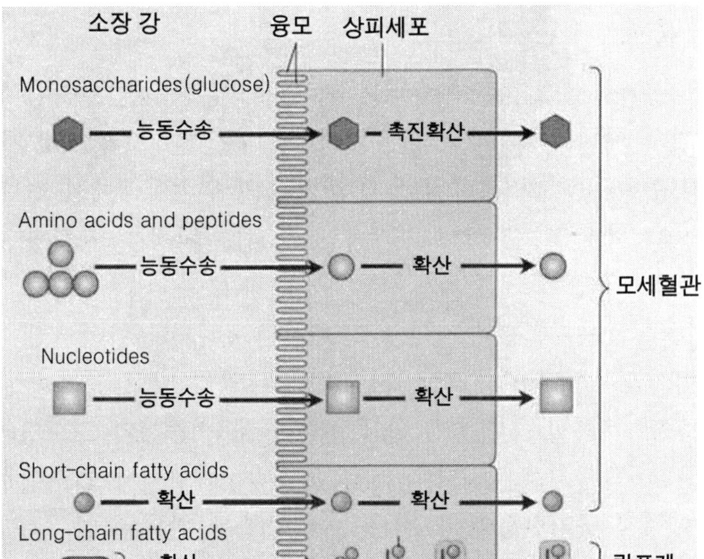

그림 3-19. 소장에서 영양소의 흡수 모형

없으며, 특히 포유중인 어린 반추동물에는 전분분해 효소의 활력도 낮아 sucrose와 전분의 분해 및 흡수는 거의 일어나지 않는다.

소장에서는 포도당, 아미노산, 핵산, 지방 및 담즙산염과 함께 수분, Na^+ 그리고 Cl^-의 정미흡수가 일어난다. 그림 3-19에서 보듯이 포도당, 아미노산 그리고 핵산은 능동수송에 의해서, 지방산은 단순확산에 의해서 흡수된다. 소장은 각종 영양소의 흡수가 일어나는 주요 장소로, 특히 십이지장과 공장에서 가장 왕성하게 흡수된다. 소장은 융모 상피세포와 융모 상피세포 표면에 산재하는 무수한 미세융모(microvilli)에 의해 내부 표면적이 크게 증가되어 영양소 흡수에 알맞은 구조를 하고 있다.

또, 각 융모는 유미관(lacteal)이라는 림프계의 도관, 세동맥(arteriole) 그리고 세정맥(venule)을 가지고 있는데, 이들을 통해 영양소가 모세혈관이나 림프계(조류는 오직 혈액)로 이동되고, 그 후 이들 영양소는 간문맥(portal vein)을 통해서 간장으로 운반되거나 또는 림프계를 통해서 심장으로 수송된다. 또한 융모는 소화된 영양소와 접촉을 쉽게 하기 위하여 펌핑운동을 하게 되며, 이 운동은 신경자극에 의해 일어나지만 빌리키닌(villikinin, 십이지장 점막에 염산이 작용하여 분비되는 호르몬)이라는 호르몬에 의해서도 촉진된다.

8. 탄수화물의 대사

1) 포도당 분해

탄수화물(단당류)이 혈액으로 흡수되고 세포내에 운반되면 포도당 분해(해당작용; glycolysis)를 거쳐 에너지(ATP)로 이용되며, 일부가 글리코겐으로 저장되는 작용을 **대사작용**이라고 한다. 간세포를 포함한 각종 세포의 원형질액에서 포도당이 분해되어 피루빅산(pyruvate)에서 유산(lactate)까지 분해되는 과정을 **포도당 분해**라고 한다(그림 3-20).

이 과정에서 포도당은 2분자의 ATP를 소비하는 반면 4분자의 ATP를 생산하여 순생산(純生產)이 2분자가 된다. 또한, 다른 단당류와 지방의 분해과정에서 발생하는 글리세롤도 포도당 분해과정의 초기 내지 중간단계로 들어와 포도당과 같은 분해과정을 거치게 된다. 해당작용은 자유에너지 감소반응이고, 이 회로에서 방출된 일부 에너지는 자유에너지 증가반응인 ADP+Pi → ATP를 만드는 데 사용된다. 해당작용을 요약하면 다음과 같다.

포도당(glucose) + 2NAD + 2ADP + 2Pi ⟶ 2 피루브산(pyruvate) + 2NADH + 2ATP

2) TCA 회로

TCA 회로란 트리카르복실산 회로(tricarboxylic acid cycle)를 약한 용어로 크렙스 회로(Krebs cycle) 또는 구연산 회로(citric acid cycle)라고도 한다. 글루코오스가 pyruvate로 분해되고, 다시 acetyl CoA로 되어 TCA 회로로 들어가면 탄소가 3개 결

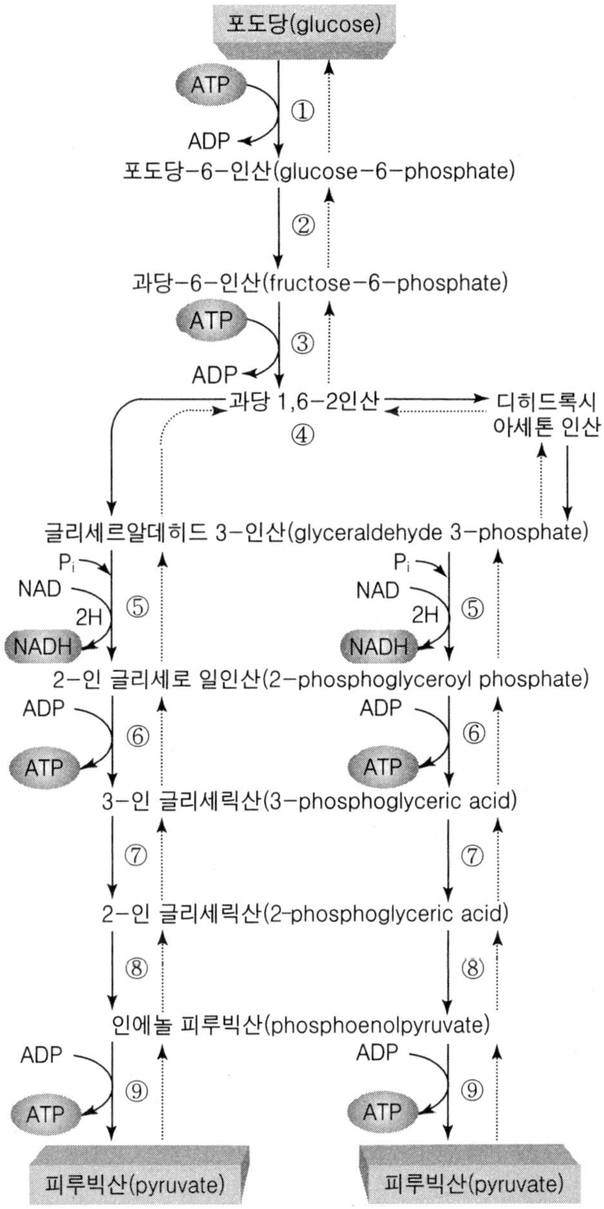

그림 3-20. 포도당이 pyruvate로 분해되는 해당과정의 도해

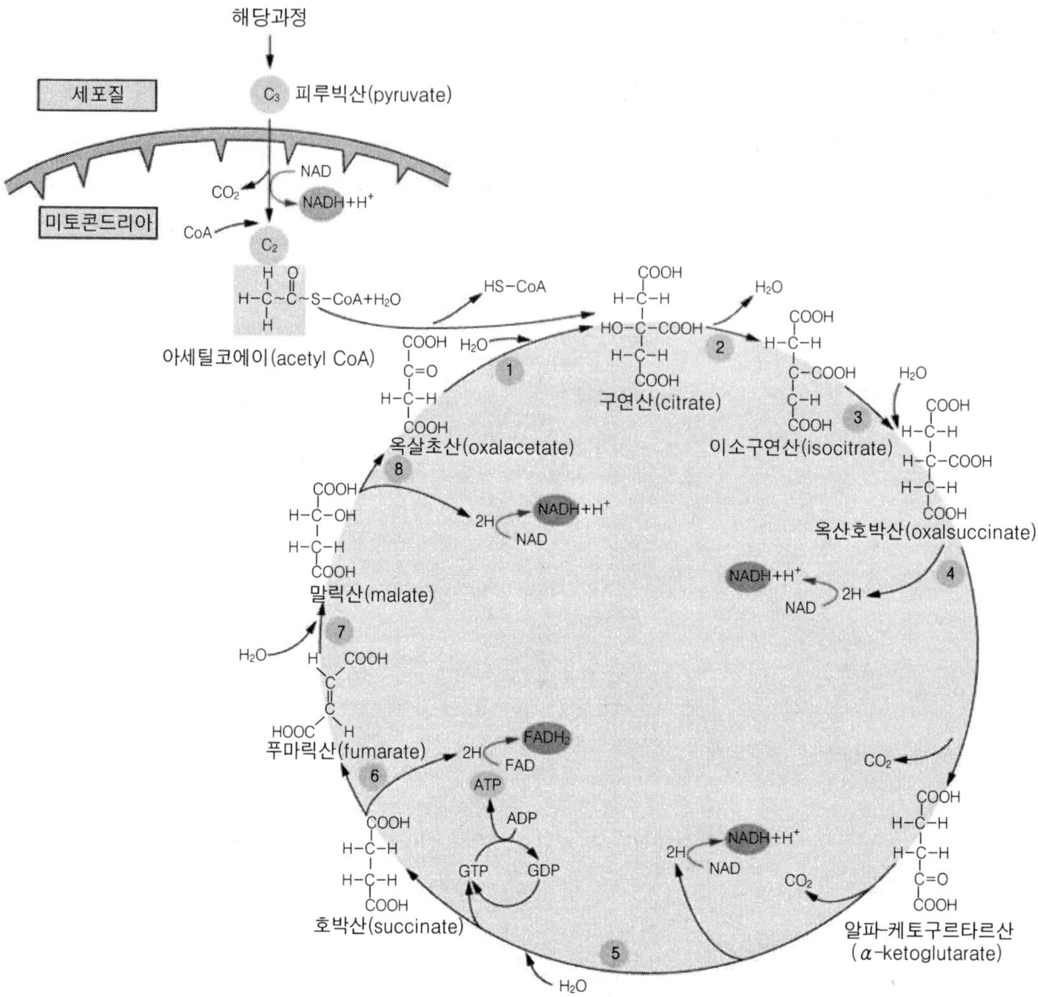

그림 3-21. TCA 회로와 전자운반 장치를 통한 탄수화물(포도당)의 에너지 생산과정

합된 대사물질인 카르복실산(carboxylic acid, -COOH)으로 전환된다. 이 대사물질들이 회로를 돌면서 많은 양의 에너지(GTP, NAD, NADH)와 전자(H^+)가 방출되는데, 전자는 다음 전자전달 장치와 산화적 인산화의 과정을 통하는 동안 계속 많은 양의 ATP가 생산되며, 결국 마지막에 CO_2와 H_2O로 분해된다(그림 3-21).

3) 포도당의 에너지 생산

포도당이 포도당 분해(glycolysis)와 TCA 회로를 거치는 동안 많은 양의 에너지가 생산되는데, 실제 포도당 1분자의 열량가를 측정하면 673 kcal가 된다.

그리고 동물의 생체내에서 포도당이 최종적으로 탄산가스와 물로 변하는 과정은 식물체의 포도당 합성(phostosynthesis) 과정의 정반대가 된다.

$$C_6H_{12}O_6 \longrightarrow 6CO_2 + 6H_2O + 673\ \text{kcal}$$

(포도당) (탄산가스) (물) [열량(에너지)]

이때, 포도당의 몰(mole)당 에너지 값을 계산하면 다음과 같다.

$$673\ \text{kcal} \div 180 = 3.74\ \text{kcal}$$

(분자당 에너지) (포도당 분자량) (몰당 에너지)

또한, 포도당은 생체내에서 그대로 산화되어 열이 발생되는 것이 아니고 에너지 발생물질인 ATP를 생산되고, ATP에서 인산 한 분자가 떨어져 나가 ADP가 되면서 에너지를 발생하게 된다. 따라서 포도당으로부터 생산되는 ATP 양을 구하면 다음과 같다.

포도당 분해(glycolysis) 과정	8몰 ATP
피루빅산 ⟶ 아세틸코에이	6몰 ATP
아세틸코에이 ⟶ $CO_2 + H_2O$	24몰 ATP
총 계	38몰 ATP

포도당 한 분자에서 38몰 ATP가 생산되며, ATP 한 몰(mole)의 에너지 발생량은 8 kcal이 된다.

$$38\text{몰 ATP} \times 8\ \text{kcal} = 304\ \text{kcal}$$

따라서 실제 포도당 한 분자의 에너지량은 673 kcal인데, ATP를 거쳐 생산될 수 있는 양은 304 kcal이므로 포도당의 에너지 효율은 40～65% 범위에 속하게 된다. 이와 같은 이유는 포도당의 분해과정에서도 에너지가 사용되고 손실되기 때문이다.

포도당 분해 및 산화에서 8분자의 물이 발생되며, 물 1분자의 에너지 손실량은 57 kcal이므로 총 342 kcal가 된다. 이때 ATP에서 생산된 에너지 양과 물로 소비된 에너지 양을 합하면 포도당에서 발생하는 열량이 되는데, 실제 수치상으로 정확하게 같지는 않다.

4) 포도당 신생합성

반추동물의 경우 탄수화물의 대부분은 반추위 내에서 분해되어 휘발성 지방산으로 전환되기 때문에 소장으로 내려가 소화될 수 있는 탄수화물(전분) 양은 매우 미미하다. 그러나 반추동물 역시 단위동물과 마찬가지로 단당류, 특히 포도당을 에너지원으로 이용하기 때문에 소장에서 흡수되지 못하는 많은 양의 포도당을 공급하기 위하여 포도당이 직접 합성되어 이용된다.

포도당 신생합성(gluconeogenesis)이란 포도당이 아닌 물질로부터 포도당을 합성하는 것을 의미하며, 이때 전구물질은 프로피온산, 비필수아미노산, 유산 그리고 글리세롤이 된다. 반추위에서 흡수된 프로피온산은 포도당 합성의 60% 정도를 차지하고, 나머지 20%는 아미노산에서, 15% 정도가 유산으로부터, 그리고 5% 정도는 글리세롤을 이용한다. 포도당 신생합성은 주로 간장에서 이루어지며, 일부 신장에서도 이루어지는데, 합성경로는 해당과정의 역과정과 동일하지는 않지만 7가지 효소를 공유한다(그림 3-20 참조).

세포 안에서 해당과정의 세 가지 부분은 비가역적이다. 비가역 부분은 ① phosphoenol pyruvate서 피루브산으로, ② fructose-6-phosphate에서 fructose-1,6-phosphate의 형성, 그리고 ③ glucose의 인산화 등이다. 전체 반응이 생합성 방향으로 진행되면 이 단계는 우회경로를 거쳐야 한다. 예를 들어 phosphofructokinase에 의한 fructose-1,6-phosphate의 형성과정은 fructose-1,6-phosphate에서 가수분해에 의해 인산기를 제거하는 fructose biphosphatase에 의해 역전된다. Pyruvate는 적어도 두 가지 효소에 의해 phosphenol-pyruvate로 전환된다(pyruvatekinase의 역과정).

이 과정은 glucose 뿐만 아니라 fructose도 합성한다. 일단 glucose와 fructose가 형성되면 다른 당은 쉽게 제조할 수 있다. 예를 들어 mannose는 fructose를 간단히 재배열하여 얻을 수 있다.

9. 사료내 탄수화물의 분석

사료의 일반성분 분석에서 조섬유 및 가용무질소물(nitrogen free extract ; NFE)이 탄수화물로 구성되어 있다. 섬유소의 구성성분은 셀룰로오스, 헤미셀룰로오스, 실리카 및 리그닌 등이고, 가용무질소물의 구성성분은 전분, 펙틴, 당분 그리고 셀룰로오스, 헤미셀룰로오스, 리그닌 등이 일부 포함된다. 반추동물의 사양에서 사료내의 조섬유만의 분석으로는 섬유소의 기능을 충분히 이해할 수 없으므로 조섬유는 다시 반소이스트(Van Soest) 분석방법에 의하여 중성세제 섬유소(neutral detergent fiber ;

표 3-4. 탄수화물의 일반 성분분석과 반소이스트법에 의한 성분 비교

<table>
<tr><th>일반 성분분석</th><th colspan="2">반소이스트법 (Van Soest system)</th><th>성 분</th></tr>
<tr><td rowspan="2">가용무질소물(NFE)</td><td></td><td></td><td>당분(sugar)
전분(starch)
펙틴(pectin)</td></tr>
<tr><td rowspan="2">중성세제 섬유소
(NDF)</td><td></td><td>헤미셀룰로오스
(hemicellulose)</td></tr>
<tr><td>조섬유(crude fiber)</td><td>산성세제 섬유소
(ADF)</td><td>리그닌(lignin)
실리카(silica)
셀룰로오스(cellulose)</td></tr>
</table>

* 조섬유와 ADF 차이 : 조섬유에는 알칼리 불용성 리그닌만 포함.

NDF) 및 산성세제 섬유소(acid detergent fiber ; ADF)로 분류된다. 이들에 의해 분석된 분석물내에 들어 있는 구체적인 성분을 도해하면 표 3-4와 같다.

10. 탄수화물 영양장애

1) 케토시스

케토시스(ketosis)란 혈액 내에 케톤체의 과대 생성으로 동물의 생리적 불균형이 일어나는 현상으로 최고 비유기 직전에 주로 발생한다. 이 질병의 원인체인 주요 케톤체는 아세톤, 아세토초산 그리고 베타-히드록시낙산(β-hydroxybutyrate ; BHBA)이며, 생성경로는 그림 3-22에서와 같다.

케토시스의 주요 원인은 몸에서 다량의 포도당이 배출되므로 혈액 내에 포도당이 부족되기 때문에 동물은 몸에 축적되었던 지방을 에너지원으로 이용하므로 나타나게 된다. 이 과정에서 지방이 지방산으로 되고, 다시 아세틸-코에이(acetyl-CoA)가 되어 TCA회로에 들어간다. 그러나 이때 아세틸-코에이와 옥살초산이 결합해야만 TCA회로에 들어갈 수 있으며, 옥살초산이 부족하고 아세틸-코에이가 많아지면 남는 아세틸-코에이가 케톤체로 변하여 혈액 내에 운반되어 과다한 케톤체가 존재하게 된다.

케토시스는 주로 송아지를 분만한 즉시 또는 분만 후 수주 사이에 경산우 중 유량이 많은 젖소에서 나타나는데, 증상은 사료를 거부하며, 체력이 극도로 허약하여 폐사하게 된다. 예방방법으로는 충분한 탄수화물을 공급하고, 분만 즉시 유우의 완전 착유를 금하며, 포도당 주사를 실시하기도 한다.

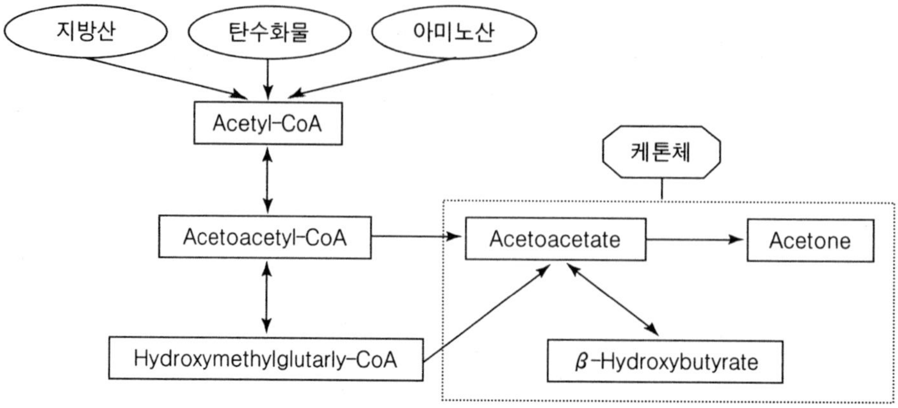

그림 3-22. 케톤체의 생성경로

2) 산중독증

제 1위 산중독증(acidosis)은 탄수화물, 특히 가용성 탄수화물이 다량 포함된 농후사료를 과다 섭취한 결과, 제 1위내 젖산형성을 동반하는 이상발효 현상이 나타나고, 제 1위내 pH의 감소로 미생물군의 활력도가 저하되어서 나타나는 소화불량 대사장해이다. 급성 산성증, 급성 소화불량증, 곡류 과식증 등으로도 부른다. 즉, 산중독증은 주로 쉽게 발효 또는 소화되는 전분질 사료를 다량 섭취함으로써 발생한다. 그리고 갑작스러운 사료변경도 발병원인이 된다.

대개 사료의 과잉섭취 후 12～24시간 이내에 뚜렷한 중독 증상이 나타난다. 일반적으로 관찰되는 증상은 식욕이 저하되거나 중단되며, 제 1위 수축운동이 감소되고, 회색의 묽은 변을 배설하며, 탈수증상이 나타난다. 특히 탈수증상은 위(胃) 내 발효산물의 농도가 높아짐에 따라 고액성(hypertonic)을 띠게 되어 체내 수분이 위 내로 진입하여 위 내용물의 수분함량이 증가하기 때문인데, 이로 인하여 안구는 심하게 함몰되며, 착유우에서는 유지방과 유량이 감소한다. 그리고 일반적으로 맥박수가 증가하고 체온이 저하되며, 동작이 둔화된다. 병이 좀더 진행되면 비틀거리며 일어서지 못하고, 누워서 혼수상태에 이른다. 그리고 그림 3-23에 나타낸 바와 같이 고창증, 제염엽, 부전각화증 및 간농양 등의 질병으로도 발전할 수 있다.

산중독증은 조사료와 농후사료를 균형있게 급여함으로써 방지할 수 있는데, 조사료를 충분히 섭취하도록 하고, 농후사료 급여량을 증가시킬 경우에는 충분한 적응기간(1～2주)을 걸쳐 급여량을 서서히 증가시킨다. 그리고 사료의 분쇄, 세절 및 펠렛팅 등의 가공처리는 가능한 하지 않는 것이 산중독증의 예방을 위해서 효과적이다. 또한

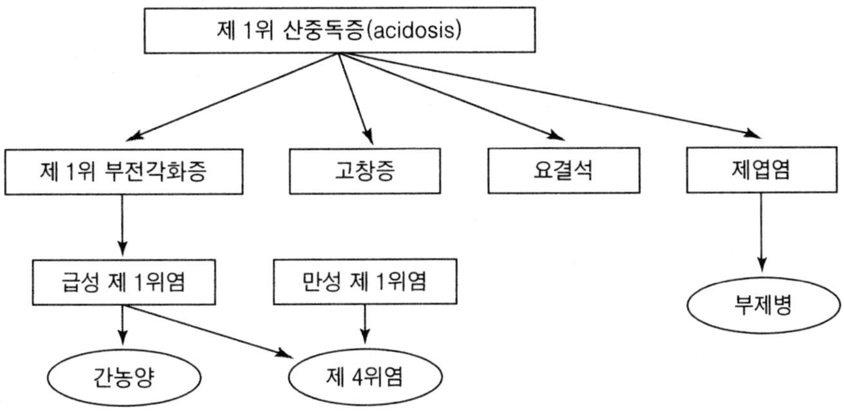

그림 3-23. 제 1위 산중독증 관련 질병

반추위내 pH 균형을 유지하고, 산중독증 예방의 목적으로 완충제를 이용하고 있는데, 중탄산나트륨($NaHCO_3$), 탄산칼슘($CaCO_3$), 수산화칼슘[$Ca(OH)_2$], 탄산마그네슘($MgCO_3$), 산화마그네슘(MgO), 나트륨벤토나이트(sodium bentonite) 등이 있다.

3) 고창증

고창증(bloat)은 반추동물에서 가장 빈번하게 발생되는 비전염성 질병으로서 반추위(제1위 및 2위) 내의 내용물이 이상발효를 일으켜서 과다하게 발효가스가 생산되고, 가스를 제거하는 능력(트림반사)이 저하되어 극도로 위가 팽창되는 질병이다. 고창증은 발생된 가스의 종류에 따라 가스가 분말사료와 혼합되어 농후한 포말을 형성하는 포말성(거품이 있는 가스)과 유리가스성(거품이 발생하지 않은 상태)이 있다.

(1) 포말성 고창증

포말성 고창증의 근본 원인이 사료에 있다고 하여 **원발성 고창증**(primary bloat)이라고도 한다. 발생 원인들을 살펴보면 제1위 내에서 발생한 유리가스가 표면장력이 높은 위 내용물과 혼합되어 포말을 형성한 경우 위 분문을 폐쇄시켜 트림을 통한 가스 배출이 불가능해져서 발생하며, 침 분비능력이 감소되었을 때에도 침 속에 포말형성 억제작용이 있는 점성단백질이 부족하여 발생되기도 한다.

사료적 측면에서 발생원인을 살펴보면, 조사료의 급여량이 적고 곡류의 급여량이 과다했을 때 발생한다. 알팔파나 클로버와 같은 두과목초는 식물체내 원형질 단백질이 주요 발생 요인으로 작용하며, 사료작물에 따라서는 사포닌과 단백질 및 다당류

등도 원인이 된다.

사료 입자도 또한 중요한데, 너무 작은 입자로 분쇄된 사료를 급여할 경우 입자도가 작은 가루사료가 포말의 안정성을 높임으로 고창증 발생률을 높이며, 칼슘·니켈·아연 등과 관계가 있으며, 오후에 더 많이 발생한다. 고창증이 발생된 소는 배가 불러 오면서 갑자기 바로 죽는다. 포말성 고창증에 걸린 동물은 제1위가 현저히 팽대하고, 혀를 밖으로 내놓거나 호흡수가 증가(120회/분)하며, 불안해하고, 복부를 발로 차거나 몸을 굴린다. 침을 많이 흘리고, 고개를 앞으로 쭉 뻗기도 하는데, 초기에는 제1위 운동이 증가하나 병이 진행되었을 때는 제1위 운동이 둔화되고, 청진과 북치는 소리가 들린다.

(2) 비포말성 고창증

비포말성(유리가스성) 고창증은 제1위 내에서 발생한 발효가스가 거품으로 되어 있지 않고 정상적인 유리상태로 존재하기 때문에 쉽게 배출될 수 있는 상태에 있지만, 질병 또는 다른 장해 요인으로 인하여 트림작용이 저해되어 위(胃) 내에 누적된 경우이다. 따라서 비포말성 고장증의 주원인은 사료적 요인보다는 트림작용을 저해하는 다른 요인에서 찾아야 하므로 **속발성 고창증**이라 부른다.

일반적으로 변질·부패된 사료를 과식하거나, 발효 직전에 있는 청초를 과식했을 때, 꽃 피기 전의 수분이 많은 두과목초와 젖어 있는 풀을 많이 먹었을 때, 제1위를 자극해 줄 수 있는 조사료의 부족으로 트림 장해가 일어났을 때, 그리고 사료를 갑자기 바꾸었을 때, 제1위 소화를 담당하는 미생물이 새로운 사료에 적응을 못하여 소화불량으로 인하여 발생률이 높아진다. 또한 식도 내에 감자, 사과 혹은 무 등의 이물질에 의하여 식도폐색으로 가스배출이 차단되어서 발생기도 한다. 또한 6개월령 이하의 송아지에서 뚜렷한 원인이 없이 만성고창증이 종종 발생된다. 그 원인은 거친 조사료 혹은 불량한 대용유가 제4위가 아니라 제1위 내로 들어가서 발효되는데 기인하는 것으로 보인다.

비포말성 고창증에 걸린 동물은 초기에는 제1위 운동이 빨라지고, 곧바로 위가 운동을 하지 않는 무력증이 발생한다. 포말성 고창증과 공통증상으로 심박수가 120회/분으로 증가하고 호흡곤란으로 인한 청색증(cyanosis)을 눈으로 확인할 수 있는 점막부위(눈동자·입술·외음부·유방 등)에서 쉽게 관찰된다.

사양관리나 적절한 첨가제 사용을 통하여 고창증 발생을 예방할 수 있다. 두과목초의 과잉 섭취를 줄이고, 가급적 건초를 급여하고(사료 총고형물의 15~20%를 건초로 급여한다), 변질되거나 부패된 사료의 급여를 피하고, 사료변경은 최소한 15일 이상의 적응기간을 갖도록 한다. 조사료를 농후사료 보다 먼저 급여하거나 혹은 TMR

형태로 급여하는 것은 고창증 예방에 도움이 된다. 항생제는 일시적으로 부분적 효과를 볼 수 있으나 장기적으로 사용하면 효과가 떨어진다.

4) 당뇨 증상

당뇨 증상은 동물에서 보다는 사람에게서 주로 나타나는 탄수화물 영양장해 현상이다. 당뇨 증상은 혈액 내의 포도당이 정상적으로 대사과정을 거치기 전에 뇨로 다량이 배설되어 뇨에서 많은 양의 포도당이 검출되게 된다. 따라서 에너지로 이용할 당이 흡수와 동시에 그대로 뇨로 배설되기 때문에 사람은 에너지 부족현상으로 체력을 상실하게 된다.

탄수화물 대사에서 혈액의 포도당을 혈액 및 조직내에 저장작용을 하는 호르몬인 인슐린의 분비부족으로 발생되는 경우 이를 인슐린성 당뇨(insulin dependent diabetes mellitus ; IDDM)라 한다. 신체조직이나 장기의 이상으로 발생하는 인슐린과는 무관한 비인슐린성 당뇨(non-insulin dependent diabete mellitus ; NIDDM)와 임신으로 인한 임신성 당뇨(gestation prognancy diabete) 증상 등이 있다.

비인슐린성 당뇨의 주요 원인은 췌장 랑게르한스(Langerhans)의 아일리트(islets)의 β세포에 이상이 생겨 나타나게 된다. 임신성 당뇨는 임신으로 인하여 혈액 내에 많은 포도당을 유지시킴으로써 발생하게 된다.

당뇨병의 예방을 위하여는 탄수화물(특히, 설탕 등)의 과다 섭취를 줄이고 운동 등 정상적인 활동이 필요하며, 인슐린성 당뇨의 치료 시에는 인슐린 주사를 실시한다.

참고문헌

1. Bailey, R.W. 1973. Structural carbohydrates, Blackie, Glasgow. Engl.
2. Bondi, A.B. 1987. Animal Nutrition. John Wiley & Sons, New York. USA.
3. Church, D.C. 1988. The Ruminant Animal : Digestive Physiology and Nutrition. A. Reston Book, Prentice-Hall, New Jersey.
4. Church, D.C. and W.G. Pond. 1982. Basic animal nutrition and feeding. 2nd. John Wiley & Sons. New York. NY. USA.
5. Church, D.C. and W.G. Pond. 1988. Basic Animal Nutrition and Feeding (3rd ed). John Wiley & Sons, New York. USA
6. Cullison, A.E. and R.S. Lowrey. 1987. Feeds and feeding. A Reston Book. Engl. Wood Cliffis NJ. USA.
7. Duffs, C.M. and J.H. Duffus. 1984. Carbohydrate metabolism in plants. Long Man. loden. Engl.
8. Ensminger. M.E, J.E. Oldfield, and W.W.Heinemann. 1990 Feeds and nutrition. The Ensminger Pub. Co. Clovis Cal. USA.
9. Hamilton, R.J. 1986. Analysis of Oils and Fats. Elsvier Applied Science Publishers, LTD.
10. Holdman, L.V., E.P. Cato and W.E.C. Moore. 1977. Anaerobic laboratory manual 4th ed. Virginia Polytech. Inst. and State Univ., Blackburg, Virginia.
11. Hungate, R.E. 1966. The rumen and its microbes. Academic Press, Inc., New York, USA.
12. Jack, R.C. 1995, Basic Biochemical Laboratory Procedures and Computing, Oxford, UK.
13. Lassiter, J.W. and H.M. Edwards, Jr. 1982. Animal Nutrition. A Reston Publishing Co., Inc. Virginia.
14. Lehaninger. A. L. 1986. Principles of biochemistry. Worth Pub. Inc. New York, NY. USA.
15. Linn, J.G., M.E. Hutjens, R. Shaver, M.E. Otterby, W.T. Howard, and L.H. Kilmer, 1995. Feeding dairy herd. Minesota Extension Service. Pub. 346. USA.
16. Maynard, L.A., J.K. Loosli, H.F. Hintz and R.G. Warner. 1979. Animal nutrition. Ted. McGraw. Hill. Book Co. New York. NY. USA.
17. McDonald, P., R.A. Edwards, J.F.D. Greenhalgh. 1981. Animal Nutrition

(3rd ed.). Longman Group Ltd., London.

18. McDonald, P., R.A. Edwards. and J.F.D. Greenhalgh, 1988. Animal nutrition (4th ed.). Longman. New York. NY. USA.

19. NRC. 1988. National Research Council National Academy Press. Washington, D. C.

20. Ruckebusch Y. and P. Thivend. 1980. Digestive physiology and metabolism in ruminants. MTP Press LTD. Lancaster. England.

4

지방과 대사작용

지방은 물에는 녹지 않으나 에테르 · 크로로포름 · 벤젠 같은 유기용매에는 잘 녹는 성질을 가지고 있으며, 동 · 식물의 조직에서 중요한 생화학적 · 생리학적 기능을 수행하는 유기성분이다. 지방은 동 · 식물의 체내에 상당량이 저장될 수 있고, 모든 영양소 중에서 가장 에너지의 발생능력이 높아 지방 1 g이 완전 연소되었을 때 약 9.45 kcal의 열을 생산한다. 또한 지방은 지용성 비타민과 필수지방산의 공급원이며, 피하조직과 어떤 특정기관 주위에 축적되어 중요한 기관을 충격으로부터 보호하고, 절연체로서 작용한다. 지방단백(lipoprotein)은 세포의 중요 구성성분으로 세포막과 미토콘드리아 내에 존재하며, 혈액 내에서는 지방을 운반하는 수송체 역할도 한다.

인간과 동물의 영양에 중요한 지방은 다음과 같이 분류된다.

① **단순지방**: 여러 알코올류와 지방산의 에스테르(ester)로서 지방(fat) · 기름(oil) · 밀납(wax) 등이 여기에 속한다. 지방과 기름은 지방산과 글리세롤의 에스테르 화합물이며, 밀납은 지방산과 글리세롤 대신 고분자인 다른 알코올류와의 에스테르 화합물이다.

② **복합지방**: 지방산과 알코올 이외의 다른 성분들을 함유하고 있는 지방산의 에스테르로서 인지방(phospholipid) · 당지방(glycolipid)과 지방단백(lipoprotein) 등이 포함된다. 인지방은 지방산과 알코올 이외에 인산과 질소를 포함하는 지방이다. 당지방은 탄수화물과 질소를 함유하는 지방이며, 지방단백은 혈액이나 다른 조직에서 단백질과 결합된 지방이다.

③ **유도지방**: 상기 지방의 가수분해로부터 유도된 물질로서 포화 및 불포화지방산, 글리세롤, 스테로이드와 다른 알코올들이 포함된다.

④ **기타 지방**: 터피노이드(terpenoid)와 지용성 비타민 등이 있다.

1. 지방산의 구조

동물영양에 있어서 중요한 지방성분들은 지방산, 글리세롤, 모노-(mono-), 디-(di-) 그리고 트리글리세리드(triglyceride ; 중성지방), 인지방 등이 포함된다. 당지방, 지방단백, 그리고 스테롤은 대사활동에서 중요하다. 그러나 밀납, 터핀(terpene)과 같은 지방들은 양적으로 중요하지 않고, 영양적으로도 이용성이 낮다.

1) 포화지방산과 불포화지방산

지방산은 2~24개 혹은 그 이상의 탄소골격 말단에 카르복실기(-COOH)가 결합되어 있다. 일반적인 구조는 RCOOH이며, 여기서 R은 다양한 탄소수의 골격(chain)이다. 자연계에서 존재하는 대부분의 지방산은 탄소수가 짝수로서 존재한다. 반추위 미생물에 의한 주요 산물인 acetic산은 2개의 탄소를 가지며, 구성식은 CH_3COOH이며, 우유지방의 구성성분인 myristic산은 14개의 탄소를 가지는데 구성식은 $CH_3(CH_2)_{12}COOH$로 표시된다.

이렇게 탄소수가 짝수인 지방산들을 **포화지방산**(saturated fatty acid)이라 하는데, 일반식은 $C_nH_{2n+1}COOH$로 표시되며, 이중결합이 없는 완전 포화된 알킬(alkyl)기에 카르복실기가 결합된 지방산이다. 탄소수가 10개 이하인 짝수로 된 포화지방산은 실온에서 액체이고, 이보다 큰 포화지방산은 고체로 존재한다. 동물성 지방에는 포화지방산인 palmitic산(C_{16})과 stearic산(C_{18})이 많이 포함되어 있다.

분자 내의 탄소골격에 하나 이상의 이중결합을 가진 지방산을 **불포화지방산**(unsaturated fatty acid)이라 하는데, 옥수수유의 구성성분인 linoleic산은 18개의 탄소를 가졌고, 이 중 2개가 이중결합으로 이루어졌다. 이것의 구성식은 $CH_3\ (CH_2)_4CH = CHCH_2\text{-}CH = CH(CH_2)_7\ COOH$로 표시된다.

불포화지방산은 불포화 정도에 따라 다음과 같이 분류된다.

(1) 단가불포화지방산

단가불포화지방산(monounsaturated fatty acid)은 이중결합을 1개 가진 불포화지방산으로 oleic산과 palmitoleic산이 동물지방에 많이 존재한다. 한 개의 이중결합으로 인해서 cis형과 trans형의 이성체가 존재한다.

(2) 다가불포화지방산

다가불포화지방산(polyunsaturated fatty acid)은 이중결합을 2개 이상 가지는 불포화지방산을 말하며, 포유동물에는 2개의 이중결합을 가지는 linoleic산, 3개의 이중결합을 가지는 linolenic산, 4개의 이중결합을 가지는 arachidonic산이 존재한다.

(3) 탄소수 20개 지방산 유도물

탄소수 20개인 eicosapolyenoic산에서 유도된 화합물로서 prostanoid와 leukotriene (LT)이 있다. 동물조직에서 일반적으로 발견되는 대부분의 지방산들은 직선골격이며, 짝수의 탄소원자를 포함하고 있다. 홀수의 탄소원자를 가진 측쇄골격 지방산들은 주로 미생물에서 생성된다. 그러나 반추동물의 조직은 독특하게 반추위 발효의 결과로서 비교적 많은 양의 포화지방산으로 구성되어 있다. 이중결합을 포함하고 있는 지방산들은 다음의 *cis*나 *trans*형의 이성체를 가진다.

$$\begin{array}{l} H-C-(CH_2)-CH \\ \quad\ \| \\ H-C-(CH_2)-COO \end{array} \qquad \begin{array}{r} CH_3-(CH_2)-C-H \\ \| \quad\ \\ H-C-(CH_2)-COO \end{array}$$

Oleic acid(*cis*형) Elaidic acid(*trans*형)

식물과 동물조직에서 나타나는 일반적인 지방산들의 탄소수와 이중결합의 수에 따라 구분하면 표 4-1과 같다. 표 4-1의 지방산 중 linoleic산은 사람의 몸 안에서 합성되지 못하며, linolenic산과 arachidonic산은 linoleic산에서 합성되므로 이들 지방산들은 영양학상 매우 중요한 필수지방산으로 분류되어지고 있다.

표 4-1. 식물과 동물조직에서 대표적인 지방산

구 분	탄소수	이중결합 수	약식 표현
Butyric(butanoic)	4	0	C_4 : 0
Caproic(hexanoic)	6	0	C_6 : 0
Caprylic(octanoic)	8	0	C_8 : 0
Capric(decanoic)	10	0	C_{10} : 0
Lauric(dodecanoic)	12	0	C_{12} : 0
Myristic(tetradecanoic)	14	0	C_{14} : 0
Palmitic(hexadecanoic)	16	0	C_{16} : 0
PalmitoleicIhexadecenoic)	16	1	C_{16} : 1
Stearic(octadecanoic)	18	0	C_{18} : 0
Oleic(octadecenoic)	18	1	C_{18} : 1
Linoleic(octadecadienoic)	18	2	C_{18} : 2
Linolenic(octadecatrienoic)	18	3	C_{18} : 3
Arachidic(eicosanoic)	20	0	C_{20} : 0
Arachidonic(eicosatetraenoic)	20	4	C_{20} : 4
Lignoceric(tetracosanoic)	24	0	C_{24} : 0

표 4-2. 불포화지방산의 이중결합의 위치

구 분	이중결합 위치[a]	전구물질
Palmitoleic	9	Palmitic
Oleic	9	Stearic
Linoleic	9, 12	None
Linolenic	9, 12, 15	None
Arachidonic	5, 8, 11, 14	Linoleic

[a] 카복실기부터 시작한 탄소의 위치

탄소골격에 있어서 이중결합의 위치는 생물학적 활성에 큰 영향을 주는데, 표 4-2는 일반적인 불포화지방산의 이중결합의 위치를 나타내고 있다.

2) 글리세롤

글리세롤(glycerol)은 동물과 식물조직에 일반적으로 존재하는 중성지방(triglyceride)의 알코올 성분이며, 인지질(phospholipid)인 lecithin, cephalin과 sphingomyelin의 구성성분으로 구조식은 아래와 같다.

$$\begin{array}{c} HOCH_2 \\ | \\ HOCH \\ | \\ HOCH_2 \end{array}$$

(Glycerol)

3) 중성지방

중성지방(mono-, di-와 triglyceride)은 지방산과 글리세롤의 에스테르로서 유기산과 알코올의 반응에 의하여 형성되어지는데, 지방산과 글리세롤 사이의 에스테르 구조와 결합은 다음 식으로서 설명된다.

$$R-\overset{\overset{\displaystyle O}{\|}}{C}-OH + HOR' \longleftrightarrow R-\overset{\overset{\displaystyle O}{\|}}{C}-OR' + H_2O$$

중성지방은 R, R'과 R"의 3개의 다른 지방산으로 표현되는 일반적인 구조를 가진다.

α	H_2COH	H_2COH	H_2COOCR
	|	|	|
β	$H-COH$	$H-COOCR'$	$H-COOCR'$
	|	|	|
α'	H_2COOCR''	H_2COOCR''	H_2COOCR''

중성지방의 지방산 성분은 다양한데, 서로 같거나 다른 지방산들이 세 위치에서 존재한다. 예를 들면, 만일 stearic산이 세 위치에 모두 존재한다면 그 성분은 tristearin(단순 triglyceride)이라 명명하는데 반하여, 만일 butric, lauric, palmitic산이 각 한 위치를 차지한다면 그 성분은 혼합 중성지방으로서 butyrolauropalmitin(glyceryl butyrolauropalmitate)으로 불린다.

중성지방을 이루는 각각의 지방산의 골격(chain) 길이와 불포화 정도는 중성지방의 물리적·화학적 특성을 결정한다. 탄소수를 10개 이상 포함하는 포화지방산의 단순 중성지방은 실온에서는 고체인 반면 10개보다 더 적은 포화지방산은 일반적으로 액체상태로 존재한다. 긴 사슬 포화지방산을 포함하는 중성지방은 고체인 반면 불포화지방산 함량이 많은 중성지방은 액체상태이다.

지방의 화학적 특징을 특성화하기 위하여 몇 종의 분류방법이 일반적으로 사용되어지는데, 이러한 방법들은 영양학 분야에서 널리 이용되고 있다.

4) 지방의 분석

지방의 물리적 성질과 그 특성 및 영양가를 판단하는 데는 몇 가지 분석방법이 사용된다. 비누화가는 지방 1 g의 가수분해(비누화)를 위해 요구되는 KOH의 mg의 수

표 4-3. 주요 지방의 특성

구 분	비누화가	Reichert-Meissl 가	요오드가
Beef	196~200	1	35~40
Butter	210~130	17~35	26~38
Coconut	253~262	6~8	6~10
Corn	187~193	4~5	111~128
Cottonseed	194~196	1	103~111
Lard	195~203	1	47~67
Linseed	188~195	1	175~202
Peanut	186~194	1	88~98
Soybean	189~194	0~3	122~134
Sunflower	188~193	0~5	129~136

이다. 분자량이 작은 단사슬 지방산의 비누화가는 높으며, 지방분자량이 증가함에 따라 더 낮아지게 된다. 따라서 비누화가는 지방산의 평균 골격 길이를 나타낸다.

Reichert-Meissl(RM)가는 지방에 존재하는 휘발성 지방산의 함유량을 측정하는 것을 나타내는데, 지방 5 g의 가수분해에 의하여 얻어지는 휘발성 산을 중화시키는데 소요되는 0.1N KOH 용액의 ml 수를 말한다. 우지와 분자량이 높은 다른 지방산들은 특별하게 휘발성 산을 포함하지 않으므로 RM가는 0에 가깝다. 그러나 휘발성 산의 높은 비율을 가진 버터의 RM가는 17～35이다.

요오드가는 100 g의 지방이 흡수한 요오드의 g수로서 지방에서 지방산의 수소첨가(포화) 정도를 측정한다. Tristearin 같이 완전하게 포화된 지방은 0의 요오드수를 가지는 반면 아마인유 같은 수용성 지방은 175～202의 요오드수를 가진다.

지방의 경도를 측정하는 기준으로 융점을 사용하는데 분자량이 작거나 불포화도가 높을수록 융점이 낮다. 산가는 지방의 산패도를 측정하는 데 사용되는 방법으로 1 g의 지방에 들어 있는 유리지방산을 중화시키는 데 소요되는 KOH의 mg수이다.

그 외의 방법으로 미량으로도 정확하게 지방산의 함량을 정량분석 할 수 있는 박층크로마토그래피(thin layer chromatography) 또는 가스크로마토그래피(gas chromatography) 분석방법이 있다.

5) 인지방

인지방(phospholipid)은 지방산, 글리세롤, 질소염기와 인산으로 구성되어 있다. 인지방은 동·식물 세포의 활동이나 세포막 구조형성에 관여하고 있기 때문에 중요한 기능을 수행하는 지방체이다. 레시틴(lecithin)은 인산과 콜린(choline)이 결합한 에스테르 화합물로서 동·식물에 널리 분포되어 있다.

세팔린(cephalin)은 레시틴과 유사한 인지방으로서 레시틴에서의 콜린 대신에 hydroxyethylamine이나 serine을 가진다는 차이점이 있다. 스핑고미엘린(sphingomyelin)은 일반 인지방과는 달리 글리세롤을 포함하지 않으나 지방산, 콜린, 인산과 질소염기, 스핑고신(sphingosine)을 포함한다. 동물조직의 인지방은 중성지방보다 더 높

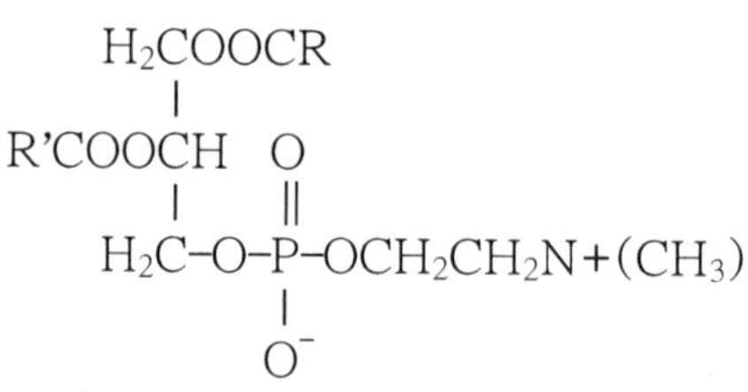

L－α－lecithin

은 불포화지방산을 함유하고 있으며, 중성지방보다 더 체액에 넓게 분산되어 있다. 그리고 지방 수송시 중요한 기능을 제공하는 유화특성을 가졌다.

6) 스테롤

스테롤(sterol)은 고리모양의 구조를 가진 고분자의 알코올로서 동물조직에서 가장 풍부하고 중요한 스테롤은 콜레스테롤(cholesterol)이다. 콜레스테롤은 모든 세포와 혈액에 존재하는데, 혈액 내에서 지방의 운반에 관여하며 담즙산 및 각종 스테로이드 호르몬의 전구물질이다.

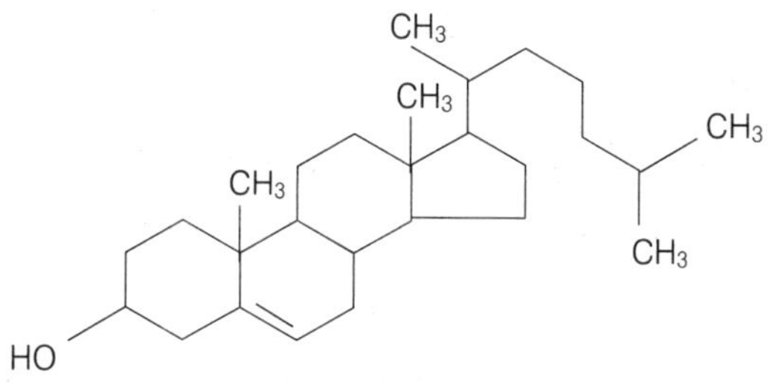

콜레스테롤의 구조식

동물에서 중요한 다른 스테롤은 태양광선의 자외선에 의하여 비타민 D_2를 만드는 ergosterol, 비타민 D_3를 만드는 7-dehydrocholesterol, 담즙산, 안드로겐(androgen), 그리고 estrogen과 progesteron 등이 있다.

2. 지방의 기능

지방의 기능은 다음의 세 가지로 크게 분류할 수 있다.

① 정상적인 유지와 생산기능을 위한 에너지의 공급

② 필수지방산의 공급

③ 지용성 비타민의 공급

1) 에너지 공급

중성지방을 가수분해하면 에너지가 농축된 글리세롤과 지방산으로 분리된다. 지방에서 이용될 수 있는 에너지의 양은 이들의 소화율과 관계가 있는데, 비정상적이거나 나쁜 영양상태 등의 특별한 상황을 제외하고 지방의 진정 소화율은 80%를 넘는다. 사료에서 소화가 잘 되지 않거나 적게 흡수되어지는 밀납(wax)이나 스테롤의 높은 비율은 지방의 흡수성을 감소시키는 경향이 있다.

동물에게 반드시 급여되어야 하는 필수지방산을 제외하고는 에너지원은 지방 외에 탄수화물로부터 공급된다. 따라서 사료에서 에너지공급을 위한 지방의 요구량은 원칙적으로 존재하지 않는다.

2) 필수지방산

Linoleic산($C_{18:2}$, $\omega 6$ 지방산)은 동물체내에서 합성할 수 없기 때문에 사료로서 반드시 공급되어야만 한다. 또한 linolenic산($C_{18:3}$, $\omega 3$ 지방산)과 arachidonic산($C_{20:4}$, $\omega 6$ 지방산)은 linoleic산으로부터 합성될 수 있는데, 만일 linoleic산이 체내에 부족하다면 사료로서 보충되어야만 한다.

지금까지 알려진 두 가지의 기능은 첫째는 세포막의 지방-단백질 구조의 필수성분이고, 또 다른 하나는 시상하부와 뇌하수체 호르몬 분비조절에 관여하는 데 매우 중요한 역할을 하는 것으로 알려져 있는 eicosanoid(탄소수 20개 지방산 유도물) 물질들(thromboxane, leukotriens, prostagradins)의 구성물질 합성에 매우 중요한 역할을 한다는 것이다. 이 중 특히 prostaglandin은 arachidonic산으로부터 생합성 되어 혈압강하, 평활근 수축, 지방조직의 지방산 분비억제 등의 기능이 알려져 있다.

또한, 특정 지방산들이 결핍되면 피부염과 같은 결핍증상이 발현되는데, 그림 4-1에서와 같이 돼지에 무지방사료 급여시 필수지방산(essential fatty acid ; EFA) 부족

그림 4-1. 무지방 사료를 급여했던 돼지에서 나타나는 피부의 지방결핍 증상

으로 인해 거친 피부, 꼬리 괴사, 성장 부진, 번식력 감소, 지방조직내 부종, 피부출혈 및 병아리 깃털 발육 불량 등의 증상이 나타난다.

흰쥐 지방조직의 $\omega 3 : \omega 6$ 지방산 비율이 0.4 이상이면 필수지방산 결핍증이라고 판단하며, 사료 에너지 공급량의 1% 이상을 linoleic산으로 공급하면 결핍증 예방이 가능하다(Holman, 1960). 그러나 돼지사료에 $\omega 3$ 지방산 함량이 매우 높은 홍화씨유 급여시 체조직 내 $\omega 3 : \omega 6$ 지방산 비율은 증가되지만 피부염, 성장저하 현상은 나타나지 않았는데, 그 이유는 체내에서 linoleic산이 합성되기 때문이라고 하였다(Babatunde 등, 1967).

반추위 발달 전의 어린 반추동물은 필수지방산을 사료 중에 공급해 주어야 하지만, 성장한 반추동물은 반추위 내의 미생물에 의한 가수소작용에도 불구하고 상당량의 필수지방산이 반추위를 통과하여 번식기관에 상당량의 arachidonic산이 존재하면서 prostaglandin과 같은 물질합성을 하므로 사료 중 공급 필수성은 요구되지 않고 있다. 사람의 식이 중에는 상기의 필수지방산 이외에 eicosopentaenoic산(EPA, $C_{20:5}$, $\omega 3$ 지방산)과 docosahexaenoic산(DHA, $C_{22:6}$, $\omega 3$ 지방산)의 중요성이 강조되고 있는데, 이는 이들 $\omega 3$ 지방산 계열은 linoleinic산으로부터만 합성되기 때문에 $\omega 6$ 지방산인 linoleic산과의 최종 사용처에 관한 경쟁이 유발되기 때문이다.

특히 EPA와 arachidoic산은 공히 eicosanoid 유도물 합성의 시작점으로, 이들의 체내 작용이 약간씩 상이하여 $\omega 3$ 지방산 함량이 높은 생선유를 많이 섭취한 에스키모인에서와 같이 동맥경화 및 고혈압 등 심혈관계 질환의 발생이 현저히 감소하는 경향을 나타내어 식이 중 $\omega 3 : \omega 6$ 지방산의 비율을 과거보다 증가하여 섭취할 것을 권장하고 있다.

필수지방산의 결핍에 따른 증상은 다음과 같다.

① 성장저해
② 부종발생과 피하출혈
③ 성성숙 지연과 번식 실패
④ 피모불량 및 상피조직에 각질현상을 일으키는 피부병 유발
⑤ 가금에 있어서 빈약한 털갈이
⑥ 조직 지방산의 $\omega 3 : \omega 6$ 비율 상승

반추동물의 경우에 있어서는 반추위 미생물에 의하여 필수지방산이 충분히 합성되므로 이의 결핍증상은 발생하지 않는다. 필수지방산의 중요 공급원으로는 옥수수기름, 콩기름, 면실유 및 땅콩기름 등에 많이 함유되어 있다.

3) 지용성 비타민의 공급원

유지는 지용성 비타민(A, D, E, K)의 좋은 공급원으로서 유지 섭취량의 많고 적음은 지용성 비타민의 섭취량에 직접 영향을 준다. 지용성 비타민은 사료내 지방과 같은 기전에 의해 소장으로부터 흡수되어진다. 지방변증(steatorrhea)과 같이 지방흡수장해가 오는 경우 섭취한 지용성 비타민은 분변으로 배설되며 결핍증에 걸리게 된다.

그러나 정상적으로 지방이 풍부한 사료 조건하에서는 비타민 A, D, E, K의 결핍은 발생하지 않는다.

3. 지방의 소화와 흡수

지방의 소화와 흡수기전은 그림 4-2에 잘 나타나 있다. 소장으로 사료지방(주로 중성지방)이 천천히 내려와 담즙, 췌장, 소장의 분비물과 잘 혼합되어진다. 이 때의 유화작용은 담즙산염의 세정작용과 소장의 교동작용에 의하여 일어나며, 지방의 크기는 500～1000 mμ로 감소된다. 이렇게 극소화된 지방 입자는 췌장액과 소장의 lipase에 의해 노출되어 중성지방은 β-monoglyceride와 유리지방산(free fatty acid, FFA)으로 가수분해된다. 이때 β-monoglyceride와 유리지방산은 담즙산염, 인지질(lecithin), 콜레스테롤과 수용성 혼합 micelle을 형성하여 장상피세포 내로 흡수되어지고, 담즙산염은 회장으로 이동되어 대부분 재흡수되어 간으로 운반된다.

담즙산염은 지방의 소화와 흡수를 용이하게 하는 세정제 같은 성분이다. 담즙은 지방과 지용성 비타민 흡수를 위해 필수적이며, 결핍시에는 콜레스테롤 흡수가 거의 일어나지 않는다. 췌장 lipase 활성과 장내 점막세포에서의 중성지방의 재합성은 담즙산염에 의하여 촉진된다.

모든 동물종에서 탄소수가 작은 지방산(C_2-C_{10})과 글리세롤은 수용성이기 때문에 micelle을 형성하지 않고 직접 위점막 또는 장점막세포에서 흡수되어 간문맥을 통해 간으로 운반된다.

그러나 탄소수가 긴 지방산을 포함하는 지방은 지방산과 glycerol로 분리되어 장점막으로 흡수된 후 장점막세포의 endoplasmic recticulum에서 단백질이 결합하여 chylomicron을 형성하여 임파관을 따라 혈액으로 운반된다. 그러나 닭과 같은 조류에서는 장쇄 지방산도 중성지방에 많은 양의 지방단백(protomicron)이 결합하여 직접 혈액을 통해 이동된다.

한편, 반추동물은 반추위로 인해 지방의 소화가 매우 서서히 지속적으로 진행되어 흡수된 지방이 장점막세포강에 머무르는 시간이 매우 길어 chyromicron보다는 초저

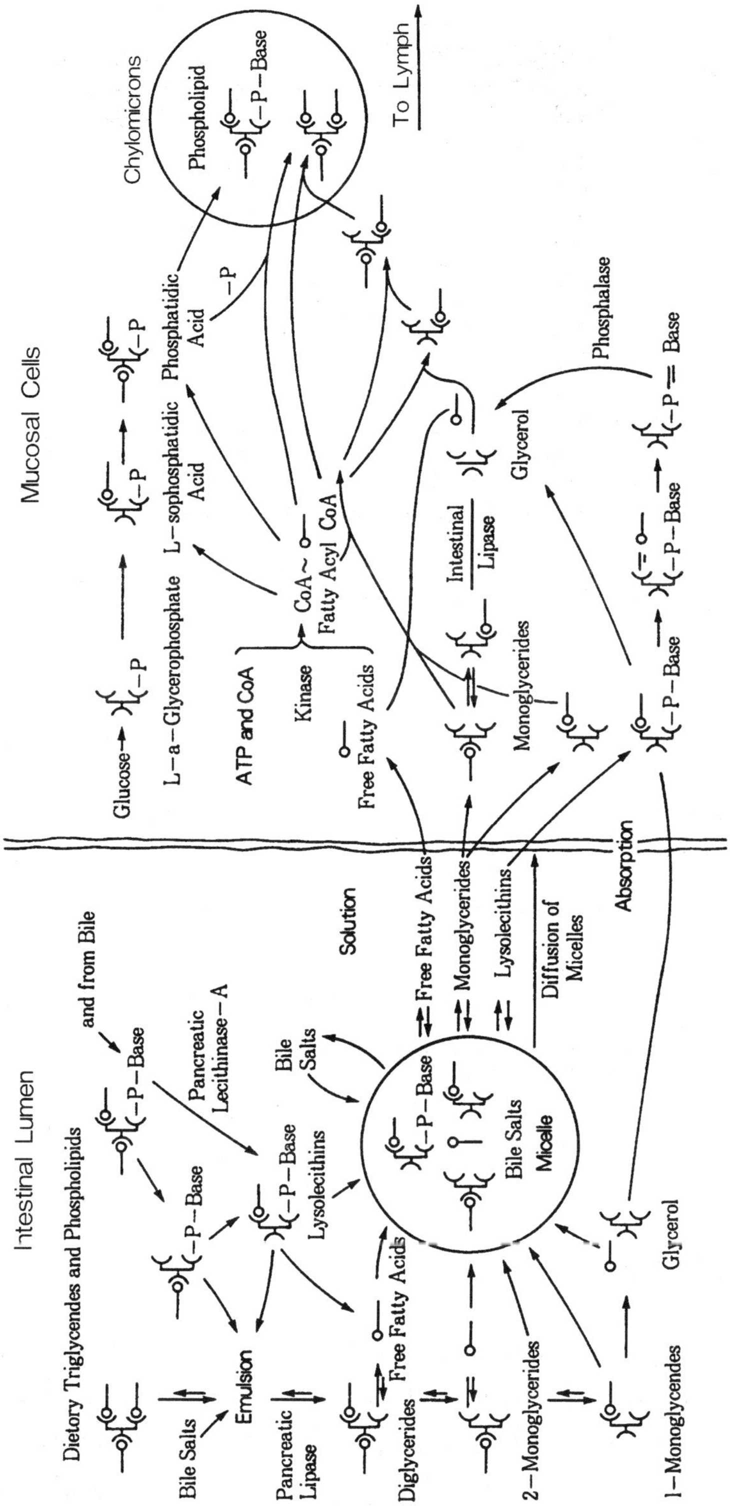

그림 4-2. 장내 지방의 소화·흡수, 그리고 재합성 (Davenport, 1982).

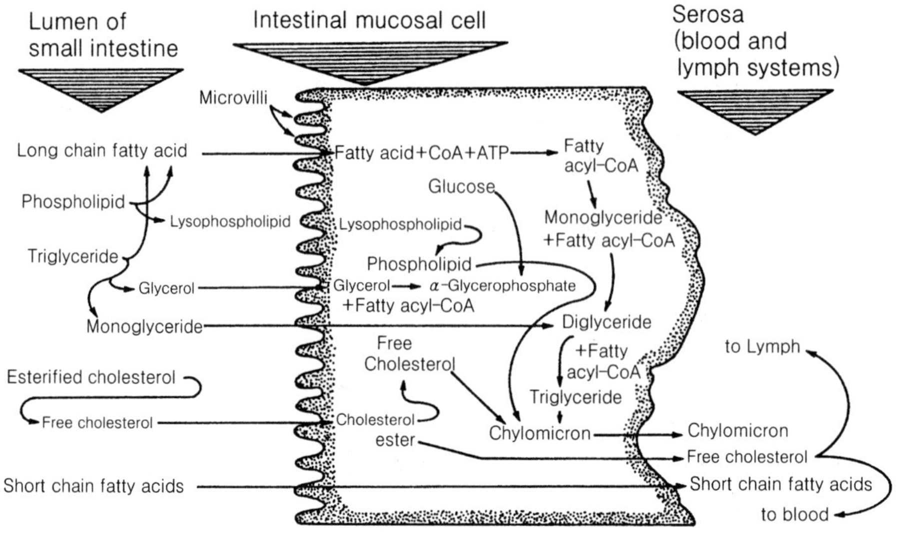

그림 4-3. 장점막세포를 통한 지방의 이동 중 발생하는 주요 전환 구성도

밀도지방단백(very low density lipoprotein ; VLDL)을 많이 형성하고, 이 형태로 원하는 곳으로 이동한다. 그림 4-3은 소장의 점막세포에 의하여 장쇄 지방산, 인지질, 콜레스테롤과 monoglyceride 등의 이동시 일어나는 주요 전환과정을 설명한 그림이다.

소장내 인지질의 대부분은 췌장과 소장 lipase에 의하여 지방산과 lysophospholipid를 형성하기 위해 가수분해되어 장상피세포의 미세융모막에서 흡수되는데, 유리콜레스테롤은 쉽게 흡수되는데 비해 비타민 D를 제외한 사료내 다른 스테롤은 거의 흡수되지 않는다.

4. 지방의 이동과 축적

혈액내 지방은 소장에서 흡수되어 점막 세포 안에 형성된 chylomicron, 이동성 축적지방, 체조직, 특히 간과 지방조직의 합성으로부터 온 지방 등으로 구성된다. 그러나 장쇄 혈액지방은 매우 낮은 밀도로부터(chylomicron) 높은 밀도까지의 지방단백(lipoprotein)으로 전환된다. 이러한 지방단백의 밀도는 단백질과 지방의 비율에 의하여 결정되어지는데, 단백질 비율이 증가하고 지방이 감소하면 밀도는 증가한다.

지방단백은 chylomicron(가장 낮은 밀도), 초저밀도지방단백(very low-density lipoprotein ; VLDL), 저밀도지방단백(low-density lipoprotein ; LDL) 및 고밀도지방단백(high-density lipoprotein ; HDL)의 4가지 종류로 분리되는데, 각각의 구성은 표 4-4에 요약되어 있다. Chylomicron은 사료의 지방으로부터 소장에서 만들어지며, VLDL · LDL · HDL은 간과 소장에서 합성되어진다.

사료지방의 형태와 양, 식사 후 경과시간, 종, 나이, 그리고 각 개체의 내분비상태 등은 혈액내 지방의 조성과 농도에 중요한 영향을 미친다. 혈액내 콜레스테롤의 수준은 간에서의 합성량과 섭취량에 의하여 결정된다. 그러나 유리 콜레스테롤과 콜레스테롤 에스테르의 비율, 유리 콜레스테롤과 인산지질의 비율은 정상동물에서는 일반적으로 거의 일정하다. 신체의 모든 조직들은 중성지방을 저장하는데, 이 중 지방조직은 가장 중요한 저장장소이다. 지방조직은 또한 탄수화물과 지방산의 산화로부터 지방을 합성하는 것이 가능하다.

저장된 중성지방은 에너지의 공급원이기 때문에 축적과 이동이 지속적으로 지방조직에서 발생한다. 정상 요구량을 초과한 에너지 흡수는 중성지방의 축적을 일으키고, 정상 요구량보다 적은 에너지 흡수는 중성지방의 손실을 유발한다. 축적된 중성지방은 각 동물종에 따라서 다른 지방산 조성의 특성을 나타낸다.

단위동물의 경우에 있어서 축적지방의 지방산 조성은 사료로부터 유래되는데, 표 4-5는 반정제 사료를 급여한 돼지에서 축적지방의 지방산 조성에 대한 사료지방산 조

표 4-4. 지방단백질의 조성

종 류[a]	밀도 (G/ML)	Electro-phoretic mobilty	구성비(%)				
			Protein	Trigly-ceride	Cholesterol Free	Cholesterol Ester	Phos-pholipid
Chylomicrons	<0.94	Origin	1～2	85～95	1～3	2～4	3～6
VLDL (beta lipoprotein)	0.94～1.006	Prebeta	6～10	50～65	4～8	16～22	15～20
LDL (beta lipoprotein)	1.006～1.063	Beta	18～22	4～8	6～8	45～50	18～24
HDL (alpha lipoprotein)	1.063～1.21	Alpha	45～55	2～7	3～5	15～20	26～32

[a] VLDL ; very-low-density lipoprotein, LDL ; low-density lipoprotein, HDL ; high-density lipoprotein

Schaefer와 Levy(1985)

표 4-5. 육성중인 돼지에서 축적지방의 지방산 조성에 대한 사료지방산 조성의 효과

종 류	사료지방		체지방	
	Safflower	Hydrogenated Coconut	Safflower	Hydrogenated Coconut
8 : 0		7.8	0.2	0.2
10 : 0		5.7	0.2	0.6
12 : 0		44.5	2.0	3.9
14 : 0	trace	17.2	15.6	21.0
16 : 0	8.8	9.2	13.0	16.5
16 : 1				
18 : 0	1.5	10.4	50.7	55.9
18 : 1	9.3	5.0		
18 : 2	80.4	0.2	17.2	0.9
18 : 3	trace		0.1	0.1

전체 지방산 중 %

Babatunde 등(1967)

성의 효과에 대해서 설명하고 있다.

반추동물의 지방 축적은 반추위 미생물군의 작용에 의해 크게 변하기 때문에 사료의 지방산 조성과의 연관성은 훨씬 적다. 반추위 미생물군은 중성지방을 가수분해하여 지방산을 유리시키고 글리세롤을 발효시켜 휘발성 지방산을 생성한다. 또한 반추위에는 수소이온(H^+)이 풍부하기 때문에 불포화지방산을 빠르게 포화시키며, bacteria나 protozoa 등은 propionate나 valine, leucine 또는 isoleucine과 같은 아미노산에서 유래되는 측쇄지방산에서 자연계에 흔하지 않는 홀수인 지방산을 합성한다. 이러한 대사 기전이 반추동물이 섭취한 사료지방과는 조성이 다른 체지방을 형성하게 하는 이유이다.

따라서 사료내 지방을 포름알데히드(formaldehyde)로 처리된 카제인(casein)의 코팅에 의하여 이들 지방을 반추위 대사로부터 보호하여 체지방 또는 유지방의 지방산 조성을 변화시키는 연구가 많이 수행되고 있다.

동물 체지방 대사는 매우 동적이므로 지방조직에서 중성지방의 전환율은 극히 빠르다. 예를 들면 생쥐(mice)에서의 반감기는 5일이고, 쥐(rat)에서는 8일 정도이다. 인지방과 콜레스테롤의 회전율은 간에서는 1일이며, 뇌에서는 200일 정도로 조직에 따라 큰 차이를 나타내기도 한다.

5. 지방산과 중성지방의 대사

간, 유선, 그리고 지방조직은 지방산과 중성지방의 생합성이 일어나는 중요한 장소이다. 간은 지방의 상호 전환과 대사를 위한 중추기관이며, 역할로서는 ① 탄수화물로부터 지방산의 합성, ② 지방합성 아미노산으로부터 지방산의 합성, ③ acetyl CoA로부터 콜레스테롤의 합성, ④ 지방단백의 합성, ⑤ 케톤체(acetone, β-hydroxy-butyric과 aceto-acetic acid)의 합성, ⑥ 지방산의 분해, ⑦ 인지질의 분해, ⑧ 혈액으로부터 인지질과 콜레스테롤의 제거, ⑨ 지방산의 포화와 불포화, ⑩ 축적지방의 조절, ⑪ 간지방(liver lipid)의 저장 등이다.

체내 간과 지방조직에 의한 지방산의 합성은 유사한 경로로 수행된다. 그러나 합성 정도는 동물종들 사이에 크게 다른데, 예를 들면 생쥐와 쥐에 있어서 지방합성의 반은 간에서 수행되나, 가금류는 거의 모두 간에서(닭에서 지방간이 많이 발생하는 이유), 돼지는 거의 모두 지방조직에서 일어난다. 젖소나 면양은 간과 지방조직 둘 다 중요하나 지방조직이 차지하는 비중이 좀 더 크다.

반추동물에 있어서 지방합성을 조절하는 요인들이 완전히 밝혀지지 않았으나, 지방합성의 주요 원료는 반추위에서 합성된 휘발성 지방산이며, 유우의 유선조직에는 ATP-citrate lyase, NADP-malate dehydrogenase 같은 glucose로부터 지방산을 합성하는 데 필요한 효소들의 양이 매우 낮아 유지방 합성에는 acetic 산이 주로 사용되며, *in vitro* 상에서 체지방 합성을 위한 재료로는 포도당·프로피온산·젖산·아세트산 순서임이 밝혀졌다.

1) 지방산 생합성

포화지방산은 모든 생명체에서 합성되며, 포유동물에서는 주로 지방조직·유선·간에서 합성된다. 지방산의 합성은 탄수화물, 아미노산, 혹은 분해된 지방으로부터 유도된 acetyl CoA로부터 시작된다. 지방산은 먼저 acetyl CoA를 형성하기 위해 co-enzyme과 결합하고, 다음에 malonyl CoA 에스테르를 형성하기 위해 탄소 이산화물이 함께 결합·반응하여 만들어진 acetic산으로부터 이루어진다.

지방산 합성(C_{16})은 주로 cytosol에서, 불포화지방산은 microsome에서 일어나며, 미토콘드리아에서는 C_{16}에서 C_{18}, C_{18}에서 C_{20}과 C_{22}, C_{20}에서 C_{22}와 C_{24}를 합성하는 서로 다른 효소에 의하여 지방산이 합성된다.

Microsome에서는 주로 C_{10}에서 C_{16} fatty acyl 유도체를 기질로 하여 반응이 일어나며, 불포화지방산도 이곳에서 합성되어진다. 다가불포화지방산은 포유동물에서 pal-mitoleic 및 oleic산을 모체로 하여 합성되거나 식이에서 전이되나, linoleic산과 lino-

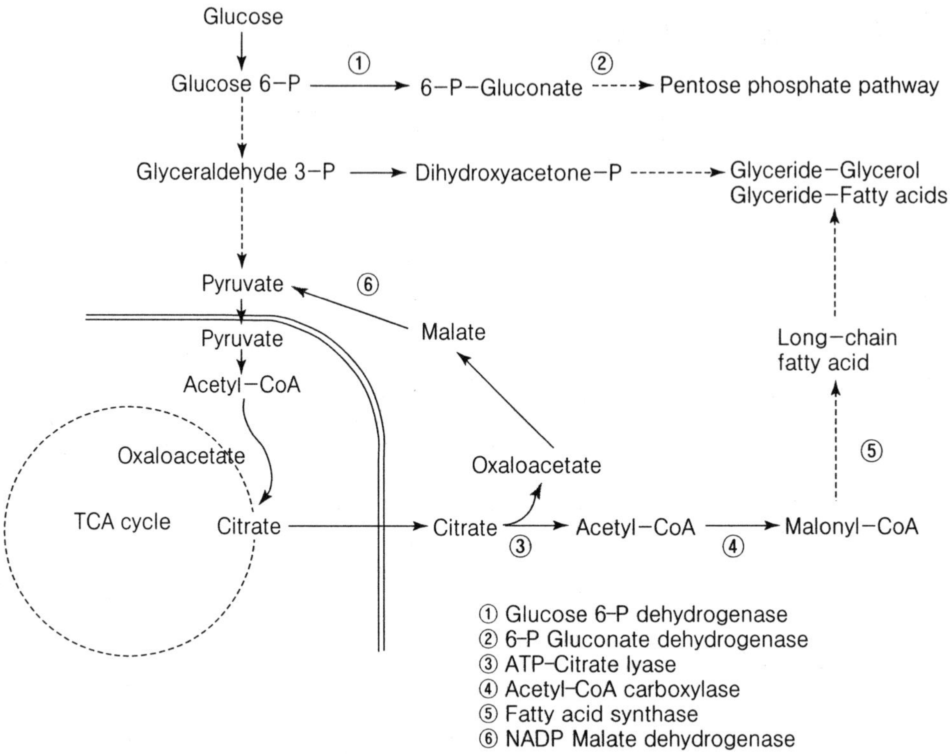

그림 4-4. 지방산 생합성 (Mersmann, 1986)

lenic산은 필수지방산으로서 포유동물에서는 합성하지 못한다. 지방산의 생합성은 그림 4-4에서 자세히 설명되어 있다.

Acetyl CoA carboxylase는 지방산을 합성하는 malonyl CoA를 만드는 효소로 citrate나 isocitrate에 의하여 활성이 억제된다. 지방합성에 관여하는 효소는 호르몬에 의하여 합성이 증가되기도 하고, 식이내 함수탄소 양을 적게 조절하면 효소 합성량이 저하되기도 하여 호르몬이나 함수탄소 영향을 많이 받는다.

2) 중성지방의 생합성

중성지방의 생합성은 α-glycerol과 지방산 acyl CoA의 반응에 의하여 형성된 인지질(phospholipid)에 의하여 일어나는데, 이때 인지질은 diglyceride와 triglyceride로 전변된다. 또한 monoglyceride와 지방산 acyl CoA의 반응에 의해서도 diglyceride와 triglyceride가 합성된다.

더 자세한 중성지방의 생합성은 그림 4-5에 설명되어 있다.

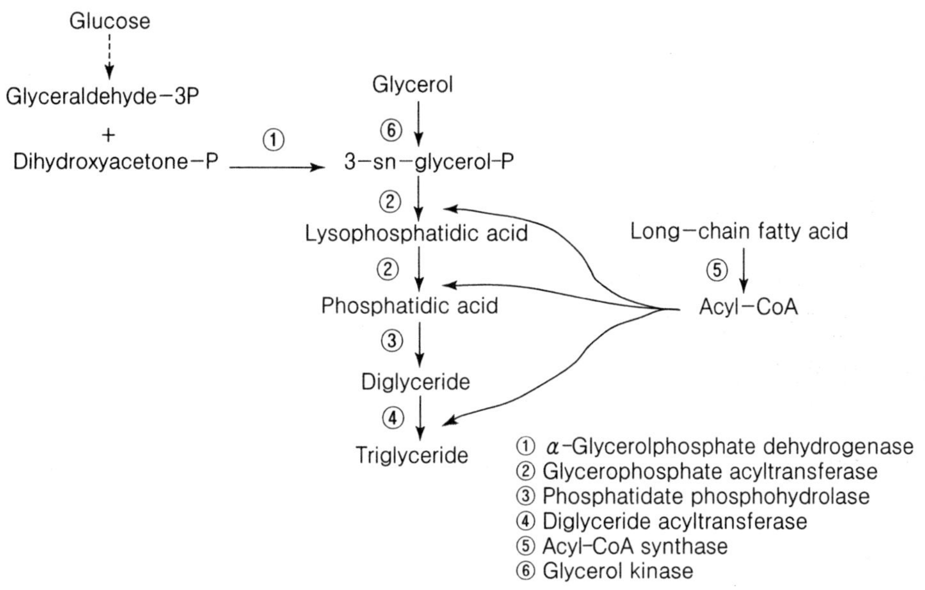

그림 4-5. 중성지방의 생합성 (Mersmann, 1986)

3) 중성지방의 분해작용

중성지방으로 구성된 지방조직은 지속적인 합성과 분해가 진행되는 장소로서, 각 조직세포에 존재하는 lipoprotein lipase(LPL)라고 하는 지방단백 분해효소가 혈중 chylomicrone, VLDL 중에 존재하는 중성지방을 분해하여 필요한 조직에서 사용할 수 있게 한다. 따라서 각 조직 중 LPL 함량은 조직의 지방 이동상태를 나타낸다. 즉, 급식한 동물 지방조직 중 LPL 함량은 높으며, 절식한 동물의 지방조직 중 함량은 낮다. 지방분해 과정은 내분비 조절에 의하여 이루어진다.

지방분해의 개시는 지방세포(adipocyte) 내의 cAMP의 합성에 의해 표면에 위치한 호르몬과 그 수용체 사이의 복합체가 형성되고, 이에 의해 조절된다. 또한 지방산과 글리세롤을 생산하기 위한 효소의 단계적 작용에 의한 진행과정에 의해서도 조절된다.

지방분해는 epinephrine, isoproterenol, adrenocorticotropin과 somatotropin과 같은 합성 β-adrenergic agonist를 포함하는 많은 호르몬에 의하여 자극된다. 몇 종의 포유류에서는 α-adrenergic 수용체라 부르는 지방세포 표면의 수용체에 의하여 지방분해가 억제된다. 지방분해의 억제는 또한 adenosin의 존재, prostaglandin에 대한 반응, 그리고 대부분의 동물에서 인슐린의 존재에 의하여 일어난다.

각 동물종들은 그 종들에서만 독특한 지방분해의 생리학적 조절 기작을 가진다. 동물에 있어서 지방축적을 조절하는 생리적 요인들은 지방분해 뿐만 아니라 지방합성을 포함하는 복합적 조절체계에 의해 진행된다.

4) 지방산의 분해작용

중성지방의 가수분해로부터 유리된 지방산은 산화적 에너지원으로서 이를 필요로 하는 여러 신체조직으로 혈액을 통하여 운반되어진다. 산화는 골격근육, 간, 심장근육, 지방조직 등의 미토콘드리아에서 주로 발생되며, 생성물로서 CO_2와 ketone을 생산한다.

긴 사슬 지방산의 분해는 carboxyl 말단에서 시작되는 두 개의 탄소의 단계적 제거

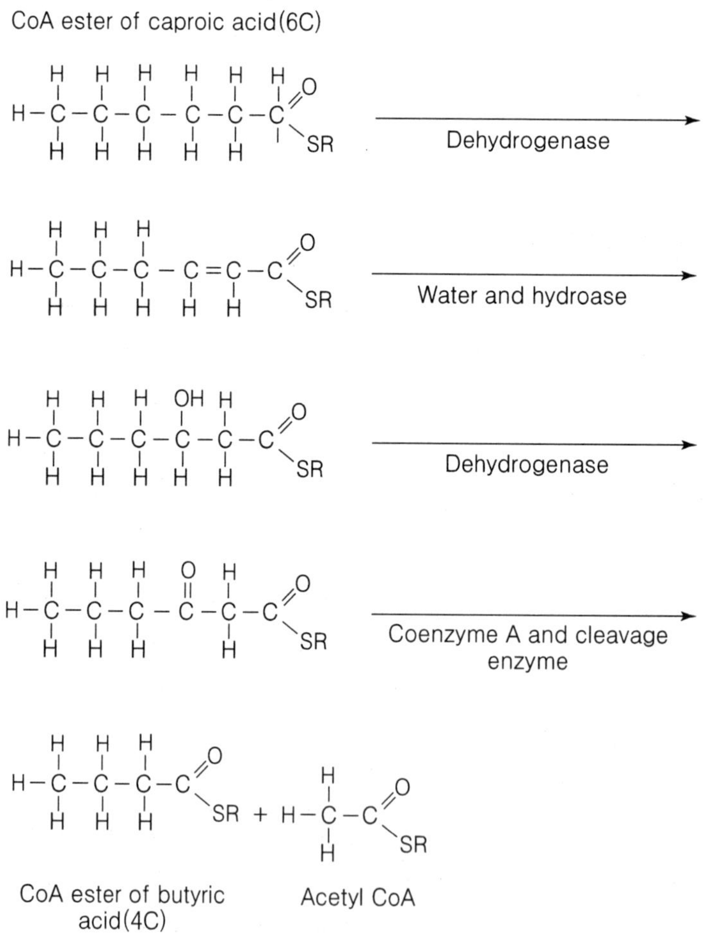

그림 4-6. 지방의 산화과정

에 의하여 진행된다. 산화의 대부분이 carboxyl기(-COOH)로부터 β위치에 있는 탄소에서 이루어지는데, 이것을 β-oxidation이라고 한다. 산화가 시작되기 전 지방산은 acetyl CoA를 형성하는 CoA와 함께 에스테르화에 의해서 활성화되어지는데, 적어도 3개 이상의 다른 효소들이 지방산의 산화에 포함된다. 이러한 효소들(dehydrogenase)은 수소와 acetyl CoA에서 탄소를 제거하는데, 이는 그림 4-6에 설명되어 있다.

산화에 의해 유리된 acetyl CoA는 지방산이 재합성을 위해 스테로이드나 케톤의 생합성을 위해 혹은 tricarboxylic acid회로(TCA회로)로 들어가기 위해 이용된다. 장쇄 지방산의 완전분해에 의하여 생산되는 전체 에너지는 부분적으로 β-산화의 결과로부터, 부분적으로는 TCA회로에서 acetyl CoA의 산화로부터 유래한다. 동물조직에서는 짝수의 탄소지방산이 많이 존재하지만, 소량의 홀수 탄소지방산이 다른 경로에 의하여 산화되어 존재한다.

5) 스테로이드 대사

콜레스테롤은 사료에서 가장 풍부한 스테로이드이며, 대부분 다른 동물 스테로이드의 전구물질이다.

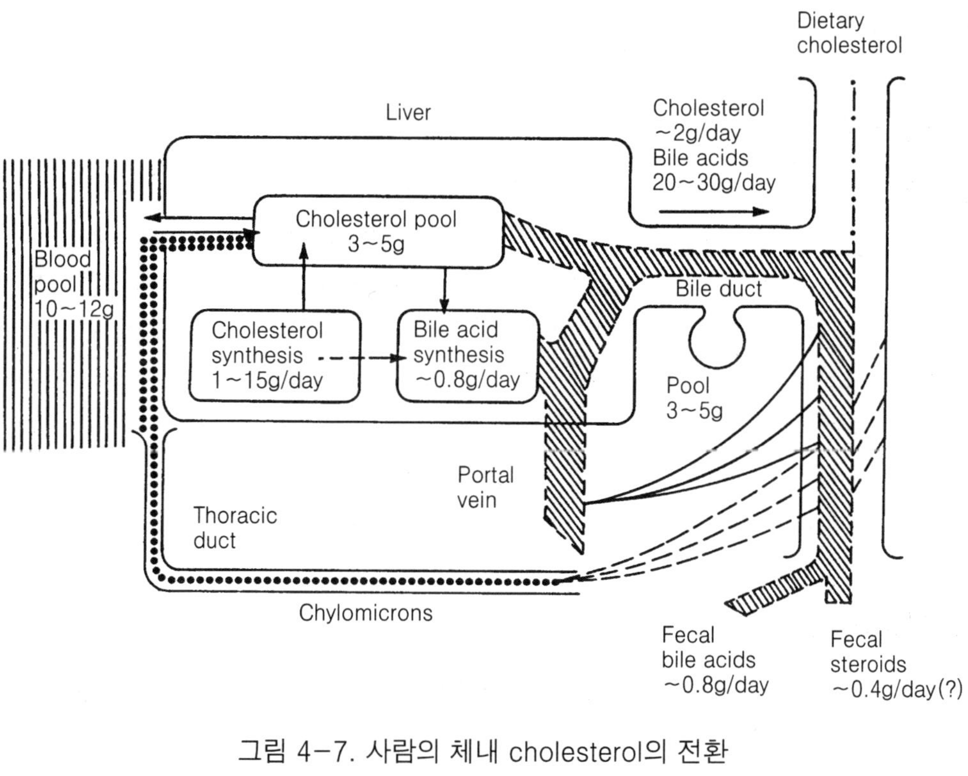

그림 4-7. 사람의 체내 cholesterol의 전환

콜레스테롤의 생합성은 acetyl CoA로부터 시작되며, 생합성의 조절은 부분적으로 사료섭취량에 의한다. 즉, 많은 양의 사료섭취는 간에 의한 콜레스테롤의 합성을 억제하나 사료 중의 섭취량이 적거나 흡수율이 낮으면 합성량이 증가된다. 사람의 체내 콜레스테롤의 전환과정이 그림 4-7에 요약되어 있다.

성인 남자의 간에는 약 3～5 g의 콜레스테롤을 함유하고 있으며, 혈장에는 10～12g이 함유되어 있다. 일일 합성량은 1～1.5 g 정도인데, 이 중 반은 담즙산으로 전변된다. 담낭관(bile duct)을 통한 소장 안으로 콜레스테롤과 담즙산의 분비는 일당 각 2 g과 20～30 g 정도이다.

그러나 장간순환(enterohepatic circulation)에 의한 재흡수로 인해 분으로 배출되는 양은 1 g보다도 적다. 따라서 콜레스테롤과 담즙산 흡수 감소는 체내 콜레스테롤 총량과 합성량에 큰 영향을 미친다. 이러한 성분 중의 하나는 고콜레스테롤증(hyper-cholesterolemia)을 조절하는 데 사용되는 비흡수 수지(resin)인 cholestyramine이다. 담낭에서 콜레스테롤 분비와 담즙산으로의 전환은 스테로이드 호르몬(progesterone, aderenal cortical hormone, testosterone과 estrogen) 합성을 위해 사용될 수 있지만 담낭관에서는 담낭석(gall bladder stone), 동맥에서는 동맥경화증(atherosclerotic plaques)의 질병을 일으키는 성분이 되기도 한다. 또한 담즙산은 타우린(taurine)이나 글리신(glycine)과 함께 혼합되어 담즙산의 taurocholic산이나 glycocholic산의 구성성분이 되기도 된다.

6) 인지질 대사

동물조직에서 가장 풍부한 인지질은 lecithin(phosphatidyl choline)이다. Lecithin은 2개의 경로로서 합성되어질 수 있는데, 첫째는 직접적으로 콜린(choline)으로부터의 합성이며, 두 번째로는 phosphatidyl ethanolamine의 methylation에 의한 합성이다. 후자의 합성방법은 간에서만 일어나지만, 전자의 경우는 다른 조직에서도 발생할 수 있다. 인지질의 분해는 대부분의 포유동물 조직에서 카르복실에스테르와 인산에스테르의 가수분해에 의해 발생한다. 가수분해에 의해 유리된 지방산과 다른 대사물들은 TCA 회로에 들어갈 수 있다. 글리세롤은 해당회로(glycolysis pathway)에 들어갈 수 있거나 중성지방이나 인지질 합성에 사용되어질 수 있다.

7) 케톤체와 케토시스

Acetone, acetoacetate, 그리고 β-hydroxybutyrate를 케톤체라 부르는데, 그들의 합성은 acetyl CoA로부터 시작되며, 그 과정은 그림 4-8에서 설명되어 있다.

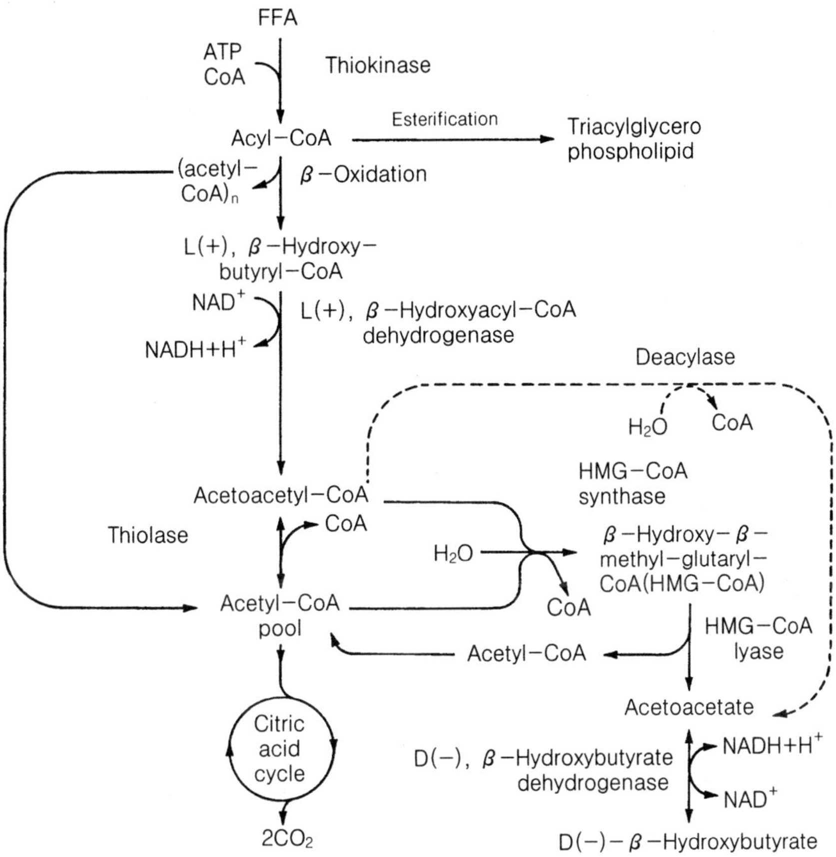

그림 4-8. 간장에서 케톤체 형성 (김, 1989)

지방산은 간장의 미토콘드리아에서 산화되어 acetyl CoA를 형성하며, 이 중 일부는 TCA 회로를 통하여 CO_2로 산화되고, 일부는 3-hydroxy-3-methylglutaryl CoA를 거쳐 acetoacetate를 형성한다. Acetoacetate의 환원반응은 미토콘드리아 내막에 결합되어 있는 β-hydroxybutyric acid dehydrogenase에 의하여 D-β-hydroxybutyrate를 형성한다. 또한 acetoacetate는 비효소적 탈CO_2 반응이 일어나 acetone을 형성한다.

간장에서 만들어진 이러한 케톤체(ketone body)는 혈액으로부터 나와 골격근육과 주변의 다른 조직에 계속적으로 운반되어지며, 이들 조직의 풍부한 에너지원으로 사용되어진다. 그러나 케톤체가 사용되어질 수 있는 한도 이상으로 생성되면 혈중농도는 증가하게 되는데, 이러한 증상을 케토시스(ketosis), 즉 **케톤증**이라 하며, 케톤체가 소변에 정상량 이상으로 배설되는 경우를 **뇨케톤증**(ketonuria)이라 한다.

케토시스는 당뇨병 환자, 소화기 계통의 장해로 오는 질환의 환자에게 많이 발생되며, 당질대사 장해나 중독증 또는 탄수화물의 섭취량이 매우 낮은 경우에 체내에 필요한 에너지의 대부분이 지방의 산화로부터 공급될 때 발생한다. 즉, 이용할 수 있는 함수탄소의 양이 감소하면 언제든지 저장된 지방산 이용이 증가하는데, 이러한 저장지방의 이용은 간장에서 지방산 산화를 정상시보다 더 빨리 일어나게 하여 케톤체 형성을 증가시킨다. 이러한 현상은 oxaloacetate의 양이 충분하지 못하여 TCA 회로의 첫 반응인 citrate를 합성하지 못하거나, 또는 지방산으로부터 acetyl CoA까지 분해를 통해서 이미 에너지가 충분히 공급될 경우에 발생한다.

케톤체는 산성으로서 이것이 신장으로부터 배설될 때에는 대부분의 소디움염으로 배설되므로 체액내에 Na^+과 다른 양이온의 부족현상으로 산성독증(acidosis)을 유발시킨다. 이때 과량의 체액 손실을 가져와서 심한 탈수현상을 초래한다.

8) 지방간

간은 지방의 합성과 분해에 있어서 중요한 기관이며, 일정량의 지방이 함유되어 있다. 따라서 정상적인 간에서는 지방의 축적과 이동이 일정량을 유지하지만, 여러 가지 원인에 의하여 손상을 입게 되면 간에 지방이 과잉으로 축적되는데, 이를 **지방간**(fatty liver)이라 한다. 즉, 간 기능의 상태는 간의 지방 축적량으로서 판단할 수 있는데, 정상적인 간에서의 지방은 실물(wet) 무게로 약 5% 정도를 차지하고 있으나, 병적인 조건에서는 간의 지방 수치는 30% 이상된다.

지방간은 다음의 여러 가지 원인에 의하여 발생할 수 있다.

① 고지방이나 고콜레스테롤 사료의 급여

② 과도한 탄수화물 섭취나 비타민 B군(biotin, riboflavin, thiamin)의 섭취에 기인한 증가된 간의 지방합성

③ 당뇨병(diabetes mellitus), 기아(starvation), 저혈당(hypoglycemia)에 기인한 지방조직으로부터 증가된 지방의 운동성

④ 증가된 호르몬(growth hormone, adrenal cortcotrophic hormone, aderenal corticosteroid)의 생산

⑤ 콜린(choline), pantothenic산, inositol, 단백질 혹은 메티오닌(methionine)이나 트레오닌(threonine) 같은 아미노산의 결핍으로 인한 간으로부터 다른 조직으로 지방의 이동 감소

⑥ 감염, 비타민 E-Se의 결핍, 혹은 크로로포름과 사염화탄소(carbon tetra chloride)와 같은 독성물에 기인한 간세포의 손상(cirrhosis, necrosis 등)

6. 사료의 급여 횟수와 지방대사

동물에게 일정기간 동안 동일한 양의 사료를 섭취하도록 하여도 섭취 횟수에 따라 지방 합성량과 체구성 성분의 차이가 발생한다. 쥐에게 동일량의 사료를 2시간 안에 섭취하도록 한 것의 체조성은 24시간 동안 섭취하도록 한 것에 비해 지방 함량은 높고, 물과 단백질 함량은 낮다. 그리고 체지방 중 지방산 함량도 전자는 95% 이상이며, 후자는 50～90% 정도인데, 이는 섭취 횟수가 탄수화물과 지방대사에 관여하는 효소의 활성도에 변화를 주었기 때문이다. 제한급이한 병아리의 혈중 콜레스테롤 농도와 동맥경화증 발현율이 무제한급이한 병아리에 비해 훨씬 높게 나타난다.

일반적으로 비만한 돼지가 야윈 돼지에 비해 체지방 중 포화지방산의 비율이 높으며, 지방세포의 크기도 훨씬 크다. 동물 체조직 중 지방축척 능력은 지방세포수와 체구와 연관이 있으며, 아지방세포(preadipocyte)는 출생 후 심지어 성숙기 이후에도 증식될 뿐만 아니라, 돼지의 경우 지방세포의 수(hyperplasia)도 성장단계와 관계없이 지속적으로 증가되는 것으로 알려져 있다.

7. 사료의 탄수화물 종류와 지방대사

동물에 sucrose를 다량 급여하면 혈중 콜레스테롤 함량이 증가하고, 이는 사람의 동맥경화증 발현과 연관이 있는데, 이는 설탕 중 fructose 때문인 것으로 알려졌다. 또한, 정제 포도당이나 전분도 혈중 중성지방 함량을 증가시키는 것으로 보고되고 있다.

8. 인간의 지방대사 장애

1) 고혈중 콜레스테롤증

고혈중 콜레스테롤(hypercholesterolemia) 유전 가계(家系)의 사람들은 정상인에 비해 혈중 콜레스테롤 농도가 6～8배 정도 높으며, 심장질환으로 인해 20세에 사망하는 경우도 있다. 부분적 고혈중 콜레스테롤 유전자를 소유하는 가계의 사람들도 정상인보다 2～3배 높으며, 60세 이하의 심장병 발생의 5% 정도를 차지한다. 이러한 이유는 간의 저밀도지방단백질(LDL) 수용체가 부족하여 혈중 LDL을 효과적으로 제거하지 못할 뿐만 아니라, 정상인보다 간에서 중성지방과 콜레스테롤을 이동시켜 주는 VLDL로부터 더 많은 양의 LDL을 생산하기 때문이다.

VLDL은 중성지방을 이동시키고, 이를 지방산으로 분해하여 에너지원으로 사용하거나, 새로운 복합지방 합성 원료로 사용하는 몸의 여러 조직(근육, 지방조직, 유선조직)으로 이동된다. 정상인의 간에서는 LDL 수용체가 미처 간에서 조직으로 이동되지 못한 VLDL 잔여물(remnant)과 결합하여 이를 분해한다. 대부분의 동물종은 거의 모든 잔여 VLDL을 분해하지만 사람은 거의 반정도만 LDL로 전환된다. 고혈중 콜레스테롤 유전 가계의 사람들은 간에서 혈중 VLDL을 효율적으로 제거하지 못하여 LDL로 전환되고, 따라서 혈중 LDL의 농도가 비정상적으로 높다.

이러한 고혈중 콜레스테롤 유전 가계의 사람들을 치료하기 위한 cholestyramine은 장에서 콜레스테롤 흡수를 억제하여 간의 비정상적인 VLDL 처리기능을 보완하여 준다. 그밖의 몇몇 혈중 콜레스테롤 강하제들은 콜레스테롤 합성 주효소인 HMG CoA reductase의 활성을 감소시켜 그 효과를 나타낸다.

2) 동맥경화증

동맥경화증(atherosclerosis)이란 사람과 동물의 심혈관이 점진적으로 변성되는 현상을 말하는데, 미국인 사망의 54%는 심혈관질환이며, 심혈관질환의 2/3는 동맥경화로 인한 심장질환 또는 뇌졸중(stroke) 때문이다. 이러한 동맥경화증의 여러 원인 중 하나로 혈중 콜레스테롤 농도가 매우 중요시되고 있으며, 이는 섭취한 식사 중의 동물성 포화지방에 의해 증가되는 것으로 밝혀지고 있다.

따라서 이를 개선하기 위하여 지방과 콜레스테롤 섭취량을 줄이고 다가불포화지방산(polyunsaturated fatty acid, PUFA) : 포화지방산의 비율을 2 : 1로 증가시키며, 일일 지방 섭취량을 전체 섭취 에너지량의 30% 이하로, 지방 중 포화지방은 10% 이하로 제한함으로써 고지혈증 등으로 인한 동맥경화증을 예방하는 데 효과가 있는 것으로 알려져 있다.

식이 중 이상적인 상대적 포화 및 불포화지방산 양을 계산하는 방법으로 (M+P)/S[단가불포화지방산(monounsaturated fatty acid ; M), PUFA ; P, 포화지방산(saturated fatty acid ; S)]을 사용하는데, 이 비율을 동물성 지방섭취를 줄이고 콩기름, 옥수수기름과 같은 식물성 기름의 섭취량을 증가시켜 1.0/1.0 이상으로 증가시키면 혈중 콜레스테롤 농도를 감소시킬 수 있다. 이밖에 이미 필수지방산 설명에서 언급한 어유 중의 $\omega 3$ 지방산인 linolenic산·EPA·DHA 등의 혈압 강화효과는 결국 동맥경화 예방 및 소위 'atherogenic' 효과 때문이다(Parks와 Rudel, 1990).

최근에는 복합 linoleic산(conjugated linoleic acid ; CLA)의 항동맥경화, 혈압강하, 혈당강하, 항암, 면역증강 및 성장촉진 등의 효과가 밝혀진 후, 각종 동물성 식품 생산물(우유 · 소고기 · 돼지고기 · 닭고기 · 달걀)에 이의 함량을 증가시키기 위한 영양사료학적 연구가 매우 활발히 진행되고 있다.

CLA란 linoleic acid(cis-9, cis-12 octadecadienoic acid, 18 : 2)의 이성체로 linoleic산이 가수소 작용에 의해 포화되는 과정에서 불포화 결합의 일부가 보다 안정적인 trans형으로 바뀐(cis-9, 11-trans octadecadienoic acid, 18 : 2) 형태의 linoleic산류를 말한다. 일례로 반추동물 위에서 반추위 미생물인 Butyrivibrio fibrisolvens에 의해 linoleic산이 포화되는 과정에서 생성되며, 우유 중의 CLA는 주로 이 성분으로 구성되어 있다(Parodi, 1999).

참고문헌

1. Allee, G.L., D.R. Romsos, G.A. Leveille, and D.H. Baker. 1972. J Nutr. 102 : 1115.
2. Babatunde, G.M., et al. 1967. J. Nutr. 92 : 293.
3. Church. D.C. and W.G. Pond. 1988. Basic animal nutrition and feeding. John Wiley and Sons, Inc.
4. Davenport, H.W. 1982. Physiology of the digestive tract, 5th ed. Yearbook Medical Publishers. Inc., Chicago, IL., p. 220.
5. Holman, R. T. 1960. J. Nutr. 70 : 405.
6. Parodi, P. W. 1999. Conjugated linoleic acid and other anticarcinogenic aents of bobine milk fat. J. Dairy Sci. 82 : 1339-1349.
7. Parks, J. C. and L .L. Rudel. 1009. Atherioscrelosis 84 : 83.
8. Mersmann, H.J. 1986. Lipid metabolism in swine. In Swine in Cardiovascular Research. CRC Press, Boca Raton, Fl., pp. 76～97.
9. Schaefer, E.J. and R.I. Levy. 1985. New Eng. J. Med. 312 : 1300.
10. 김윤수. 1988. 생화학. 의학문화사.
11. 한인규 외 4인. 1991년. 가축영양학. 선진문화사.

5

단백질과 대사작용

단백질은 생명체를 구성하는 필수적인 고분자의 복잡한 유기물로서 근육조직 내에 가장 많이 함유되어 있는 영양소로서 탄수화물 및 지방 등과 같이 탄소(53%)·산소(22%)·수소(7%)로 구성되어 있으며, 그 밖에 질소(16%)와 유황(1.3%)이나 소량의 인, 철 및 아연을 함유한 단백질도 있다.

단백질은 탄수화물이나 지방과 같이 에너지를 발생할 수 있지만, 질소(N)를 함유하고 있어서 다른 영양소로 대체할 수 없으며, 동물조직을 구성하는 성분으로서 동물세포의 고형물중 약 90%를 차지할 뿐만 아니라 항체와 호르몬 및 각종 효소의 구성 성분으로 되어 있다.

단백질 분자는 아미노산이 펩티드 결합(peptide linkage ; -C(=O)-N(H)-)으로 연결되어 있는 중합체로서 아미노산 잔기를 약 350~5,000개로 결합되어 그 종류에 따라 다르나 분자량이 35,000에서 500,000 dalton이며, 자연계에는 들어 있지 않는 200여 종 이상의 아미노산들이 있으나 평균 20여 종의 아미노산들로 구성되어 있다.

단백질의 화학적 조성은 종류에 따라 다르나, 일반적으로 단백질을 정량할 때에는 질소의 평균함량을 16%로 환산하여 측정된 질소함량에 6.25(100 ÷ 16)를 곱하여 계산한다.

모든 세포들은 생활사(life cycle)의 일부분 또는 전 부분 동안 난백실을 합성하며, 단백질을 합성하지 않는다면 생명은 존재할 수 없다. 비단백태 질소원(nonprotein nitrogen sources)으로부터 단백질을 합성할 수 있는 장내 미생물총을 가진 동물을 제외하고는 단백질 또는 이를 구성하는 아미노산은 정상적인 성장 및 생산능력을 유지하기 위해서는 반드시 사료로부터 공급해 주어야 한다.

특히, 소화관내 상피세포와 같은 일부 조직의 세포들의 생활사는 아주 급속하여 단백질의 대사가 빠르게 이루어진다. 어린 동물은 단백질 요구량이 증가되지만, 특히 임신 및 비유 등의 생산기능은 태아 및 우유를 생산함으로써 체내 대사에너지가 활발하여 단백질의 소모량이 증가되기 때문에 더 많은 단백질을 요구하게 된다.

1. 아미노산의 특성

단백질은 화학적 조성과 물리적 성질, 크기, 형태, 용해도 및 생물학적 기능이 다양하며, 모든 단백질은 아미노산(amino acids)이라는 최소의 단위로 구성되어 있다. 아미노산은 단백질이 효소와 산으로 가수분해될 때 생성되며, 단백질의 기본 구성단위이다. 자연계에는 200여 종 이상의 아미노산이 생체물질로부터 분리되지만, 그 중 20여 종만이 단백질 구성성분으로 알려져 있으며, 10여 종의 필수아미노산은 대사과정에서 필요한 만큼을 조직 내에서 합성할 수 없기 때문에 반드시 사료로부터 공급해 주어야 한다. 아미노산의 기본구조는 가장 단순한 아미노산이 glycine에 의해 설명된다.

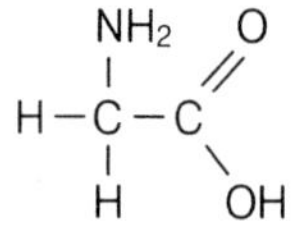

Glycine

아미노산의 특성은 염기성 질소를 함유한 기(基), 즉 일반적으로 아미노기(-NH_2) 1개와 산성의 카르복실기(-COOH) 및 R기 등이 모두 α형 탄소원자에 결합하고 있다. 가장 간단한 구조를 가진 아미노산은 glycine이며, 여기서 R는 아미노산의 α-amino group과 연결되어 있는 C 원자와 결합된 나머지 분자로 R기의 구조에 따라 여러 종류로 분류된다. 모든 아미노산을 대표하는 일반구조는 아래의 구조식과 같다.

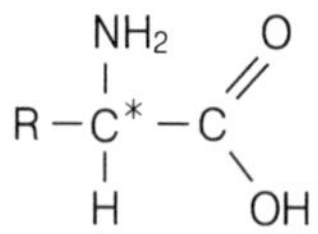

* : α탄소

생물체에 함유되어 있는 모든 아미노산은 L-α-amino acid이며, L-glyceraldehyde를 기준으로 L과 D를 붙인다. 즉, amino기가 왼쪽에 붙으면 L-amino acid, 오른쪽에 붙으면 D-amino acid라고 한다.

〈L-Amino acid〉 〈L-Glyceraldehyde〉 〈D-Glyceraldehyde〉 〈D-Amino acid〉

단백질은 한 아미노산의 아미노기와 다른 아미노산의 카르복실기가 물분자를 버리고 펩티드 결합(peptide linkage)을 이루면서 여러 개의 아미노산이 결합되는데, 아미노산의 수에 따라 dipeptide, tripeptide, polypeptide 등으로 부르고 있다.

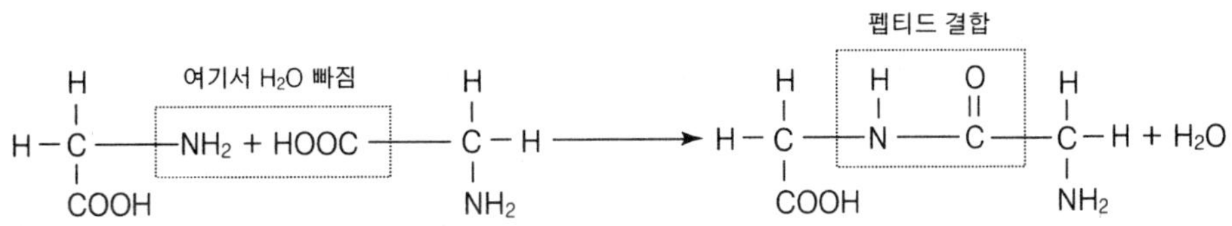

〈Glycine〉 (단백질 : 디펩티드)

1) 아미노산의 종류와 구조

아미노산은 아미노기($-NH_2$)와 카르복실기($-COOH$)의 수에 따라 여러 가지로 분류할 수 있다.

(1) 지방족 아미노산(aliphatic amino acid)

① Monoamino-monocarboxylic acid : 아미노기와 카르복실기가 1개씩 결합된 가장 간단한 아미노산으로 glycine, alanine, valine, leucine, isoleucine 등이 이에 속한다.

② Monoamino-dicarboxylic acid : 아미노기 1개와 카르복실기 2개가 결합된 아미노산으로 aspartic acid, asparagine, glutamic acid, glutamine 등이 이에 속한다.

③ Hydroxyl-containing amino acid : R 그룹에 히이드록실기($-OH-$)가 결합된 아미노산으로 serine과 threonine 등이 이에 속한다.

④ Diamino-monocarboxylic acid : 2개의 아미노기와 카르복실기 1개가 결합된 아미노산으로 lysine, arginine, histidine 등이 이에 속한다.

⑤ Sulfur-containing amino acid : R 그룹에 유황(S)을 함유한 아미노산으로 일반적으로 함유황아미노산이라고 하며, cysteine, cystine, methionine 등이 이에 속한다.

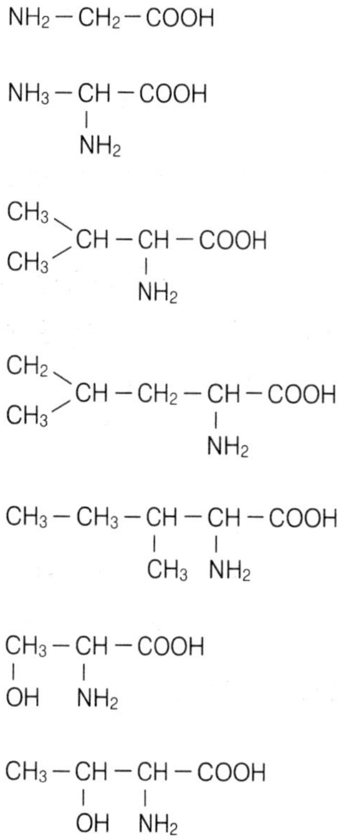

(Glycine ; $C_2H_5NO_2$, aminoacetic acid)

(Alanine ; $C_3H_7NO_2$, α-amino-propionic acid)

(Valine ; $C_6H_{11}NO_2$, α-amino-β-methyl-butyric acid)

(Leucine ; $C_6H_{13}NO_2$, α-amino-γ-methyl-valeric acid)

(Isoleucine ; $C_6H_{13}NO_2$, α-amino-β-methyl-valeric acid)

(Serine ; $C_3H_7NO_3$, α-amino-β-hydroxypropionic acid)

(Threonine ; $C_4H_9NO_3$, α-amino-β-hydroxybutyric acid)

그림 5-1. Monoamino-monocarboxylic acids

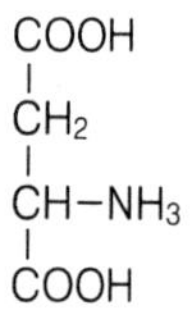

(Aspartic acid ; $C_4H_7NO_4$, amino succinic acid)

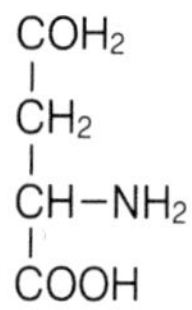

(Asparagine acid ; $C_4H_8NO_3$, α-amino succinic acid)

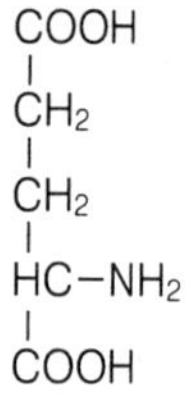

(Glutamic acid ; $C_5H_9NO_4$, α-amino-glutaric acid)

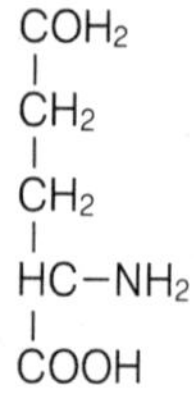

(Glutamine ; $C_5H_{10}NO_3$, α-amino-glutamic acid)

그림 5-2. Monoamino-dicarboxylic acids

(2) 방향족 아미노산(aromatic amino acid)

일반적으로 방향(芳香)을 나타내는 아미노산으로 tyrosine, phenylalanine, tryptophan 등이 이에 속한다.

(3) 지환식 아미노산(hetero cyclic amino acid)

아미다졸 고리, 피로리딘 고리, 인돌 고리 등과 같이 지환식 고리구조를 가진 아미노산으로 proline, histidine, tryptophan 등이 이에 속한다.

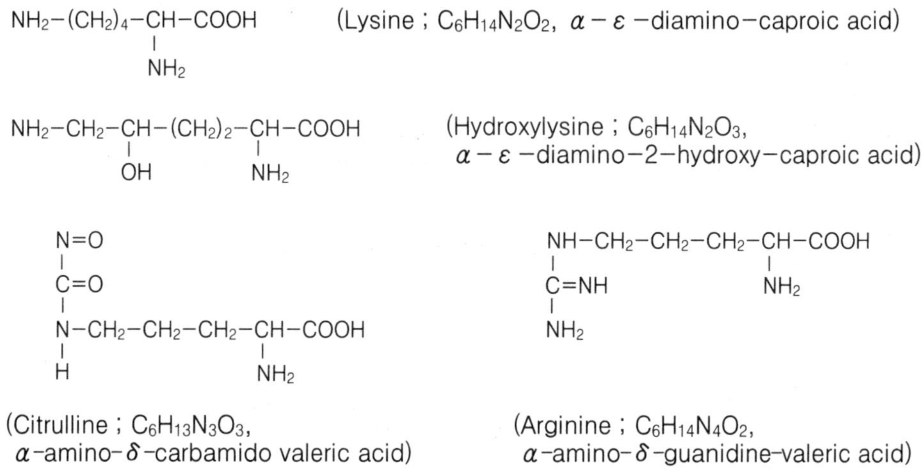

그림 5-3. Diamino-monocarboxylic acids(Basic amino acids)

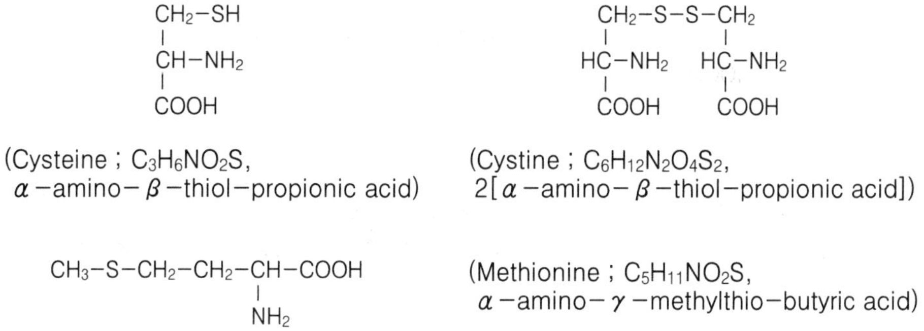

그림 5-4. Sulfur-containing amino acids

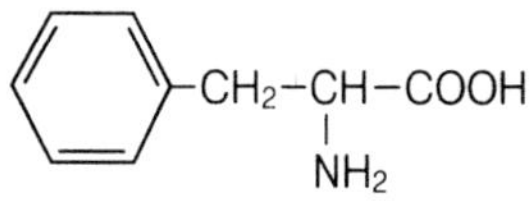

(Phenylalanine ; $C_9H_{11}NO_2$,
α−amino−β−phenyl−propionic acid)

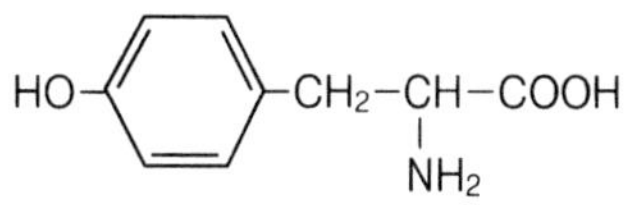

(Tyrosine ; $C_9H_{11}NO_3$,
α−amino−β−parahydroxyphenyl−propionic acid)

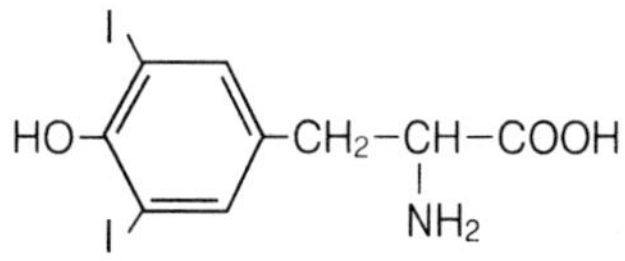

(3, 5−Diiodotyrosine ; $C_5H_{13}I_2NO_3$,
β[3, 5−diiodo−4−hydroxy] alanine)

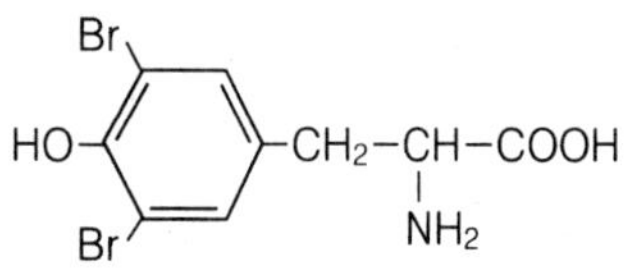

(3, 5−Dibromotyrosine ; $C_5H_{13}Br_2NO_3$,
β[3, 5−dibromo−4−hydroxy] phenylalanine)

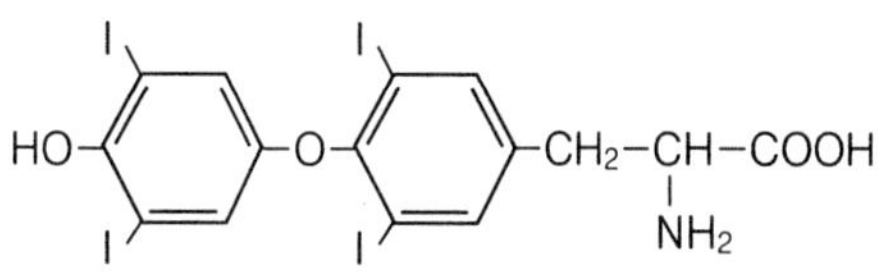

(Tyroxine ; β−<4 [3, 5−diiodo−4−hydroxyphenoxy] 3, 5−diiodophenyl>alanine)

그림 5−5. Aromatic amino acids

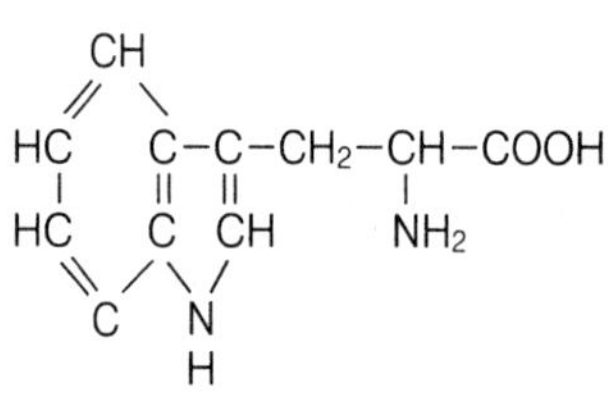

(Tryptophan ; $C_{11}H_{12}N_2O_2$,
β−3−indole−α−aminopropionic acid)

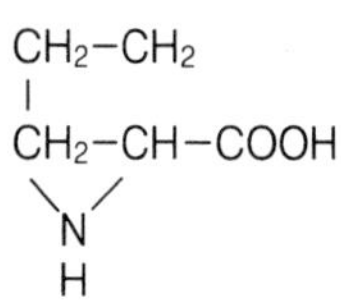

(Proline ; $C_5H_9NO_2$,
2−pyrolidine−carboxylic acid)

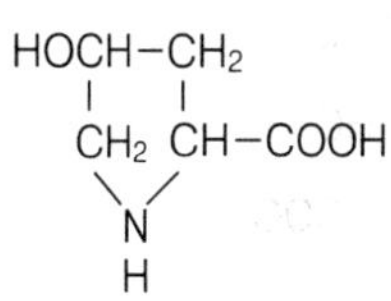

(Hydroxyproline ; $C_5H_9NO_3$,
4−hydroxy−2−pyrolidine−carboxylic acid)

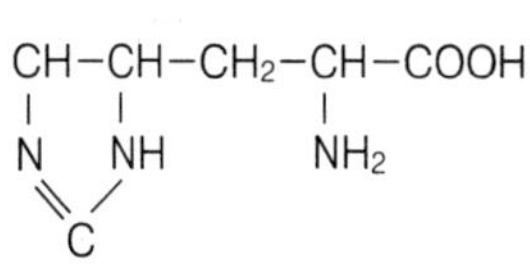

(Histidine ; $C_6H_9N_3O_2$,
α−amino−4−imidazole−propionic acid)

그림 5−6. Heterocyclic amino acids

2) 필수아미노산과 비필수아미노산

미생물과 식물체는 모든 아미노산을 합성할 수 있으나 동물의 경우 약 8～12종의 아미노산은 대사과정에서 필요한 만큼을 조직 내에서 합성할 수 없기 때문에 반드시 사료로부터 공급해 주어야 하는 아미노산을 **필수아미노산**이라 한다.

필수아미노산의 종류는 표 5-1에서와 같이 일반적으로 10종이지만, 일부 필수아미노산은 동물의 종 또는 생활주기의 특정 단계에서만 부족할 수 있어서 성숙한 동물 및 성인은 arginine과 histidine을 체내에서 합성할 수 있기 때문에 8종이고, 닭에서는 생체내에서 합성은 가능하지만 우모와 뇨산의 성분으로서 다량 요구되는 glycine과 serine을 포함하여 12종이 필수아미노산으로 되어 있다.

Arginine은 성장 중인 동물의 경우 최대의 성장을 촉진하기 위하여 사료에 공급해 주어야 하지만 유지만을 위해서는 성장 후에는 필요치 않으나, 큰개와 큰고양이는 arginine이 부족한 사료를 급여하면 고암모니아혈증(hyperammoniemia), 경련, 흥분, 뇨중 오로트산(orotic acid ; 핵산 성분인 피리미딘염기의 생합성 중간물질의 하나)의 높은 수준의 유지 등 심각한 결핍증세를 나타낸다. 따라서 어린 포유동물의 경우에는 성장에 필요한 양을 충분히 합성할 수 없기 때문에 사료로부터 공급하여야 한다. 또한 cystine은 methionine의 일부를 대치할 수 있고, tyrosine도 phenylalanine의 일부를 대치할 수 있다.

Visek(1984)의 연구결과 성인의 경우에는 음식으로부터 histidine을 요구하지만, 어릴 때에 충분한 합성을 하게 되면 성인이 되어서도 그 함량은 충분하다고 하였다.

표 5-1. 필수아미노산의 종류

아미노산	성장 중인 동물	성숙한 동물	어린이	성 인	닭
Arginine	○				○
Histidine	○		○		○
Isoleucine	○	○	○	○	○
Leucine	○	○	○	○	○
Lysine	○	○	○	○	○
Methionine	○	○	○	○	○
Phenylalanine	○	○	○	○	○
Threonine	○	○	○	○	○
Tryptophan	○	○	○	○	○
Valine	○	○	○	○	○
Glycine					○
Serine					○

실제로 결핍되기 쉬운 아미노산은 lysine, methionine, tryptophan 등인데, 이것은 곡류 중에는 이들 아미노산의 함량이 매우 낮기 때문이다. 따라서 동물에게 급여되는 사료 중에 이러한 곡류의 사료비율이 높을 경우에는 부족되는 아미노산 함량이 높은 단백질 사료의 보충이 필요하다.

비필수아미노산은 사료를 통하여 반드시 공급할 필요가 없는 즉, 조직 내에서 적절히 합성되는 아마노산으로서 정상적인 발육을 위하여 사료로부터 공급해 주지 않아도 된다. 그리고 비필수아미노산은 keto acid의 아미노기 전달에 의하여 합성되며, 여기에는 alanine, aspartic acid, citrulline, cystine, glutamic acid, glycine, proline, hydroxy-proline, tyrosine 등이 속한다. 비록 glutamine이 일반적으로 비필수아미노산으로 간주되더라도 질병이 있는 동물의 소화관 점액에 대한 glutamine의 요구량을 충족시키기 위해 조건적으로 필수아미노산이 될 수 있다(Souba, 1991). Glutamine은 정상적인 소화관의 면역기능, 췌장과 간의 정상적인 대사에 중요할 수 있다.

Citrulline은 고양이와 다른 종의 동물의 사료내 arginine으로부터 완전히 대체될 수 있다(McDonald 등, 1984). 고양이는 높은 함유황아미노산(S-amino acid) 요구량을 가지고 있고 taurine을 필요로 하는 유일한 동물이다. Taurine은 단백질에는 존재하지 않는 β-amino sulfonic acid이지만 사료내 유리아미노산 형태로 존재한다. Taurine 부족시 고양이는 눈의 망막 퇴행이 전개된다(NRC, 1981). 흔히 이 증상은 함유황아미노산이 부족할 때 더 자주 일어난다.

3) 제한아미노산

모든 사료단백질은 영양적으로 완전한 것은 아니며, 단백질을 구성하고 있는 각 아미노산의 비율이 다르기 때문에 우수한 동물성 단백질원(어분 · 분유 · 계란 · 식육 등)을 제외하고는 대부분의 사료자원인 박류 또는 곡류 중의 단백질은 그 영양적 가치가 상대적으로 떨어진다. 따라서 이들 단백질의 질을 높이기 위해서는 제한아미노산의 보충이 필요하다.

일반적으로 곡류(옥수수 · 수수 · 밀 · 보리) 및 옥수수 + 대두박 사료는 lysine이 제1제한아미노산이고, 식물성 단백질원인 대두박은 methionine이 제 1제한아미노산으로 되어 있다. 돼지에 있어서 일반적인 사료원의 제한아미노산은 표 5-2에서 보는 바와 같다.

이들 제한아미노산을 공급하는 몇 가지 방법을 보면 다음과 같다.

① 단백질 수준을 요구량보다 높여 주어 최소요구량을 충족시켜 주는 방법으로 과거에 많이 이용되었다.

표 5-2. 돼지사료에 사용되는 사료원의 제한아미노산

구 분	제 한 순 서				
	제 1	제 2	제 3	제 4	제 5
대두박	Methionine	Threonine	Valine	Lysine	Isoleucine
육골분	Tryptophan	Methionine	Isoleucine	Threonine	Histidine
옥수수	Lysine	Tryptophan	Isoleucine	Threonine	Valine
수 수	Lysine	Threonine	Methionine	Isoleucine	Tryptophan
밀	Lysine	Threonine	Methionine	Valine	Isoleucine
보 리	Lysine	Threonine	Methionine	Isoleucine	Valine
옥수수 + 대두박	Lysine	Methionine	Threonine	Isoleucine	Tryptophan

Cunha(1977)

② 여러 가지 단백질 사료원을 혼합하여 맞추어 준다. 이 때에는 사료의 원료를 다양하게 구입할 수 있어야 한다.

③ 구입이 용이하고 가격이 저렴한 원료로서 단백질의 수준은 사양표준에 근거하며, 부족한 아미노산은 별도로 첨가해 주는 방법으로서 일반적으로 옥수수 + 대두박 위주의 사료배합시에는 제 1 제한아미노산으로 되어 있는 lysine과 methionine을 첨가해 준다.

④ 식물성 단백질 사료에 보리나 밀을 에너지원으로 이용하는 경우에는 threonine까지도 부족되기 쉬우므로 이들의 첨가가 필요하다.

4) 단백질내 아미노산의 조성

아미노산을 추가하여 사슬을 연장시킴으로써 삼중펩티드(tripeptide)에서 다중펩티드(polypeptide)까지 형성되며, 결국 특정 아미노산을 가지고 결합된 완전한 단백질 분자가 완성된다. 수백 개 단백질의 아미노산 조성과 결합구조가 밝혀졌다. 그림 5-7에서 밀배아의 cytochrome C와 인간 cytochrome C의 아미노산 구조식을 나타내었다(Smith, 1970). 이 두 효소는 하나는 식물로부터 다른 하나는 동물로부터 기원을 하고 있지만 진화과정에서 서로 연결되어 있다는 것을 알려 주듯이 그 구조가 아주 유사하다. 이 효소 분자는 다른 단백질과 비교시 아주 작은데, 대부분의 단백질의 분자량은 350～5,000개의 아미노산을 가진 35,000～500,000 dalton이다.

일부 일반적인 식물 및 동물성 단백질의 아미노산 조성이 표 5-3에 제시되었다. 계란 albumin은 동물의 가장 이상적인 아미노산 조성과 높은 소화율 때문에 동물의 요구량을 충족시키는 데 가장 완벽한 단백질로 알려져 있다. 한 종류의 사료는 몇 가지

```
       -8                                    -1   1
Acetyl-Ala-Ser-Phe-Ser-Glu-Ala-Pro-Pro-Gly-Asn-Pro-Asp-Ala-Gly-Ala-Lys-
                                Acetyl         Asp-Val-Glu-Lys         Lys

  10                                       20
Ile-Phe-Lys-Thr-Lys-Cys-Ala-Gln-Cys-His-Thr-Val-Asp-Ala-Gly-Ala-Gly-His-
      Ile-Met           Ser                      Glu-Lys      Gly-Lys

               30                                     40
Lys-Glu-Gly-Pro-Asn-Leu-His-Gly-Leu-Phe-Gly-Arg-Gln-Ser-Gly-Thr-Thr-Ala
    Thr                                             Lys-Thr     Glu-Asn-Pro

                    50                                   60
Gly-Tyr-Ser-Tyr-Ser-Ala-Ala-Asn-Lys-Asn-Lys-Ala-Val-Glu-Trp-Glu-Glu-Asn-
                Thr                          Gly-Ile-Ile     Gly      Asp

                           70                                       80
Thr-Leu-Tyr-Asp-Tyr-Leu-Leu-Asn-Pro-Lys-Lys-Tyr-Ile-Pro-Gly-Thr-Lys-Met-
      Met-Glu         Glu

                                         90
Val-Phe-Pro-Gly-Leu-Lys-Lys-Pro-Gln-Asp-Arg-Ala-Asp-Leu-Ile-Ala-Tyr-Leu-
Lle     Val     Ile         Lys-Glu-Glu

  100            104
Lys-Lys-Ala-Thr-Ser-SerCOOH
                Asn-GluCOOH
```

그림 5-7. 밀배아 cytochrome C와 인간 cytochrome C의 비교(Smith, 1970)

아랫줄에 일치하지 않는 아미노산 잔기만 표시(음수로 표시된 아미노산잔기는 모든 cytochrome C에는 존재하지 않는 것임)

다른 단백질들로 구성되어 있을 수 있어 이상적으로 알맞은 균형 단백질공급은 사료내 각 단백질이 공급하는 아미노산이 얼마나 적절하게 균형 있게 혼합되어 있는지에 달려 있다.

옥수수 배아내 4가지 단백질들의 아미노산 조성에서 다양한 차이점을 표 5-3에서 비교할 수 있다(Concon, 1966 ; Schweigert과 Payne, 1956 ; McClain 등, 1965). Zein은 lysine과 tryptophan이 현저히 부족하다. Zein의 비율이 낮도록 유전자 변형된 옥수수에서 glutein과 다른 단백질들의 함량이 증가되어 더욱 균형이 조화된 아미노산을 가진 옥수수를 생산할 수 있다.

일부 아미노산은 식물의 조직에서보다 동물의 조직 내에서 더 많은 양이 존재한다. 예로서, hydroxyproline은 식물성 단백질에는 존재하지 않지만 콜라겐과 같은 동물의 결합조직에는 풍부하다(표 5-3). 필수아미노산의 균형이 단백질 영양가치를 평가하는 민감한 수단이 될 수 있다. 단백질의 필수아미노산 조성은 자연계에 존재하는 수많은 단백질의 수만큼 다양할 수 있고, 어떠한 단백질도 똑같은 아미노산 조성을 가지고 있지 않다.

표 5-3. 식물 및 동물성 단백질의 아미노산 조성

아미노산	난황 알부민	옥수수 내배아[a]								쇠고기[d]	돼지 고기[d]	양고기[d]	소의 근육내 콜라겐[e]
		알부민		글로불린		Zein		Glutelin					
		N[b]	O[c]	N	O	N	O	N	O				
Alanine	5.7	9.8	7.9	8.4	7.3	10.9	10.5	4.5	4.7	6.4	6.3	6.3	10.4
Arginine	5.9	11.6	11.7	9.6	8.9	2.1	2.3	5.8	5.3	6.6	6.4	6.9	4.5
Aspartic acid	9.2	11.1	10.8	8.2	8.0	5.9	5.7	6.8	6.9	8.8	8.9	8.5	3.8
Cystine/2	3.0	5.3	1.8	1.8	1.0	1.4	-	-	1.4	1.3	1.3	-	-
Glutamic acid	15.7	16.5	13.2	19.2	18.2	27.4	24.9	12.9	14.6	14.4	14.5	14.4	7.7
Glycine	3.2	8.8	7.9	5.3	5.5	1.6	2.0	3.3	3.8	7.1	6.1	6.7	32.8
Histidine	2.4	3.2	2.6	3.4	3.8	1.4	1.4	3.8	4.2	2.9	3.2	2.7	0.6
Hydroxyproline	0	0	0	0	0	0	0	0	0	-	-	-	10.5
Isoleucine	7.1	4.6	3.9	4.2	4.3	4.2	4.6	3.4	3.4	5.1	4.9	4.8	1.3
Leucine	9.9	6.3	6.3	13.2	10.7	22.4	21.2	8.1	8.6	8.4	7.5	7.4	2.5
Lysine	6.4	6.4	5.5	4.4	4.6	0.1	0.2	3.7	3.6	8.4	7.8	7.6	2.3
Methionine	5.4	-	1.6	2.0	1.9	1.7	1.3	1.4	1.1	2.3	2.5	2.3	0.6
Phenylalanine	7.5	2.9	4.6	5.8	6.3	7.6	8.0	3.8	3.8	4.0	4.1	3.9	1.4
Proline	3.8	6.6	5.7	7.2	7.6	10.7	10.5	8.7	10.1	5.4	4.6	4.8	11.8
Serine	8.5	7.0	5.4	5.9	5.4	6.2	5.6	3.7	3.7	3.8	4.0	3.9	4.0
Threonine	4.0	5.4	4.7	4.0	4.1	3.2	2.9	3.3	3.4	4.0	5.1	4.9	1.8
Tryptophan	1.2	1.1	3.0	0.3	1.3	-	0.2	-	0.5	1.1	1.4	1.3	-
Tyrosine	3.8	3.2	5.0	4.7	4.9	5.6	6.0	2.9	3.1	3.2	3.0	3.2	0.4
Valine	8.8	12.6	6.0	5.8	7.1	4.5	3.4	5.4	5.6	5.7	5.0	5.0	2.3

[a] g/100 g 단백질 ; Concon, J.M.(1966)

[b] 일반 옥수수

[c] Opaque-2 유전적 변형 옥수수

[d] 조단백질(6.25)의 %로 표시 ; Schweight과 Payne(1956)

[e] 아미노산 잔기/1000 아미노산 잔기 ; McClain 등(1965)

5) L-아미노산과 D-아미노산

자연계에서 존재하는 모든 아미노산은 L형이지만, 생체 활력이 왕성한 몇 종은 예외이다. 합성아미노산은 보통 L형과 D형의 세라믹 화합물(ceramic-mixture) 형태로 발견되며, L형과 D형 아미노산의 기본 구조식은 다음과 같다.

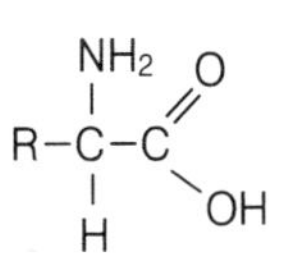

L-form

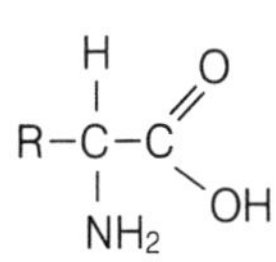

D-form

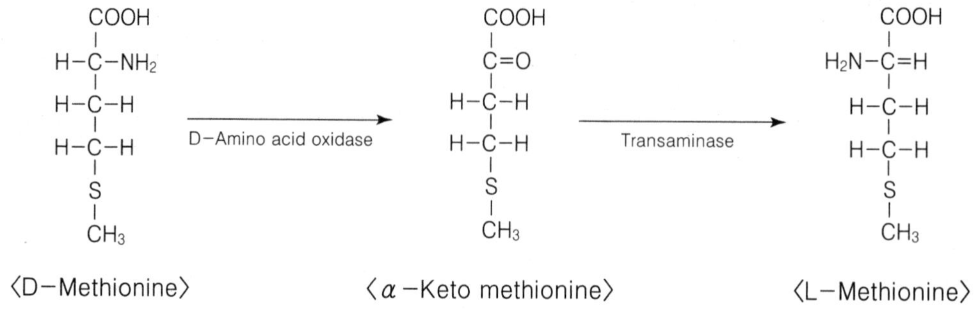

그림 5-8. D-Methinonie의 L-methionine으로의 전환

사슬의 신장은 펩티드의 3중결합으로부터 다중결합으로 이루어지는 과정에서 아미노산의 결합에 의하며, 최종적으로 특정 아미노산의 구성과 배열로 단백질 분자는 완성된다. 일부 필수아미노산, 즉 methionine의 경우에는 L-methionine이나 DL-methionine 모두 잘 이용된다. 여기에서 DL-아미노산은 D-형태와 L-형태가 50 : 50의 비율로 혼합되어 있는 것을 나타낸다.

DL-methionine의 경우에는 특수 D-amino acid oxidase에 의하여 α-keto acid로 된 후 아미노기 전이반응(transamination)에 의해 L-methionine이 생성되므로(그림 5-8) 100% 이용될 수 있다.

그러나 DL-lysine의 경우에는 D-lysine을 L-lysine으로 전환시킬 수 있는 amino acid oxidase가 없기 때문에 D-lysine은 이용되지 않는다. 따라서 DL-lysine은 영양적으로 50% 밖에 이용되지 않는다.

2. 단백질의 분류

단백질은 크게 식물성 단백질과 동물성 단백질로 나누지만 가수분해되면 모두 아미노산으로 전환되는 순단백질과 비단백태 질소화합물(NPN)로 분류하기도 하며, 화학적 조성에 따라서는 구상단백질과 섬유상 단백질로 분류하기도 한다. 그러나 일반적으로는 단백질의 형태, 산, 염 및 알코올에 대한 용해도 및 특이성 등을 기준으로 다음과 같이 분류한다.

1) 단순단백질

단순단백질은 가수분해되면 아미노산과 그 유도체인 아마이드만으로 되는 단백질로서 자연계에 널리 분포되어 있다.

(1) 구상단백질

물과 염류용액에 용해 또는 산, 염기 및 알코올에 희석되는 단백질로서 산소를 운반하는 단백질 효소와 단백질 호르몬이 여기에 속한다.

① Albumin : 물·염류·알칼리 용액에 쉽게 용해되고 열에 의하여 응고되며, 주로 계란·우유 및 혈액 등에 함유되어 있다.

② Globulin : 물에는 용해되지 않으나 강산과 강염기의 묽은 용액에는 녹으며, 가열하면 응고되고, 계란·우유 및 혈액 등에 함유되어 있는 단백질이다.

③ Glutelin : 물에 용해되지 않고 가열해도 응고되지 않으며, 곡류의 내배유에 함유되어 있는 단백질이다.

④ Histone : 물에는 용해되지만 열에 의하여 용해되지 않으며, 염기성 아미노산인 histidine·lysine·arginine 등을 함유하고 있다.

⑤ Prolamine : 70～80% 에탄올에 용해되며, 식물에만 존재하는 단백질로서 옥수수의 제인(zein), 보리의 호르데인(hordein), 밀의 글리아딘(gliadin) 등이 여기에 속하며, 다량의 arginine을 함유하고 있다.

⑥ Protamine : 물에는 용해되지만 열에 의하여 응고되지 않으며, arginine을 함유한 강한 염류성 단백질로서 주로 물고기의 정액에 함유되어 있다.

(2) 섬유상 단백질

물에 용해되지 않고 단백질 소화효소에 대한 저항력이 강하며, 골격결합 상피세포를 형성한다.

① Collagen : 골격 결체조직의 주 단백질로서 총 단백질의 약 30%를 차지하며, 물이나 약산에 끓이면 gelatin으로 전환된다. Collagen은 상당량의 hydroxyproline을 함유하고 있으나, cysteine·cystine 및 tryptophan은 전혀 함유되어 있지 않다.

② Elastin : 동맥 및 기타 탄력성이 있는 조직에 함유되어 있는 단백질로서 구조에 있어서 collagen과 비슷하나 gelatin으로는 전환이 불가능하다.

③ Keratin : 주로 머리카락과 손톱 및 발톱에 함유되어 있는 단백질로서 물에 불용성이고 소화효소에 대한 저항력도 강한 물질이며, cystine을 15% 이상 함유하고 있다.

2) 복합단백질

단순단백질에 비단백질 분자가 결합된 것으로서, 아미노산과 무기물 및 핵산 등 다른 물질들로 구성된 것이다.

(1) 핵단백질

핵산과 한 분자 또는 그 이상의 단백질이 결합된 것으로서 ribonucleoprotein, deoxyribonucleoprotein 등이 이에 속한다.

(2) 당단백질과 점성단백질

탄수화물과 결합된 단백질로서 탄수화물이 4% 이하인 당단백질과 4% 이상인 점성단백질로 구분되며, 가수분해하면 핵소오스아민(hexosamine)과 유론산(uronic acid)으로 된다. 당단백질은 polypeptide chain이 아미노기에 당을 결합시킴으로써 만들어진다. 황화 다중탄수화물(sulfated polysaccharides)의 단백질 복합체는 콘드로이틴(chondroitin) A, B 및 C의 3가지 형태로 존재한다. 연골, 힘줄 및 피부에 콘드로이틴 황산이 결합된 단백질이 많이 함유되어 있다.

점성단백질(mucoprotein)은 육탄당인 만노스와 갈락토스 및 오탄당인 퓨코스(fucose)와 sialic acid과 아미노당인 글루코사민(glucosamine)과 갈락토사민(galactosamine)이 결합된 복합단백질이다. 혈청 cholinesterase 효소는 성선자극호르몬과 같은 점성단백질이다. 점액 분비물은 풍부한 양의 점성단백질을 함유하고 있다. 하악골 침샘 분비물내 점성단백질은 적혈구 세포에 감기 바이러스가 달라붙는 것을 방해한다.

난알부민(ovalbumin)은 글루코사민과 만노오스를 포함하는 점성단백질이다. 계란 흰자내 trypsin 억제인자인 ovomucoid는 고열 안전성과 높은 탄수화물을 함유하고 있는 독특한 당단백질이다. Ovomucoid는 14%의 hexosamine과 17%의 육탄당(hexose)을 포함한다. Aspartic acid가 탄수화물 단백질 복합체의 결합과 주로 관련이 있는 아미노산이다.

(3) 지질단백질

지방과 단백질이 결합된 것으로서, 특히 지방의 운반과 기타 생리적인 중요한 기능을 지니고 있다. 1세기 훨씬 전 난황의 인지질-단백질 복합체(phospholipid-protein complex)가 알려졌고, 지금은 수백 가지의 지질-단백질 복합체가 알려져 있다. 정전기적, 소수성 및 수소결합 등과 같은 것이 지질단백질의 안정성에 기여를 하고 있다.

표 5-4. 세포막의 화학적 조성

세포막	단백질(%)	지질(%)	탄수화물(%)	지질에 대한 단백질의 비율
미엘린	18	79	3	0.23
혈소판	33~42	51~58	7.5	0.7
적혈구(인간)	49	43	8	1.1
간세포(쥐)	58	42	5~10	1.4
핵막(쥐 간세포)	59	35	2.9	1.6
미토콘드리아의 외부막	52	48	2.4	1.1
미토콘드리아의 내부막	76	24	2~3	3.2
망막 간상체(소)	51	49	4	1.0

가장 대표적인 단백질-지질 복합체 중의 하나가 동물세포의 세포막 단백질이다. 생물학적으로 세포막은 세포 내부와 외부의 경계를 통한 물질수송을 조절하는 투과막으로 작용하고, 촉매기능을 지원하며 비록 잘 알려져 있지 않은 기능이지만 여러 다른 중요한 기능을 수행한다. 이러한 세포막은 단백질, 지질 및 탄수화물이 여러 비율로 혼합되어 있다. 일부 주요한 세포막의 화학적 조성이 표 5-4에 요약되어 있다.

미엘린(myelin)은 신경섬유 주변을 두른 덮개로써 신경계에 풍부한 지질단백질이다. 말초 및 중추신경 조직에서 각각 약 80%와 35%의 myelin을 함유하고 있다. 적혈구 세포막은 점성지질(mucolipid), 인지질(phospholipid)과 약하게 결합된 단백질들을 함유하고 있다. 미토콘드리아는 구조단백질, 기질단백질(matrix protein)과 주로 phospholipid인 30%의 지질을 포함하고 있다. 지방산과 다른 지질들은 지질단백질을 형성하기 위해 혈청단백질의 표면으로 흡수된다. 혈장 지질단백질의 단백질 함량은 킬로미크론에 2%에서 HDL(high density lipoproteins)에 50% 정도이다.

(4) 인단백질

인산이나 인지질 이외에 1% 정도의 핵산을 함유하고 있는 단백질로서 우유의 카제인(casein)과 난황의 비텔린(vitelin) 등이 이에 속한다.

(5) 기 타

위에 열거한 이외에 색소단백질 및 금속단백질 등이 있다.

3) 유도단백질

단백질의 분해산물 및 인공적으로 합성된 단백질의 유사물질들을 말한다.

(1) 1차 유도단백질

단백질이 열, 알코올, 산 및 알칼리에 의하여 변성된 단백질로서 응고단백질과 젤라틴 등이 있다.

(2) 2차 유도단백질

1차 유도단백질보다 변성이 더 진행된 단백질로서 가수분해하면 peptide, peptone, proteose 및 amino acid 등이 생성된다.

4) 비단백태 질소화합물

비단백태 질소화합물(non-protein nitrogen compound ; NPN)이란 가수분해에 의하여 아미노산으로 전변되지 않으나, 단백질과 같은 목적으로 쓰일 수 있는 질소화합물로 이러한 것에는 amide, amino acid, nitrogenous glucoside, ammonium salt, alkaloids 및 nitrate 등이 있다. 이들 중 요소(urea)가 소속된 amide와 아미노산이 가장 널리 쓰이고 있는 NPN이다.

NPN은 성장 중인 목초에 많이 포함되어 있으며, 반추동물의 경우에는 단백질 공급원으로 이용될 수 있다. 분해되어 아미노산을 생성하는 단백질을 **순단백질**(true protein)이라 하고, NPN과 순단백질을 총칭하여 **조단백질**(crude protein)이라고 한다.

(1) 아스파라긴(asparagine)

식물에 유리상태로 존재하는데, aspartate와 비슷한 구조식을 가지고 있으며, 상당히 많은 양의 이것이 단백질에 포함되어 있다.

(2) 글루타민(glutamine)

자연계에 널리 유리상태로 존재하며, 체내에서 amino기의 저장과 수송에 특히 중요한 역할을 한다.

(3) 요소(urea)와 암모니아(ammonia)

요소는 diamide로 포유동물의 질소대사의 최종분해물이다. 요소는 반추위내 미생물이 생산하는 urease의 작용에 의해 ammonia와 CO_2 가스로 분해되어 미생물들에 의해 미생물 체단백질 합성을 위한 질소공급원으로 ammonia를 이용한다.

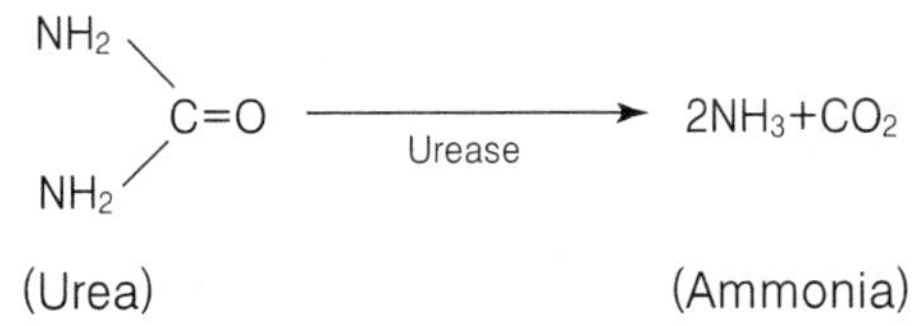

(4) 요산(uric acid)

사람의 경우 purine의 최종 분해물이며, 새의 경우 단백질의 최종 분해물이다. 다른 짐승의 경우 purine의 최종 분해물은 allantoin이다.

(5) 히퓨릭산(hippuric acid)

초식동물의 뇨에 많이 함유되어 있는 것으로, benzoic acid와 glycine과의 결합체로서 benzoic acid가 유해물질이므로 이것의 해독을 위하여 생성되는 물질이다. 열량가가 높기 때문에 일반적으로 초식동물의 뇨에너지가는 단위동물의 그것보다 높다.

(6) 크레아틴(creatine)과 크레아티닌(creatinine)

크레아틴은 간에서 arginine, glycine 및 methionine 등으로부터 합성되고, 근육에서는 인산크레아틴(phosphocreatine)으로 존재하며, 에너지를 저장해 두는 역할을 한다. 크레아틴은 뇨에 함유되어 있으며, 크레아틴이 ATP와 작용하여 변환된 인산크레아틴에서 생성되며, 1일 배설되는 양이 일정하기 때문에 배설된 뇨의 양을 측정하는데 이용하기도 한다. 크레아틴과 크레아티닌(creatinine)의 관계는 아래와 같다.

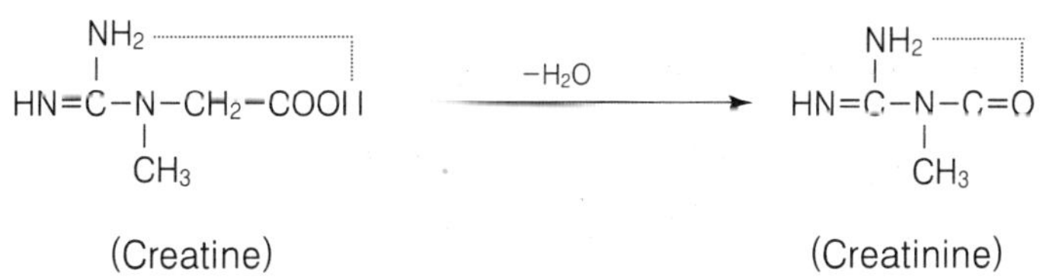

3. 단백질의 기능

동물체에서 단백질은 다양한 기능을 수행한다. 대부분의 체단백질은 세포막의 구성성분, 근육 그리고 피부, 머리카락 및 손톱에 존재한다. 추가적으로 혈장단백질, 효소, 호르몬과 면역항체는 비록 체내 함량에 있어 큰 부분을 차지하지 않지만 체내 중요 기능에 작용하고 있다.

1) 조직단백질의 합성

단백질은 세포의 구성성분일 뿐만 아니라 생명체의 기본 물질로서 중요하다. 새로운 조직을 합성할 경우에는 단백질의 합성을 수반하게 되는데, 성장이나 상처의 치유 또는 출혈의 경우에 새로운 단백질의 합성이 이루어진다. 또한 노쇠된 조직의 대체나 새로운 조직의 합성을 위하여 반드시 필요한 물질로서 임신의 경우에도 태아와 자궁, 유방 및 혈액에 필요한 단백질의 합성이 일어난다.

(1) 콜라겐(collagen)

콜라겐 분자는 3중 나선구조가 평형으로 배열(길이 2800Å, 지름 15Å)되어 있고, 탄력적인 구조와 강한 저항력을 가지고 있다. 동물의 연령이 증가할수록 콜라겐의 함량은 증가하는데, proline과 hydroxyproline 함량이 높은 결과로 열을 가할 때 수축되는 특징이 있다. 콜라겐은 결체조직에 함유되어 있는 단백질로 물에는 용해되지 않으며, 동물의 소화효소에 영향을 받지 않는다.

(2) 엘라스틴(elastin)

변성된 콜라겐(collagen)과 유사하고, 폴리펩티드 사슬이 불규칙적으로 연결되어 있다. 당겼을 때 고무와 같은 반응을 보이는데, 이것은 힘줄과 동맥혈관 벽에 항상 콜라겐과 함께 많이 발견된다. 근육조직 내에서는 소량 존재할 뿐이지만, 물에는 용해되지 않으며, 소화효소에도 영향을 받지 않는다.

(3) 근섬유단백질(myofibrilar protein)

근섬유단백질은 근육을 식염수로 희석하고 균질화하였을 때 추출되는 물질인 근소포체(sarcoplasm) 단백질이다. 근육 추출물내 대부분의 단백질은 미토콘드리아 파편과 근소포체의 입자 및 근육대사에 관련된 20개 이상의 효소 등이 포함된다.

(4) 수축성 단백질(contractile protein)

Actin, tropomyosin B와 myosin 등의 세 개의 단백질이 근육의 수축에 관여한다.

Myosin은 얇은 근섬유의 주요 구성물질이며, ATPase의 효소활력에 중요한 역할을 한다. Myosin으로부터 분리된 actin은 ATP가 존재할 때 구형의 형태를 가진다. 구형의 단백질은 중성염의 첨가시 ATP가 ADP로 변화되고, P의 방출과 함께 섬유성 actin의 연결고리를 만들기 위해 중합한다. ATP가 부족시 역반응이 나타난다.

Tropomyosin B는 어떠한 효소적 특성이 없고, actin이나 myosin과는 수용액 상태로 결합하지 않는다. 수축성 단백질들 간의 복잡한 상호작용과 그 단백질의 독특한 화학적 구조는 근육대사에 중요하다.

(5) 케라틴(keratin)

털・깃털・발굽・뿔・발톱 및 부리에 존재하는 단백질로서 산, 알칼리 및 열처리에 영향을 받지 않고, 특히 소화효소에 분해되지 않는다. 그러므로 동물에 대한 사료단백질 첨가제로서 사료적 가치는 적절히 가공되지 않는 상태로 동물에게 급여할 경우에는 상당히 주의하여야 한다.

2) 혈액 단백질의 합성

혈액내 주요 단백질들은 albumin과 일련의 α, β 및 γ-globulin과 트롬보플아스틴(thromboplastin), 피브리노겐(fibrinogen), 중합단백 헤모글로빈과 아포단백질 A, B 및 E가 있다. 이들 대부분은 간에서 합성이 되며, 합성의 속도와 회전율은 몇 분에서 며칠에 걸쳐 다르다. Apoprotein과 fibrinogen과 같은 단백질은 아주 짧은 반감기(수분 또는 수시간)를 가지고 있고, 그 반면 albumin과 hemoglobin과 같은 단백질은 더욱 느린 반감기를 가진다(수일 또는 수주).

돼지의 혈청단백질의 성분조성을 성장기별로 표 5-5에 나타내었다. 혈액은 지질단백질, 효소와 단백질계 호르몬을 포함하는 복합단백질과 독특한 조성과 구조 및 특수

표 5-5. 돼지의 성장단계별 혈청단백질 조성

	생 시	6주령	3개월령	12개월령
총 혈청단백질, g/100 ml 혈청	2～3	4～5	5～6	7～8
Albumin, g/100 g 혈청단백질	18	47	45	52
α-Globulin, g/100 g 혈청단백질	60	25	29	18
β-Globulin, g/100 g 혈청단백질	16	19	16	13
γ-Globulin, g/100 g 혈청단백질	6	9	10	16
Albumin : Globulin, 비율	0.2	0.90	0.82	1.1

Church와 Pond(1988)

한 물리・화학적 성질로 전기영동, 원심분리, 추출 및 다른 방법에 의한 방법으로 분리된다.

3) 효소단백질

효소(유기촉매제)는 모두 단백질이며 반응특이성을 가지고 있다. 일부는 소화효소와 같은 가수분해와 일부는 다른 분해대사 반응과 관련되며, 나머지는 합성과정에 관련되어 있다. 동물세포는 수백 개의 효소를 가지고 있으며, 각각은 특정 구조와 독특한 반응 집단을 가지고 있다. 동물의 성장 동안 단백질 축적은 역동적 대사과정인 단백질 합성과 단백질 분해 사이의 균형에 의해 일어난다. 총 에너지 소비의 15～22% 범위에서 위의 대사과정을 유지하기 위해 이용된다(Reeds 등, 1985).

자율 및 비자율 신경 및 호르몬으로부터 제어되는 단백질 합성효소는 근육단백질

표 5-6. 동물의 조직 및 동물의 종류에 따른 단백질 합성 속도(% 합성된 단백질 pool/일)

	조 직				
	골 격	심 장	간 장	신 장	소화장관
들 쥐	15	12	59	32	78
돼 지	17.4	7	69	20	67
면 양	17		95		87
소	2		32		53

Reeds(1989)

표 5-7. 동물의 조직내 단백질 분해효소

단백질 분해효소 (endopeptidase)	단백질 분해효소 (exopeptidase)
Serine proteinases	Amino peptidases
Cysteine proteinases	Tripeptidases
Aspartic proteinases	Dipeptidyl peptidases
Metalloproteinases	Tripeptidyl peptidases
	Carbocypeptidases
	Dipeptidases
	Omega peptidases

Goll 등(1989)

의 합성을 조절한다. 체조직들은 주로 RNA의 농도와 관련하여 단백질 합성의 속도에서 차이가 있다. 표 5-6은 동물종별 조직간 단백질 합성률을 나타내었고, 표 5-7은 체단백질 합성과 관련된 효소를 제시하고 있다(Goll 등, 1989).

4) 호르몬 및 호르몬 유사 펩티드

효소와 같이 호르몬은 작은 양으로 세포에서 생산되며 대사에 큰 영향을 미친다. 효소는 같은 세포내에서 일반적으로 활동이 제한되어 있거나 합성장소 가까운 부위에 제한된다. 반대로 호르몬은 방출부위에서 표적기관으로 혈액에 의해 운반된다. 모든 호르몬이 단백질은 아니다.

일부 중요 단백질 호르몬은 인슐린, 성장호르몬, 성선자극호르몬, 부갑상선호르몬 및 칼시토닌(calcitonin) 등이 있다. 많은 수의 펩티드들이 성장 및 기타 대사활동을 조절하는 데 호르몬과 유사한 역할을 한다는 것이 밝혀졌다.

이러한 펩티드에는 insulin-like growth factors(IGF-I와 IGF-II), transforming growth factor beta(TGF-β), fibroblast growth factor(FGF), 신경성장요인(NGF) 등이 있다. 이들 펩티드의 정확한 기능은 완전히 밝혀져 있지는 않지만 대사에 주요 역할을 한다는 것은 분명한 사실이다. 이들의 조직내 함량과 전환율이 연령, 사료 및 여러 생리적 요인들에 의해 영향을 받는다.

5) 면역항체의 합성

면역항체는 전체 체단백질의 일부분을 구성하고 있지만, 이것은 특정 감염에 대해 동물을 보호하는 데 중요한 역할을 수행하고 있다. 특정 감염에 대한 항체는 어미의 혈액으로부터 태아로 태반을 통하거나(passive immunity) 신생축이 항체가 많은 초유를 소화와 흡수를 함으로써 전달될 수 있으며, 또는 다른 동물로부터 추출·정제된 항체의 주사투여로 전달될 수 있다. 항원(병원체)에 동물이 노출되면 능동적 면역성 반응으로 병원체에 대한 항체생산을 촉진시킨다.

4. 단백질의 대사

단백질 대사는 이화작용(분해)과 동화작용(합성)의 두 과정으로 나눌 수 있으며, 이들 두 작용은 동물의 조직 내에서 동시에 일어난다. 단백질의 기초단위인 아미노산들이 동물의 대사에 필요하며, 아미노산은 일반적으로 사료로 섭취된 단백질이 체내로 흡수되기 위해 아미노산으로 가수분해 되어야 한다. 그러므로 조직단백질(또는 계

사료단백질

↓ 소화관에서의 가수분해(이화작용)

장관내 아미노산

↓ 소화관으로부터 흡수

혈액내 아미노산

↓ 조직내 합성(동화작용)

조직단백질

란 및 우유단백질)로 사료단백질이 전환되는 과정, 즉 단백질의 대사과정은 아래와 같다.

1) 단백질의 분해(소화)

일반적으로 섭취한 사료단백질은 가수분해되어 아미노산 형태로 흡수되고, 주로 간문맥을 통하여 간에 운반되거나 어떤 아미노산은 림프에 나타나지만 그 양은 매우 적다. 그러나 신생 포유동물은 생후 첫날 또는 며칠 간에 면역글로불린을 소장의 융모에서 세포 흡수작용(pinocytosis)에 의해 림프계로 직접 흡수되어 운반할 수 있지만, 그 능력은 송아지에 있어서 약 24시간, 쥐에서는 며칠 간 계속되며, 사람과 기니피그(guinea pig)에서는 그 능력이 없는 것으로 알려져 있다.

단백질 분해효소는 위점막 및 췌장에서 분비되어 각각 위와 소장의 장강(腸腔)으로 들어간다. 단백질의 소화효소는 두 가지로 대별할 수 있다. 즉, pepsin, trypsin, chymotrypsin 등의 내생효소와 carboxypeptidase, peptidase 등의 외생효소이다(표 5-8).

내생효소는 단백질의 펩티드 결합에 작용하여 분자량이 적은 단백질을 생성하고, 외생효소는 말단 아미노산에 작용하여 유리아미노산을 생성한다. 특히 내생효소는 무작위로 펩티드 결합에 작용하는 것이 아니라 각 효소가 특별히 분해시키는 특정 펩티드 결합에 작용한다. 예를 들면, pepsin은 방향족 아미노산의 이웃 결합만을 쪼갠다. 또한 염산에 의하여 변성이 일어나고, 낮은 pH(2.1)에서 적극적인 pepsin 소화가 일어나서 더 짧은 펩티드와 아미노산이 생긴다. 나머지 oligopeptide는 직접 소장벽에서 외생효소의 하나인 peptidase에 의하여 가수분해된다.

위(胃)에서 작용하는 내생 단백질 분해효소인 pepsin은 leucine-valine, threonine-leucine, phenylalanine과 방향족 아미노산(phenylalanine과 tyrosine), 그리고 methionine과 leucine이 결합된 펩티드 결합을 끊어 준다. Pepsin 활동의 최적 pH는 1.6

표 5-8. 단백질 소화효소의 특이성

구 분	최적 pH	주요 작용부위
Pepsin	1.5~2.5	Aromatic amino acid 결합(tryptophan, phenylalanine, tyrosine)과 methionine, leucine
Trypsin	7.5~8.5	Arginyl-lysyl 결합
Chymotrypsin	7.5~8.5	Aromatic-aminoacyl 결합(phenylalanine, tryptophan, tyrosine)
Carboxypeptidase	7.5~8.5	C-Terminal amino acid
Aminopeptidase	-	N-Terminal amino acid

Bhagavan(1974)와 Montgomery 등(1977)

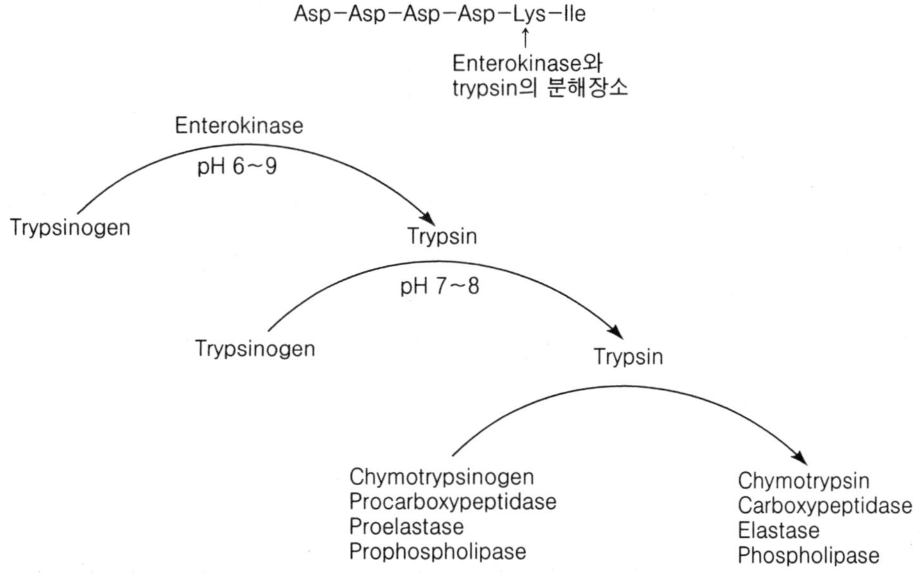

그림 5-9. 소장내 단백질 분해효소의 단계적 활성화 과정

~3.2이므로 위에서의 체류시간과 작용 속도를 고려할 때 단백질의 분해 정도는 미약하며, pepsin의 작용으로 단백질이 분해되어 polypeptide 또는 peptide의 혼합물로 분해된다. 그리고 pepsin 효소 외에 rennin 효소가 위에서 분비되며, 이 효소는 갓난 포유동물이 섭취한 젖을 응고시킨다. 그러나 rennin은 성축에서는 찾아볼 수 없고 어린 동물에게만 매우 중요한 역할을 한다.

소장에서 작용하는 내생 단백질 분해효소인 trypsin은 활성이 없는 trypsinogen의 형태로 분비되지만, polypeptide linkage의 lysine과 arginine의 carboxly기 쪽을 분해시키는 장점막에서 분비되는 enterokinase에 의해 소장에서 활성화된다. 활성화된 trypsinogen을 trypsin, chymotrypsinogen을 chymotrypsin, procarboxypeptidase를 carboxypeptidase 등으로 활성화시킨다(그림 5-9).

췌장 효소의 대부분은 활성이 없는 상태로 저장되고 분비되지만, 췌장에서 분비된 췌장액의 효소인 trypsin, chymotrypsin 및 carboxypeptidase의 작용에 의해서 2~6개의 아미노산 잔기를 가진 peptide와 몇 개의 아미노산으로 분해된다.

소장에서는 aminopeptidase와 dipeptidase를 분비하여 최종 분해산물인 아미노산을 분리시키며, 또한 nucleotidase를 분비하여 핵산을 완전히 소화시켜 최종 분해산물인 purine과 pyrimidine 및 인산과 오탄당(pentose)으로 분리시킨다(표 5-9).

분해된 질소화합물은 사료에서 유래된 것과 내생질소에서 유리된 것으로, 예를 들면 체중 70 kg의 사람에서 내생질소는 약 50 g으로 이는 소화효소와 점액(20~30 g), 탈락된 상피세포(30 g) 및 혈장단백질(1~2 g) 등으로 구성되어 있다. 그러나 이 내생질소의 대부분은 소화된 후 체내에서 재순환되어 이용되어지며, 소화되지 않은 내생질소는 장관 하부로 내려가서 분으로 배설된다.

비반추동물에 있어서 단백질의 소화는 위에서 시작되지만, 대부분의 소화흡수는 소장에서 이루어진다. 사람의 경우 흡수된 단백질의 약 50% 정도는 음식을 통해 섭취한 단백질이며, 25% 정도는 소화액의 단백질에서, 나머지 25%는 위장관의 탈락 세포로부터 얻어진다. 장점막 세포의 생명주기는 1~3일 정도로 빠르며, 순환단백질의 우수한 공급원이 된다. 반추동물의 경우는 사료를 통해 섭취한 단백질의 약 80%가

표 5-9. 단백질 소화효소와 작용 및 최종 분해산물

효 소 명	분비장소	작 용	최종 분해산물
Pepsin	위	생단백질	Polypeptide
Rennin	제 4위	젖응고	Ca caseinase
Trypsin	췌 장	생단백질	Polypeptide, dipeptide
Chymotrypsin	췌 장	Polypeptide	Small peptide
Carboxypeptidase	췌 장	Polypeptide	Amino acid
Nuclease	췌 장	Peptide	Nucleotide
Aminopeptidase	소 장	Nucleic acid	Amino acid
Dipeptidase	소 장	Peptide	Amino acid
Nucleotidase	소 장	Dipeptide	Nucleoside
Nucleosidase	소 장	Nucleotide	Purine, pyrimidine,
		Nucleoside	Phosphoric acid, pentose

미생물 단백질로 전환되는 것으로 추정된다.

2) 아미노산의 흡수

단백질은 아미노산으로 소화된 후 흡수된다. 아미노산의 흡수과정은 명확히 밝혀지지 않았으나 소장에서 소화된 아미노산은 글루코오스의 흡수과정과 유사하게 Na^+ 이온이 관여된 능동수송에 의해 흡수되며, ① 중성(neutral) 및 방향족(aromatic) amino acid, ② 염기성(basic) amino acid, ③ 산성(acidic) amino acid에 대한 3가지 운반체계(transport proteins)가 있는 것으로 알려져 있다.

소장의 상피세포는 물질의 다양한 확산을 위한 효과적인 장벽이다. 출생초기(대부분 출생 24시간 이내)에 세포 흡수작용에 의해 단백질이 소장 상피세포 내로 흡수될 수 있는 것을 제외하고 소장 상피세포를 통과할 수 있는 단백질, 다중펩티드 또는 이중펩티드는 극히 제한되어 있다.

특정 이중펩티드(dipeptides)와 삼중펩티드(tripeptides)가 흡수되지만, 이러한 현상의 생물학적 중요성은 불분명하다. 이들 peptides가 일반 단백질 대사에 양적으로 얼마나 기여하는지는 불분명하다. 조산아에 있어서 초유와 젖에 포함되어 있는 락토페린(lactoferrin)은 장에서 흡수되고, 뇨 내에 나타나는 것으로 보아 장내 점막세포 성장과 면역기능을 증가시킨다고 알려져 있다(Nichols 등, 1988). 일부 단백질 분자나 그 분자의 일부분이 흡수되었을 때 특정 음식에 대한 allergy를 일으킬 수 있다.

아미노산의 흡수는 능동수송에 의해 일어난다. 소장의 융모막에는 적어도 두 개의 능동수송계를 포함하는데, 하나는 중성 아미노산 수송용이고, 나머지는 염기성 아미노산의 수송을 위해 존재한다. 아미노산은 세포대사에 의해 공급되는 에너지를 사용하면서 높은 농도에서 낮은 농도로 소장세포막을 통과한다. 자연적으로 존재하는 L형 아미노산이 D형 아미노산보다 더 잘 흡수되는데, 이것은 단순확산이 아니라 능동수송계의 특수성 때문일 것이다.

Ester 결합에 의한 carboxyl기의 이동, 아세틸화에 의한 아미노기의 이동, 또는 능동수송을 방해하는 아미노산의 다양한 측면사슬의 역할 부여는 이동체계에 대한 높은 특이성을 보여 준다. 몇 종의 아미노산은 능동수송을 위해 서로 경합한다. 예를 들어 사료 중 leucine의 농도가 높으면 isoleucine 요구량은 증가된다.

Arginine, cystine 및 ornithine은 lysine의 수송을 억제하며, arginine · lysine 및 ornithine은 cystine의 수송을 억제한다. 그리고 일부 중성 아미노산은 알칼리성 아미노산의 수송을 억제한다. 예를 들어 methionine은 cystine의 수송을 억제한다. 그러나 분명히 염기성 아미노산은 중성 아미노산 수송을 억제하지는 않는다는 것이다. 예를 들어 세 가지의 알칼리성 아미노산, 즉 ornithine · arginine · lysine은 cystine과 수송체계를 같이 한다. Proline과 hydroxyproline은 사코신(sarcosine)과 비테인(betaine)의 수송체계를 공유하며, 그들 자신은 물론 중성 아미노산의 수송체계와도 유사성이 크다. 소장 상피세포내 glycine, alanine 및 serine이 일부 미생물에서처럼 소장의 상피세포에 공통된 수송체계를 가지고 있는지 알려져 있지 않다.

3) 아미노산의 대사

단백질 대사는 분해작용(catabolism, degradation)과 합성작용(anabolism, synthesis)의 두 과정으로 나눌 수 있으며, 이들 두 작용은 동물의 조직 내에서 동시에 일어난다. 동물의 대사작용 결과로 얻어지는 개별 아미노산들은 사료 중의 단백질 구성원으로 존재하고, 체내 흡수를 위해서는 가수분해 되어야 한다. 즉, 위에서와 같이 흡수된 아미노산의 운명은 넓게 세 가지 항목으로 구분될 수 있다. ① 조직단백질의 합성, ② 효소, 호르몬 및 다른 대사물의 합성, 그리고 ③ 에너지 이용을 위한 탈아미노 또는 아미노산 전이반응에 의한 탄소골격의 이용 등이 있다. 그래서 앞의 첫 두 가지는 아미노산으로 단백질이 합성되는 과정이며, 뒤의 마지막은 아미노산이 분해되는 과정이다.

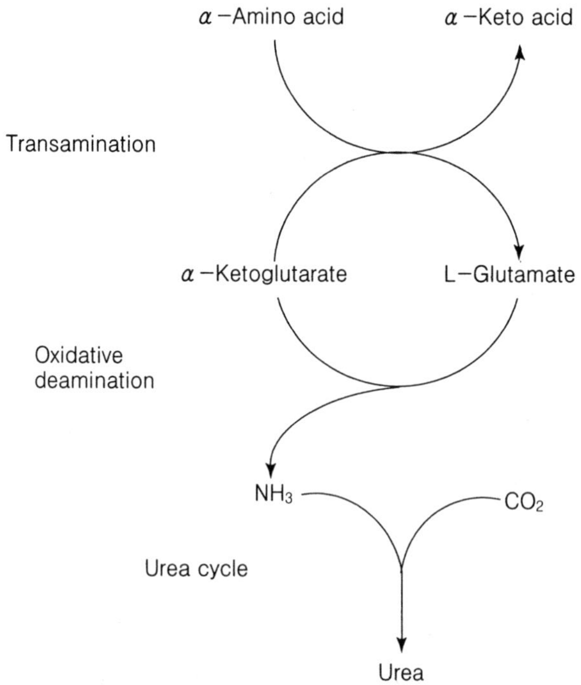

그림 5-10. 아미소의 분해에 의한 질소의 전환과정

(1) 아미노산의 분해

흡수된 아미노산은 탈아미노반응을 거치는 것이 있고, 체단백질 합성에 쓰이는 부분이 있으며, 대개는 개체 아미노산별로 완전분해가 일어난다. 그림 5-10은 아미노산이 분해되어 아미노산의 질소가 탈아미노반응과 아미노산 전이를 통하여 암모니아의 전이와 요소회로를 통한 요소합성의 과정을 나타내고 있다.

가) 탈아미노반응

이 반응과정은 아미노산 분해의 첫 단계의 작용으로서 아미노산의 탄소골격으로부터 α-amino기가 탈락하고, 요소회로(urea cycle ; ornithine cycle) 내로 α-아미노기가 들어가는 과정으로서 다음의 두 가지 반응으로 구분할 수 있다.

① 산화적 탈아미노반응(oxidative deamination) : 일부 아미노산은 아미노기가 산화되어 이미노산(imino acid)이 된 다음에 가수분해되어 탈아미노반응이 일어난다. 간과 신장에서 이루어지며, 아미노산이 산화효소에 의하여 2개의 수소원자가 산소(½ O_2)와 결합하여 물분자가 빠지면서 α-imino acid가 되고, 여기에서 암모니아가 빠지면서 keto acid로 되는 반응이다. 여기에 작용하는 amino acid oxidase는 flavoprotein으로서 FMN 또는 FAD를 조효소로 이용한다.

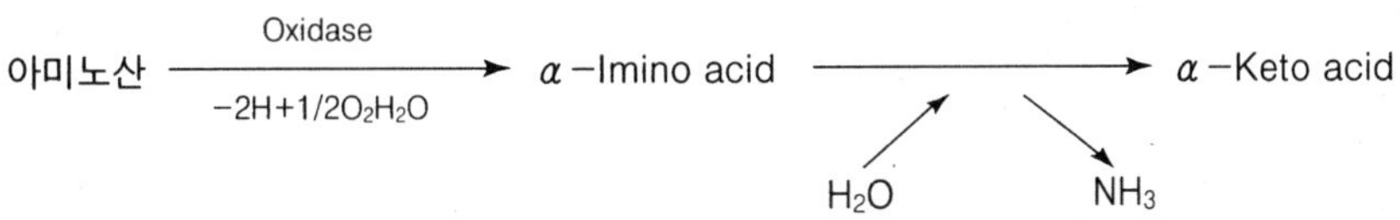

② 비산화적 탈아미노반응(non-oxidative deamination) : 여러 종류의 효소에 의해서 이루어지는 반응으로서 α-amino기를 잃고 생성된 α-keto acid가 생성되는 반응이다.

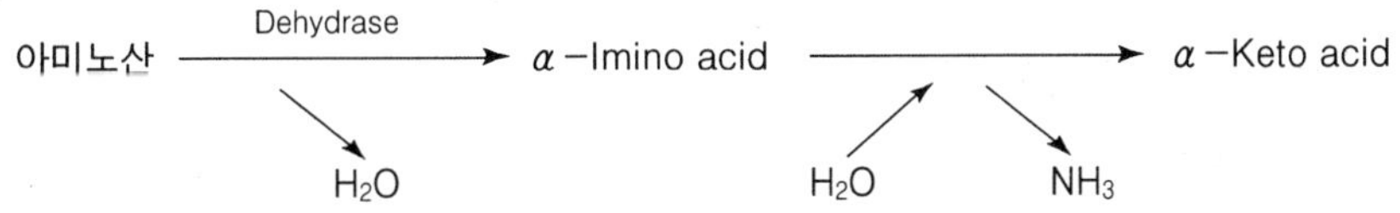

나) 아미노기 전이반응

아미노기 전이반응(transamination)은 탈아미노반응(deamination)과 아미노화반응(amination)을 겸한 반응으로서 한 개의 아미노산으로부터 α-keto acid의 탄소골격이 amino group으로 이동되며, 다른 α-keto acid는 amino acid로 이동하는 것을 말하며, 이 반응은 주로 심장·신장·간장에서 많이 이루어지고 있다. 그 반응과정은 아래와 같다.

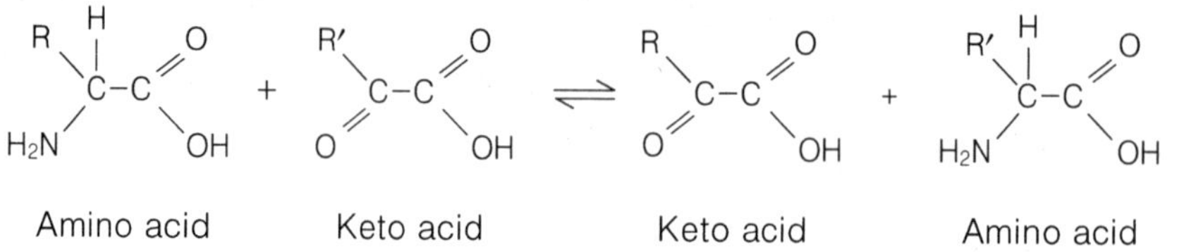

아미노기 전이반응은 아미노산의 합성을 가능하게 하는 대사과정이다. 아미노산의 탄소골격은 탄수화물의 대사과정에서 생성되는 다양한 중간 대사물질로부터 만들어지는데, 이 탄소골격에서 분리된 아미노기가 결합됨으로써 새로운 아미노산이 합성된다.

(2) 아미노산의 탄소골격의 분해

탈아미노산 반응에 의해 아미노산이 탄소골격으로부터 제거(proline, hydroxyproline, lysine 등은 예외)된 후 질소가 없는 탄소골격은 즉시 중간 대사물질로 분해되어진다. 그리하여 각 중간대사물은 글루코오스 신합성의 경로를 거쳐 탄수화물을 합성하기도 하고, 지방의 합성원료로 쓰이거나 또는 TCA 회로에 의해서 완전 산화되기도 한다(그림 5-11 참조). 그러므로 각각의 아미노산은 탄소골격의 대사과정을 통하여 생기는 생성물질은 다음과 같이 3가지로 분류할 수 있다.

① 당생성 아미노산(glucogenic amino acid) : 대사에 의해 α-ketoglutarate, succinyl-CoA, fumarate, oxaloacetate 등의 glucose 또는 glycogen으로 전환되는 아미노산-alanine, arginine, aspartate, cysteine, glutamate, glycine, histidine, hydroxyproline, methionine, proline, serine, threonine, valine.

② 케톤생성 아미노산(ketogenic amino acid) : 대사에 의해 acetoacetic acid(Acetoacetyl CoA)와 같은 케톤체가 된 다음 acetyl-CoA를 거쳐서 지질대사 경로에 합류하는 아미노산-leucine.

③ 당과 케톤생성 아미노산(gluco-ketogenic amino acid) : 당과 케톤 양쪽을 모두 생산할 수 있는 아미노산-isoleucine, lysine phenylalanine, tryptophan, tyrosine.

(3) 암모니아의 반응

탈아미노반응에서 제거된 암모니아는 아미드화 반응에 쓰이든가 아미노화 반응에

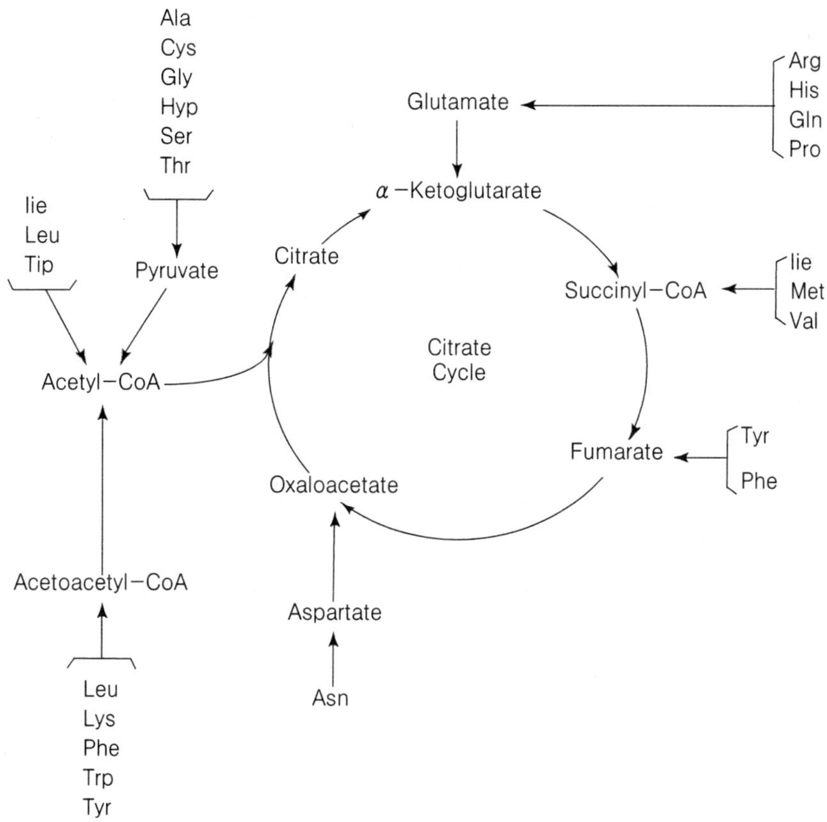

그림 5-11. 아미노산 탄소골격으로부터 형성된 중간 대사물질의 TCA 회로 경로

쓰이고, 어떤 것은 urea cycle을 통해 뇨로 배설된다. 주로 glutamine과 asparagine은 암모니아의 독성작용을 방지하기 위하여 암모니아 운반체로 쓰인다.

가) 아미드화 반응

동물체내에서 생성된 암모니아는 곧 urea의 형태로 배설되기 때문에 동물에게 해독작용을 주지는 않는다. 따라서 혈중 암모니아 농도는 아주 낮다. 그러나 장내 미생물에 의하여 때로는 상당히 많은 암모니아가 흡수되는 수가 있어 만일 간의 기능이 약하다면 여러 가지 이상을 초래하는 수가 있다. 그래서 glutamate는 ATP와 결합한 glutamine synthetase의 작용으로 유독한 암모니아를 받아들여 산아미드체인 glutamine을 합성하고 암모니아를 무독화한다. 이 반응은 가역적인 것으로 glutamine은 각 조직에서 생긴 암모니아 운반에 종사한다.

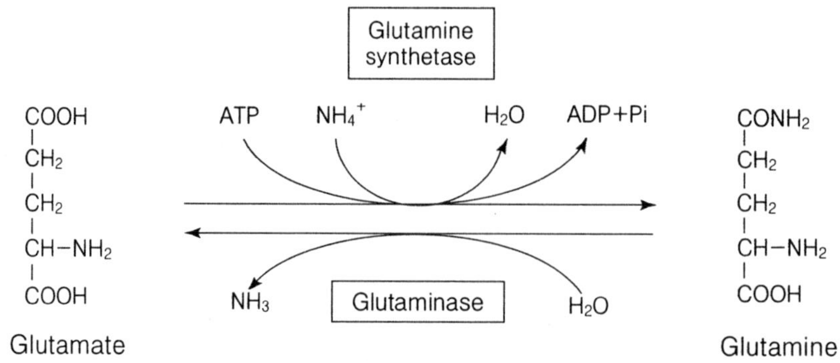

나) 케토산의 아미노화 반응

간에서는 α-ketoglutarate에서 glutamate를 생성한다. 간 이외의 조직에서 암모니아는 미토콘드리아 중에서 α-케토산과 반응하여 새로운 아미노산(glutamate나 alanine)을 만든다. 특히 근육 중에서는 pyruvate와 반응하여 alanine을 생성하여 간장에 운반한다. 이것을 glucose-alanine 회로(그림 5-12 참조)라고 한다.

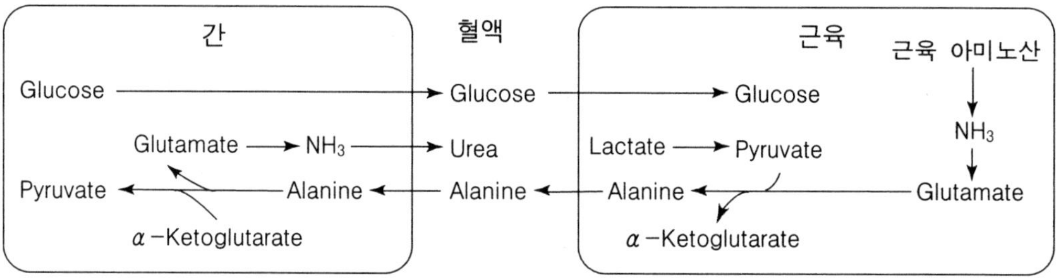

그림 5-12. Glucose-alanine 회로

다) 요소회로(urea cycle)

대부분의 암모니아는 조류의 경우 uric acid로 배설되지만 포유동물에 있어서는 urea의 형태로 뇨로 배설되어지는데, 이것이 단백질 대사의 최종 분해물이기도 하다. 간세포에서 그림 5-13과 같은 urea cycle(또는 ornithine cycle, Krebs-Henseleit cycle)을 통해 요소를 합성한다. 간세포의 미토콘드리아 내에서는 carbamoyl phosphate synthetase의 작용으로 암모니아와 이산화탄소에서 carbamoyl phosphate를 생성한다. 이것이 ornithine과 반응하여 citrulline으로 되며, 세포질로 나와서 aspartate와 결합하여 argininosuccinate로 되고, fumarate를 방출하여 자신은 arginine이 된다.

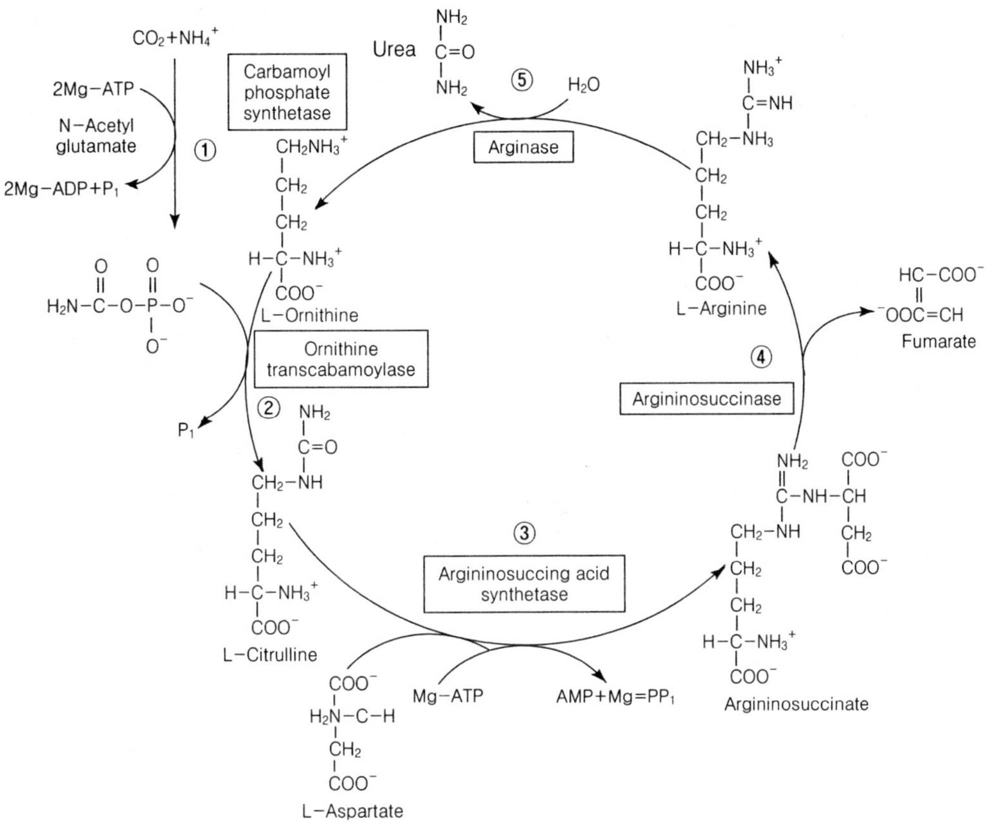

그림 5−13. 요소회로(urea cycle)

* 간세포 미토콘드리아내의 효소 ①, ②

Arginine이 arginase의 작용으로 가수분해를 받아서 ornithine으로 될 때 urea를 방출한다.

Ornithine이 미토콘드리아로 들어가면 이 회로가 한바퀴 돌게 되며, 이 과정에서 4 mole의 ATP가 소비된다. 또한 이 회로에 의하여 urea의 합성에 사용된 2원자의 N 중에서 하나는 아미노산의 탈아미노반응에 의해서 분리된 NH_3로부터 오고, 또 하나는 아미노산인 aspartic acid로부터 오게 된다는 것을 알 수 있다.

Urea cycle의 조절은 일차적으로 carbamoyl phosphate의 합성단계에서 일어난다. Carbamoyl phosphate synthetase는 알로스테릭 활성체(allosteric activator)인 N-acetylglutamate가 없으면 불활성이다. 이 활성체는 간에서 acetyl-CoA와 glutamate로부터 합성되며, 이 반응을 촉매하는 N-acetylglutamate synthetase는 arginine에 의해서 활성화된다. Urea cycle의 부가적인 조절은 회로의 중간물질 농도에 의해 영향

을 받는다. 요소회로에 관여하는 효소가 결핍되면 혈액 중에 암모니아가 증가하여 정신장해나 성장지연을 일으키고 심한 경우에는 혼수상태가 되고 죽음에 이르게 된다.

동물들은 종류에 따라 암모니아(어류・양서류), trimethylamine(해수어류 일부), 요소(개구리・거북・포유류), guanine(거미류), 요산(조류・파충류・곤충류) 등으로 질소를 배설한다.

라) 기타 반응

조류에서 요산은 핵산의 합성에 중요한 purine의 유도체이며, 이의 합성을 위해서는 glycine이 전구물질로 사용되므로 조류에 있어서는 glycine의 요구량이 매우 높다. Glycine 모든 동물에서 합성이 가능하지만 조류에서는 높은 요구량을 충족시킬 만큼 합성되지 못하므로 사료의 형태로서 공급하여 주어야 한다. 따라서 glycine은 포유동물에서는 비필수아미노산으로 분류되지만, 닭 등 조류에서는 필수아미노산으로 분류된다.

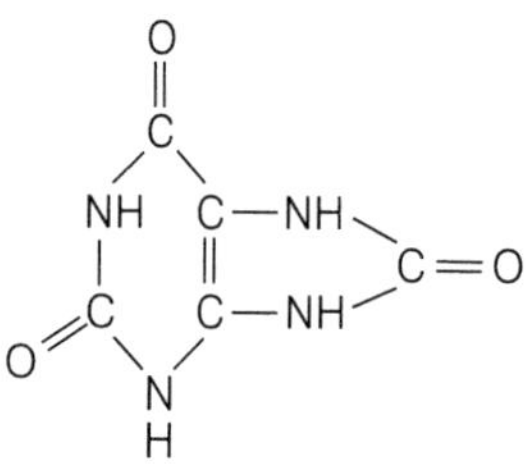

(Uric acid)

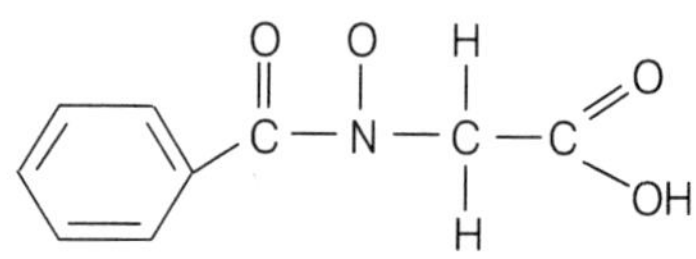

(Hippuric acid)

초식동물에 있어서는 urea 이외에 상당량의 hippuric acid가 배설되는데, 이것은 생초에 많이 들어 있는 benzoic acid와 glycine의 결합체이다. Hippuric acid의 구조는 benzoyl glycine이며, 그 형성은 일부 아미노산을 acetyl methyl benzoyl화 하는 일반적인 반응방식에 의한다.

혈중의 urea는 암모니아로 전환되지 않고 그냥 제거되는 것으로 보여진다. 뇨 속에 배설되는 함질소물에는 creatine과 그 무수물인 creatinine이 있다.

Creatine은 glycine, arginine, methionine으로부터 합성된다. Transamidinase에 의해 arginine과 glycine이 반응하면 guanidinoacetate가 생성되고 다음에 활성 methionine(S-adenosyl methionine; SAM)에 의해 methyl화 되면 creatine이 생성된다. 이때 arginine은 ornithine이 된다. Creatine은 90% 이상이 근육에 존재하며 심근에 많고 평활근에는 적다. Creatine은 ATP와 반응하여 creatine phosphate가 되며, creatine phosphate는 혐기적 조건하에서 근 수축시 ADP가 증가하면 ATP를 재생하여

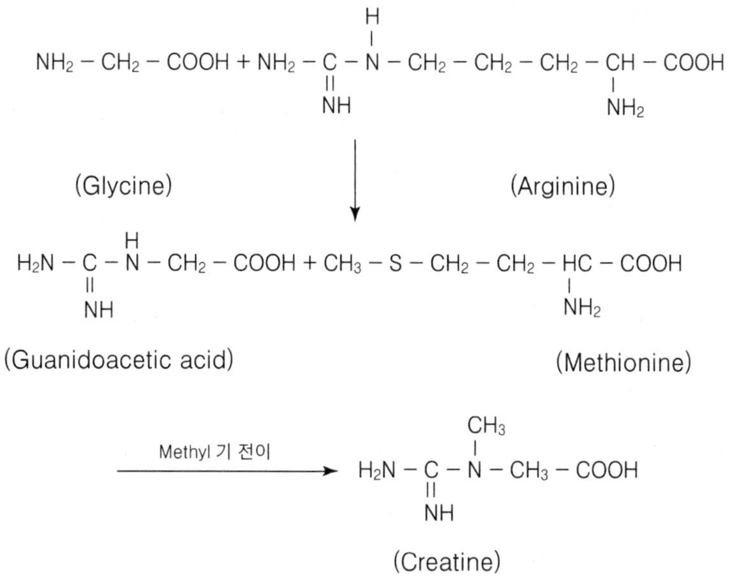

근수축의 에너지원으로 이용되고 creatinine이 생성된다. Creatinine의 배설은 근육조직의 양과 활동에 관계가 있다. Creatinine의 계수는 거의 일정하다.

마) 암모니아의 직접 배설

신장에서는 아미노산의 탈아미노반응으로 암모니아를 생성하여 직접 배설한다. 또, 여러 조직에서 운반된 glutamine에 glutaminase가 작용하여 요 중으로 암모니아를 배설한다. 요 중 암모니아의 60%는 glutamine에서 유래하고, 나머지 40%는 신장에서 아미노산의 탈아미노반응으로 직접 생성한 암모니아이다.

(4) 아미노산의 생합성

단위동물은 제한된 숫자의 아미노산만을 합성할 수 있는데, 이러한 종류의 아미노산을 **비필수아미노산**이라 한다. 아미노기 전이반응은 아미노산의 합성을 가능하게 하는 대사과정이다. 아미노산의 탄소골격은 탄수화물의 대사과정에서 생성되는 다양한 중간대사 물질로부터 만들어지는데, 이 탄소골격에서 분리된 아미노기가 결합됨으로써 새로운 아미노산이 합성된다.

① Aspartate, glutamate, alanine 및 serine : 해당 또는 TCA 회로에서 대사 중간체인 α-케토산에 아미노기를 전이하여 합성한다.

② Glycine, glutamine, arginine 및 proline : 대사적으로 serine에서 glycine이 생기고 glutamate에서 glutamine, arginine 및 proline이 생성된다.

③ Tyrosine과 cysteine : 각각 필수아미노산인 phenylalanine과 methionine에서 생성된다.

④ Histidine : Histidine의 imidazole 고리를 포유동물에서는 합성할 수 없다. 그러나 식물이나 미생물에서는 purine 신생(de novo) 합성경로의 5-phosphoribosyl-1-pyrophosphate(PRPP)에서 생긴 aminodazole carboxamide ribosyl-5-phosphate가 ATP-imidazole 회로에 들어가 몇 단계를 거쳐 imidazole glycerol phosphate를 형성하고 탈수와 아미노기 전이를 거쳐 합성된다.

(5) 단백질의 합성

동물조직에서 단백질 합성은 핵산이 필요하다. 살아 있는 모든 세포는 주요한 많은 역할을 하는 여러 종류의 핵산을 포함하고 있다(그림 5-14). Deoxyribonucleic acid (DNA, 염색체 구성물질)는 세포내의 유전정보를 운반하고, 한 세대에서 다음 세대로 유전 특성을 전달한다. 그래서 DNA는 단백질 합성의 청사진이다. DNA는 세포의 발

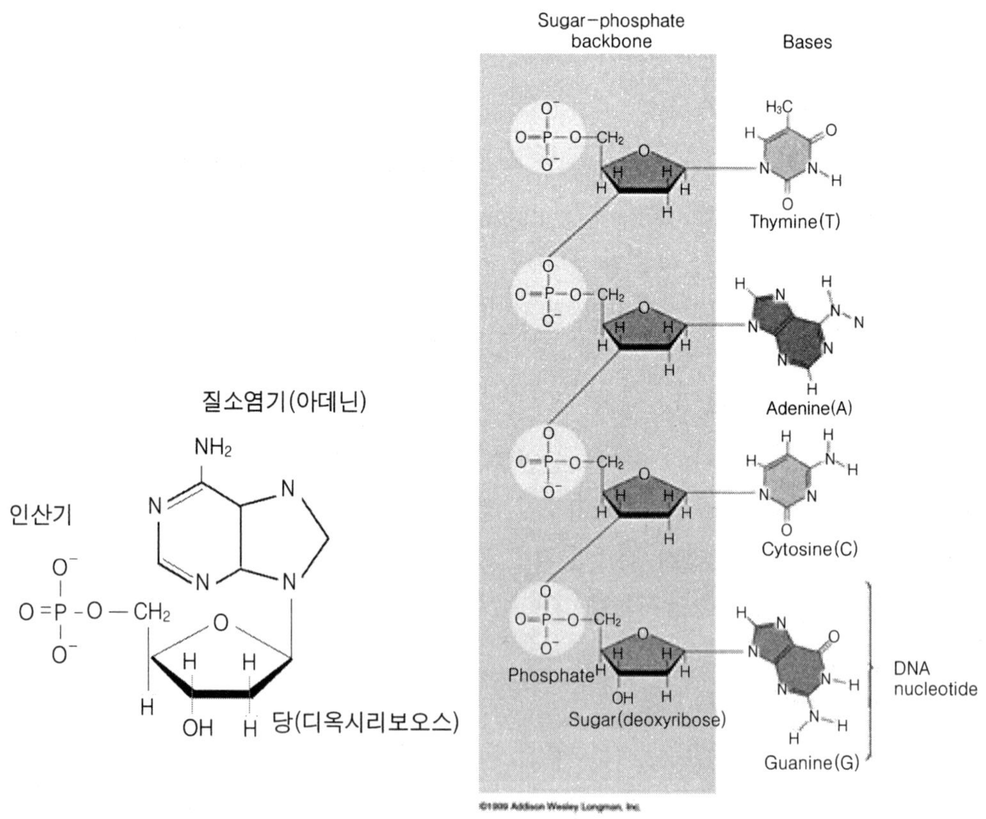

그림 5-14. DNA 핵산의 기본구조 및 종류

달과 ribonucleic acid(RNA)의 형성을 제어하여 유기체를 제어한다. 세포내에는 세 개의 다른 RNA가 있으며, 이들은 ribosomal RNA, transfer RNA 그리고 messenger RNA 등이 있다. 세 가지 형태의 RNA 모두가 단백질 합성에 관련되어 있다.

Ribosomal RNA는 ribosome의 한 부분으로 세포내 단백질 합성장소이다. Transfer RNA는 ribosome으로 특정 아미노산을 운반하여 messenger RNA와 만난다. Messenger RNA는 합성될 단백질내 아미노산의 배열을 결정한다. 그래서 각 단백질의 합성은 다른 messenger RNA에 의해 제어된다. 단백질 합성의 기초정보는 동물의 정상성장과 발달에 전반적인 단백질의 역할을 평가하는 데 필요하다.

DNA는 phosphate-linked deoxyribose와 adenine, cytosine, guanine과 thymine과 같은 4개의 질소염기(그림 5-15)로 구성되어 있다. DNA 분자는 4개의 염기 중 하나에 연결된 phosphate-linked deoxyribose sugar group들로 구성된 nucleotide의 긴 이중나선 구조이다. 염기는 항상 짝을 이루는데 adenine은 thymine과, guanine은 cy-

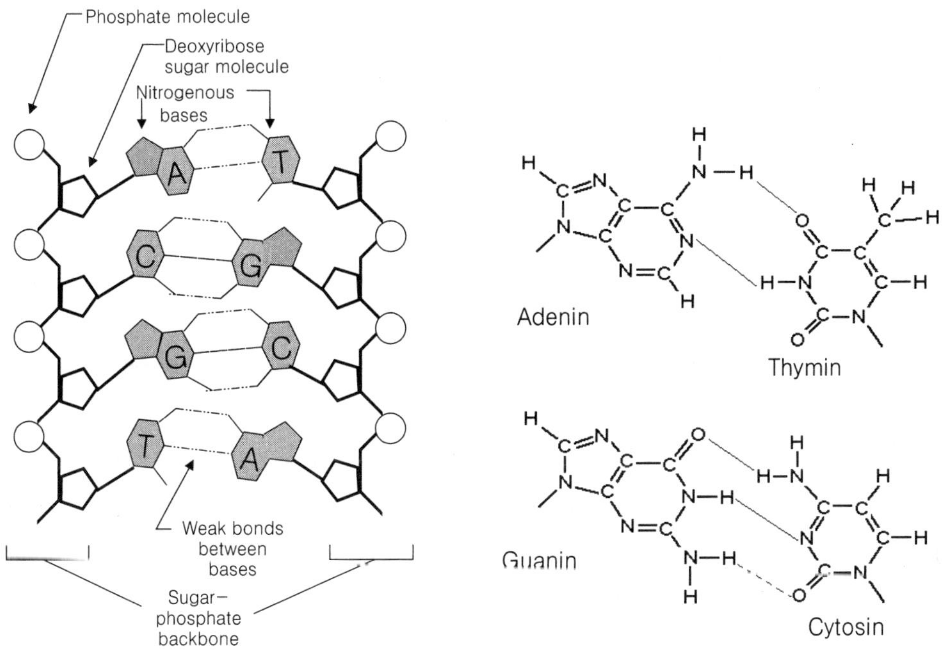

그림 5-15. DNA의 염기결합

DNA의 구조는 당과 인산그룹이 결합된 골격구조를 가지며, 구아닌(guanine ; G)과 시토신(cytosine ; C), 티민(thymine ; T)과 아네닌(adenine ; A)이 서로 쌍으로 연결되어 있다. 인산그룹은 중앙에 P을 가지고 있으며, 당은 윗부분의 산소원자(O)에 의해서 5각형을 이룬다. 당-인산 그룹과 염기를 구성하고 있는 뉴클레오타이드가 서로 결합되어 있다.

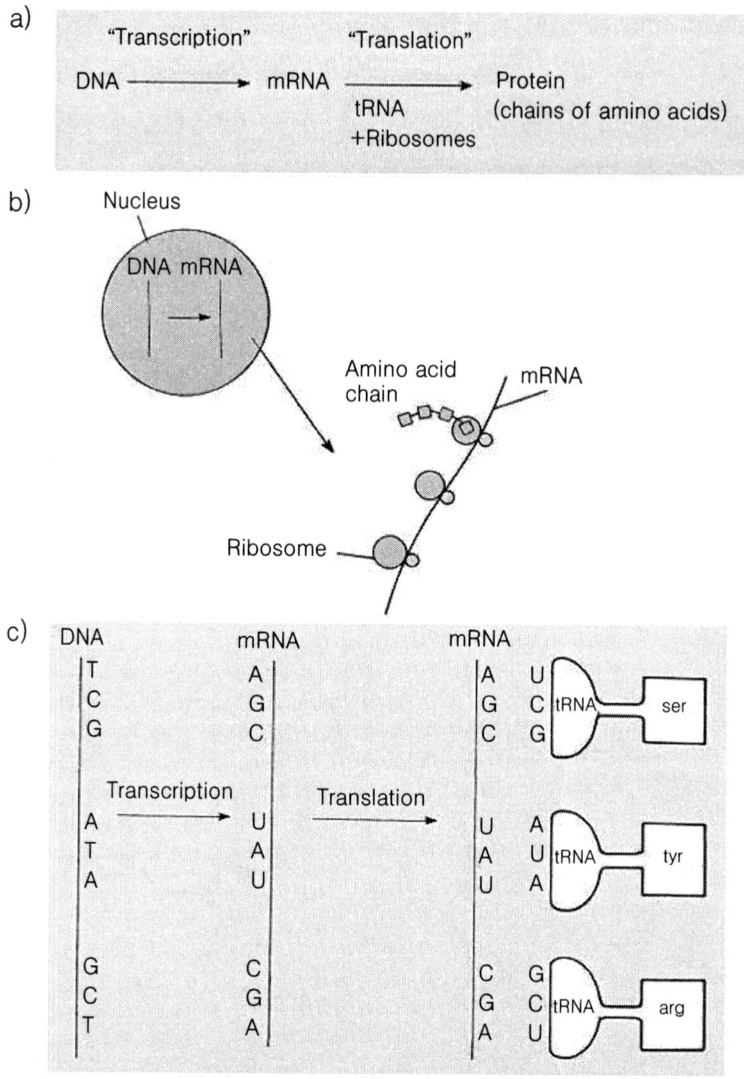

그림 5-16. DNA(deoxyriobonucleic acid)의 단백질 합성을 위한 유전정보의 전달

RNA(Ribonucleic acid)는 ribose가 dexyribose로, uracil이 thymine으로 대체되어진 것이 다르다.

a) 한 가닥의 DNA로부터 messenger RNA(mRNA)로 전사와 transfer RNA(tRNA)에 의한 아미노산의 운반.

b) DNA로부터 전사 이후 mRNA는 세포핵을 벗어나 세포질내로 이동. DNA의 정보에 따라 아미노산들을 결합하기 위해 mRNA에 있는 3개의 핵산을 하나의 codon으로 구성하여 그와 일치하는 특정 아미노산을 encod 시킴. 그 다음 tRNA는 특정 codon과 일치하는 아미노산만을 운반하여 결합시킴.

c) 전사와 운반에 대한 전체 묘사. Nucleotide bases : C=cytosine, G=guanine, A=adenine. Amino acids : ser=serine, tyr=tyrosine, arg=arginine.

tosine과 쌍을 이룬다. 쌍의 배열은 다양하며, 결국 이 배열에 의해 세포에 합성될 정확한 단백질이 결정된다(Watson 등, 1983).

세포핵내 DNA로부터 세포질(cytoplasm)의 단백질 합성장소로 정보를 전달하는 것은 RNA에 의해 완성이 된다. RNA의 구성은 ribose가 deoxyribose를 대체하고 uracil이 thymine을 대체하고 있는 것을 제외하고는 DNA와 유사하다. RNA의 nucleotide는 DNA에서처럼 긴사슬을 형성하기 위해 인산기를 통해 연결되어 있다.

단백질 합성은 아미노산이 리보솜으로의 전이에 의해 이루어지는데, 리보솜은 세포막 표면에 부착된 작은 부분들이고, 여기서 아미노산들이 DNA를 거쳐 RNA에서 질산염의 배열에 의해 사전 결정된 배열로 연결되어진다. 리보솜은 약 4백만 dalton의 분자량, 40%가 RNA이며, 나머지는 단백질로 되어 있다. 리보솜은 단백질 합성동안 아미노산 결합순서를 배열시키는 template(형판틀)의 역할을 한다.

동물의 체내 단백질 합성과 분해 조절에 대한 기초연구는 성장과정을 완전히 이해할 수 있도록 하여 고기생산을 위해 성장과정을 조절하는데 중요하다. 성장기 동안 단백질 축적률에 관련하는 근육단백질의 합성속도에 대하여 근육단백질의 분해속도 변화에 대한 중요성이 완전히 밝혀지지 않았지만 연구가 활발히 진행되고 있는 한 분야이다.

표 5-10은 돼지에 있어 사료단백질의 질과 단백질, 탄수화물 및 지방의 양이 체단백질 합성, 분해 및 축적에 관한 자료를 제시하고 있다(Reeds, 1989). 고기생산을 위해 동물을 이용한 기초연구로부터 생성된 근육단백질 합성과 분해에 대한 기전이 인간에 적용되어질 수도 있을 것이다.

성장과정은 모든 생명체에 기본이며, 어린 성장기 동물에만 제한된 것이 아니라 피부와 소화관 점막과 같이 일생 동안 세포의 전환이 계속되는 조직의 유지에도 특정적인 과정이다. 세포대사에서의 역할을 담당하는 일련의 peptide와 polypeptide들의

표 5-10. 사료의 성분변화에 따른 돼지(30~40 kg 체중)의 체단백질의 합성, 분해 및 축적의 변화

사료의 변화	단백질 합성	단백질 분해	단백질 축적
일반사료	+97	+35	+62
단백질 양의 변화	+100	+79	+21
단백질 질의 변화	+41	-34	+75
탄수화물의 보충	+20	-23	+43
지방의 보충	+20	-40	+60

특성이 밝혀졌다(Clemmons and Underwood, 1991). 성장조절 과정에 참여하며, 구조와 기능이 수년 동안 알려져 있는 전통적인 polypeptide hormone인 성장호르몬과 인슐린과 같은 물질 이외에도 많이 존재하고 있다. Polypeptide 성장인자(PGFs)들의 아미노산 배열이 세부적으로 밝혀졌고, 이들 중에는 표피성장인자(epidermal growth factor, EGF), insulin-like growth factor I과 II(IGF I and IGF-II), 신경성장인자(nerve growth facotr, NGF) 및 혈소판유래 성장인자(platelet-derived growth factor, PDGF) 등이 있다.

적어도 20개 이상의 PFG들이 부분적 또는 초기적 단계에서 특성이 알려져 있다. 기능들은 내분비(endocrine : 특정 세포에서 분비되어 혈액을 통해 표적세포로 전달은 호르몬 분비계통)에서 측분비(paracrine : 특정 세포에서 분비되어 확산에 의해 가까이 있는 표적세포로 전달되는 호르몬계), 자가분비(autocrine : 특정 세포에서 분비되어 그 세포 자신에 작용하는 호르몬계) 등으로 다양하다.

식품생산용 동물생산에 있어 태아성장과 근육성장 및 적육조직 축적에 있어 IGF-I과 II의 역할에 대한 관심이 증가되었다(Dayton과 Hathaway, 1989). PGF의 대사에 영향을 미치는 영양의 역할과 동물성장 및 생산성에 대한 기능에 대한 전체 효과가 완전히 이해되어 있지 않다. 혈장내 IFG-I가 감소되었을 때 단백질-열량 결핍(protein-calorie malnutrition)으로부터 인간 태아가 고통받는다는 것이 알려져 있지만, 이것의 실제 생물학적 주요성은 불분명하다.

(6) 아미노산의 이용률과 소화율

사료에 함유되어 있는 아미노산이 체내에서 소화흡수가 가능한 형태를 유지하고 있는가 하는 것은 가공처리 중의 과도한 열처리와 사료내 함유되어 있는 소화저해인자인 ① 식물성 사료 중의 섬유성분(lignin, pectin, cellulose 등), ② 사료 중의 저해인자(trypsin inhibitor, tannin, saponin 등), ③ 사료의 물리적 성질과 화학적 성질(형상, 수용성 아미노산의 조성과 결합순서 등) 등에 따라 영향을 받기 때문에 체내 소화흡수 및 이용성에 차이를 가져온다.

예를 들면, 계란과 우유 중의 albumin과 곡물 중의 prolamin 및 glutelin은 소화흡수가 용이하지만, 우모분 중의 keratin과 육골분 중의 collagen은 소화흡수가 잘 되지 않는다. 사료의 저장기간이 길거나 사료의 열처리 과정을 거치면 아미노산의 변성, 산화 또는 Maillard 반응에 의해 아미노산의 이용률이 저하된다. Walker 등(1986)은 이유자돈에 있어서 대두박과 카제인의 아미노산 이용률을 다음과 같이 제시하였다(표 5-11).

한편, 여러 가지 사료를 섭취한 돼지(체중 20～40 kg)의 회장에서의 아미노산 소

표 5-11. 이유자돈의 대두박과 카제인에 대한 아미노산 이용률 (단위 : %)

구 분	아 미 노 산					
	Arginine	Histidine	Lysine	Methionine	Threonine	Valine
대두박	92.0	97.5	94.9	86.5	92.2	90.5
카제인	97.4	99.3	97.4	97.3	93.5	95.4

Walker 등(1986)

표 5-12. 주요 돼지사료의 아미노산 소화율 (단위 : %)

구 분	Lysine	Tryptophan	Threonine	Methionine
옥수수	80	70	73	89
수 수	80	75	73	85
밀	80	78	74	85
보 리	73	73	70	82
호 밀	68	62	62	80
귀 리	58	59	53	75
전지대두*[1]	88	-	81	96
전지대두*[2]	86	-	77	91
전지대두*[3]	88	-	82	95
대두박	87	81	77	86
면실박	65	73	63	20
채종박	75	-	67	84
어 분	80	-	76	84
육골분	64	53	56	73
혈 분	81	-	82	-

* 고 등(1994), [1] 한국산 대두박 ; [2] 중국산 대두박 ; [3] 인도산 대두박

NRC(1988)

화율을 조사한 것을 보면 표 5-12와 같다. 표 5-12에서 보는 바와 같이 구성 아미노산의 소화율이 낮기 때문에 실제 사료배합시에 사양표준에 준하여 단백질 요구량 수준으로 단백질을 맞추어 주면 돼지는 충분한 능력을 발휘할 수 없게 된다. 따라서 급여되는 실제 사료는 사양표준보다 높은 수준으로 단백질의 수준을 설정하여 돼지가 요구하는 아미노산의 수준을 충족시켜 급여하고 있다.

(7) 단백질과 아미노산의 요구량 및 결핍증상

사료 중 단백질은 그 자체로서 대사요구량이 결정되는 것은 아니다. 돼지・닭・사람 등 단위(單胃)를 가진 잡식성 동물은 특정 사료아미노산(필수아미노산)을 필요로 하지만, 말과 토끼 등 비반추 초식동물은 장관의 하부기관에서 미생물 아미노산 합성을 위한 비단백태질소를 이용할 수 있다. 소와 면양 등 성장한 반추동물은 비단백태질소화합물로부터 단백질과 아미노산을 합성 가능한 반추위내 미생물의 능력에 의해서 비단백태질소를 이용하며, 결과적으로 이들 반추동물에 의해 단백질원으로 비단백태질소를 이용한다.

사료내 에너지-단백질 비율은 중요하며, 대부분의 동물은 에너지 요구량에 충족되게끔 사료를 섭취한다. 성장중인 돼지와 닭은 단백질 함량이 최저 수준으로 함유된 사료급여시 지방으로 인해 사료내 에너지 농도가 높아지면 단백질 함량의 부족을 일으킬 수 있다. 이는 고열량 사료의 일당 사료섭취량의 감소 때문에 발생되며, 단백질 함량이 최저 수준이라면 단백질 섭취량은 부족하게 되며, 단백질은 에너지 섭취량이 부족하거나 대사요구량 보다 높게 급여될 경우에만 에너지로 전환된다.

단백질 부족증상은 식욕부진, 성장률 감소, 질소균형 감소 또는 부(-)의 균형, 사료효율 감소, 혈청단백질 농도의 감소, 빈혈증, 간의 지방축적, 부종(심할 경우), 생시체중 감소, 유량감소 및 효소와 호르몬의 합성 감소 등이다.

아미노산의 결핍은 필수아미노산의 어느 하나가 부족됨으로써 다른 아미노산 또는 영양소의 효율적인 이용이 저해를 받아 단백질이 결핍되어 아미노산이 탈아미노화 반응으로 상당량의 요소가 배설되는 결과를 나타내는 현상을 말한다. 동물의 요구량 중에서 가장 부족되기 쉬운 아미노산을 **제 1제한아미노산**이라 하고, 두 번째로 부족되기 쉬운 아미노산을 **제 2제한아미노산**이라고 한다.

아미노산의 비균형(amino acid imbalance)은 저단백질사료를 보충하되 중독수준을 나타내지 않는 범위 내에서 제 1제한아미노산은 보충하지 않고 그 밖의 다른 필수아미노산을 충족시키는 경우이며, 이 때에는 사료섭취량의 감소와 성장저해를 유발한다. 아미노산 불균형(amino acid unbalance)은 하나는 필수아미노산이 적게 함유되어 있는 경우로서, 이 때에는 제 1제한아미노산을 보충함으로써 사료섭취량의 감소와 성장저해를 완화시킬 수 있다.

대부분의 원료사료는 동물이 성장함으로써 한 가지 또는 그 이상의 아미노산이 부족하게 된다. 예를 들어 옥수수는 특히 lysine과 tryptophan이 결핍되기 때문에 성장이 매우 느리다. 그러나 lysine과 tryptophan이 풍부한 대두박을 급여할 경우에는 균형된 아미노산을 공급할 수 있다. 따라서 대두박은 비록 methionine-cystine의 결핍

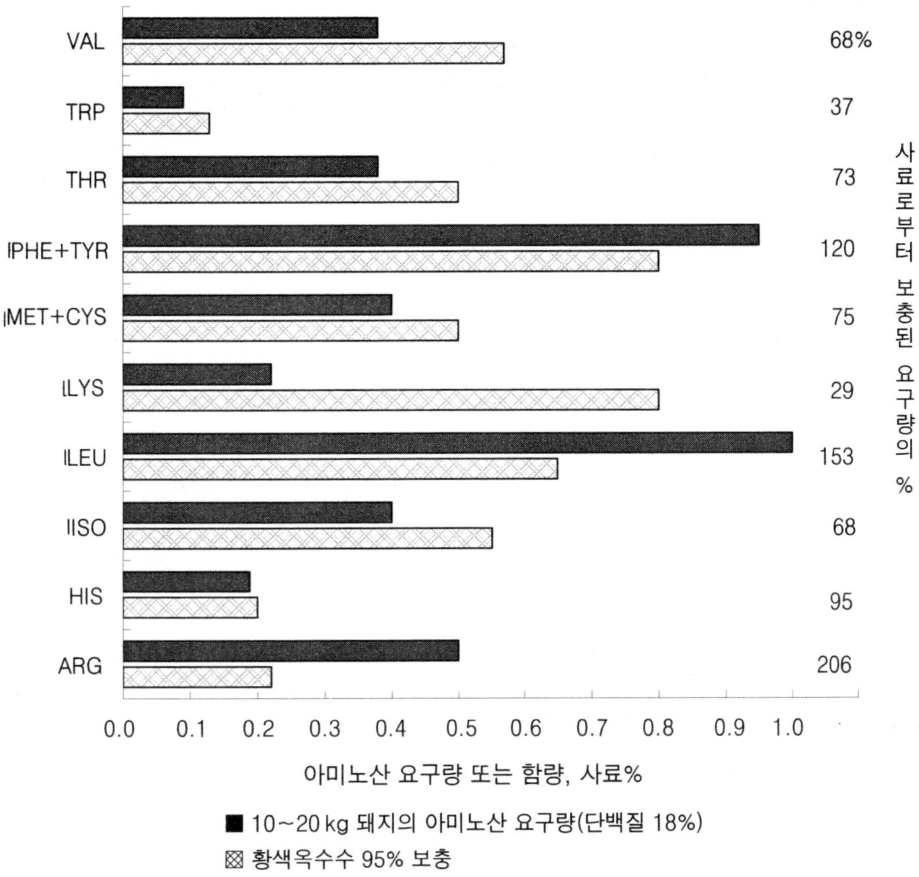

그림 5-17. 자돈(10~20 kg)의 아미노산 요구량(황색옥수수 95% 함유)

으로 그 자체로는 정상적인 성장을 나타낼 수 없으나, 옥수수와 혼합 급여할 경우에는 개별 아미노산의 결핍을 상호 보완할 수 있다.

체중 10~20 kg의 자돈에게 황색옥수수를 95% 함유한 사료를 공급할 경우 필수아미노산 요구량을 그림 5-17에 나타내었으며, 사료에서 요구되는 10개의 아미노산 중 arginine, leucine, phenylalanine + tyrosine만이 자돈의 요구량보다 높게 나타나 있다. 표 5-13은 성장중인 돼지에 있어서 아미노산 균형의 중요성을 설명하고 있으며, 제한아미노산의 수준이 중요하다는 것을 강조하고 있다.

특히, 제 1제한아미노산인 lysine을 첨가하더라도 제 2제한아미노산인 threonine과 제 3제한아미노산인 tryptophan을 공급해 주지 않으면 최대성장은 기대할 수 없기 때문에 이러한 관계는 비반추동물의 사료배합시에 유의하여야 한다.

아미노산의 길항작용(antagonism)은 특수한 경우로서, 한 개의 아미노산은 다른 아

표 5-13. 성장중인 돼지에 있어서 아미노산 균형의 중요성

사 료	두 수[a]	일당 증체량, g	사료요구율 사료/증체, g	혈청 뇨질소 mg/100 mL
기초사료(B)[b]	16	490	3.21	12.1
B + trytophan(tr.)	16	530	3.02	10.4
B + threonine(th.)	16	440	3.29	10.2
B + tr. + th.	16	610	2.69	8.9
고단백질 사료[c]	16	690	2.66	14.6

[a] 시험개시 체중; 24 kg, 사료 급여기간: 28일

[b] 옥수수 86.7%; 해바라기박 10.2%, 0.52% L-lysine monohydrochloride + 광물질, 비타민, 총단백질 함량 12%

[c] 옥수수 74.7%; 해바라기박 22.7%, 0.31% L-lysine monohydrochloride + 광물질, 비타민, 총단백질 함량 16%

Wahlstrom 등(1985)

미노산의 대사작용을 방해하는 작용을 함으로써 아미노산 요구량에 영향을 주며, 또한 화학적 구조가 비슷한 아미노산 간의 경쟁이 원인이 된다. 예를 들면, lysine-arginine 간의 길항작용으로 사료에 lysine 함량이 높으면 arginine 요구량은 증가된다. lysine은 신장세관(腎臟細管) 및 신장에서 arginine의 배설과 활력을 증가시키며, arginine을 요소와 orithine으로 분해하고 사료섭취량을 감소시킨다.

한편, 가금에서는 leucine-isoleucine 간의 길항작용도 존재하는데, 사료에 과다한 leucine의 첨가는 동물의 성장을 저해하는 원인이 되는데, leucine과 화학구조가 유사한 isoleucine을 첨가함으로써 성장저해를 방지할 수 있다. 그러나 일반적으로는 실제 사양에 있어서 아미노산의 길항작용은 거의 발생하지 않지만, 질병 및 기타 원인으로 인한 체내대사의 이상에 의해서 발생하는 경우가 있기 때문에 사료를 제조할 경우에는 이러한 문제점들을 잘 알아 두어야 한다.

(8) 단백질 대사와 호르몬의 작용

단백질의 대사는 영양적 작용과 호르몬 작용에 의하여 영향을 받는다. 티록신(thyroxine)은 갑상선에서 생성되는 호르몬으로서 단백질 대사뿐만 아니라 탄수화물과 지방의 대사에도 영향을 미친다. 티록신의 결핍은 체단백질 합성을 감소시키며, 과잉분비는 조직의 분해촉진과 신경과민 및 아미노산 산화를 촉진시킨다.

성장호르몬은 뼈와 근육의 성장을 촉진하고 Ca, P, 탄수화물 및 지질대사에 영향을 미치는 호르몬인 somatomedin의 생성 및 분비를 증가시켜 동물의 성장에 필수적인

호르몬이다. 즉, somatomedin은 조직의 합성을 촉진시켜 성장을 위한 단백질 합성의 주요 조절요소이다. 동물을 절식시키면 성장호르몬의 체내 수준은 높아지지만 somatomedin의 수준은 감소하며, 근육단백질의 합성이 감소한다. 이것으로 somatomedin이 성장과 직접적인 관련이 있음을 보여 준다. Growth hormone과 insulin이 같이 존재할 때 단백질의 합성이 더욱 촉진된다. 과소분비는 왜소증을 유발시키며, 과다분비는 거대증 및 비대증을 초래하기 쉽다.

인슐린은 근육세포에서 아미노산의 흡수를 촉진하고, peptide 생성에 필요한 ATP 생성을 촉진시키는 역할과 ribosome의 활동을 촉진시키는 역할을 한다. 인슐린은 RNA의 발현에 관여하여 근육세포 내에서 단백질 합성능력에 영향을 미침으로써 성장조절의 중요한 요소가 되며, 영양상태가 변하게 되면 이에 따른 단백질 회전율을 변화시키는 역할을 한다. 모든 체조직에는 부신코티코이드 수용체(adernal corticoid receptor)가 있어 글루코코티코이드(glucocorticoid)가 RNA와 단백질 합성을 감소시킨다. 대부분의 조직세포에서 이 호르몬은 DNA 합성을 감소시켜 단백질 합성을 제한한다. 따라서 글루코코티코이드는 모든 조직세포에서 단백질 풀(pool)을 감소시킨다.

글루카곤(glucagon)은 간에서 포도당 분해와 합성에 중요 조절자이며, 간과 지방에 주로 한정되어 작용하여 간에서 아미노산 흡수를 촉진하므로 단백질 회전에 영향을 미치지만 전체 체단백질의 균형에 직접적으로 영향을 주는 것은 미미한 편이다.

에피네프린(epinephrine)은 세포내 아미노산의 운반을 촉진함으로써 혈장내 유리아미노산의 농도를 저하시킨다. 표 5-14는 단백질 대사에 관여하는 주요 호르몬과 그 기능을 나타내었다.

표 5-14. 단백질 대사에 관여하는 주요 호르몬과 그 기능

호르몬	작용조직	기 능
Insulin	근육, 간 지방조직	간 조직의 세포막에서 아미노산 수송 촉진 단백질 합성 촉진
Glucagon	간	아미노산 산화와 포도당 신합성 촉신
성장호르몬	근육, 결체조직	단백질 합성 촉진
갑상선호르몬	대부분 조직	아미노산 산화 및 단백질 회전 촉진
Cortisol/glucocorticoid	모든 조직	아미노산 분해 촉진
Prolactin	유선 및 그 외	유단백질 합성 촉진

5. 반추동물의 단백질 대사

1) 반추동물의 제 1위에서의 단백질 대사

반추동물이 섭취한 사료단백질은 일부는 반추위내 미생물에 의해 반추위 내에서 분해되며, 일부는 분해되지 않고 직접 소장으로 이행되어 소화 흡수된다. 따라서 사료단백질의 반추위내 분해 정도는 반추동물의 사양에 있어서 매우 중요한 과제이다. 반추위에서 사료단백질의 분해에 영향을 미치는 요인으로는 미생물에 의한 단백질 분해력, 사료단백질의 용해도, 단백질의 화학 및 물리적 상태, 단백질에 대한 미생물의 부착상태 및 단백질의 반추위내 체류시간 등이 있다.

반추위내 단백질 분해효소의 분포는 미생물 체내에 존재하며, 미생물 체외에는 거의 활성이 없기 때문에 사료단백질의 미생물체에 부착 정도가 분해율에 큰 영향을 미친다. 반추위 미생물 중 bacteria(주로 *Prevotella ruminicola*와 *Butyrivibrio fibrisolvens*)가 전체 단백질 분해에 미치는 영향이 약 50%를 차지하며, protozoa는 약 10~20%의 분해력에 관련이 있고, 혐기성 곰팡이는 *Neocallimastix frontalis*가 metaloprotease를 생산하지만, 나머지는 거의 분해력이 없는 것으로 알려져 있다.

Protozoa와 bacteria가 단백질 분해에 영향을 미치지만 이들은 단백질 대사에 약간의 차이가 있다. 먼저 먹이 섭취의 차이점으로 bacteria가 사료와 복합체를 형성하는

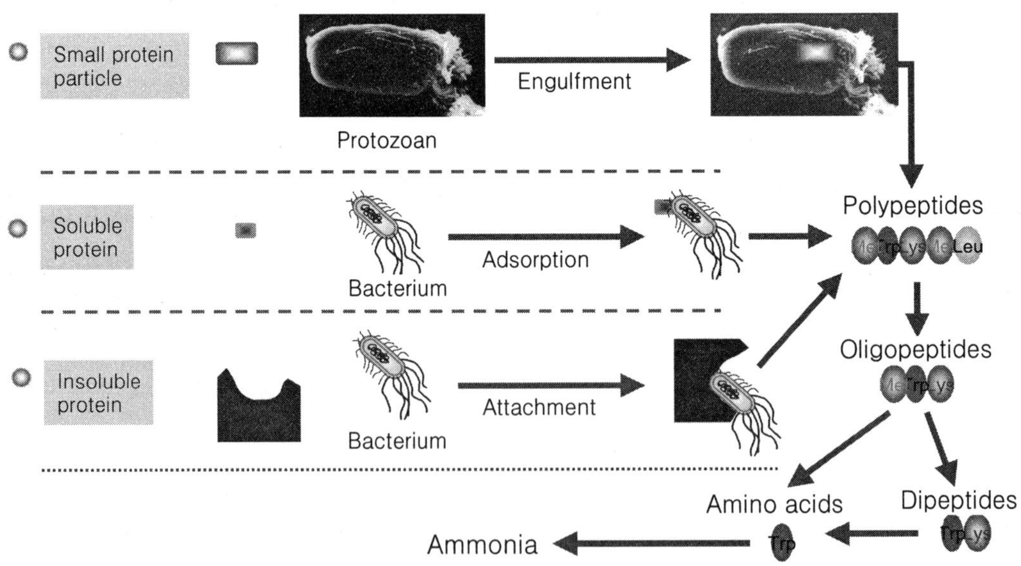

그림 5-18. 반추위내 미생물에 의한 단백질의 분해(단백질의 특성에 의해 bacteria와 protozoa가 다양한 분해 특이성을 보임)

대신 protozoa는 특정 기질을 섭취한다. 작은 단백질 입자는 반추위 protozoa가 둘러싸 섭취하며, 용해성 단백질은 bacteria에 의해 흡수되며, 비용해성 단백질은 bacteria가 부착하여 세포막에서 분해된다(그림 5-18).

Bacteria는 protozoa가 섭취하는 주요 단백질 공급원이다. 이와 같이 protozoa의 단백질 분해는 용해성 단백질보다 비용해성 사료단백질을 분해하는데 더욱 활동적이다. Protozoa에 의해 섭취된 단백질은 세포내에서 peptide와 아미노산으로 분해되며, 아미노산은 세포 체단백질 합성에 이용된다. Protozoa와 bacteria는 둘 다 아미노산을 탈아미노화시켜 암모니아를 생성한다. 그러나 bacteria는 암모니아를 이용하여 아미노산을 재합성 할 수 있지만 protozoa는 그렇지 못하기 때문에 protozoa가 반추위내 암모니아 방출의 실제 원인이 되며, 이것 때문에 반추위 내에서 protozoa를 제거하게 되면 반추위내 암모니아의 농도가 감소한다.

반추동물에 의해 섭취되는 사료단백질의 분해도는 표 5-15와 같이 사료단백질의 종류에 따라 반추위 내에서 암모니아로 분해되는 단백질(RDP ; rumen degradable protein)과 분해되지 않고 소장에서 소화·흡수되는 단백질(RUP ; rumen undegradable protein)의 분해율에는 차이가 있다(그림 5-19 참조). 성장하는 동물이나 생산능력이 높은 반추동물에 있어 반추위 미생물들은 최대 성장을 위해 필요한 단백질을 모두 생산할 수 없으므로 반추위에서 분해되지 않는 사료단백질을 어느 정도 공급해 주어야 한다.

일반적으로 반추동물의 사료 중에 평균 60%가 반추위에서 분해되어 암모니아로 된 다음 미생물 체단백질로 합성되어 이용되고, 나머지 40%는 제4위로 이행되어 소장에서 소화·흡수된다.

반추위내로 유입되는 단백질에는 사료로서 공급되는 단백질과 타액 또는 반추위벽을 통하여 유입되는 재순환 질소(recycling nitrogen)와 반추위벽에서 떨어져 나온 상피세포와 같은 내인성 단백질, 그리고 반추위 내에서 용해된 많은 양의 미생물 체단

표 5-15. 사료단백질의 반추위내 분해도 (단위 : %)

구 분	암모니아로 분 해	분해되지 않는 단백질	구 분	암모니아로 분 해	분해되지 않는 단백질
Casein	90	10	어 분	30	70
대두박	63	37	화본과 사일리지	85	15
면실박	68	32	클로버(어린 풀)	74	26
알팔파분말	60	40	클로버(성숙 후)	47	53
Zein	40	60	라이그라스류	74～52	26～48

백질 등이 있다. 그림 5-19에서처럼 반추동물에서 사료단백질은 다양하게 분해 흡수되어 체내에서 대사된다. 반추동물에서 단백질 대사에 관련되는 사료단백질의 종류는 소화불능 단백질, 미분해성 단백질, 천천히 분해되는 단백질, 빨리 분해되는 단백질 및 NPN 또는 암모니아 등의 다섯 종류로 주로 구분되고 있다.

소화불능 단백질이란 lignin과 결합된 단백질과 열에 의해 변성되어 maillard 반응을 일으킨 단백질로 반추위에서 분해가 되지 않을 뿐 아니라 소장에서도 소화효소에 의해 분해되지 않고 분으로 배설된다. 미분해성 단백질은 반추위 내에서 용해되지 않고 제 4위와 소장으로 우회하여 소장에서 소화 및 흡수되는 단백질이다. 천천히 분해되는 단백질은 반추위 미생물에 의해 펩티드 및 아미노산으로 분해되고 일부는 반추위에서 분해되지 않고 소장으로 이동한다. 빨리 분해되는 단백질은 반추위 내에서 쉽게 용해되어 미생물 단백질의 합성에 이용되고, 일부는 발효되어 암모니아와 휘발성 지방산으로 전환되거나, 또는 반추위액과 함께 소장으로 이전된다.

반추위 내에서 생성되는 암모니아는 사료로부터 공급되는 NPN이 가수분해된 것, 반추위벽 또는 타액을 통하여 유입된 요소가 가수분해된 것, 그리고 아미노산이 발효

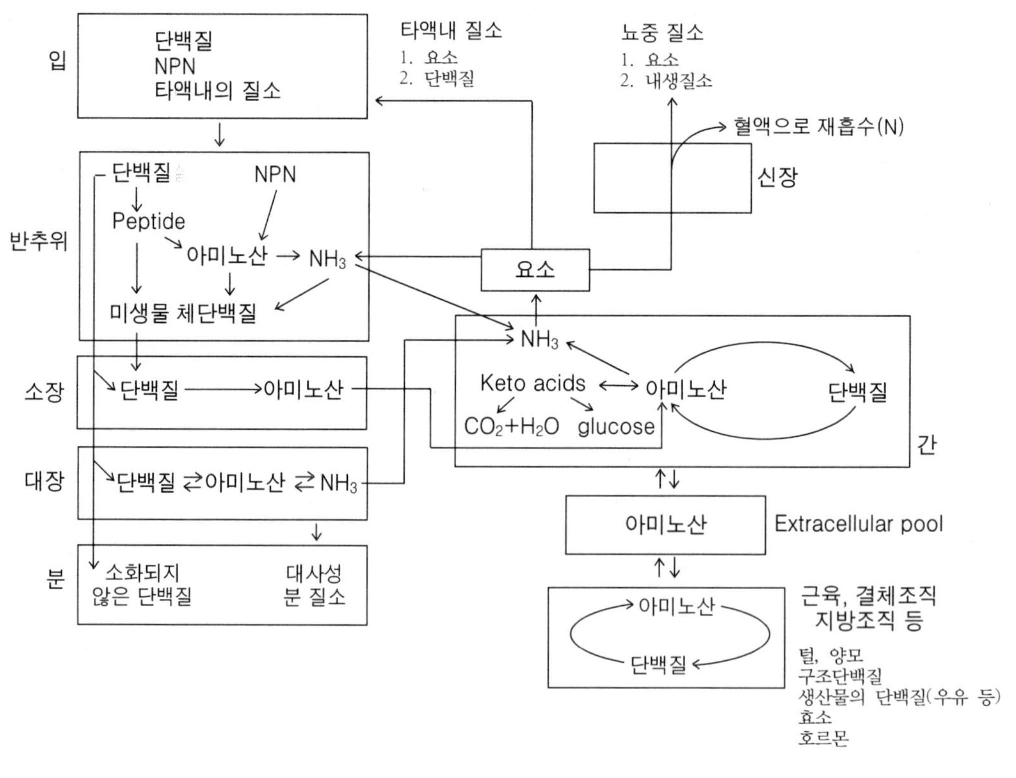

그림 5-19. 반추동물의 단백질 대사

될 때 생성되는 암모니아로 구성된다.

대부분의 박테리아는 유기질소보다는 암모니아를 좋아하기 때문에 이들은 암모니아를 생성할 수 있도록 허용되어 있지만, 즉시 효율적으로 이용될 수 있는 반추위내의 환경이 요구된다. 만일 암모니아의 생성이 지나치게 빠르면 상당량이 반추위벽을 통해 혈액 속으로 이행되어 결국 동물 체외로 배설되어 손실된다.

따라서 비단백태 질소화합물의 분해에 의한 암모니아의 생성속도를 줄이는 방법으로서 ① NPN 화합물을 피복하는 방법, ② 요소 분해효소의 작용을 저지시키는 방법,

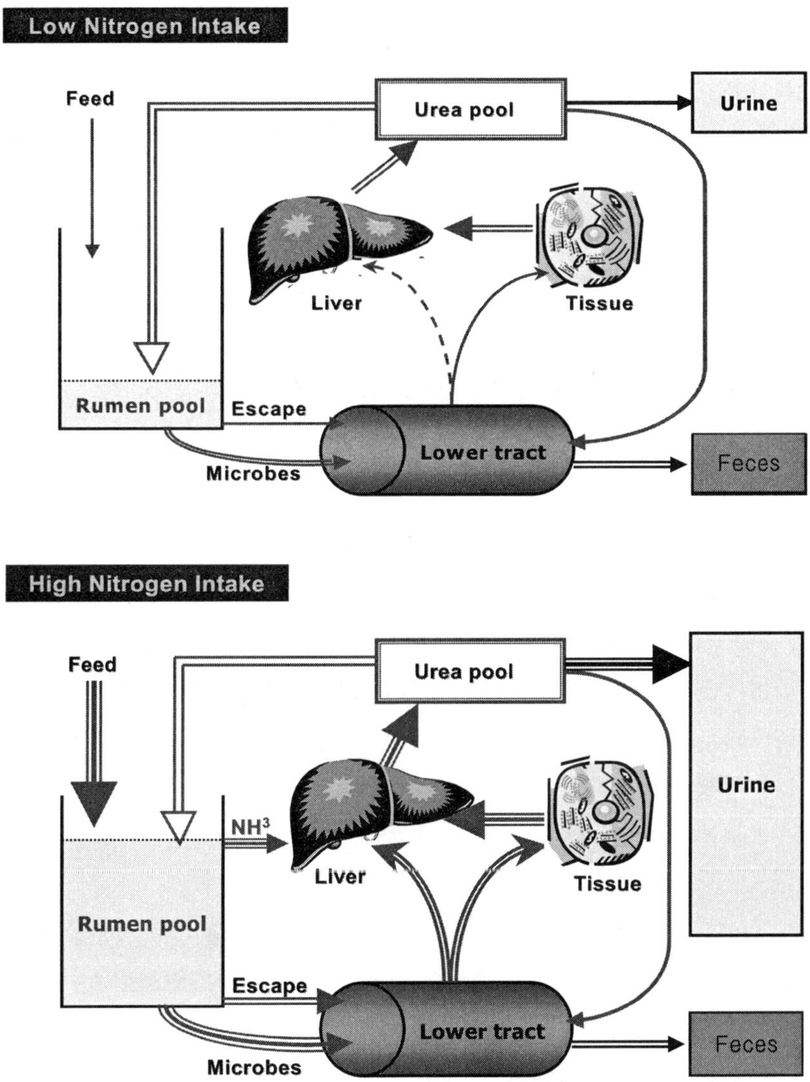

그림 5-20. 반추동물의 질소의 재순환(nitrogen recycling)

③ 용해성이 낮은 NPN 화합물을 사용하는 방법 등이 있으나, 미생물 체단백질을 최대로 합성하기 위해서는 풍부한 암모니아의 공급이 요구되기 때문에 이들 방법은 어느 것이나 완전하게 만족할 수 없다. 한편, 반추위 내에서는 계속적으로 미생물의 전환이 일어나는데 상당량의 미생물이 소화 내용물과 함께 하부 소화기관으로 내려가서 소장에서 소화 · 흡수된다(그림 5-19).

타액 및 반추위벽을 통하여 재유입되는 요소의 양은 반추위내의 암모니아의 농도와 사료를 통하여 섭취되는 단백질의 양에 의하여 좌우되며, 반추위에서 탄수화물의 발효가 왕성할 때에도 반추위벽을 통하여 유입되는 요소의 양이 증가된다. 이와 같은 요소의 재순환은 단백질 섭취량이 부족할 때 반추위내 미생물의 성장을 촉진하는 데 중요하다. 반추위 내에서 생성된 암모니아는 3가지 과정을 통하여 이용된다.

즉, ① 암모니아는 반추위내 미생물 단백질의 합성에 이용되거나, ② 일부의 암모니아는 반추위벽을 통하여 체내로 유입된다. 마지막으로 ③ 반추위액과 같이 소장으로 이동한다. 반추위내로 다시 유입되는 요소의 양은 반추위 내에서의 유기물의 소화율과 혈장의 요소농도와 정(+)의 상관관계가 있고, 반추위의 암모니아 농도와는 부(-)의 상관관계가 있다(그림 5-20).

2) 반추위에서의 미생물 단백질의 합성과 요소의 이용

(1) 미생물 단백질의 합성

가) 미생물 단백질의 합성을 위한 에너지 공급

반추위내 미생물은 탄수화물을 분해하여 미생물 자체의 성장에 필요한 에너지(ATP)를 공급받는다. 반추위내 탄수화물의 최종 분해산물인 휘발성 지방산(VFA)은 그 종류에 따라 ATP의 생성량이 다르다. 즉, 표 5-16에서와 같이 일반적으로 acetic acid가 생성될 때는 2 ATP, propionic acid가 dicarboxylic acid 경로를 통해 생성될 때는 3 ATP가 생성되지만, acrylate 경로를 통해 생성될 때는 1 ATP가 생성된다. 그리고 butyric acid가 생성될 때는 3 ATP가 생성되며, 메탄가스가 생성될 때는 1 ATP가 생성된다.

반추위내 ATP의 생성량은 휘발성 지방산의 mole 비율에 따라 다르지만, 일반적으로 1 mole의 glucose가 분해되면 2 mole의 휘발성 지방산이 생성되고, 이 과정에서 4 ATP가 생성된다. 그리고 1 ATP는 고형물 기준으로 평균 15～20 g의 미생물이 생성되므로 1 mole의 glucose가 분해됨으로써 총 60～80 g(15～20 g × 4 ATP)의 미생물이 얻어진다.

표 5-16. 휘발성 지방산의 종류에 따른 ATP 생성량

구 분	휘발성 지방산				
	Acetic acid	Propionic acid		Butyric acid	메탄가스
		Dicarboxylic acid	Acrylate		
ATP 생성량	2	3	1	3	1

나) 미생물 체단백질의 합성경로

반추위내의 미생물은 암모니아태 질소(NH_3-N)를 이용하여 자신의 체단백질을 합성할 수 있으며, 이들 미생물 체단백질은 bacteria와 protozoa가 주종을 이루고 있다. 반추위내 탄수화물의 대사와 미생물 단백질 합성과의 관계는 그림 5-21과 같으며, 반추위내 미생물의 대부분은 사료단백질이 가수분해되어 아미노산으로 분해되어 생성되는 암모니아가 체내에 축적되기 때문에 이들을 질소원으로 하여 스스로 단백질을 합성할 수 있는 점으로 보아 반추동물의 경우 미생물 체단백질의 합성에 있어서 암모니아가 가장 중요한 질소원인 것을 알 수 있다.

그러나 다소의 아미노산과 peptide도 미생물 단백질의 합성에 기여하지만, 대부분은 반추위 내에서 요소와 비단백태 질소화합물로 분해되어 암모니아를 생성하며, 특히 ammonia-N과 amino acid-N의 비율이 미생물의 성장에 중요한 역할을 한다. 즉,

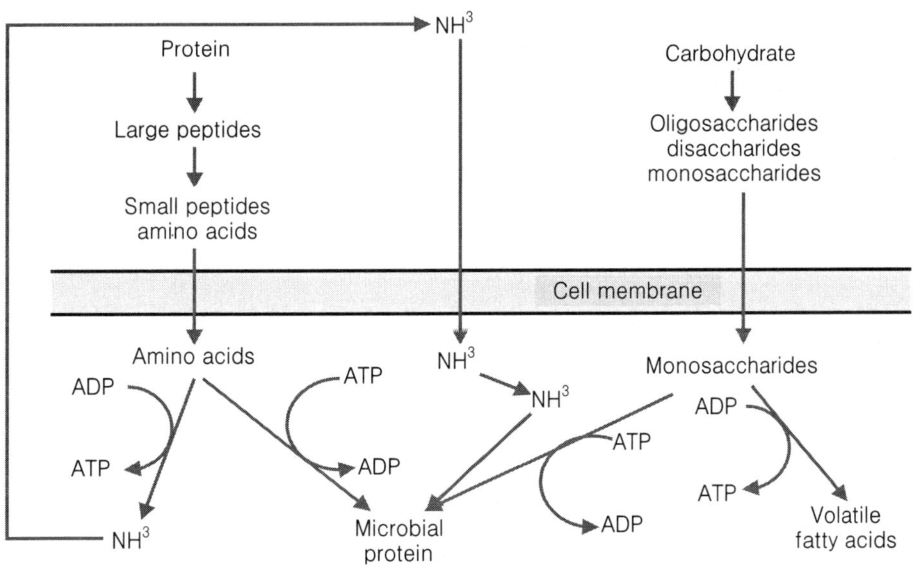

그림 5-21. 반추위에서의 탄수화물의 대사와 미생물 단백질 합성과의 관계

표 5-17. 요소-N와 Amino acid-N의 비율이 미생물의 성장에 미치는 영향

구 분	요소-N / Amino acid-N				
	100 : 0	75 : 25	50 : 50	25 : 75	0 : 100
미생물고형물(mg / 100 ml)	137.6	246.4	238.3	228.0	174.0
미생물질소(mg / 100 ml)	8.2	17.7	17.2	17.1	10.7

In vitro Maeng과 Baldwin(1976)

표 5-17에서와 같이 요소-N와 amino acid-N의 비율이 75 : 25일 때 반추위내 미생물의 성장이 가장 활발하다.

따라서 체내에 존재하는 암모니아는 미생물 체단백질의 합성에 있어서 가장 중요한 질소원으로 작용하며, glutamate dehydrogenase(NADPH 또는 NADH)는 암모니아를 이용하여 단백질을 합성하는 중요한 미생물 효소이다. 그러나 glutamate dehydrogenase(GDH)는 암모니아와 α-ketoglutarate를 이용하여 glutamic acid를 합성하지만, 암모니아의 농도가 극히 낮을 때에는 GDH가 거의 작용하지 못하고 glutamine synthetase와 glutamine synthase(GOGAT)가 주요 작용을 하여 glutamic acid를 합성한다.

이렇게 하여 생성된 glutamic acid는 transaminase에 작용으로 다른 아미노산을 합성하게 되며, 이것을 이용하여 미생물 체단백질을 합성한 후 에너지로 이용된다(Baldwin과 Denham, 1979).

③ 미생물 단백질의 합성량

반추위내에서 생성되는 박테리아와 프로토조아의 총량(건물 중량)은 동물의 종류와 섭취하는 사료에 따라 크게 차이가 있으나, 일반적인 미생물 단백질의 함량은 표 5-18과 같다. 반추위내 미생물의 합성량은 글루코오스 1 mole당 g(g cell DM / mole glucose) 또는 발효된 탄수화물 100 g당 g(g cell DM / 100 g fermented carbohydrate)으로 나타내며, 미생물의 성장에 필요한 단백질원 · 에너지 · 광물질 · 비타민 등의 영양소의 공급능력에 달려 있다.

Glucose 1 mole당 미생물의 성장량(g)을 $Y_{glucose}$라 나타내며, 반추위 내에서 사료가 발효될 때 ATP가 생성되며, 생성된 ATP당 생성된 미생물의 양을 Y_{ATP}(g cell DM / ATP)로 나타낸다. 1 mole의 ATP 생성량당 미생물의 성장량(Y_{ATP})은 연구자에 따라 다르나, 요소가 유일한 질소원인 정제사료에 아미노산을 첨가하는 수준에 따라서 Y_{ATP}는 15.4～20.6 g까지 변화되며(Maeng과 Baldwin, 1976), Stouthamer(1977)는

표 5-18. 반추위내의 박테리아와 프로토조아의 총량(건물 및 미생물 단백질의 함량[a])

구 분	반추동물		구 분	반추동물	
	소[b]	면 양[c]		소[b]	면 양[c]
박테리아			프로토조아		
총량(건물)	399	28.5	총량(건물)	315	22.5
단백질	217	15.5	단백질	172	12.5

[a] 총 박테리아 ; 0.57 g(건물) / 100 ml(3.1 × 10^{10}세포 / ml), 총 프로토조아 ; 0.45 g 건물) / 100 ml (2.4 × 10^{5}세포 / ml), 미생물 단백질 함량 : 미생물 건물의 54.5% 기준

[b] 반추위 내용물의 총량 ; 70 ℓ 기준

[c] 반추위 내용물의 총량 ; 5 ℓ 기준

Wolin(1979)

표 5-19. 반추위내 미생물의 성장량 (단위 : g microbial cell / ATP)

연구자	Y_{ATP}	연구자	Y_{ATP}
Hobson과 Summers(1967)	15～20	Satter와 Slyter(1974)	15.6
Moustafa와 Collins(1968)	17	Isaacson 등(1975)	10.0～13.6
Baldwin(1970)	23	Maeng과 Baldwin(1976)	15.4～20.6
Al-Rabbat 등(1971)	20.9	Stouthamer(1977)	19.9～25.4
Van Nevel과 Demeyer(1973)	15.9～16.7	Hespell과 Bryant(1979)	19～20

표 5-20. 희석률이 발효산물의 생성에 미치는 영향

구 분	희석률(turnover, h)			구 분	희석률(turnover, h)		
	0.02	0.06	0.12		0.02	0.06	0.12
Acetate[a]	1.18	1.11	1.13	Y_{ATP}[b]	7.5	11.6	16.7
Propionate[a]	0.16	0.22	0.26	$Y_{glucose}$[c]	42.4	60.2	83.9
Butyrate[a]	0.23	0.18	0.15	세포내 질소(%)	9.9	-	12.0
ATP[a]	1.67	1.34	1.04	조직단백질(g[d] / 100 g glucose)	14.5	-	34.0
	5.59	5.19	5.03				

[a] mole 생성물 / mole glucose fermented, [b] g cell DM / mole ATP

[c] g cell DM / mole glucose, [d] 총 세포 N × 6.25

Isaacson 등(1975)

19.9～25.4 g 및 Hespell과 Bryant(1979)는 19～20 g이라고 하였다(표 5-19).

특히 반추위내 미생물 성장률의 차이는 희석률과 아미노산 및 peptide 등의 영양소의 존재 여하에 따라 다르기 때문이며, 희석률이 증가할수록 미생물의 성장률은 증가된다(표 5-20). 이와 같은 미생물의 성장 원인은 미생물 자신의 체유지에 필요한 ATP의 요구량이 줄어들기 때문이다(표 5-21).

동물에게 여러 종류의 단백질을 급여했을 때 반추위내 단백질의 생물가(SV)에 미치는 영향은 연구자에 따라 다소의 차이는 있으나, 일반적으로 표 5-22에서 보는 것과 같이 대두박을 급여했을 때는 63～73, 카제인의 경우는 73이며, 요소는 54의 범위이다.

표 5-21. 희석률이 미생물의 성장에 미치는 영향 (단위 : 1 g 건물 / mol ATP)

희석률	Y / ATP[1]	Y_{ATP} / mole	ATP가 미생물 체유지에 이용된 비율	비 고
0.02	8.5	23.6	0.65	혼합된 박테리아
0.06	13.6		0.38	혼합된 박테리아
0.12	20.3		0.24	혼합된 박테리아
0.032	13.5	19.9	0.32	정제사료
0.075	15.6		0.17	정제사료
0.110	18.5		0.12	정제사료
0.068	16.2	24.2	0.36	브롬그래스
0.115	19.4		0.25	브롬그래스
0.136	21.4		0.22	브롬그래스
0.054	16.2	27.8	0.46	브롬그래스
0.083	19.4		0.37	브롬그래스
0.096	21.4		0.33	브롬그래스

Harrison과 McAllan(1980)

표 5-22. 급여한 단백질의 종류가 반추위내 단백질의 생물가에 미치는 영향

급여한 단백질의 종류	반추위내 단백질의 생물가	연구자	급여한 단백질의 종류	반추위내 단백질의 생물가	연구자
대두박	63～73	Umunna 등(1975)	제 인	78.3	Hembry 등(1975)
	84.8	Hembry 등(1975)	요 소	76.4	Hembry 등(1975)
카제인	73	Hungate(1966)		54	Hungate(1966)

표 5-23. 반추위내 미생물의 화학적 성분

구 분	성분(고형물 기준, %)	구 분	성분(고형물 기준, %)
단 백 질	54.5	핵 산	9.1
탄수화물	29.3	회 분	4.8
지 방	2.4		

Baldwin(1970)

표 5-24. 박테리아 및 프로토조아의 소화율과 순단백질 이용률

구 분	순소화률, %	생물가	순단백질 이용률	연구자
박테리아	74.6	85.0	63.4	Bergen 등(1968)
프로토조아	87.2	82.0	71.5	Bergen 등(1968)
혼합미생물	84.7	80.1	67.8	Storm과 ø rskov(1982)

그러나 Hembry 등(1975)은 대두박은 84.8, 제인(zein)은 78.3, 요소는 76.4로 보고하였다. 이와 같이 카제인과 요소의 생물가가 대두박이나 제인보다 다소 낮은 이유는 단백질이 너무 빠르게 암모니아로 분해되기 때문인 것으로 생각된다.

한편, 표 5-23에서와 같이 반추위내 미생물의 화학적 성분을 살펴보면 단백질 함량은 54.5%, 탄수화물 함량은 29.3%, 지방 함량은 2.4%, 핵산 함량은 9.1%, 회분 함량은 4.8%로서 반추위내 미생물 단백질의 질도 우수하다. 특히 프로토조아 단백질은 박테리아 단백질보다 다소 높은 것으로 나타나 있다. 즉, 표 5-24는 박테리아와 프로토조아의 순소화율과 순단백질 이용률을 나타내었다.

Bergen 등(1968)은 박테리아의 순소화율은 74.6%인데 비하여 프로토조아의 순소화율은 87.2%로서 높으며, 순단백질 이용률도 프로토조아가 다소 높다고 하였다. 또한 Storm과 Ørskov(1982)는 혼합미생물의 경우 순소화율과 순단백질 이용률은 박테리아와 프로토조아의 순소화율과 순단백질 이용률의 중간 정도로 나타난다고 하였다.

(2) 요소의 이용

사료용 요소는 공업적으로 합성된 carboxylate amide로서 질소를 약 46% 함유하고 있고, 백색무취의 물에 용해되기 쉬운 결정체로서 쓴맛이 있어 기호성이 좋지 않

다. 그러나 요소 및 비단백태 질소화합물은 값이 저렴하기 때문에 반추동물에 이용할 경우 질이 좋고 값이 비싼 동물성 단백질을 합성할 수 있는 이점을 지니고 있다. 한편, 요소를 과다 사용할 때에는 독약과 같은 무서운 물질이 될 수도 있으므로 효율적인 사용을 위하여 요소의 성질과 동물에 대한 급여방법 등을 잘 이해하여야 한다.

가) 요소의 성질

요소의 화학적 구조는 다음과 같은 화합물로서 사료에 함유되어 있는 요소와 요소회로에 의해서 반추위내로 들어온 요소는 미생물이 분비한 urease에 의해서 암모니아와 탄산가스로 가수분해 된다. 일반적으로 사료로 이용되는 요소는 질소가 약 42~46% 함유되어 있기 때문에 단백질로 환산하면 이론상 263~287%(42~46 × 6.25)에 달한다. 이것은 체내에서 약 70%가 이용될 경우 가소화 조단백질로서 184~200%에 해당한다.

특히 요소는 단백질 함량이 적은 곡류사료에 배합하는 경우가 많으며, 단백질 사료인 대두박 7kg 대신 요소 1 kg에 곡류 6 kg을 혼합하면 단백질 사료를 절약하여 사료가격을 낮출 수 있다. 대두박은 에너지 · 무기물 · 비타민 등의 영양소가 다량 함유되어 있으나, 요소는 이들 영양소가 전혀 함유되어 있지 않는 물질로서 대두박과 같은 식물성 단백질의 일부를 요소로 대치하여 급여할 때에는 영양소의 균형에 유의하여야 한다.

나) 요소의 급여방법

요소를 사료에 혼합하여 급여할 경우에는 처음에는 소량으로 나누어 조금씩 급여하다가 점차 그 양을 증가시키면서 반추위내 미생물과 동물의 체내 대사과정에서 충분히 적응하도록 충분한 기간을 두고 급여해 주는 것이 중요하다.

Tillman(1972)은 반추동물이 요소를 효과적으로 이용하기 위해서는 다음의 4과정을 거쳐야 한다고 하였다.

- 요소는 미생물이 분비하는 urease에 의해서 암모니아와 탄산가스로 가수분해 된다.
- 에너지원으로 섭취한 탄수화물이 bacterial carbohydrase에 의해서 케토산이나 휘발성 지방산으로 분해된다.
- 암모니아와 케토산이 미생물 효소(bacterial enzyme)들에 의해서 아미노산으로 합성된다.
- 합성된 아미노산을 원료로 하여 미생물 단백질을 합성한다.

한편, 요소를 효율적으로 이용할 수 있는 몇 가지 방법을 요약하면 다음과 같다.

① 배합사료에 요소분말을 혼합 : 비육동물의 사료에 많이 이용하고 있으며, 비교적 간단하고 비용이 적게 드는 방법이지만, 요소를 골고루 혼합하지 않을 경우에는 요소중독의 위험이 있다.

② 액상요소를 사료에 혼합 : 물에 잘 용해시킨 액상요소를 사료에 골고루 뿌리면 균일하게 혼합할 수 있다. 그러나 요소의 용해과정에서 질소가 손실될 경우가 있으므로 주의하여야 한다.

③ 액상사료(당밀·무기물·비타민제 첨가)와 물의 혼합 : 요소의 기호성을 증가시키기 위하여 요소에 당밀, 무기물 및 비타민제를 일정량 첨가하여 요소-당밀의 액상사료를 만들면 기호성 및 다른 영양소의 우수한 공급원이 된다.

④ 요소와 사일리지(silage)와의 혼합 : 일반적으로 단백질 함량이 낮은 옥수수 사일리지(8～10%)를 제조할 때 요소를 첨가하여 단백질 함량(13.0～14.0%)을 높이기 위한 방법으로 가장 많이 이용하고 있으며, 제조가 용이하고 비용도 적게 든다. 그러나 사일리지의 발효과정에서 질소의 손실이 많은 것이 문제점이다.

⑤ 요소와 곡류의 가공 : 옥수수, 수수 및 보리 등을 요소와 혼합하여 pellet 사료를 만들면 곡류내의 전분이 젤라틴화되므로 반추동물의 생산성 향상을 위한 효과적인 사료가 된다. 비교적 간단하고 비용이 적게 드는 장점은 있으나 중독을 피하기 위하여 급여량에 유의하여야 한다.

다) 요소 사용지침

요소는 유용하게 이용할 수 있는 좋은 단백질원이지만, 비단백태 질소원을 반추동물에게 급여할 경우에는 분해속도를 적절하게 조절함으로써 다량 분해에 의한 중독증상이 나타나지 않도록 주의하여야 한다. 이러한 이유 때문에 반추동물의 사료에 있어서 비단백태 질소원이 사용되는 수준은 매우 제한되어 있으며, 요소를 급여할 경우 다음과 같은 지침에 유의해야 한다.

① 급여되는 전체 사료단백질의 30% 이상을 초과하지 않아야 되며, 당밀이나 곡류 등을 요소와 혼합하여 전분의 젤라틴화를 유도하여 미생물들이 충분한 에너지원을 공급받을 수 있도록 유의하여야 한다.

② 전체 급여사료의 1%, 배합사료에는 2%를 초과 혼합하지 않아야 한다.

③ 펠렛사료와 분쇄사료에는 사료단백질의 10～15%를 초과 배합하지 않아야 한다.

④ 저질조사료를 급여할 때는 총 사료단백질의 5%를 초과하지 않도록 제한한다.
⑤ 어린 송아지(생후 3개월 이내)는 반추위의 발달이 미약하기 때문에 단백질의 대체효과를 기대할 수 없다.
⑥ 생후 6개월이 지난 소에 요소첨가 사료를 급여할 때에도 3주일 동안은 급여량을 서서히 증가시킬 필요가 있다.
⑦ 요소첨가 사료를 급여할 때에는 단백질을 과다 섭취하지 않도록 주의하여야 하며, 질소와 황의 비는 15 : 1 이상 유지되도록 황원(黃源)을 공급하고, 특히 무기물 요구량 중에서 Ca과 P 및 Zn이 부족되지 않도록 주의해야 한다.

3) 암모니아 중독

반추동물의 영양생리적 특성은 반추위내 미생물들이 비단백태 질소화합물을 이용하여 미생물 체단백질을 합성하기 때문에 단백질 사료의 일부를 요소와 같은 비단백태 질소화합물로 대체 이용하고 있다. 그러나 간에 이상이 있거나 요소회로가 비정상적으로 진행될 때에는 암모니아의 농도가 증가되어 중독증상을 유발시키는데, 특히 신경계에 중독을 일으켜 경련, 음성의 떨림 및 시력감소 등을 초래하게 되며, 중독증상이 심한 경우에는 혼수상태에 빠져 폐사하게 되는 원인이 된다.

고농도의 암모니아에 의한 중독원인은 아직까지 분명히 밝혀지지 않았으나 흔히 고농도의 암모니아는 뇌세포내의 TCA 회로를 저해할 뿐만 아니라 혈당수준을 떨어드리며, glucose 신생작용을 저해하기 때문인 것으로 보고 있다.

특히 암모니아 중독에 있어서 중요한 것은 암모니아의 생성속도와 위벽을 통한 암모니아의 흡수속도라고 할 수 있다. 요소의 분해속도 뿐만 아니라 암모니아의 흡수속도에 영향을 가장 크게 미치는 요인은 반추위내의 pH이다. 반추위내의 pH가 7.0 이하일 때에는 암모니아의 흡수량이 적기 때문에 반추위내 적정 pH인 6.4～6.8을 유지시키는 일이 매우 중요하다.

문맥 중의 암모니아 농도는 반추위내 암모니아 농도와 밀접하게 관련되어 있으며, 말초혈액 중의 암모니아 농도는 반추위내의 암모니아 농도가 60 mM / L를 초과하여야 비로소 증가하기 시작한다(Lewis, 1957).

미생물 단백질 합성을 위한 최적 암모니아태 질소의 함량은 연구자에 따라 다소 차이는 있으나, Hume 등(1970)은 9 mg / 100 mL, Satter와 Slyter(1974)는 5～8 mg / 100 mL, Miller(1973)는 29 mg / 100mL, Mehrez(1977)은 23.5 mg / 100 mL 등으로 보고하고 있다. 특히 Stiles 등(1970)은 반추위내 암모니아태 질소의 농도가 84mg / 100 mL 이상일 경우에는 간에서의 처리능력이 한계에 도달하게 되며, 사료급여 후

30분 이내에 이와 같은 높은 수준을 유지하면 중독증상이 나타난다고 하였다.

한편, 혈액내 암모니아 농도가 1 mg / 100 mL 이상일 때에는 급성의 중독증상이 나타나고, 2～4 mg / 100 mL일 때에는 사망하는데, 혈액 중 암모니아의 중독수준은 동물의 개체에 따라 변이가 심하기 때문에 1 mg / 100 mL 이하의 수준에서도 중독증상을 일으킬 수 있다.

중독증상은 요소를 섭취한 후 10분～4시간 사이에 발생되며, 중독증상의 특징으로는 초기는 요소섭취 후 30분경부터 나타나는데, ① 불안해하고, ② 근육이 떨리며, ③ 고통스러워하고, ④ 보행이 불안정하며, ⑤ 몸을 물체에 기대거나 옆으로 눕는다.

중기는 요소섭취 후 2～3시간에 나타나는데, ① 목과 앞다리가 경직되는 경련을 일으키며, ② 땅바닥을 치기도 하고, ③ 호흡곤란과 함께 신음을 하며, ④ 맥박이 120～150회 / 분으로 증가하며, ⑤ 체온이 증가하여 시력을 잃게 되거나 혀를 빼물기도 한다.

말기는 요소섭취 후 3시간 이후에 나타나는데, ① 호흡이 더욱 곤란해지고, ② 거품이 섞인 침을 흘리며, ③ 항문이 확장되고, ④ 가슴과 등 부위에 땀이 나다가 동공이 확대되면서 폐사한다.

그러므로 혈액 중의 암모니아 농도를 저하시키기 위한 방법으로는 반추위내의 pH를 저하시켜 urease의 활성을 감소시키고, 암모니아의 흡수를 지연시키거나 요소회로의 중간 생성물질인 glutamate와 ornithine 등을 투여하거나, 또는 단백질의 급여량을 줄이고 소장의 미생물을 사멸시키는 항생물질을 투여하여 암모니아의 생성을 억제시키는 방법 등이 있다.

암모니아 중독의 증상에 따라 치료방법이 다른데, 소의 경우에는 입에 20～40 L의 찬물을 투여하거나 5%의 acetic acid 4 L를 찬물과 함께 투여하는 방법을 사용하고 있다.

참고문헌

1. Church, D.C. and W.G. Pond. 1988. Basic animal nutrition and feeding(3rd edition). p84. United States, Press. New York.
2. Felsenfeld, G. 1985. Reproduced with permission from Scientific American. 253(4) : 58.
3. Harrison, D.G. and McAllan. 1980. In : Digestive physiology and metabolism in ruminants. Y. Ruckebusch and P. Thivend(eds.). MTP Press LTD. Lancaster. England.
4. Mehrez, A.Z., E.R. Ørskov and I. McDonald. 1977. Rates of rumen fermentation in relation to ammonia concentration. Brit. J. Nutr. 38 : 447.
5. Miller, E.L. 1973. Evaluation of food sources of nitrogen and amino acids. Proc. Nutr. Soc. 32 : 79.
6. Montgomery, R., R.L. Dryer, T.W. Conway and A.A. Spector. 1977. Biochemistry, A Case Oriented Approach(2nd ed.). The C.V. Mosby Co. Saint Louis.
7. Moustafa, H.H. and E.B. Collins. 1968. Molar growth yields of certain lactic acid bacteria as influenced by autolysis. J. Bacteriol. 96 : 117.
8. NRC. 1988. Nutrients requirement of swine National Research Council NationalAcademy Press. Washington, D. C. 9th Edition.
9. Satter, L.D. and L.L. Slyter. 1974. Effect of ammonia concentration on rumen microbial protein production in vitro. Brit. J. Nutr. 32 : 209.
10. Stiles, D.A., E.E. Bartley, R.M. Meyer, C.W. Deyoe and H.B. Pfost. 1970. Feed processing. Ⅶ. Effect of an expansion processed mixture of grain and urea(Starea) on rumen metabolism in cattle and on urea toxicity. J. Dairy Sci. 53 : 1436.
11. Storm, E. and E.R. ørskov. 1982. Biological value and digestibility of rumen mivrobial protein in lamb small intestine. Proc. Nutr. Soc. 41 : 78A.
12. Stouthamer, A.H. 1977. Energetic aspects of the growth of micro-organisms, in Microbial, (Haddock, B.A. and W.A. Hamilton, eds). p 285. Cambridge Univ. Press. Cambridge.
13. Tillman, A.D. 1972. Effects of forms of non-protein nitrogen and methods of processing on the nutritional value proceeding of a symposium. Gainsville, Florida. p 180.
14. Umunna, N.N., T. Klopfenstein and W. Woods. 1975. J. Anim. Sci. 105 :

267.

15. Van Nervel, C.J. and D.I. Demeyer. 1973. Determination of microbial cell synthesis in the rumen in vitro by measurement of 32P labeled phosphate incorporation. The 4th anmual meeting of the european society of nuclear methods in agriculture. La Urain. Belgium.
16. Visek, W.J. 1984. Ann. Rev. Nutr. 4 : 137.
17. Wahlstrom, R.C., G.W. Libal and R.C. Thaler. 1985. J. Anim. Sci. 60 : 720.
18. Walker, W.R., C.V. Maxwell, F.N. Owens and D.S. Buchanan. 1986. Milk versus sobean protein sources for pigs. Ⅱ. Effection amino acid availability. J. Anim. Sci. 63 : 513.
19. Wolin, M.J. 1979. The rumen fermentation : A model for microbial interaction in anaerobic ecosystems. In : Advances in microbial ecology. Vol. 3. M. Alexander(ed.). Plenum Press. New York.
20. 고영두, 송영민, 김재황, 유성오. 原産地가 다른 대두박 급여가 育成豚의 成長能力과 生體內 아미노산 利用率에 관한 硏究. 1994. 미국대두협회 보고서.

6

무기물과 대사작용

1. 무기물의 기능과 분류

무기물(minerals, inorganic matter)은 모든 체내 조직에 함유되어 있으며, 비록 그 양은 소량이라 하더라도 무기물이 필수적으로 관여하는 생명현상은 많기 때문에 무기물은 절대적으로 필요한 영양소의 하나이다. 이것을 광물질 또는 회분(ash)이라고도 한다. 무기물은 체내에서 생산되지는 않지만 저장은 되며, 에너지는 전혀 발생하지 않는다.

무기물은 사료 중의 요구량에 따라 다량광물질(macrominerals)과 미량광물질(microminerals)로 나누며, 다량광물질에는 칼슘(Ca) · 인(P) · 마그네슘(Mg) · 나트륨(Na) · 염소(Cl) · 칼륨(K) · 황(S) 등이 있으며, 이들 7가지 무기물이 동물체내 전체 무기물의 60~80%를 차지하고 있다.

이 밖에도 체내에 미량으로 함유되어 있지만 중요한 생리작용을 하고 있는 원소(미량광물질)로는 망간(Mn) · 철(Fe) · 구리(Cu) · 코발트(Co) · 요오드(I) · 아연(Zn) · 불소(F) · 셀렌(Se) · 몰리브텐(Mo) · 비소(As) 등이 있다. 동물체의 무기물 함량은 표 6-1에서 보는 바와 같다.

1) 무기물의 기능

무기물은 탄수화물, 지방 및 단백질과는 달리 생체내에서 완전히 소비되어 없어지지 않는다. 무기물은 보통 식품으로서 섭취되어 분이나 뇨로 배설된다. 무기물의 기능은 다음과 같다.

표 6-1. 동물체의 화학적 조성(無脂組織에 대한 비율)

구 분		사람	닭	돼지	고양이	토끼	쥐	소
		체 중(kg)						
		65	2.0	125	4.0	2.6	0.35	500
물	%	72	76	75	74	73	72	55
총 질소	%	3.4	3.1	3.15	3.36	3.7	3.5	2.72
칼슘(Ca)	%	2.24	1.5	1.2	1.3	1.3	1.24	1.73
인(P)	%	1.2	0.77	0.7	0.89	0.7	0.75	0.95
칼륨(K)	%	0.27	0.11	0.28	-	0.3	0.32	0.25
나트륨(Na)	%	0.18	0.12	0.15	0.15	0.14	0.14	0.21
염소(Cl)	%	0.18	0.06	-	-	0.11	0.14	0.14
마그네슘(Mg)	%	0.047	0.04	0.045	0.045	0.05	0.04	0.054
철(Fe)	ppm	74	40	90	60	60	60	168
구리(Cu)	ppm	1.7	1.3	2.5	1.5	1.5	2.0	-
아연(Zn)	ppm	28	35	25	23	50	30	-
요오드(I)	ppm	0.7	0.4	-	-	-	-	0.1
셀렌(Se)	ppm	-	0.2	-	-	-	-	0.1

Widdowson과 Dickerson(1964)

(1) 뼈 조직의 구성성분

뼈 조직의 구성성분에 속하는 무기물은 주로 Ca · P · Mg 등이며, 이들은 체내 무기물의 대부분을 차지하고 있다. 이와 같은 무기물은 주로 뼈나 치아 등을 구성하고 있으며, 체내에 존재하는 Ca의 99%와 P의 90%는 이와 같은 경조직(硬組織)을 구성하고 있다. 이 밖에도 뼈에는 Mn · F · K · Na · Cl 등이 함유되어 있다.

(2) 연조직의 구성성분

연조직의 구성성분에 속하는 무기물은 주로 Fe · K · P · S · Cl · I 등이며, 이들 무기물은 체내에서 유기질과 결합하여 근육 · 선(腺) · 피부 · 신경조직 등의 세포조직뿐만 아니라 혈액의 구성성분이 된다. 즉, hemoglobin 중의 Fe, coenzyme의 A 및 lipoic acid의 S, thyroxine의 I 등이다.

(3) 체액의 구성성분

체액의 구성성분에 속하는 무기물은 주로 Na · Cl · K · Ca · Mg 등이며, 이들은 체액 속에 함유되어 있어 항상 생체내의 물리·화학적 작용을 정상으로 유지시키는 역할을 한다. 일반적으로 무기염류가 수용액상태로 함유되어 있을 때에는 해리되어 전하(電荷)를 띄게 된다. 즉, 혈액 속에 함유되어 있는 무기염류는 단백질을 용액상태로 유지하는 데 도움을 준다.

(4) 산·염기 평형의 조절

무기물은 체내에서 모든 체액을 중성으로 유지하는 데 중요한 역할을 한다. 즉, 혈액 또는 조직 내에서 중성을 유지하려는 작용은 여러 가지 무기물과 단백질의 완충작용에 의하여 조절되고 있다.

일반적으로 단백질·인산염·탄산염 등은 혈액 또는 조직 내에서 완충작용을 할 수 있으며, 인산염은 제1인산염과 제2인산염으로 구성되어 있고, 이들은 항상 중성을 유지하도록 적당한 비율로 배합되어 있다. 이와 같은 염류의 혼합액을 **완충제**(緩衝劑, buffer)라고 하며, 산성이나 또는 알칼리성이 일시적으로 증가된다 하더라도 완충제에 의하여 일정한 pH를 가지게 되는데, 이와 같은 작용을 **완충작용**(buffering action)이라고 한다.

혈액의 pH가 정상 이하이거나 또는 그 이상이면 산성중독증(acidosis) 또는 알칼리중독증(alkalosis)이 발생하게 된다. 그밖에 체내 대사과정에서 이산화탄소(CO_2)와 물(H_2O)에 의하여 H_2CO_3가 생성되는데, 이와 같은 산성은 염기성 원소 또는 신장에서 생성되는 암모니아에 의하여 중성화된다.

(5) 효소의 활성제

어떤 무기물은 효소의 구성성분으로 되어 있다. 예를 들면 Fe은 cytochrome, Cu는 tyrosinase의 구성성분이고, 그밖에 Ca·Mg·Mn 등이 효소의 활성제(activator)로서 작용한다.

2) 무기물의 분류

무기물은 체내에서 수행하는 기능에 따라 크게 필수무기불(essential minerals), 준필수무기물(semiessential minerals), 비필수무기물(nonessential minerals) 및 중독무기물(toxic minerals)로 구분한다. 그런데 이와 같은 분류는 절대적인 것이 아니고, 앞으로 연구가 진전됨에 따라 다시 분류될 수 있으며, 무기물은 다음과 같은 기준에 의하여 분류해 보면 표 6-2와 같다.

표 6-2. 무기물의 분류

구 분	원 소 명
필수무기물	
다량원소	Ca · P · Mg · K · Na · Cl · S
미량원소	Mn · Fe · Cu · Co · I · Zn · F · Se · Mo · As
준필수무기물	Ba · Br · Sr · Ni · Si · Vd · Rb · Al
비필수무기물	B · Pb · Sn · Cr · Hg · Au · Ag
중독무기물	Cu · Se · F · Mo · As · Cr · Hg · Cd

(1) 필수무기물

다음과 같은 요건들을 모두 만족시킬 수 있는 무기물을 **필수무기물**이라고 한다.

① 건강한 동물의 체조직에 꼭 함유되어 있을 것.

② 같은 종류의 동물에 있어서 특정 부위에서 함량이 거의 비슷하거나 또는 같을 것.

③ 그 무기물의 결핍에 의하여 특정적인 결핍증을 유발할 것.

④ 결핍증이 동물의 종류에 관계없이 반복하여 똑같은 증상으로 나타날 것.

⑤ 적정량을 공급하면 정상상태로 회복될 것.

필수무기물 중에서 체내 분포나 요구량이 많은 7종류의 원소, 즉 Ca · P · Mg · Na · K · Cl · S 등을 **다량원소**(macroelement)라 하고, 체내 분포나 요구량이 극히 적은 10종류의 원소, 즉 Mn · Fe · Cu · Co · I · Zn · F · Se · Mo · As 등을 **미량원소**(microelement 또는 trace element)라고 한다.

(2) 준필수무기물

필수무기물이 되는 요건을 모두 만족시키지는 못하지만 같은 동물, 같은 부위에 있어서도 특정 무기물의 농도가 다르고, 결핍되면 생명유지가 곤란한 무기물을 **준필수무기물**(semiessential mineral)이라고 하며, Ba · Br · Sr · Ni · Si · Vd · Rb · Al 등의 8종류의 원소가 이에 속한다.

(3) 비필수무기물

체내에 함유되어 있지만 생체내에서의 특별한 기능이 없거나, 또는 아직 생체내에서의 기능이 밝혀지지 않은 무기물로서 식품이나 사료를 통하여 동물 체내로 이전되는 무기물을 **비필수무기물**(nonessential mineral)이라고 하며, B・Pb・Sn・Cr・Hg・Au・Ag 등의 7종류의 원소가 이에 속한다.

(4) 중독무기물

체내 함유량이 대단히 적은 상태일 경우에는 체내에서 중요한 생리적 기능을 수행하지만, 그 원소가 필요로 하는 양보다 많이 함유되어 있을 경우에는 대사작용이나 또는 생명유지에 극히 나쁜 결과를 초래하는 무기물을 **중독무기물**(toxic mineral)이라고 하며, Cu・Se・F・Mo・As・Cr・Hg・Cd 등의 8종류의 원소가 이에 속한다.

3) 무기물의 이용률

무기물의 이용률에 영향을 끼치는 요소에는 여러 가지가 있다. 즉 장(腸)에서 흡수가 잘 되기 위해서는 용해가 잘 되어야 하는데, 무기물이 이온상태의 원자나 또는 원자단(原子團)을 구성할 때, 예를 들면 Ca^{2+}・Mg^{2+}・Mn^{2+}・PO_4^{3-} 등과 같은 형태의 것이 가장 잘 용해되어 흡수된다. 그러나 자연상태의 무기물 공급제들은 양이온과 음이온이 결합하여 안정된 화합물로 되어 물에 불용성이 되는 경우가 많다.

그러나 장(腸) 내에서는 상당한 양이 해리되어 동물이 필수양이온을 흡수할 수 있게 되는데, 그 이유는 위액 중의 염산이 양이온을 염화물(chloride salt)로 변화시킴으로써 장(腸) 내에서 해리되어 흡수할 수 있는 상태로 되기 때문이다. 따라서 황화구리(copper sulfide), 산화망간(manganese oxide), 산화아연(zinc oxide)의 불용성 화합물도 장내에서는 염화구리(copper chloride), 염화망간(manganese chloride), 염화아연(zinc chloride) 등으로 변화되어 흡수될 수 있는 형태로 된다.

사료 중의 인산과 같은 음이온성 무기물은 Ca 및 P의 비율에 따라 흡수율이 달라진다. 닭사료나 돼지사료에서 Ca의 함량을 크게 높이면 Zn의 요구량이 크게 증가된다. 이것은 소장 상단부(십이지장)에서 다량의 Ca과 P이 결합하여 침전물이 되고, 이것이 Zn을 흡착하여 장내를 통과하므로 Zn의 요구량이 크게 증가하기 때문이다.

최근에는 무기물의 흡수에 있어 킬레이트화합물(chelate compound)의 중요성이 인정되고 있다. 만일 어떤 무기물이 킬레이트화합물로 되어 장내에 들어가서 무기물이 이온상태로 해리되거나 또는 킬레이트화합물 자체가 분해되지 않고 흡수됨으로써 무기물이 장내에서 흡수되지 못하게 되는 것을 방지하여 흡수율을 높이게 된다.

그러나 어떤 킬레이트화합물은 그 결합이 너무 강하여 무기물이 장내에서 분해되지 않아 동물이 이용할 수 없는 것들도 있다. 예를 들면, 피틴태 아연(zinc phytate)과 수산화칼슘(calcium oxalate) 등이 이에 속한다. 그러나 많은 킬레이트화합물들은 장내에서의 흡수율이 높고, 또한 불용성 금속화합물의 형성을 저지하므로 무기물의 흡수를 돕는다.

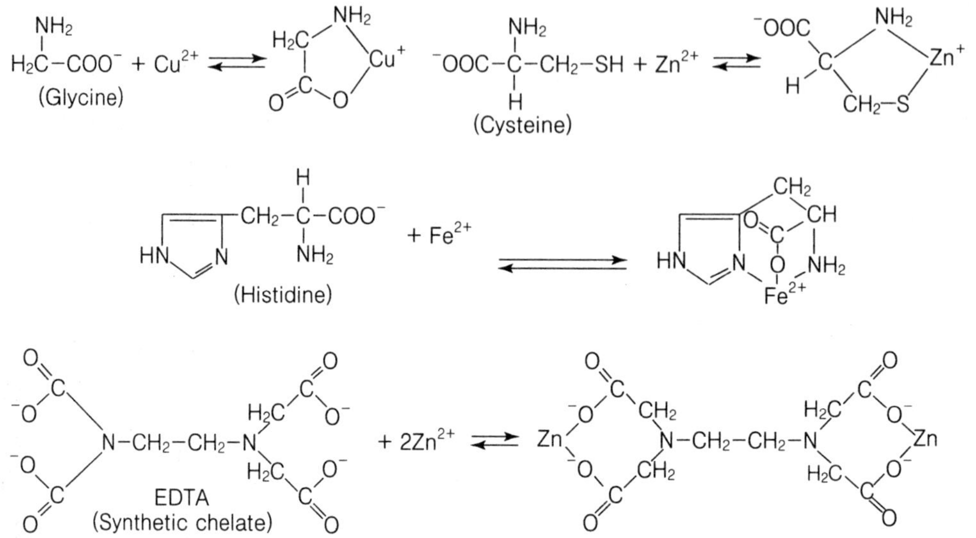

동물 체내에서 중요한 킬레이트화합물(chelate compound)은 다음과 같이 3가지 형태로 분류할 수 있다.

(1) 금속이온을 운반하거나 또는 저장하는 킬레이트

킬레이트와 결합하는 무기물은 생체내에서 특수한 작용을 하지 않고 단지 무기물의 흡수, 혈류를 통한 운반, 필요한 기관의 세포막 통과를 도와주는 킬레이트화합물이다.

예를 들면 cysteine이나 histidine과 같은 아미노산은 금속이온과 아주 잘 결합하여 무기물의 체내 저장 및 운반에 중요한 역할을 하며, EDTA(ethylene diamine tetra-acetic acid)도 무기물과 결합하여 이용성을 향상시키고, 또한 납·크롬과 같은 중금속 물질과 결합하여 체외 배설을 촉진시키기도 한다.

(2) 대사에 필수적인 킬레이트

생체내에서 금속이온과 킬레이트를 형성함으로써 중요한 대사작용을 수행하는 종류이다. 예를 들면 hemoglobin이나 cytochrome 효소에서의 Fe, 비타민 B_{12} 중의 Co 등이 이에 속한다.

(3) 무기물의 이용률을 저해하는 킬레이트

많은 금속이온이 생체내에서 어떤 물질과 킬레이트를 형성하게 됨으로써 무기물의 생리적 기능이 저해를 받게 되는 것을 말한다.

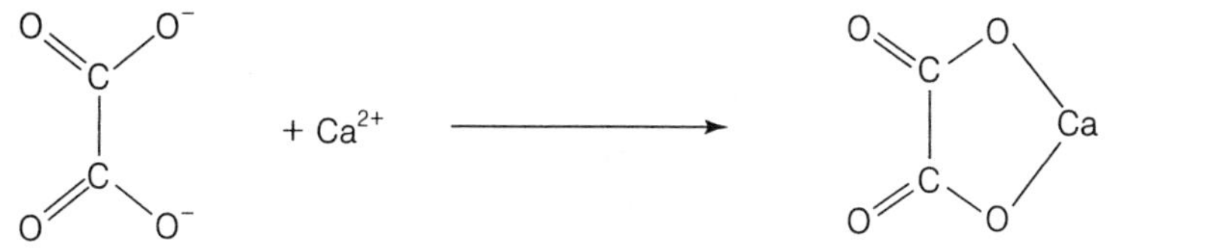

(Oxalic acid) (불용성의 calcium oxalate)

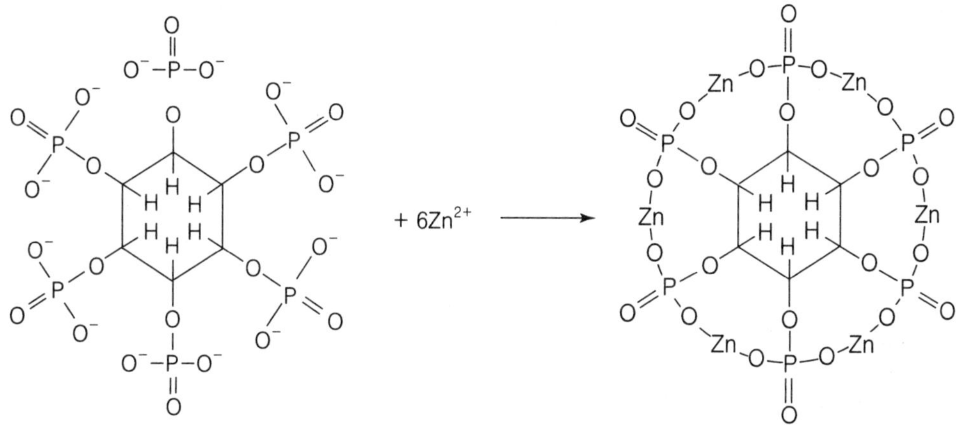

(Phytic acid) (불용성의 zinc phytate)

예를 들면 Zn은 phytic acid와 결합하여 피틴태 아연(zinc phytate)으로 되고, 이것은 장내에서 불용성으로 되어 흡수되지 않는다.

4) 무기물의 분석

일반분석 방법으로서 시료를 550℃에서 2시간 태워 남은 것을 **조회분**(crude ash)이라고 한다. 각각의 무기물은 분광계(spectrophotometer), 원자흡광분석기(atomic absorption analyzer) 등을 이용하거나 또는 특정의 화학분석 방법에 의하여 분석한다.

5) 무기물의 교호작용

무기물이 생체내에서 대사작용에 관여할 때 무기물 상호간의 특별한 관계에 의하여 흡수 또는 이용을 돕거나 저해하는 경우가 있는데, 이와 같은 현상을 무기물의 교

표 6-3. 동물별 무기물의 최대 허용수준

무기물	동물별					
	소	면양	돼지	가금	말	토끼
Aluminum, ppm	1,000	1,000	200*	200	200*	200*
Antimony, ppm	-	-	-	-	-	70~150
Arsenic, ppm						
Inorganic	50	50	50	50	50*	50
Organic	100	100	100	100	100*	100*
Barium, ppm	20*	20*	20*	20*	20*	20*
Bismuth, ppm	400*	400*	400*	400*	400*	2,000
Boron, ppm	150	150*	150*	150*	150*	150*
Bromine, ppm	200	200*	200	2,500	200*	200*
Cadmium, ppm	0.5	0.5	0.5	0.5	0.5*	0.5*
Calcium, %	2	2	1	1.2	2	2
Chromium, ppm						
Chloride	1,000*	1,000*	1,000*	1,000	1,000*	1,000*
Oxide	3,000*	3,000*	3,000*	3,000	3,000*	3,000*
Cobalt, ppm	10	10	10	10	10*	10*
Copper, ppm	100	25	250	300	800	200
Fluorine, ppm	40(Young)	60	150	150(turkey)	40*	40*
	40(Mature dairy)	150		200(chicken)		
	50(Finishing)					
	100					
Iodine, ppm	50	50	400	300	5	-
Iron, ppm	1,000	500	3,000	1,000	500*	500*
Lead, ppm	30	30	30	30	30	30*
Magnesium, %	0.5	0.5	0.3*	0.3*	0.3*	0.3*
Manganese, ppm	1,000	1,000	400	2,000	400*	400*
Mercury, ppm	2	2	2	2	2*	2*
Molybdenum, ppm	10	10	20	100	5*	500
Nickel, ppm	50	50*	100*	300*	50*	50*
Phosphorus, %	1	0.6	1.5	0.8(Laying hen)	1	1
				1.0(Other)		
Potassium, %	3	3	2*	2*	3*	3*
Selenium, ppm	2*	0.2	2	2	2*	2*
Silicon, %	0.2*	0.2	-	-	-	-
Silver, ppm	-	-	100*	100	-	-
Sodium chloride, %	4(Lactating)	9	8	2	3*	3*
	9(Nonlactating)	-	-	-	-	-
Strontium, ppm	2,000	2,000*	3,000	30,000(Laying hen)	2.000*	2,000*
				3,000(Other)		
Sulfur, %	0.4*	0.4*				
Tin, ppm	-	-	-	-	-	-
Titanium, ppm	-	-	-	-	-	-
Tungsten, ppm	20*	20*	20*	20	20*	20*
Uranium, ppm	-	-	-	-	-	-
Vanadium, ppm	50	50	10*	10	10*	10*
Znc, ppm	500	300	1,000	1,000	500*	500*

NRC(1980)

호작용(interaction)이라고 한다. 예를 들면 Ca-P-Mg, Ca-Cu-Zn, Fe-Cu, Fe-Co, Cu-Mo 등은 서로 일정한 관계를 가지고 있다.

Underwood(1976)는 미량원소(microelement, trace element) 간의 교호작용을 다음과 같이 요약하였다.

① Mo와 Cu는 서로 길항작용(antagonism)의 관계가 있다.
② 미량의 As는 Se의 중독을 완화시킨다.
③ Cu는 Fe의 흡수 및 이용을 도와 hemoglobin의 합성을 돕는다.
④ Mo은 S과 같이 Cu가 체내에 축적되는 것을 저해한다.
⑤ Ag・Hg・Cu・Cd 등도 체내에서 Se의 독성을 완화시킨다.

또한, Ca의 적정공급은 Zn과 Cu 사이의 길항작용을 완화시켜 Cu의 부진한 흡수 및 이용에 의한 빈혈을 예방한다. 반면, Ca의 과다 공급은 Zn과 Mn 흡수를 방해하고, 또한 Fe과 Mn을 지나치게 많이 급여하면 P의 이용률을 저하시켜 구루병(rickets)을 유발하기도 한다. 한편 동물별 무기물의 최대 허용수준을 보면 표 6-3과 같다.

2. 무기물의 대사작용

1) 칼슘과 인

칼슘(calcium ; Ca)과 인(phosphorus ; P)은 필수무기물로서 다량원소에 속하며, 동물체를 구성하는 무기물의 70% 이상이다. 이들 두 원소는 대사에 있어서 서로 밀접한 관계가 있으므로 같이 취급한다. Ca과 P의 대사는 3가지 요인이 있다. 즉 ① Ca과 P의 적절한 공급량, ② Ca과 P의 적당한 공급비율, ③ 비타민 D의 작용 등에 의하여 좌우된다. Ca은 동물체의 1.6～2.0%를 차지하고, 그 중 99%가 뼈나 치아에 저장되어 있으며, 나머지는 체액이나 연조직에 존재한다.

체액 중에 존재하는 Ca은 다음과 같이 3가지 형태로 존재한다.

① 단백질과 결합된 Ca : 혈장 및 그 밖의 체액내 Ca의 약 45%를 차지하며, 혈장 단백질인 albumin, globulin 등과 결합하여 교질상태로 존재한다. 이 형태의 Ca은 입자가 너무 커서 세포막을 통과할 수 없으므로 비분산성 Ca(non-diffusilbe calcium)이라고도 한다.

② 이온화된 Ca : 혈장내 Ca의 50%를 차지하며, 3가지 형태의 Ca 중 가장 중요한 생리적 기능을 수행한다. 이 형태는 쉽게 이온화되어 이용될 수 있어 분산성 Ca(diffusible calcium)이라고도 한다.

③ Ca 복합체 : Citrate, sulfate, phosphate 등과 같은 산과 결합한 형태로 혈장 Ca의 5%를 차지하며, 분산성 Ca이다.

(1) 칼슘의 기능

칼슘(Ca)은 생체내에서 여러 가지의 중요한 기능을 가지고 있다. Ca은 발육기에 요구량이 많으며, 성장 후에도 Ca의 계속적인 공급이 필요하다. 왜냐하면 한번 형성된 뼈가 그대로 있는 것이 아니고 분해되고 다시 재생되기 때문이다.

혈액이나 조직내에 순환되는 Ca은 신경자극의 전달, 근육수축, 혈액응고, 세포막 투과시의 조절, 효소의 활성제로서의 역할 등을 담당한다.

가) 뼈와 치아의 형성

뼈의 조성은 동물의 종류·연령·영양상태 등에 따라 약간 다르지만, 대개 성축의 뼈는 수분 45%, 단백질 20%, 지방 10% 및 회분 25%로 구성되어 있다. 뼈는 주로 Ca·P·탄산염(carbonate)·구연산염(citrate) 등으로 되어 있고, 그 밖에 Mg·Na·K·Cl·F 등도 소량 함유되어 있다. 골격의 기본성분은 거의 일정하며, 뼈의 Ca과 P의 함량은 각각 22.5%, 10.5%로서 Ca과 P의 비율은 거의 2 : 1이다. 뼈의 기본구조는 $Ca_{10}(PO_4)_6(OH)_2$이지만, F 또는 carbonate가 OH에 치환될 수 있으며, Mg도 뼈의 구조를 변경시키지 않고 Ca 대신 축적되기도 한다.

사료의 성분조성이 뼈의 회분 함량 자체를 변화시키지는 않지만, 무기물의 조성에는 어느 정도 영향을 끼친다. 구루병에 걸린 동물의 뼈는 Mg의 함량이 정상의 뼈보다 많고, 사료 중 Mg의 함량이 적을 경우에는 뼈 중 Mg의 함량도 적다. 치아의 화학성분이나 무기질 조성도 뼈와 비슷하지만 치아의 에나멜질, 상아질 및 수질(髓質) 사이에는 조성상 현저한 차이가 있다. 예를 들면, 에나멜질에는 수분이 5% 정도 함유되어 있고, 유기질에는 3.5% 정도밖에 함유되어 있지 않다.

방사선 동위원소로 연구한 바에 의하면 혈액과 뼈 사이에는 Ca과 P의 교환이 계속 이루어지며, 특히 연골에서 그 교환이 더욱 활발하게 이루어지고, 치아에서는 Ca과 P의 교환이 거의 이루어지지 않는다. 사료 중에 Ca의 공급이 부족할 경우에는 부갑상선 호르몬(parathyroid hormone)의 분비량이 많아지고, 따라서 골격으로부터 Ca의 이동을 촉진하며, 이때 비타민 D는 1, 25-dihydroxy cholecalciferol[1, $25(OH)_2 \cdot D_3$] 형태로 Ca의 흡수, 이동 및 저장작용에 중요한 역할을 한다(그림 6-1).

혈장 중의 Ca의 농도가 낮아질 경우에는 부갑상선에서 parathyroid hormone (PTH)이 분비되어 이 호르몬이 신장에서 1, 25-dihydroxy cholecalciferol의 합성을 자극하며, 이 1, 25-dihydroxy cholecalciferol이 장으로부터의 Ca의 흡수와 뼈로부터

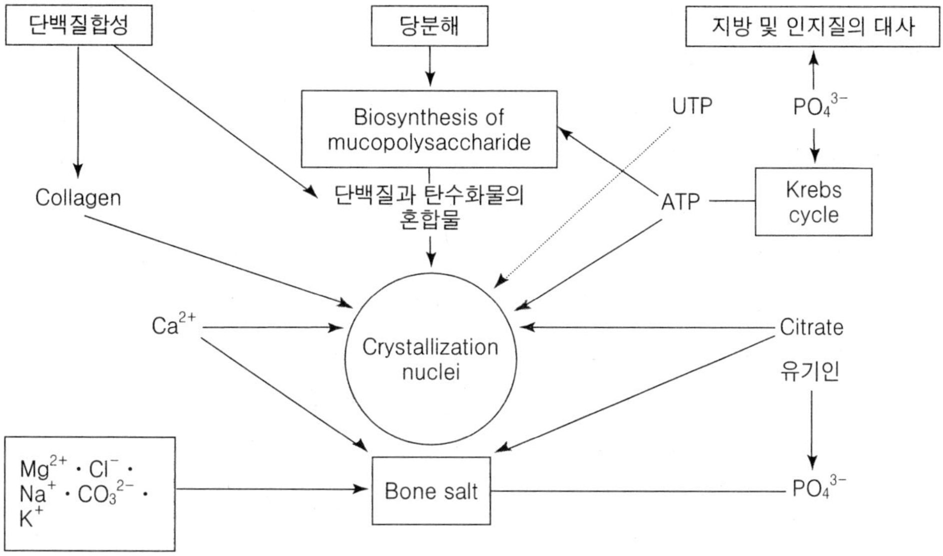

그림 6-1. 골격형성 기작 (Georgievskii, 1982)

의 Ca의 동원을 증가시킨다. 한편, 혈장 Ca의 농도가 높을 경우에는 갑상선의 C세포에서 calcitonin이 분비되어 뼈로부터의 Ca의 동원을 억제한다. 소장에서 Ca의 흡수는 Ca섭취 수준에 의하여 달라지는데, 사료 중 Ca의 함량이 많으면 Ca의 흡수율이 떨어지게 되는데, 이것은 Ca의 흡수가 Ca결합 단백질(Ca-binding protein ; CaBP)에 의하여 조절되며, 비타민 D가 부족할 경우에는 CaBP의 형성이 장해를 받아 Ca 흡수율이 감소하게 되며, 이 경우 Ca 공급량이 충분하여도 뼈의 정상적인 성장이 불가능하게 된다.

Ca이 부족하면 어린 동물은 구루병(ricket)에 걸리고, 성축은 골연증(osteomalacia)에 걸린다. Ca이 부족하거나 비타민 D가 부족할 때 사료 중에 Ca이 충분하게 함유되어 있더라도 사료 중의 Ca 이용이 나빠져서 골격발육이 비정상으로 된다. 구루병은 뼈의 Ca 침착이 정상대로 되지 않는 병으로서, 그 원인으로는 사료 중 Ca이나 P의 어느 하나가 결핍되었을 때, 두 원소 모두 결핍되었을 때, 또는 비타민 D가 부족할 때 발생한다.

동물의 성장이 빠를 때 구루병이 발생하기 쉽다고 알려져 있는데, 그 이유는 근육형성에 P이 다량 필요하기 때문이다. 구루병에 걸리면 혈장 중의 무기태 칼슘이나 인의 농도가 낮아지고, phosphatase의 농도가 높아지며, 또한 분(糞)으로의 Ca과 P의 손실이 증가되는데, 이것은 Ca과 P이 장에서 잘 흡수되지 않기 때문이다. 반면, 뇨(尿) 중의 Ca과 P의 농도가 감소된다. 구루병의 증세는 송아지와 돼지에서 가끔 나타나는데, 외관상으로 볼 때 성장률이 떨어지고, 걸음걸이가 뻣뻣해지며, 관절 부근이 부풀어 커 보이고, 통증을 느낀다.

Ca을 다량 필요로 하는 성축에서 그 공급이 뒤따르지 못할 경우에는 우선 연골내에 비축되어 있는 Ca이 모두 동원되고, 나중에는 장골의 Ca도 동원된다. 이와 같은 경우에는 장골이 연해지고 약해지는데, 이와 같은 현상을 **골연증**(osteomalacia)이라고 하며, 이것은 주로 임신한 동물이나 또는 비유중인 젖소에서 발생한다. 골연증이 발생하는 원인으로는 Ca과 P의 결핍, Ca과 P의 흡수불량, 부갑상선(parathyroid)기능의 과다(갑상선 기능항진증, hyperthyroidism) 등을 들 수 있다. 또한 성축에서 Ca의 흡수가 원활하지 못하여 발생하는 골연증을 **골다공증**(osteoporosis)이라고 한다. 성축의 골연증은 osteoporosis이든 osteomalacia이든 간에 모두 뼈가 약해지고, 뼈조직 내의 유기물이 부족하여 뼈가 쉽게 부스러지거나 부러진다.

나) 신경자극의 전달

신경자극이 신경과 근육의 접합부위에 도달하면 신경의 말단에서 acetylcholine이 방출되어 신경과 근육 사이의 교량역할을 하면서 신경자극이 근육에 전달되도록 한다. 이때 Ca^{2+}의 농도가 크게 낮아지면 방출되는 acetylcholine의 함량이 떨어져서 신경자극의 전달이 원활하지 못하게 된다. 젖소에서 Ca이 결핍되거나 Mg이 과다할 경우에는 신경자극이 근육에 전달되지 못하여 근육마비 증상이 나타날 수 있으며, 이때 Ca^{2+}을 주사하면 이 증상이 치료된다.

다) 근육수축

Ca^{2+}은 근육수축의 조절인자로서 작용하는데, 근육 중 Ca이 결합하는 Ca-binding protein은 횡문근(striated muscle)에서는 troponin C이고, 평활근(smooth muscle)에서는 calmodulin이며, 이 두 성분은 단백질이다. Ca에 의한 근육수축 조절작용은 그림 6-2에서 보는 바와 같다. 즉, 포유동물의 평활근에서는 근육수축시 myosin과 F-actin을 결합시키는 데 필요한 P-light chain을 인산화시키는 myosin light chain kinase를 활성화시키는 데 Ca^{2+}이 필요하며, 이 경우에 Ca^{2+}과 calmodulin이 서로 결합된 형태인 Ca^{2+}-calmodulin이 필요하다(그림 6-2).

라) 혈액응고

Ca은 혈액응고의 과정에서 필수인자이다. 신선한 혈액을 수산(oxalic acid)이 함유되어 있는 시험관에 넣으면 혈액이 응고되지 않는데, 이것은 혈액 중의 Ca이 oxalic acid와 결합하여 불용성염으로 되어 Ca이 혈액 응고과정에 관여하지 못하게 되기 때

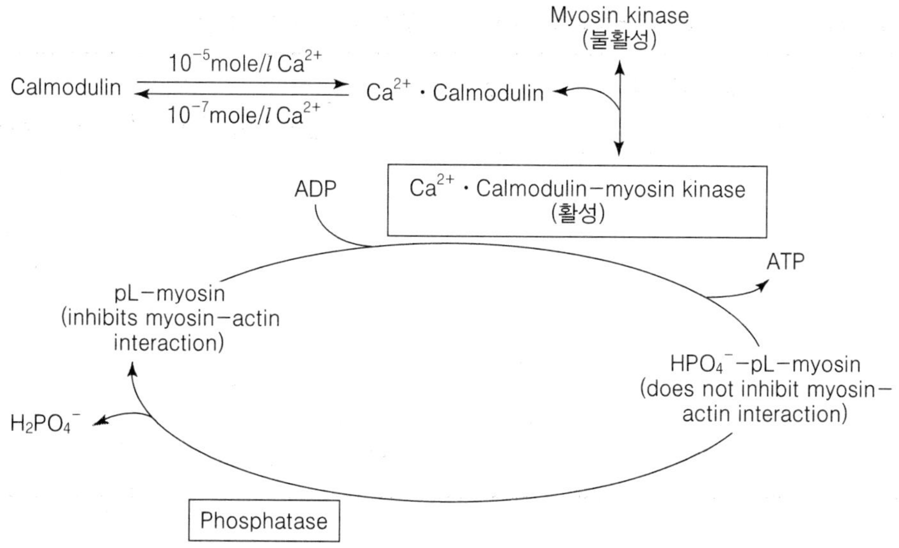

그림 6-2. Ca 이온에 의한 근육수축 조절작용(Adelstein과 Eisenberg, 1980)

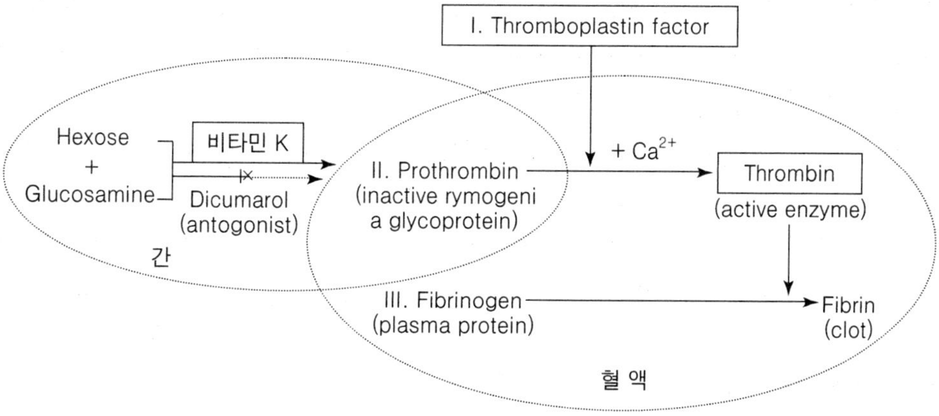

그림 6-3. 혈액응고 기전

문이다. Ca은 prothrombin이 thrombin으로 전환하는 데 필요하다(그림 6-3).

마) 유열발생

젖소에서 건유기 때 Ca과 P의 비율이 맞지 않을 경우나 분만 후의 Ca 섭취량이 적을 때에 혈액내의 Ca 함량이 급속하게 감소하여 Ca 대사장애 증상인 유열(乳熱)이 발생하는데, 특히 고능력우에서 나타나기 쉽다. 유열발생을 줄이는 방법으로서는 건유기 때 Ca을 정상 급여량의 1/3 이하로 줄여 급여하는 것이 좋다(표 6-4).

표 6-4. 분만 2주 전의 Ca과 P의 급여량이 유열발생에 미치는 영향

우 군 (젖소)	Ca 급여량 (g)	P 급여량 (g)	유 열	
			발병 두수(두)	발병률(%)
I	40	27	2 / 17	12
	18	28	0 / 14	0
II	46	51	6 / 14	43
	15	30	0 / 10	0
III	162	60	7 / 11	64
	14	25	0 / 6	0
IV	173	60	5 / 18	28
	13	27	0 / 7	0

Wiggers 등(1975)

바) 기타 작용

Ca은 앞에서 설명한 작용 이외에도 세포막의 유지, pancreatic lipase, 혈장 중의 lipoprotein lipase, phospholipase A, phosphorylase kinase 등과 같은 효소의 활성제(activator)로서의 작용을 수행한다.

체액 중의 Ca은 정상세포의 DNA 합성에도 영향을 끼치는데, 이러한 Ca 작용에는 calcium binding protein인 calmodulin이 관여한다.

Ca은 이외에도 세포막의 조성과 작용, 혈액 중 Ca의 농도를 조절하는 호르몬의 분비, Sr-90의 흡수방지, 장내에서의 비타민 B_{12}의 흡수 등에 관여하기도 한다.

(2) 인의 기능

인(P)은 80%가 뼈와 치아에 함유되어 있고, 20%가 체내에 존재하며, 혈액에는 100 ml당 35~45 mg의 P이 함유되어 있다.

대부분의 Ca이 혈청에 함유되어 있는데 반하여 대부분의 P은 적혈구(erythrocyte)에 함유되어 있고, 100 ml의 혈구에는 4~5 mg의 무기태 인(無機態燐)이 함유되어 있다. P의 뼈와 치아형성 이외의 기능으로서는 다음과 같은 것을 들 수 있다.

① 탄수화물 · 지방 및 단백질의 대사에 절대적으로 필요한 고에너지 결합물인 ATP, phosphocreatine 등의 구성성분이다.

② 핵산인 DNA 및 RNA의 구성성분이다.

③ 탄수화물의 대사에서 우선 glucose가 glucose-6-phosphate로 전환되어야만 다음

대사과정이 진행되는데, 이때 무기태 인이 필요하다.

④ Lecithin, cephalin 등과 같은 인지질의 구성성분이다.

⑤ 소장으로부터의 당류의 흡수를 돕고, 신장에서의 glucose의 재흡수를 돕는다.

⑥ Phosphate는 체내의 산과 염기의 평형을 유지하는 데 중요한 역할을 한다.

(3) 칼슘과 인의 흡수 및 배설

Ca과 P의 흡수는 많은 요인들에 의하여 영향을 받는다. Ca은 대부분의 동물에서는 주로 십이지장과 공장에서 흡수된다. 이 흡수는 에너지를 필요로 하는 능동운반과 수동운반에 의하는데, 사람과 쥐에서는 사료 중 Ca의 약 50%는 능동운반에 의하여 흡수된다.

사료 중의 Ca 함량이 증가하면 Ca 흡수율은 떨어지나 사료 중의 Ca 함량이 정상적인 범위 내에서는 절대흡수량은 거의 일정하다. 우선 Ca과 P이 섭취되면 흡수정도는 소장벽과 접촉하는 부위의 용해도에 따라 좌우된다. 일반적으로, Ca의 50% 정도가 흡수되고, 50% 정도는 분으로 배설되며, 사료 중의 곡류 중에 존재하는 P의 20~60% 정도가 체내 흡수되는 것으로 알려져 있다.

① 우선 산성용매일 때 흡수가 잘 되는데, 그 이유는 불용성인 제3 인산칼슘(tri-calcium phosphate)의 생성을 방지하기 때문이다. 유당이 Ca의 흡수를 증진시키는데, 유당과 Ca를 소장에 같이 주입하였을 때 흡수가 증진되었으며, 특히 회장에서 효과가 크게 나타났다는 사실로 인정되고 있다. 유당이 Ca의 흡수에 어떠한 기작으로 영향을 끼치는가에 대해서는 학설이 정립되어 있지 않지만, 유당이 장내의 점막에 영향을 끼쳐서 Ca의 투과성을 증진시킨다는 것이 유력한 가설로 인정되고 있다.

② Phytic acid는 Ca과 결합하여 불용성 Ca phytate 복합체를 형성하여 Ca의 흡수를 떨어뜨린다. 곡류 중의 P은 60~70%가 피틴태로 함유되어 있으므로 잘 흡수되지 않으며, 일반적으로 표 6-5에서 보는 바와 같이 곡류 및 그 부산물에는 유기태의 피틴태 산이 60% 이상 함유되어 있다. 대동물에서는 phytase가 있어 phytic acid와 무기물을 분해하므로 피틴태 인이 어느 정도 이용되지만, 소동물일수록 이용률이 떨어진다. 반추동물의 반추위 내에서는 이러한 가수분해가 용이하게 일어나며, 유기태 인이라도 무기태 인과 비슷하게 이용된다. 그러나 단위동물이나 가금에서는 이러한 가수분해 과정이 어렵기 때문에 닭의 경우 피틴태 인의 이용률은 30% 정도이다. 이는 소장 내에 phytate 분해효소가 없거나 있더라도 활성이 낮기 때문이다(표 6-5).

표 6-5. 주요 사료의 피틴태 인의 함량 (단위 : %)

구 분	옥수수	보 리	밀	밀기울	콩	알팔파분말	어 분
총 인함량 피틴태 인의 함량	0.31 63	0.42 65	0.36 55	0.48 70	0.59 62	0.20 2.5	2.81 0

③ Oxalic acid도 Ca의 흡수를 저해한다. 즉, oxalic acid가 많이 함유되어 있는 시금치나 사탕무(beet)를 섭취하면 oxalic acid가 Ca과 결합하여 불용성의 옥살산칼슘 복합체를 형성하므로 Ca의 흡수가 저하된다.

④ 지방을 과다하게 섭취할 경우에도 Ca이 지방과 결합하여 불용성의 지방산 calcium soap을 형성하므로 Ca의 흡수가 저하된다.

⑤ Ca과 P의 비율이 맞지 않고, 그 중 한 원소가 과다할 경우에는 Ca과 P의 흡수가 서로 방해를 받는다. 이것은 어느 한쪽 원소가 과다할 경우 다른 원소와 결합하여 불용성인 제 3 인산칼슘을 형성하기 때문이다.

⑥ Fe · Al · Mg 등이 다량 함유되어 있으면 이들이 불용성의 인산염을 형성하여 P의 흡수를 저하시킨다.

⑦ Phytic acid가 다량 함유되어 있는 곡류를 섭취하면 phytic acid가 Ca과 결합하여 불용성의 피트산칼슘(calcium phytate)을 형성함으로써 Ca의 흡수를 저하시킨다.

⑧ 비타민 D(실제로는 1, 25-dihydroxycholecalciferol)는 Ca과 P의 흡수를 돕는다. 따라서 비타민 D가 부족하면 Ca과 P의 흡수가 저하된다.

⑨ Ca 흡수는 능동운반에 의하여 소장의 상단부에서 이루어지며 1, 25-dihydroxycholecalciferol에 의하여 조절된다.

⑩ Ca과 P의 이용률은 체중에 따라 다른데, 돼지의 경우에는 어릴 때일수록 이용률이 높다(표 6-6).

표 6-6. 돼지의 Ca과 P 이용률 (단위 : %)

구 분	체 중(kg)				
	5~10	10~20	20~35	35~60	60~100
Ca P	80 70	60 50	50 50	50 40	45 40

동물 체내의 Ca은 분과 뇨 및 땀으로 배설된다. 분 중으로 배설되는 Ca에는 흡수되지 않은 부분과 주로 장점막에서 유래된 내인성 부분이 포함되는데, 이 내인성 Ca은 전체 분 Ca 중 20~30% 정도 된다. 사료 중 Ca에서 분으로 배설되는 Ca를 제외한 Ca 흡수율은 50% 정도 되고, Ca 섭취량이 증가하면 이 흡수율은 떨어진다. 뇨로 배설되는 Ca은 분으로 배설되는 Ca보다 상당히 적으며, 땀으로 배설되는 Ca은 극히 적다.

(4) 칼슘과 인의 공급원

곡류는 대체로 Ca의 함량이 적고, 조사료 특히 두과 목초는 Ca의 함량이 많다. 그리고 곡류 중에는 P이 다량 함유되어 있지만, 대부분 피틴태 인이기 때문에 이용률이 낮다. 탈지분유나 육골분은 Ca과 P의 좋은 공급원이다.

사료 중에 Ca과 P의 함량이 요구량보다 부족할 경우에는 무기태 Ca과 P의 공급제를 첨가해야 하는데, 널리 이용되고 있는 Ca 및 P의 공급제는 표 6-7에서 보는 바와 같다.

표 6-7. Ca과 P의 공급제 (단위: %)

구 분	Ca	P	F
증자한 골분	24.0	12.0	0.05
생골분	22.0	10.5	-
제 2 인산칼슘	24.0	18.5	0.01~0.05
제 3 인산칼슘	38.0	18.0	-
제 1 인산칼슘	-	22.5	-
탈불인광석	33.0	18.0	0.05~0.3
인광석	29.0	13.0	3.5
패 분	38.0	-	-
석회석	38.0	-	-
탄산칼슘	40.0	-	-

2) 마그네슘

마그네슘(magnesium ; Mg)은 필수무기물로서 다량원소에 속하며, 체내에는 Ca 및 P 다음으로 많이 함유되어 있으며, 그 분포와 작용은 Ca 및 P과 유사하다. Mg은 뼈 중에 약 0.5~0.7% 정도 들어 있으며, 그 중 70%가 뼈 중에 함유되어 있고, 나머

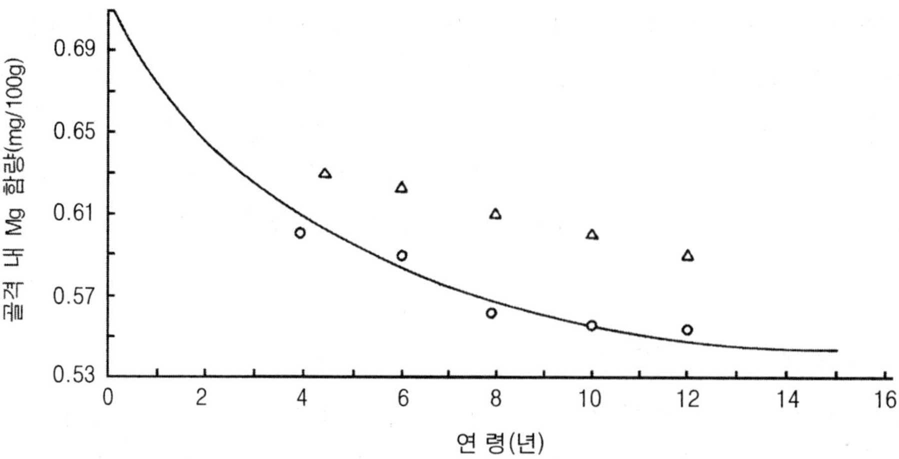

그림 6-4. 젖소의 나이에 따른 골격내 Mg 함량의 변화 (Hammer, 1962)

지 30%는 체액과 연조직에 함유되어 있으며, 뼈 중에 함유되어 있는 Mg의 1/3 정도가 섭취량이 부족할 경우 연조직으로 동원될 수 있다.

동물의 종류에 따라 다르기는 하지만 혈액 100 ml당 2~5 mg의 Mg이 함유되어 있으며, 이 중 75%는 적혈구에 들어 있고, 25%는 혈청에 들어 있다. Mg은 소장의 말단부인 회장에서 흡수되고 분과 뇨로 배설된다. 그리고 Mg염은 대체적으로 불용성이므로 섭취한 Mg의 55~60% 정도가 흡수되며, 흡수된 Mg의 약 95%는 뇨로 배설된다. 또한 Mg과 Ca은 흡수경로가 같으므로 그 중 어느 한 원소의 함량이 적을 때 다른 원소의 흡수를 증진시킨다.

골격내의 Mg 함량은 동물의 종류, 나이 및 사양방법에 따라 다른데, 어린 동물일수록 성숙한 동물에 비하여 골격에 함유되어 있는 Mg의 양이 많다(그림 6-4).

Mg의 주요 작용은 다음과 같다.

① 골격 및 치아 등과 같은 경골조직의 구성성분이다.
② 에너지 대사과정 중에서 여러 가지 효소(특히, kinase)를 활성화시키고, 또한 인산화 반응에 촉매작용을 한다.
③ 세포질내의 ribosome에 작용하는 RNA가 ribosome에 부착되는 것을 촉진함으로써 단백질 합성에 영향을 끼친다.
④ 아미노산의 활성화와 DNA의 합성 및 분해에 영향을 끼친다.
⑤ 신경세포의 세포외액에 신경의 충격을 전달하고 근육이 수축할 수 있도록 한다.
⑥ 체세포내의 양이온으로서 삼투압과 전해질 농도의 차이로서 체세포의 조직액과 영양소의 이동을 원활하게 한다.

⑦ 체내대사 과정 중 methyl기를 전달하고, acetate 및 formate를 활성화시킨다.
⑧ Kinase, mutase, choline esterase, alkaline phosphatase, thiokinase, enolase, isocitric dehydrogenase, leucine aminoperptidase, glutaminase 등의 활성에도 관여한다. 이들 효소들은 Mg가 부족하면 활성도가 떨어진다.
⑨ 유지율을 향상시킨다. 고능력우에서 농후사료를 과다하게 급여하면 유지율이 저하되는데, 이때 MgO을 첨가하면 반추위내 휘발성 지방산의 농도 및 구성비율이 변화되고, acetic acid의 흡수가 증가되어 유지율이 향상되며, 반추위내 pH를 높여 반추위 산중독증(rumen acidosis) · 간농양(liver absecee) 등의 질병이 예방된다.

Mg의 공급이 부족하면 혈관이완, 심한 불안, 경련 등을 일으키며 나중에는 폐사한다. 또한 Mg이 부족할 경우에는 혈액 중의 Mg 함량이 감소되어 테타니(tetany)가 발생하는데, 이것을 Mg-tetany라고 한다. 돼지에서도 Mg이 결핍되면 불안해하고, 서 있는 것을 싫어하며, 균형을 읽고, 테타니에 걸려 죽게 된다. 뉴질랜드나 네덜란드에서는 송아지를 방목장에 방목하면 때로는 그래스 테타니(grass tetany)가 발생한다고 한다.

그래스 테타니는 반추동물의 혈청 중의 Mg 함량이 정상 수준(1.0～3.0 mg/100ml)에서 갑자기 낮은 수준(0.4～0.9 mg/100 ml)으로 저하되고, 임상적으로 강직 · 마비 · 의식상실 등의 증상이 나타나며, 심할 경우에는 폐사에 까지 이르는 것이 특징이다. 그래스 테타니는 대개 사료 중에 Mg의 함량이 결핍되어 있거나, 봄철에 방목을 시킬 때 발생하기도 하고, 또한 동물의 체내에서 K 함량이 높으면 Mg의 흡수장애가 일어나서 발생하기도 하며, 조사료 중에 Al 함량이 2000～6000 ppm 이상으로 높거나 또는 체내 대사의 이상시에 발생하기도 한다.

표 6-8. Mg 공급제의 Mg 함량

공 급 제		Mg 함량(%)
산화마그네슘	MgO	60.3
탄산마그네슘	$MgCO_3$	28.8
수산화마그네슘	$Mg(OH)_2$	40.9
황산마그네슘	$MgSO_4 \cdot 7H_2O$	9.9
염화마그네슘	$MgCl_2$	25.5
마그네슘석회석($CaMg(CO_3)_2$	Dolomite	9.9

Cook(1973)

Ca과 P이 Mg의 흡수에 미치는 영향에 있어서 사료 중 Mg의 함량이 적당하더라도 Ca과 P의 수준을 높이면 Mg 결핍증상이 나타난다는 사실이 많은 실험에서 나타났다. 이것은 Mg의 흡수율이 낮아지기 때문이며, 따라서 분으로 배설되는 Mg의 양이 많아진다.

사료 중 Mg의 함량은 Ca과 P의 공급량이 과잉되지 않고 적량일 경우에는 건물량의 0.06% 정도이면 충분하다. 대부분의 사료가 건물량의 0.1% 이상 Mg을 함유하고 있으므로 정상 사료일 경우에는 Mg의 결핍이 발생하지 않는다. Mg의 주요 공급원은 곡류·조사료 및 Mg 공급제이며, 곡류 중의 Mg 이용률은 30～40%로서 조사료 중의 Mg 이용률보다 높다. 조사료내의 Mg 이용률은 평균 17% 정도로서 다른 영양소의 이용률과는 달리 어린 식물의 Mg 이용률이 완숙기의 Mg 이용률보다 낮다. Mg 공급제의 Mg 함량은 표 6-8에서 보는 바와 같다.

3) 칼륨, 나트륨 및 염소

칼륨(potassium ; K), 나트륨(sodium ; Na) 및 염소(chlorine ; Cl)는 필수무기물로서 다량원소에 속하며, 주로 연조직과 체액에 함유되어 있는데 Na과 Cl는 주로 혈장과 같은 체액에 함유되어 있고, K은 세포에 약 90% 정도 함유되어 있으므로 동물체에는 절대량으로 보아 K이 Na보다 약간 더 많다. K은 세포에 함유되어 있으므로 Na보다 손실이 적어 체내 보유능력이 높다. 이 3가지 무기물은 전해질로서 공통적으로 삼투압과 산·염기의 평형을 유지하고, 영양소의 세포내 통과를 조절하며, 물의 대사에 영향을 끼친다(표 6-9).

표 6-9. 체액 중의 양이온과 음이온의 함량 (단위: mEg/ℓ)

구 분	체 액			구 분	체 액		
	혈 장	세포간액	세포내액		혈 장	세포간액	세포내액
양이온				음이온			
Na^+	142	145	10	Cl−	103	177	3
K^+	4	4	159	HCO^{3-}	28	31	10
Ca^{2+}	5	3	1	HOP_4^-, $H_2SO_4^{2-}$	4	4	75
Mg^{2+}	2	2	40	SO_4^{2-}	1	1	2
				단백질	17	-	45
				기타 유기물질	-	1	75
계	153	154	210	계	153	154	210

Guyton(1966)

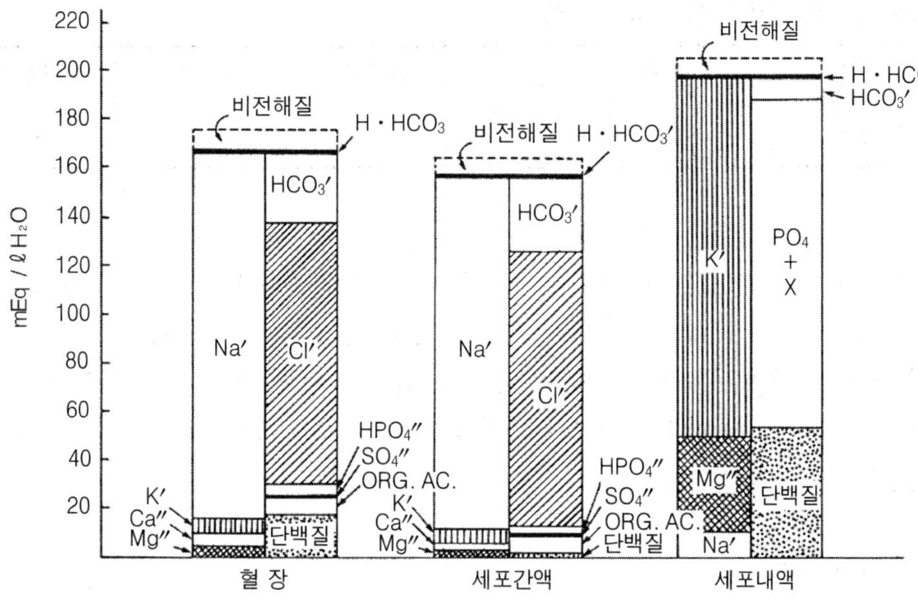

그림 6-5. 혈장과 체액내의 전해질의 함량 (Gamble, 1954)

혈장 · 세포간액(interstitial) · 세포내액(intracelular) 중의 Na · Cl과 K의 분포를 보면 그림 6-5에서 보는 바와 같이 Na^+이 혈장과 세포간액 양이온의 대부분을 차지하며, K^+은 세포내액 양이온의 대부분을 차지하고 있다.

반면 Cl-은 혈장과 세포간액 음이온의 대부분을 차지하지만, 세포내액에서는 $PO4^{3-}$과 단백질이 음이온의 대부분을 차지하며, 혈장 · 세포간액 및 세포내액에서 양이온과 음이온이 평형을 이루고 있다.

(1) 칼 륨

칼륨(K) 이온은 세포내에 가장 많이 함유되어 있는 양이온이며, 사람의 혈액에는 혈장에 함유되어 있는 양의 10배에 달하는 K^+이 함유되어 있다(표 6-10). K^+은 근육에서도 중요한 역할을 하는데 그 함량은 Na^+ 함량의 6배에 달하고, Na^+과 마찬가지로 소장 상부에서 흡수되며 뇨로 배설되고, 삼투압과 산 · 염기의 평형을 유지하는 작용을 한다.

K의 체내 작용은 ① 세포의 삼투압 유지, ② 산 · 염기의 평형유지, ③ 신경자극의 전달, ④ 에너지 발생과 단백질 합성에 관여한다.

동물의 경우, 일반 사료에는 K이 부족되는 일이 없지만, K이 결핍된 사료를 급여하면 결핍증상으로서 근육이 약화되고 무기력하게 된다. 동물의 K 요구량은 사료 고

표 6-10. 체액과 체조직 중의 칼륨 함량

구 분	혈 액	혈 장	세포질	근 육	신경조직
칼륨 함량(mg/100 g)	200	20	440	250~400	530

형물의 0.2~0.3%이므로 보통 사료로서 이 요구량이 충족된다. 특히 식물은 Na보다 훨씬 많은 양의 K을 함유하고 있으므로 K을 다량 섭취하면 Na 결핍을 초래하는 수가 있다. K은 체내에서 pyruvic acid kinase, fructokinase, ATPase, cholinesterase, galactosidase, hexokinase의 보조인자로 작용한다. 사료 중의 K 함량이 높아지면 반추동물에서 Mg 흡수가 감소한다.

(2) 나트륨

나트륨(Na)은 동물체에 약 0.2% 함유되어 있으며, 그 중 일부(1/3)는 뼈에 함유되어 있어 불용성의 형태로 존재하지만, 대부분(2/3)이 체액에 함유되어 있어서 활발하게 대사에 관여한다(표 6-11).

섭취한 Na의 약 95%는 소장 상부에서 흡수되고, 배설은 주로 뇨를 통하여 이루어지며, Na 결핍 증상으로는 단백질과 에너지의 이용률이 저하되고 번식이 중지되며, 산란계의 경우에는 산란율이 저하되고 체중이 감소되며 카니발리즘(cannibalism)이 나타난다. 또한 Na이 부족하면 체액 중의 Na의 농도가 낮아져 그 체액의 삼투압이 낮아지고, 따라서 체액 중의 수분이 세포내로 이동하여 혈액을 포함한 체액의 양이 감소되어 혈압이 낮아지게 된다. 즉, Na 섭취량이 과다하게 되면 고혈압에 걸리게 된다.

부신피질호르몬인 aldosterone은 신장에서의 Na 재흡수를 촉진하여 Na의 보유능력을 높이는 작용을 하고, 또한 신장에서의 K의 배설을 촉진시키기도 한다. Na의 체내에서의 작용은 ① 삼투압의 조절, ② 산·염기의 평형유지, ③ 세포막의 전위유지, ④ 신경자극의 전달, ⑤ 아미노산, glucose, pyrimidine 및 담즙산염의 흡수과정에 관여한다.

일반적으로 동물의 조직은 Na을 다량 함유하고 있지만, 식물성 식품은 Na의 농도가 낮은 반면 K이 풍부히 함유되어 있다. K을 다량 섭취하면 뇨로 배설되는 Na의 양이 증가되며, 따라서 K이 풍부히 함유되어 있는 사료를 다량 섭취하는 초식동물의 경우에는 항상 Na의 양이 부족되지 않도록 소금(NaCl) 공급에 유의해야 한다.

소, 돼지 및 닭에서 NaCl의 이용률은 100%이다. 보통 사료 중에는 요구량을 충족

표 6-11. 체액과 체조직 중의 나트륨 함량

구 분	혈 액	혈 장	세포질	근 육	신경조직
나트륨 함량(mg/100 g)	160	330	85	60～160	312

시킬 만한 양의 Na이 함유되어 있지 않으므로 사료 배합시에 소금을 0.5% 정도 첨가하는 것이 좋다.

(3) 염 소

염소(Cl)는 세포 내외에 존재하며, 혈구 중의 양은 혈장 중의 양의 1/2이다. 체내에 함유되어 있는 Cl의 15～20%가 유기태로 존재하며, 혈액 중에는 NaCl으로 존재한다. 체액에서 Cl^-은 총 음이온량의 2/3 정도를 차지하고 있지만, 세포내에서는 그 비중이 낮고 대신 phosphate($PO4^{3-}$)가 2/3 정도를 차지한다.

Cl의 산·염기의 평형 이외의 중요한 역할은 위액 내에서 H^+이온과 결합하여 HCl(위산)을 공급하고, 또 타액에도 Cl-이 함유되어 있어 타액 amylase의 활성제로 작용한다(그림 6-6).

병아리에서 Cl의 결핍증상으로는 극도로 발육이 떨어지고 폐사율이 높아지며, 혈액 중의 Cl 농도가 크게 낮아진다고 한다. 사람의 경우에는 구토로 위액이 많이 배출되면 Cl 손실량이 Na 손실량을 초과하게 되어 혈장 중의 Cl 농도가 낮아져서 중탄산염

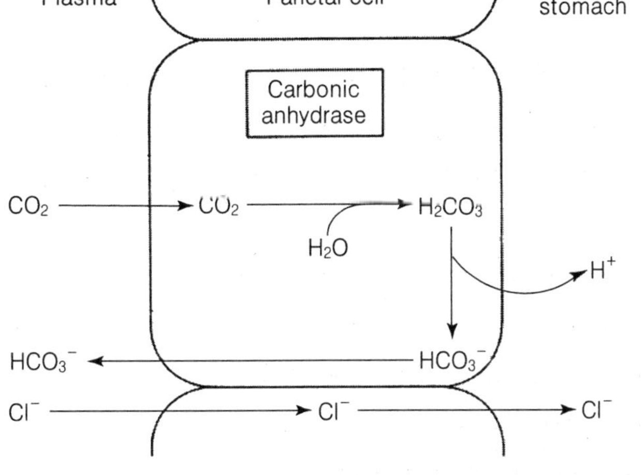

그림 6-6. 위산(HCl)의 생성

이 증가하게 되고, 또한 설사를 할 경우에는 Cl가 손실된다. 대부분 동물의 Cl 요구량은 0.05~0.1%이다. Cl의 공급원으로는 NaCl이 가장 많이 사용되며, 요결석을 방지하기 위하여 KCl과 NH_4Cl이 사용되기도 한다.

4) 황

황(sulfur ; S)은 필수무기물로서 다량원소에 속하며, 아미노산인 cystine, cyteine, methionine 등의 구성성분이며, 따라서 S의 대사는 N의 대사와 관련이 있다. S은 체내에서 대부분이 함황아미노산에 존재하지만, 일부는 혈액 중에 sulfate($SO4^{2-}$)로 존재하여 체액의 음이온의 역할을 담당한다. 동물체는 S을 약 0.15~0.2% 함유하고 있는데, 주로 유기태 즉, 이황산(disulfuric acid, $H_2S_2O_7$)의 형태, 그리고 일부는 무기태, 즉 황산염과 티오황산염(thiossulfate)의 형태로 존재한다.

함황유기물에는 함황아미노산(methionine, cystine, cysteine)과 그 유도체, thiamin · biotin 등과 같은 비타민, insulin · prolactin 등과 같은 호르몬이 있고, 그 밖에 mucin · heparin · glutathione과 coenzyme A 등에도 함유되어 있다. 조직별로 보아 S은 근육 · 혈액 · 신경 · 피부와 털 · 뿔 · 담즙 · 뇨 · 타액 · 젖 · 정충 등에 함유되어 있다.

-SH기는 대부분 효소의 활성유지에 필요한데, 그 중 가장 중요한 것은 조효소 A (coenzyme A, Co A)이다. -SH기를 가진 효소가 산화작용을 받아 S-S결합을 하게 되면 효소로서의 활력을 잃으며, S-S결합은 glutathione에 의해 환원되어 다시 활성화된다. 또한, Hg이나 As와 같은 금속이 -SH기와 결합하게 되면 효소는 완전히 활성을 잃는다. 담즙산의 구성성분인 taurocholic acid의 합성에 필요한 taurine도 S을 함유하고 있으며, 이것은 cysteine으로부터 생성된다. S는 Mo와 함께 Cu의 체내 축적을 방해한다.

S이 결핍되면 모발 · 발톱 · 뿔 등과 같은 S이 많이 함유되어 있는 단백질의 합성에 지장을 받게 되고, 또한 무기태 황이 결핍되면 함황아미노산의 요구량을 증가시키게 된다. 그리고 반추동물에서 S이 결핍되면 사료섭취량이 감소되고 섬유소의 소화율이 낮아진다.

S이 결핍되면 ① 사료섭취량 및 체중의 감소, ② 미생물 단백질 합성량의 감소, ③ cellulose 소화율의 저하, ④ NPN(nonprotein nitrogen compound)의 이용률 감퇴, ⑤ 털의 발육 불량 및 탈모 등의 증상이 나타난다. 가금류는 깃털에 함유황아미노산이 높기 때문에 포유류보다 S 요구량이 더 높다.

반추동물 사료 중의 S과 N 함량의 비율은 1 : 10 정도가 적당하며, 반추위내에 들

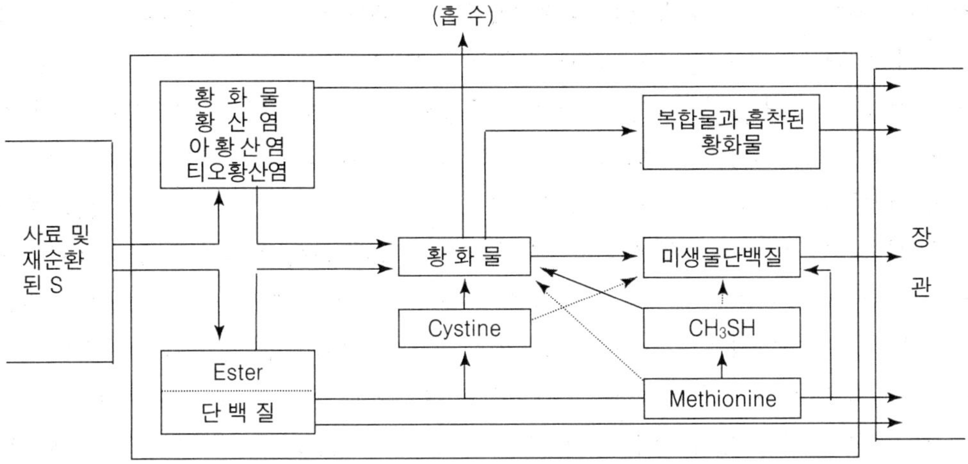

그림 6-7. 반추위내 S대사의 주요 과정 (Bray, 1978)

어간 S은 황화물로 전변되어 흡수되거나, 그 중 약간이 미생물 단백질과 황화물복합체를 형성하여 장관을 지나 이용된다(그림 6-7).

S의 공급은 단위동물은 유기태 황(cystine, methionine)에 의존하고, 반추동물은 1위내 미생물이 무기태 황을 유기태 황으로 변경 가능하다. S는 소장상부에서 흡수되고, 이용효율은 소, 돼지 및 닭에서는 유기태 황(methionine)은 100% 이용이 되나 원소 형태의 S는 30～40% 정도 이용이 된다.

뇨로 배설되는 S에는 다음과 같은 3가지 형태가 있다.

① 무기태 황(sulfate)의 형태로 배설되는 것으로서 그 배설량은 섭취한 단백질의 양에 비례하며, 그 비율은 뇨 중 N와 무기태 sulfate와는 5 : 1 정도이다.

② 복합 sulfate(conjugated sulfate)의 형태로 배설되는 것으로서 그 배설량은 뇨로 배설되는 총 S양의 10% 정도이며, phenol과 cresol sulfuric acid indoxyl 및 skatoxyl sulfuric acid 등이 이에 속한다. 복합 sulfate는 단백질 대사산물이다.

③ 중성황(neutral sulfur)은 불완전 산화된 S으로서 cystine, taurine thiocyanate sulfide 등과 같은 것을 말하며, 그 양은 뇨 중의 총 S 양에서 무기태 황과 복합 sulfate를 뺀 양이다.

5) 망 간

망간(manganese ; Mn)은 필수무기물로서 미량원소에 속하며, Ca이나 Mg과 마찬가지로 뼈에 많이 함유되어 있고, 뇌하수체·유선·간 등에도 함유되어 있으며, 그

밖의 각 기관에는 아주 소량 함유되어 있다. 즉, 뼈·간·유선 등에는 2 ppm 이상, 신장·췌장·장 등에는 1 ppm 이하 함유되어 있다.

보통 사료 중에 함유되어 있는 Mn의 흡수율은 낮은 편(10% 이하)이며, 소의 경우 1% 정도이다. Ca과 P을 과다하게 섭취하면 Mn의 흡수를 감소시킨다. Mn은 Mn^{2+}나 Mn^{3+}로 산화되어 흡수되며 모든 조직으로 신속하게 운반된다. Mn은 담즙을 통하여 분으로 배설되며, Mn의 배설은 사료 중의 Mn의 양에 의하여 영향을 받고 다른 금속 이온의 영향은 받지 않는다. Mn의 흡수와 배설에는 담즙산과 같이 킬레이트(chelate)를 형성할 수 있는가에 따라 다르다. Mn은 담즙과 결합한 상태로 재흡수된다. Mn은 이와 같이 완전히 배설되기 전에 몇 번이나 체내에서 재순환 될 수 있다.

Mn은 뼈의 형성에 필요한데, 그 이유는 mucopolysaccharide로 되어 있는 뼈의 간질의 발육에 필수적으로 필요하기 때문이다. Mn은 mucopolysaccharide의 구성성분인 chondroitin sultate의 형성에 필요하며, Mn이 결핍된 닭은 연골 속의 chondroitin sultate의 함량이 크게 감소되어 있고, 따라서 뼈의 간질이 결핍되어 있다.

또한, Mn은 많은 효소의 활성제(activator)로 작용한다. 즉, arginase, cysteine desulfhydrase, thiaminase, caunosinase, deoxyribonuclease, enolase, intestinal pro-linase, glycylleucine dipeptidase, pancreatic lipase, galactokinase, malic enzyme, oxalosuccinic carboxylase 등의 활성제로 작용하며, 따라서 Mn은 탄수화물·지방·단백질의 대사에 관여하게 된다. 그리고 Mn은 pyridoxal phosphate의 활성제로 작용한다. 또한, Mn은 pyridoxal phosphate가 관여하여 아미노산과 킬레이트를 형성하므로 아미노산의 대사에도 관여한다. 즉 아미노산, pyridoxal phosphate 및 Mn의 킬레이트화합물은 아미노산 단독일 경우 보다 더욱 빨리 체내에서 이동하게 된다.

사료 중에는 쌀겨·밀기울·알팔파 등에 비교적 많이 함유되어 있지만 이용률이 떨어지므로 곡류가 다량 함유되어 있는 사료에서는 부족되기 쉽다. 따라서 Mn염을 첨가하는 것이 바람직하다. 다량의 경우에는 황산망간(manganese sulfate) 형태가 좋고, 염화망간(manganase chloride), 탄산망간(manganese carbonate), 산화망간(man-ganese dioxodee) 등도 많이 이용되고 있다.

Mn 결핍증세로는 뼈의 성장부진, 불규칙적인 발정, 임신불량, 태아가 흡수되거나 또는 작고 연약한 자손의 분만, 유방의 발육부진, 젖이 잘 나오지 않는 등의 증상이 나타난다. 그리고 닭의 경우에는 각약증(perosis)이 발생하여 경골관절이 붓고 다리가 비틀리거나 굽어 걸을 수 없게 된다. 또한 병아리에게 Ca과 P의 함량이 많은 사료를 급여하면 각약증을 유발하는 수가 있는데, 그 이유는 Ca과 P이 Mn의 흡수를 방해하여 Mn이 결핍되기 때문이라고 생각된다. 산란계나 종계에서 Mn이 결핍되면 산란율과 부화율이 감퇴되고 난각이 얇아지며, 간혹 난각이 없는 알을 낳는다. 수컷에서 Mn

이 부족하게 되면 정충생성이 불량하게 된다.

NRC(National Research Council) 사양표준에서 닭의 Mn 요구량은 사료 1 kg당 초생추일 경우 55 mg, 종계일 경우 33 mg이고(NRC, 1977), 젖소는 하루 우유 1 kg 생산에 40 ppm의 Mn이 필요하고(NRC, 1988), 돼지의 경우에는 사료 1 kg당 10 mg의 Mn이 필요하며(NRC, 1988), 육우의 경우에는 사료 1 kg당 20 mg의 Mn을 필요로 한다(NRC, 1996).

소는 Mn이 결핍되는 일이 없는데, 그 이유는 조사료 1 kg 중에 Mn이 40～140 mg 함유되어 있고, 곡류에도 옥수수(1 kg당 Mn 5 mg 함유)를 제외하고는 1 kg당 Mn이 15～45 mg 함유되어 있기 때문이다.

6) 철

철(iron ; Fe)은 필수무기물로서 미량원소에 속하며, 철 함량은 동물의 종류・연령・영양상태 등에 따라 차이가 있지만, 정상적인 성인은 총 3～5 g의 Fe을 함유하고 있으며, 따라서 체중이 70 kg인 사람은 체조직의 0.004～0.007%에 해당하는 Fe을 함유하고 있는 셈이 된다. 쥐의 경우에도 체중의 0.005%에 해당하는 Fe을 함유하고 있다(표 6-12).

동물 체내에 함유되어 있는 Fe은 90% 이상이 porphyrin과 결합되어 있고, 개의 경우에는 체내의 총 Fe의 57%가 hemoglobin에 함유되어 있으며, 7% 정도가 myoglobin에 함유되어 있고, 사람의 경우에는 적혈구 중의 hemglobin에 60～70%, 근육 중의 myoglobin에 3% 정도 함유되어 있다(표 6-13).

Fe은 주로 십이지장에서 흡수(성인 남자의 경우 5～10% 정도 흡수)되지만 위에서

표 6-12. 각 동물체의 철 함량 (단위 : 무지고형분에 대한 ppm)

구 분	사 람	돼 지	토 끼	고양이	쥐	생 쥐
성장 후	74	90	60	60	60	-
어릴 때	94	29	135	55	59	66

표 6-13. 각종 동물의 hemoglobin 함량 (mg/100 ml)

구 분	사 람	쥐	개	소	돼 지	말	양	닭	산란계
함 량	13～16	14～15	13～14	11～12	11～12	11～12	10～11	9～12	8～9

도 약간 흡수되며, 한 번 흡수된 후에는 배설이 잘 안 된다. 따라서 성축은 생산을 위한 목적 이외에 많이 다쳐 피를 흘렸거나 또는 병적인 상태를 제외하고는 사료 중에 Fe을 별도로 필요로 하지 않는다. 분 중(섭취된 Fe의 90% 배설)에 함유되어 있는 Fe은 흡수되었다가 배설된 Fe가 아니고 흡수되지 않는 사료에서 유래한 Fe이다.

단위동물의 경우에는 음식물을 통하여 섭취한 ferric(Fe^{3+})상태의 Fe은 위액 중의 HCl이나 환원제에 의해 ferrous(Fe^{2+}) 상태로 되어 주로 십이지장에서 많이 흡수된다. Fe는 산성조건에서 흡수가 더 잘 되는데 위에서의 HCl 분비가 십이지장내의 pH를 낮게 하기 때문에 회장보다 십이지장에서 Fe 흡수가 더 높다. Fe는 pH가 2.0～3.5 범위에서 흡수가 최고로 높다. 식품 중의 대부분의 Fe은 3가(三價)화합물로 함유되어 있기 때문에 쉽게 흡수되기 위해서는 환원되어야 하며, glutathione와 ascorbic acid 등이 환원제의 역할을 한다. HCl도 Fe의 흡수를 돕는 작용을 하므로 빈혈일 경우 HCl을 같이 처방하면 빈혈방지에 효과가 높다.

Valine, histidine, ascorbic acid, lactic acid, pyruvic acid, citric acid, fructose, sorbitol 등이 있으면 Fe의 흡수가 증가한다. Ascorbic acid는 ferric이온을 ferrous이온으로 환원시키므로 흡수율을 증진시킨다는 것이 생체외(*in vitro*)시험결과 밝혀졌다. Fe이 체내에 다량 저장되어 있을 경우에는 흡수율이 저하되고, phosphate의 함량이 많을 경우에는 ferric phosphate를 형성함으로써 Fe의 흡수율이 저하된다. Phytate, Zn, Mn, Cu와 Cd 등도 Fe의 흡수를 감소시킨다.

Fe이 결핍되면 적혈구 크기가 작아지고 hemoglobin이 감소하는 빈혈(anemia)에 걸린다. 즉, 적혈구가 항상 파괴되고 다시 재생되어야 하는데, 이때 재생능력이 파괴속도에 따르지 못할 경우에는 빈혈이 생기게 된다. 대부분의 포유동물은 100 ml의 혈액내에 10～18 mg의 hemoglobin이 함유되어 있으며, 닭은 이보다 약간 적은 8～12

표 6-14. 돼지의 체내 철분 함량

나이 (일령)	체 중 (kg)	Hemoglobin 함량 (g)	Fe 함량		체내 철분함량 (mg/kg)
			Hemoglobin	체 내	
0	1.3	12.3	41.8	52.3	40.2
7	2.7	28.8	97.9	122.4	45.3
14	4.2	38.4	130.6	163.3	38.9
21	6.0	52.1	177.1	221.4	36.0
28	7.8	66.1	224.7	280.9	36.0
35	9.8	80.9	275.1	343.9	36.0

Annenkov(1982)

mg이 함유되어 있고, 빈혈이 심할 때에는 hemoglobin의 함량이 정상치의 1/2∼1/3로 감소된다. 빈혈은 Fe의 부족만으로 생기는 현상이 아니고 여러 가지 다른 영양소가 부족할 경우에도 발생하는데, 특히 어떤 영양소가 결핍되어 발생한 빈혈을 **영양성 빈혈**(nutritional anemia)이라고 한다.

동물의 빈혈 중 특히 문제가 되고 잘 발생하는 것이 자돈의 빈혈증이다. 돼지의 체내 Fe 함량은 표 6-14에서 보는 바와 같으며, 정상적인 hemoglobin 함량은 10∼11g이다. 돼지는 생후 6일에서 8일경에 체중이 2배가 되므로 이때 Fe이 부족되지 않도록 주의를 해야 한다. 영양성 빈혈은 Co・Cu 등의 무기물, 비타민 B_2・niacin・pyridoxine・folic acid・비타민 B_{12}・비타민 C 등의 비타민, 그리고 tryptophan・lysine・methionine 등의 아미노산이 결핍되었을 때에도 발생한다. Fe의 수준이 높으며, Cu와 Mg의 흡수율이 감소한다. NRC 사양표준에서 사료 1 kg 중 Fe 요구량은

표 6-15. 식품 중의 철 함량과 그 이용률

구 분	쇠고기	간	우유	밀가루	혈액	시금치	건조효모	달걀
철함량(mg/100 mg)	2.5	8.0	0.25	1.05	1.0	3.6	35.0	3.0
이용률(%)	50	60	90	50	10	20	50	100

표 6-16. 동물에서 Fe함유 효소와 단백질

Metalloporphyrin enzymes	Metalloproteins other than enzymes
Cytochrome oxidase	Hemoglobin(> 10% of body iron)
Cytochrome C	Myoglobin(10% of body iron)
Other cytochromes	Transferrin
Peroxidase	Ovatransferrin
Catalase	Lactotransferrin
Aldehyde oxidase	Ferritin
Metalloflavon enzymes	
NADH cytochrome c reductase	
Succinic dehydrogenase	
Lactic dehydrogenase	
a-Glycerophosphate dehydrodenase	
Choline dehydrogenase	
Aldehyde dehydrogenase	
Xanthine oxidase	

Bowen(1966)와 Dallman(1986)

표 6-17. Fe 공급제의 Fe함량 (단위 : %)

구 분	화학식	Fe 함량
Ferrous sulfate · H_2O	$FeSO_4 \cdot H_2O$	32.9
Ferrous sulfate · $7H_2O$	$FeSO_4 \cdot 7H_2O$	20
Ferric ammonium citrate	-	16.5～18.5
Ferrous fumarate	$FeC_4H_2O_4$	32.9
Ferrous chloride	$FeCl_3 \cdot 6H_2O$	20.7
Ferrous carbonate	$FeCO_3$	48.2
Ferric oxide	Fe_2O_3	69.9
Ferrous oxide	FeO_3	77.8
Ferrous gluconate	$Fe[HOCH_2(CHOH)_4CO_2]_2$	12
Ferroglycine sulfate	FeO_4S	16

NRC(1979)와 Beutler(1980)

병아리 40 mg, 돼지 80 mg 및 반추동물 20～40 mg이다.

모든 동물의 젖 속에는 Fe가 적게 들어 있으나 대부분의 사료, 특히 푸른잎과 종자에는 많이 함유되어 있다(표 6-15). 닭은 거의 결핍되는 일이 없지만, 돼지의 경우에는 옥수수와 대두박만 급여하거나 콘크리트 축사에서 사육할 경우에는 무기물 첨가제에 철분을 함유시키는 것이 좋다. 채소에 들어 있는 Fe는 잘 이용되지 않으며(1～5% 이용), 무기태 Fe가 잘 이용된다.

Fe은 hemoglobin의 구성성분 이외에도 호흡연쇄반응에 관여하는 cytochrome의 구성성분이며, 그밖에 catalase, peroxidase, arginase, succinate dehydrogenase, xanthine oxidase, aconitase 등과 같은 여러 가지 효소의 활성제로 이용된다. 포유동물과 가금류에서 Fe를 함유하고 있는 효소와 단백질은 표 6-16과 같다. 사료 중에 함유되어 있는 Fe로부터 동물이 필요한 요구량을 섭취하기에는 부족한 경우가 있는데, 이 때에는 Fe 공급제를 급여해야 한다(표 6-17).

7) 구 리

구리(copper ; Cu)는 필수무기물로서 미량원소에 속하며, 혈액 중에는 혈장과 적혈구에 모두 Cu를 함유하고 있는 단백질이 있으며, 혈장에 함유되어 있는 Cu와 결합한 단백질을 ceruloplasmin이라고 한다. 0.34%의 Cu를 함유하고 있으며, 정상적인 혈장에는 100 ml당 30 mg 정도 함유되어 있고, 청색을 띤다. Ceruloplasmin은 Fe의 대사에 영향을 끼친다. 즉, 혈장으로 들어간 Fe^{2+}은 ceruloplasmin의 도움을 받아 Fe^{3+}으로 산

표 6-18. 동물 각 기관의 구리 함량 (단위: 건물 중 ppm)

구 분	간	심장	폐	비장	신장	췌장	뇌	근육	피부	털·뿔
사 람	25.0	-	-	5.2	17.5	4.3	17.5	-	-	-
소	44.5	15.5	5.5	3.0	20.0	4.0	-	-	-	-
송아지	140.0	15.0	2.0	5.0	16.0	8.5	-	5.0	-	-
태 아	263.0	10.5	3.5	5.5	8.5	-	-	3.0	2.0	-
면 양	236.0	18.0	9.5	5.0	18.0	7.5	-	-	-	-
말	15.0	17.5	7.0	3.0	29.0	-	-	-	-	-
돼 지	41.5	15.0	5.5	6.0	21.0	-	-	-	-	-
자 돈	233.0	13.0	3.5	7.0	14.5	-	-	-	-	-
토 끼	9.0	22.5	8.5	13.5	12.5	-	-	-	-	-
닭	12.5	15.0	2.5	-	11.5	-	-	-	-	5.0

화되어 transferrin과 결합한다. 동물의 각 기관에 들어있는 구리함량을 보면 표 6-18과 같다.

한편, 적혈구에 함유되어 있는 Cu 결합단백질은 erythrocuprein이라고 하며, 1분자당 2개 원자의 Cu를 함유하고 있다. 사람의 경우 혈액 100 ml당 30～36 mg의 erythrocuprein을 함유하고 있으며, Cu의 양은 100 ml당 93～114 ㎍이라고 한다. 또한 뇌에서도 cerebrocuprein이라고 하는 Cu를 함유한 단백질이 있는데, 이것은 혈액에 함유되어 있는 단백질과는 다르다.

구리도 다른 무기물과 같이 소장(사람의 경우는 십이지장)에서 흡수되는데, 그 흡수율(사람의 경우는 30% 정도 흡수)은 소장의 상태에 따라 영향을 받는다. 예를 들면 장내용물 중에 Ca 염의 함량이 높으면 pH를 높여서 Cu의 흡수가 저하되고, 염산을 첨가하면 Cu의 흡수에 도움이 되며, 2가(二價)의 황산제2철(ferrous sulfide)을 다량 급여하면 불용성의 황산구리를 형성함으로써 Cu의 흡수를 크게 저하시킨다. Cu, S, Hg, Mo, Cd 및 Zn도 구리의 흡수를 감소시킨다. Cupric sulfate가 cupric sulfide 보다 더 쉽게 흡수된다.

Cu는 생체내의 주요한 효소, 즉 cytochrome C oxidase, catalase, tyrosinase, monoamine oxidase, uricase 등의 구성성분이 되거나 또는 활성제로 이용되고, 또한 hemoglobin의 합성에도 꼭 필요하다. Cu는 소화기관에서 Fe 흡수를 도와서 적혈구 형성에 필요하다.

Cu는 뼈의 형성과 신경계통에 있는 척수의 유지에 필요하며, 비척추동물에서는 척추동물의 hemoglobin에 해당하는 hemocyanin의 구성성분으로 되어 곤충류의 체내 산소 운반에 관여한다.

Cu가 결핍되면 빈혈증(anemia)이 발생하는데, 그 이유는 Cu가 hemoglobin의 합성에 필요한 Fe을 조직으로부터 동원하여 혈액에 공급하는 역할을 하므로 Cu가 결핍되면 Fe을 동원할 수 없어 혈액 중 hemoglobin의 함량이 감소되기 때문이다. 또한 Cu는 소장에서 Fe의 흡수를 돕는 역할도 한다.

또한 Cu가 부족할 경우에는 동물의 털의 구성성분인 keratin의 합성이 저해되며, 털이 탈색되기도 한다. 털이 탈색되는 이유는 melanin색소(흑색)의 합성에 필요한 효소인 tyrosinase가 Cu를 함유하고 있어 Cu가 부족할 경우에는 tyrosinase도 부족하여 melanin 합성이 잘 되지 않기 때문이다.

Cu가 결핍되면 면양의 경우에는 털의 성장이 불량해지고 질이 나쁜, 즉 크림프(crimp)가 적은 털이 생산되는데, 그 이유는 Cu가 keratin 합성시 cysteine의 산화에 필요한 효소인 amine oxidase의 구성성분이기 때문이다.

Cu가 결핍된 지역에서는 면양이나 소에서 척추만곡증(sway-back disease)이 발생한다고 한다. 이 병의 증상은 비틀거리며 쓰러져 죽거나 또는 뼈에 여러 가지 장애현상이 나타나서 뼈가 연해지며, 관절부위가 붓고, 절름거리는 등의 증상이 나타나기도 한다.

또 Cu가 결핍되면 병아리의 경우에는 동맥에 탄력을 주는 역할을 하는 elastin이 결핍되는데, 이것은 elastin의 합성에 필요한 amino oxidase의 수준이 높아지고 lysine

표 6-19. 미량무기물의 공급제와 원소함량 (단위: %)

구 분	분자식	원소함량	구 분	분자식	원소함량
마그네슘	MgO	60.3	구 리	CuO	79.4
	$MgCO_3$	28.8		$CuSO_4 \cdot 5H_2O$	25.5
	$MgCl_2$	40.6	아 연	ZnO	80.3
	$MgSO_4 \cdot H_2O$	9.9		$ZnSO_4$	40.5
망 간	Mn_3O_4	72.0		$ZnCl_2$	47.9
	$MnSO_4$	36.4	요오드	KI	76.4
	$MnSO_4 \cdot H_2O$	32.4	비 소	AsO3	75.9
	$MnSO_4 \cdot 5H_2O$	22.8	코발트	CoO_4	73.4
철	FeO	77.7		$CoSO_4$	38.0
	Fe_2O_3	69.9		$CoSO_4 \cdot H_2O$	47.4
	$FeSO_4 \cdot 7H_2O$	18.5		$CoCl_2 \cdot 6H_2O$	28.2
	$Fe_2(SO_4)_3$	27.9			

이 동맥의 elastin합성에 이용되기 때문이다. Cu가 결핍되면 병아리, 돼지 및 소에서는 심장혈관의 장애와 출혈이 발생한다.

Cu를 1일에 100 mg 이상 섭취하면 면양의 경우 중독작용을 일으키고, 50 mg 정도 공급해도 hemoglobin의 합성이 저해된다. 이와 같은 중독작용은 Mo의 함량이 적을 때 더욱 현저하다. Mo은 Cu를 잘 이용할 수 없는 상태인 황화물(sulfide)로 만들기 때문에 Cu의 과잉 섭취에 의한 중독작용을 막는다. 어린 돼지에게 Cu 첨가제로서 황화구리(copper sulfate)를 250 ppm 급여하면 성장이 빨라지고, 500～1,000 ppm을 급여하더라도 단백질만 증가시켜 주면 아무런 독성작용이 없다고 한다. Scott도 닭에게 황산구리를 100 ppm을 급여하면 항생물질과 같이 10% 정도 성장촉진 효과가 있지만, 이와 같은 수준으로 장기간 사육하면 간에 Cu의 축적량이 증가되고, 나중에는 폐사율이 높다고 하였다.

동물의 빈혈증을 방지하는 데 필요한 Cu 요구량은 Fe의 약 1/10에 해당하며, 미량무기물 첨가제에 $CuSO_4$가 0.25～0.50% 함유되어 있을 경우에는 Cu 결핍증을 방지할 수 있다. 사료 중의 Cu 요구량은 사료 1 kg당 5～8 mg이며, 중독증상은 소의 경우 115 mg, 돼지는 250 mg일 때 나타난다. 몇 가지 미량무기물의 공급제와 원소함량을 보면 표 6-19와 같다.

8) 코발트

코발트(cobalt ; Co)는 필수무기물로서 미량원소에 속하며, 동・식물의 구성성분으로서 극히 미량이 함유되어 있다(표 6-20). Co가 결핍되면 반추동물에서 빈혈이 발생한다고 알려져 있었으나 그 작용기작을 모르던 중 1984년에 비타민 B_{12}가 발견되고, Hodgkin(1966)에 의하여 비타민 B_{12}의 구조식이 밝혀져 Co가 비타민 B_{12}의 구성인자임이 알려짐으로써 Co가 빈혈에 관여한다는 작용기작이 명백히 밝혀지게 되었다.

코발트는 비타민 B_{12}의 구성성분으로서만 기능을 수행하고, 단독으로는 생리적 기

표 6-20. 동물 각 기관의 코발트 함량 (단위: 고형물 중 ppm)

구 분	간	비 장	신 장	심 장	췌 장
정상적인 성인	0.18	0.09	0.23	0.10	0.06
건강한 양	0.15	0.09	0.25	0.06	0.11
코발트가 결핍된 양	0.02	0.03	0.05	0.01	0.02

능을 갖지 못한다. 비타민 B_{12}는 모든 동물에게 다 필요하다. 그러나 반추동물은 Co만 충분히 공급해 주면 반추위내의 미생물에 의해 비타민 B_{12}가 합성되므로 비타민 B_{12} 결핍증이 발생하지 않는다. 그러므로 반추동물에서 오래 전부터 알려진 Co결핍증은 Co가 부족할 때 비타민 B_{12}을 충분히 합성할 수 없기 때문에 발생하는 결핍증세라는 것을 알게 되었다.

단위동물에서도 비타민 B_{12}는 Co가 있을 경우에 장내에서 어느 정도 합성되며, 닭에서도 비타민 B_{12}가 부족할 때 Co를 첨가하면 성장이 빨라지는데, 이것도 역시 장내에서 합성되는 비타민 B_{12} 때문이다.

반추동물의 경우 사료를 섭취하면 반추위내에서 acetic acid, propionic acid, butyric acid 등과 같은 휘발성 지방산이 많이 발생한다. 비타민 B_{12}는 propionic acid의 대사, 즉 propionic acid가 succinic acid로 전환되는 데 필요하며, Co의 부족은 결국 propionic acid의 대사에 지장을 초래한다(그림 6-8).

Co가 결핍되면 털과 피부가 거칠어지고, 식욕부진, 체중감소, 빈혈 등이 나타나고 결국에는 폐사하게 되는데, 이와 같은 증상은 Co를 투여하면 즉시 없어진다. 결핍증을 보이는 소와 면양에게 1일 0.1 mg의 Co를 투여하면 결핍증을 방지할 수 있다.

무기태 Co는 흡수율이 나쁘고, Askew(1946)에 의하면 쥐와 소에서 경구투여한 Co는 약 80%가 분으로 배설되지만, 주사로 투여한 Co는 주로 뇨로 배설된다고 한다.

Co는 비타민 B_{12}의 구성인자가 되는 이외에 혈장에 함유되어 있는 peptidase, arginase, phosphoglucomutase 등의 활성제로 이용되기도 한다. 각 동물의 Co 요구량

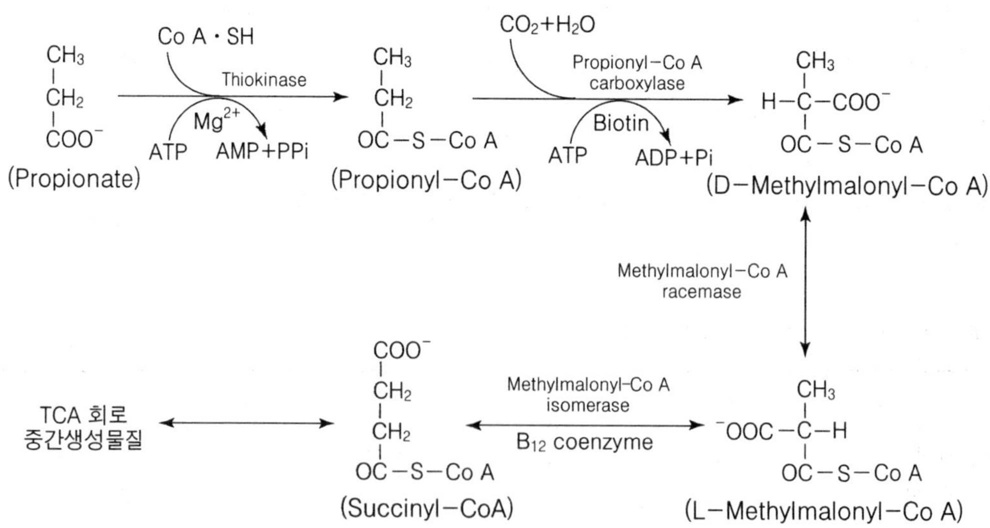

그림 6−8. Propionic acid의 대사과정 (Martin 등, 1985)

은 대단히 적어 사료 1 kg당 함유되어 있어야 할 양은 소의 경우 0.05～1.07 mg이고, 면양은 0.08 mg, 그리고 말은 0.1 mg 정도이다. 공급제로서 $CoCO_3$는 이용률이 100%이다.

9) 요오드

요오드(iodine ; I)는 필수무기물로서 미량원소에 속하며, 동물체에는 10～20 mg의 I가 함유되어 있으며, 그 중 70～80%가 갑상선(thyroid gland)에 함유되어 있다.

I는 요오드화합물(iodide compound) 형태로서 주로 소장에서 흡수되며, 섭취 총량의 30% 정도가 갑상선의 세포에 의하여 수용되고, 그 나머지는 신장에 의하여 뇨로 배설된다. 흡수된 요오드화합물은 단백질과 결합하여 혈류 속으로 들어간 다음 다시 신체 각 부위로 이동된다. I의 분비는 타액・위벽・소장벽 등을 통해 이루어지고, 그 일부는 유선을 통하여 젖으로 분비된다.

갑상선에 있는 I는 tyrosine과 결합하여 mono-iodo-tyrosine(MIT), di-iodo-tyrosine(DIT), tri-iodo-thyronine(T_3), thyroxine(T_4) 등으로 존재하며, 각 요오드화합물의 구조식은 다음과 같다.

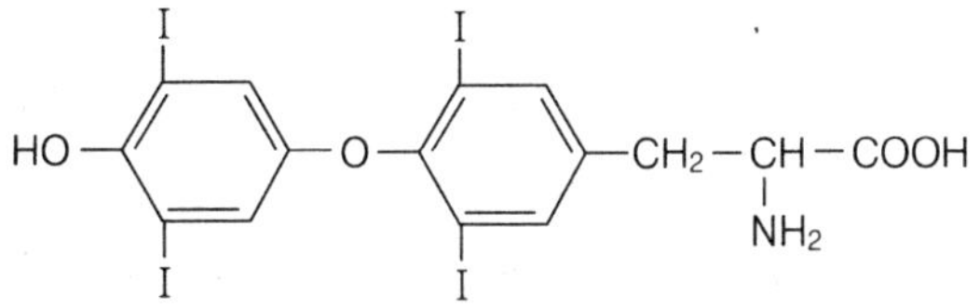

T_4(Thyroxine)

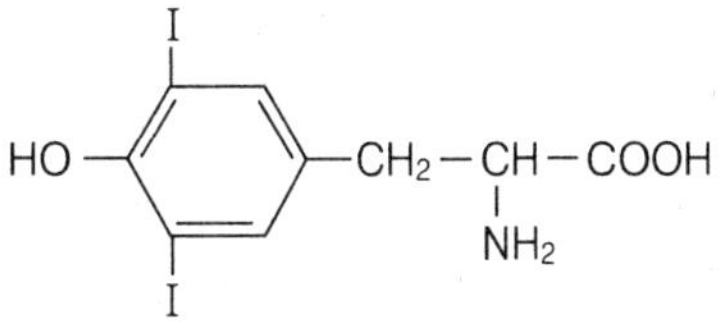

DIT(di-iodo-tyrosine)

I의 주요 기능은 tri-iodo-thyronine과 thyroxine(tetra-iodo-thyronine)을 합성하는데 이용되며, 이 호르몬은 Kendall(1914)에 의하여 분리되었다. Thyroxine은 뇌하수체 전엽에서 분비되는 갑상선 자극호르몬(thyroid stimulating hormmone ; TSH)에 의하여 지배되는데, 혈액 중 thyroxine의 함량이 적으면 갑상선 자극호르몬의 분비가 촉진되어 혈액 중 thyroxine의 함량이 증가하게 된다.

갑상선을 제거하면 육체적・정신적 및 성적 발달이 지연된다. 성축이 되면 털과 피부가 조기에 노화되고, 정신적 또는 육체적으로 둔화된다. 이와 같은 현상은 갑상선에서 분비되는 호르몬인 thyroxine의 대사에 의하여 조절되며, 따라서 갑상선을 제거하면 thyroxine의 결핍으로 앞에서와 같은 증상이 나타나게 된다.

동물에게 thyroxine이나 thyroxine이 함유되어 있는 단백질을 주사하면 젖 생산 및 알 생산이 증가되고, 반대로 thiourea나 thiouracil과 같은 갑상선 억제제를 투여하면 기초대사가 낮아져 비육시에 증체량을 높이는 효과가 있다.

I가 결핍되면 갑상선이 부어 갑상선종(goiter)이 발생하며, 갑상선종은 갑상선이 I가 부족하거나 또는 thyroxine의 요구량이 증가될 경우 이에 필요한 양을 전부 공급하기 위하여 무리한 작용을 하기 때문에 발생한다. Thyroxine이 많이 요구될 때에는 갑상선종이 발생할 수 있다. 또한 I가 결핍되면 체내에서 산소 소비량이 감소하며 기초대사가 저하되고 성장이 지연된다. 어린 동물에서 I가 부족한 것을 **크레틴병**(cretinism)이라고 하며, 성축에서는 **점액수종**(myxedema)라고 한다.

사람의 경우에는 특히 임신기에 갑상선종이 잘 발생하고, 동물의 경우에는 임신 기간중 모축(母畜)에 급여하는 사료에 I가 결핍되었을 경우 태어나는 새끼가 갑상선종에 걸리게 되며, 그 새끼는 아주 약하거나 또는 사산(死産)하게 된다. 소 또는 양의 경우에는 갑상선이 부은 새끼를 분만하고, 돼지의 경우에는 두드러진 결핍증상으로 무모증(無毛症)이 나타나며, 피부가 두꺼워지고 목이 굵어진다.

갑상선의 기능을 억제하는 물질들이 있는데, 이들 물질은 대두・낙화생 등에 함유되어 있으며, 탈지하거나 또는 가열하여 박유로 하면 항갑상선 기능이 억제된다.

채종(採種) 속에는 여러 종류의 glucosinolate를 함유하고 있는데, glucosinolate 자체는 생물학적으로 비활성 물질이지만, 종실이 파괴되면 thiogluosidase(myrosinase)가 방출되면서 가수분해되어 유독물질이 생성된다. 채종 중의 glucosinolate가 가수분해되어 goitrin이라고 하는 갑상선 비대물질을 생산하는 것이 있는데, 증기처리를 하면 효소가 파괴되어 그 독성을 감소시킬 수 있다. 캐나다에서는 glucosinolate의 피해를 줄이기 위해 glucosinolate의 함량이 적은 품종을 개발하여 재래종과 구별하기 위해 canola라고 명명하였다.

I의 첨가제로서는 요오드화칼륨(potassium iodide ; KI), 요오드화나트륨(sodium iodide ; NaI) 등과 같은 무기태의 요오드가 이용된다. 동물에 대한 I 요구량은 사료 1 kg당 병아리는 0.35 mg, 산란계는 0.3 mg, 돼지는 0.2 mg 정도이다. 갑상선 조직의 정상적인 발달을 위해서는 사료 1 kg 중에 I가 적어도 0.3 mg 정도 함유되어 있어야 한다.

10) 아 연

아연(zinc, Zn)은 필수무기물로서 미량원소에 속하며, Birckner(1919)가 처음으로 달걀이나 우유에 아연이 일정량 함유되어 있다는 것을 발견하고 Zn이 고등동물에게 필요한 무기물이라고 하였으며(표 6-21), Todd 등(1934)은 Zn이 쥐의 성장에 필수영양소라는 것을 증명하였고, 또한 Tucker와 Salmon(1955)은 돼지의 부전각화증

표 6-21. 동물 각 기관의 아연 함량 (단위: 생조직 중 ppm)

구 분	부신	대동맥	뇌	심장	신장	간장	폐	근육	난소	췌장	전립선	비장	고환
사람	12	32	14	33	55	55	15	54	22	29	102	21	17
쥐	-	-	18	21	23	30	22	13	-	33	223	24	22
돼지	33	-	-	-	40	40	-	-	-	45	-	28	-

(parakeratosis)이 Zn 결핍으로 발생한다는 사실도 발견하였다. Zn은 간, 뼈, 신장, 근육, 췌장, 눈, 전립선, 피부, 머리털 및 양모에 들어 있다. Zn은 혈액의 적혈구에 75%, 백혈구에 3%, 혈장에 22% 함유되어 있으며, 적혈구에는 주로 탄산탈수소효소(carbonic anhydrase)의 구성성분으로 함유되어 있어 함유량이 많다.

Keilin과 Mann(1939)은 Zn이 적혈구에서 CO_2의 운반에 관여하는 carbonic anhydrase의 구성성분이라고 하였으며, 1940년에는 carbonic anhydrase를 순수분리하여 0.33%의 Zn이 함유되어 있다는 것을 발견하였다. 이 효소는 이산화탄소(CO_2)와 물(H_2O)로부터 탄산(H_2CO_3)을 합성하고, 또한 탄산을 H^+과 HCO_3^-로 분해한다.

$$CO_2 + H_2O \leftrightarrows H_2CO_3 \leftrightarrows HCO_3^- + H^+$$

Zn은 소장에서 흡수되며, 흡수율은 섭취량의 5~40%이다. Zn이 소장에서 흡수될 때에는 metallothionein이라고 하는 결합단백질에 의하여 조절된다(그림 6-9).

사료 중에 Ca이 많으면 Zn의 흡수가 장애를 받고, 사료 중 phytate도 Zn과 결합하

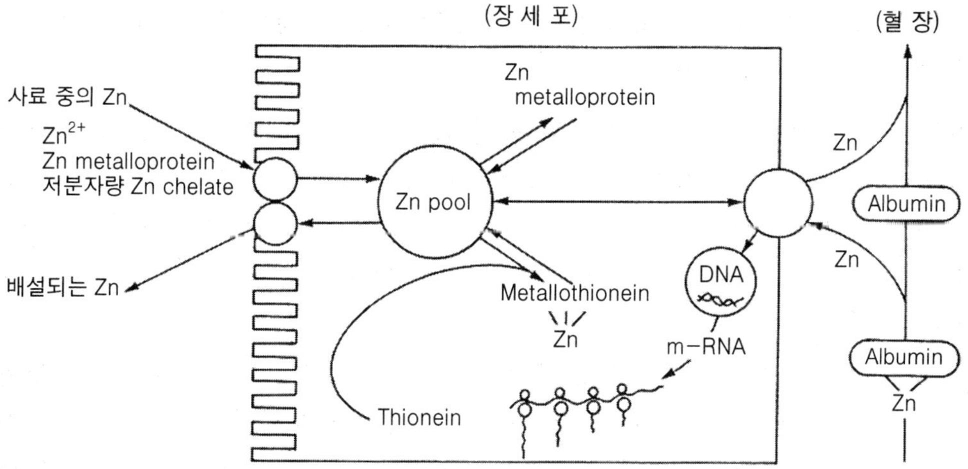

그림 6-9. Zn의 흡수 및 이동경로 (Cousins, 1979)

여 불용성으로 되어 Zn의 흡수를 저해한다. 그러나 EDTA와 같은 킬레이트(chelate) 화합물은 EDTA-Zn 복합물을 형성하여 Zn의 흡수를 가능하게 하므로 phytate의 함량이 많을 때 EDTA의 첨가는 Zn의 이용률을 높인다.

Zn은 carboxypeptidase, dehydrogenase, alkaline phosphatase, ribonuclease 및 DNA polymerase의 구성성분이며, Zn이 영양에서 관심을 끌게 된 것은 돼지에서 Zn이 부족할 때 부전각화증이 발생한다는 것을 발견한 이후부터이다.

Edward(1959)는 병아리가 Zn을 섭취하는 데 있어서 산화물(oxide), 탄산염(carbonate), 황산염(sulfate) 등은 흡수율에 차이가 없었지만, 황산아연(zinc sulfide)은 흡수율이 낮았다고 하였다.

Zn이 결핍되면 다음과 같은 증상이 나타난다.

① 돼지의 경우 Zn이 결핍되면 부전각화증이 발생하는데, 그 증상은 피부의 keratin화가 너무 많이 되어 두꺼워지며, 그 밖에 성장률, 사료효율의 저하, 식욕감퇴, 털이 뻣뻣해지는 등의 증상이 나타난다. 이와 같은 증상은 Ca을 과도하게 섭취하면 더욱 악화된다.

② 어린 병아리의 경우 Zn이 결핍되면 성장이 감퇴되고, 다리뼈가 짧아지며 두꺼워지고, 다리의 관절이 부어오르며, 피부에 버짐이 생기고, 그 밖에 약모(弱毛)의 착색불량, 사료효율의 저하, 식욕부진 등의 증상이 나타난다.

③ 산란계의 경우 Zn이 결핍되면 산란율 및 부화율이 저하되고, 그 밖에 Zn이 결핍된 닭이 낳은 알에서 부화한 병아리는 몸이 약하여 일어서지도 못할 뿐만 아니라 먹지도 못하고 호흡에 곤란을 느끼게 된다.

④ Zn이 부족하면 골격형성이 지연되고, 뼈 중의 alkaline phosphatase 함량이 감소하며, 골밀도가 떨어지고, 성기능 부전(hypogonadism)에 걸리고, 뼈와 간 중의 Zn 함량이 감소한다.

Zn은 주로 분으로 배설되며, 분으로 배설되는 Zn 중에는 흡수되지 못하여 배출되는 것과 흡수되었다가 재배출되는 것의 두 가지로 구분할 수 있으며, 장으로의 재배출은 주로 췌액(pancreatic juice)이나 담즙(bile) 등을 통해 이루어진다. EDTA는 Zn 배설을 증가시킨다. 주사로 Zn을 투여하면 대부분이 분으로 배설되고, 일부만이 뇨로 배설된다.

Zn은 고기 부스러기, 어분 등에는 많이 함유되어 있지만, 일반 사료로서는 병아리나 종계에 Zn을 충분히 공급하지 못하는 경우가 있으므로 경제적인 무기질 첨가제로서 산화아연(zinc oxide ; ZnO), 탄산아연(zinc carbonate ; $ZnCO_3$) 등이 사용된다. 일반적으로 Zn 요구량은 사료 1 kg당 20～50 mg이다. 즉, 돼지에서 균질의 사료일 경우에는 50 mg이면 충분하고, Ca 함량이 많을 경우에는 100 mg 정도로 높아진다.

11) 불 소

불소(fluorine ; F)는 필수무기물로서 미량원소에 속하며, 불소는 충치예방에 효과가 있어서 최근에 와서야 필수무기물로 분류하게 되었다. Schwarz와 Milne(1972)은 F를 급여한 쥐가 급여하지 않은 쥐에 비하여 체 성장률이 30% 정도 향상된다고 하였고, 또 F의 결핍에 의한 번식장해가 F를 공급함으로써 제거된다고 하였다. 이에 의하여 F가 성장 및 번식활동에 필수적이라는 사실이 증명되었다. 그 밖에 F는 빈혈의 치료나 골격의 성장에도 도움이 되며, 정상적인 동물의 연조직내 F의 함량은 표 6-22와 같다.

섭취한 F는 소장에서 80～90% 이상 흡수되며, 흡수된 F는 대부분 경골조직이나 치아에 50% 이상 축적되고, 나머지는 뇨를 통해 배설된다. F는 1 ppm 정도 공급하면 충치가 예방되는데, 그 이유는 F가 구강내의 미생물의 활력을 떨어뜨려 치아의 에나멜질의 용해를 막고, 또 치골조직의 OH-기와 대치하여 치골조직을 견고하게 함으로써 용해도를 낮추기 때문이다.

또한 F를 1 ppm 정도 공급하면 장골이 견고해져 연골증이 예방된다고 하는데, 이 경우에는 $MgCO_3$의 CO_3^{2-}이 F-에 의하여 치환되기 때문이다.

F의 흡수율은 공급원에 따라 크게 다른데, 가용성 불소화합물인 NaF이 80～90%로서 가장 높고, 골분에 함유되어 있는 인광석(rock phosphate)의 F는 40～50%가 흡수된다. 흡수된 F는 급격히 몸 전체에 운반되며, 주로 골격과 치아에 축적되고, 뇨를 통해 배설된다. 동물에 따라 뼈 속에 축적되는 F의 양이 약간씩 다르며, 젖소는 0.45%(0.55% 이상이면 중독증상이 나타남), 돼지는 0.3～0.4%이다.

F를 과다하게 섭취하면 주로 뇨를 통해 배설되고, 과다 섭취가 계속되면 골격 내에 F가 계속 축적되어 골격 내의 F 함량이 30～40배에 달하면 중독증상이 나타난다. 중독증상으로는 뼈의 정상적인 빛깔이 없어지고 두꺼워지면 약해지고, 그 밖에 사료 섭

표 6-22. 동물의 연조직 내 불소 함량 (단위 : mg/kg, 건물기준)

구 분	간	신 장	갑상선	심 장	췌 장	근 육
쥐	0.12	0.62	-	2.6	-	0.53
면 양	3.50	4.20	3.0	3.0	2.8	-
소	2.30	3.50	2.1	2.3	2.8	-

취량이 감소되며, 성장 불량, 번식 장해, 산유량 감소 등의 부차적인 증상이 나타난다.

F 섭취량의 안전수준은 동물의 종류와 F의 공급원에 따라 다르며, 인광석의 F일 경우 허용수준은 소 60～1,000 ppm, 돼지 100～200 ppm, 닭 300～400 ppm이다. 이와 같이 가금류가 포유류보다 F에 대한 허용능력이 높은 이유는 소화관 내에서 F가 잘 흡수되지 않기 때문이다.

F는 Mg과 밀접한 관계가 있다. 즉, 뼈와 간 및 혈장의 Mg 함량이 Mg 및 F를 따로 급여했을 때보다 함께 급여했을 때가 훨씬 많으며, 근육의 Mg 함량은 크게 변화가 없다고 한다. 그리고 F는 몇 가지 효소에 억제물질(inhibitor)로 작용하는데, 보통 Ca・Mg・Mn・Fe・Cu・Zn 등을 촉매로 하는 효소들은 F가 존재할 때 fluoride-metal 복합체를 생성하여 그 반응이 저해되고, 당분해(glycolysis)에서 필요한 enolase의 경우에는 Mg-fluorophosphate를 형성하게 되면 그 효소가 불활성화된다. 그 밖에 lipase, alkaline phosphatase, cholinesterase 등의 억제물질로도 작용한다.

우리나라에서 F 사용량에 대하여 소는 48 ppm 이하, 유우(방목우)는 68 ppm 이하, 비육 송아지는 51 ppm 이하, 어린 양은 170 ppm 이하, 큰 면양과 돼지는 100 ppm 이하, 병아리는 350 ppm 이하, 산란계는 300 ppm까지 급여할 수 있도록 규정하고 있다.

대개의 사료에는 F가 1～2 ppm 이하 함유되어 있으므로 F가 0.1% 이상 함유되어 있는 인광석 이외의 사료로서는 F 중독증이 거의 발생하지 않는다.

12) 셀 렌

셀렌(selenium ; Se)은 필수무기물로서 미량원소에 속하며, Berzilius에 의하여 100여 년 전에 발견되었으며, 약 30여 년 전에 중독증상으로서 소와 그 밖의 동물에서는 알칼리증(alkali disease)을 일으키고, 병아리는 기형・탈모・탈치・마비 등의 증상이 나타난다는 것이 밝혀졌다. 그러나 1957년에 Se이 비타민 E와 관계가 있는 필수영양소라는 것이 밝혀진 이후 관심이 높아졌다. Se는 체내의 모든 세포에 존재하며, 그 함량은 보통 1 ppm 이하이다.

Schwarz와 Foltz(1957)는 식품이나 또는 사료 중에 Se이 0.15 ppm 정도 함유되어 있어야 비타민 E가 결핍된 쥐와 돼지에서 간괴저(liver necrosis)를 방지하고, 닭과 칠면조에서는 삼출성 소질(滲出性素質, exudative diathesis)을 방지할 수 있다고 하였다. 특히 미국의 최서부 지방과 최동부 지방에서 자란 곡류와 사료작물은 Se의 함량이 0.03 ppm 정도로 적기 때문에 지역적인 Se 결핍증이 자주 나타난다고 한다.

Se의 성질은 S과 비슷하다. 그러므로 유기질이나 무기질에서 Se은 보통 S과 같이 존재하며, 일반적인 형태의 화합물은 셀렌산(selenic acid, H_2SeO_4) · 아셀렌산(selenous acid, H_2SeO_3) · 셀렌산염(selenate, $MSeO_4$) · 아셀렌산염(selenate, $MSeO_3$) 등이다.

식물과 미생물은 cystine과 methionine의 S이 Se과 치환되어 selenocystine · selenomethionine 등을 생성하기도 하며, 반추동물의 경우에도 Se이 들어간 화합물이 발견된다고 한다. 다른 동물에 있어서도 Se을 주사하면 빠른 속도로 간이나 혈액 및 그 밖의 체조직 중의 단백질과 결합하여 단백질 중의 cystine과 methionine 내로 흡수된다고 한다. Se은 무기태 인 selenite나 유기태 인 selenocysteine 모두 소장에서 흡수되고, 특히 selnomethionine와 같은 유기태의 Se는 소장에서 능동수송에 의하여 흡수된다. Se화합물 간의 상대적인 효능은 selenite > selenate > selenomethionine > selenide > elemental Se 순이다.

1950년대와 1960년대에 Se 또는 비타민 E가 삼출성 소질을 방지하고 양 · 가금류 · 돼지 및 송아지에서 근육위축증(muscular dystrophy)을 방지함에 있어서는 Se이 비타민 E의 요구량을 절약할 수 있었지만, 비타민 E가 존재하지 않을 때에는 Se 단독으로는 근육위축병을 방지하지 못한다는 것이 밝혀졌다.

그리고 1970년대 초에 Scott 등은 Se이 결핍된 정제사료를 종계에 급여했을 경우 비타민 E가 충분하더라도 종계가 모두 삼출성 소질로 폐사하였는데, 그 이유는 췌장이 섬유조직화되어 lipase를 생성하지 못하고, 따라서 비타민 E의 흡수에 필요한 monoglyceride의 결핍으로 비타민 E가 흡수되지 못하였기 때문이며, 이때 담즙산이나 monoglyceride를 첨가해 주면 Se가 결핍되더라도 삼출성 소질이 발생하지 않는다고 하였다.

Se은 glutathione peroxidase(GSH-Px)의 구성성분이며(Rotruck 등, 1973), 이 효소는 조직 중의 지방산화시 발생하는 peroxides를 분해하는 데 관여하며, 환원형 glutathione을 산화형 glutathione으로 변화시키는 역할을 한다. Glutathione peroxidase (GSH-Px)는 모든 조직에 존재하며, Se의 존재 여하에 따라 그 역가(力價)가 달라지며, 간이나 적혈구에서 역가가 제일 높고, 심장 · 신장 · 폐 · 위장 · 부신 · 췌장 및 지방조직에서는 역가가 중간이고, 뇌 · 골격근 · 눈동자 및 고환에서는 역가가 제일 낮다. 또한 병아리에서 혈장내 glutathione peroxidase의 함량이 아주 적을 때 삼출성 소질이 발생한다고 하였다(Noguchi 등, 1973).

$$2GSH + H_2O_2 \xrightarrow{\text{GSH-PX}} GSSG + H_2O$$

$$GSSG + NADPH \xrightarrow{\text{GSH-PX}} 2GSH + NADP^+$$

그러므로 환원형 glutathione(GSH)은 glutathione peroxidase의 작용으로 과산화수소(H_2O_2)를 제거함으로써 조직 중 세포막의 지질이나 세포의 구성성분을 보호하는 역할을 하는데, Se이 결핍될 경우에는 이들을 산화작용으로부터 보호하지 못하게 되며, 비타민 E나 함황아미노산(GSH의 전구물질) 및 Se은 공통적으로 과산화물의 파괴에 작용하여 조직내의 과산화물이 남아 있지 않도록 한다. 그러므로 선천적으로 GSH peroxidase의 함량이 극히 적은 조직에서는 비타민 E가 항산화제의 역할을 하여 조직의 산화를 방지할 수 있다.

그 밖에 Se은 독성물질로부터 조직의 손상을 방지하는 작용도 하는데, 이것은 무기태 Se과 As·Cd·Hg 등의 중독성 무기물과 결합하여 그 중독성을 경감한다. 이와 같이 Se은 동물의 번식과 성장을 위하여 그리고 비타민 E의 결핍으로 인한 변이적인 반응을 나타내는 여러 가지 질병을 방지하는 데 필수적이다.

Se는 주로 십이지장에서 흡수되며, 면양의 제 1위나 2위 또는 돼지의 위장에서는 흡수가 되지 않는다. Se는 천연 Se 함유 사료나 또는 무기태 selenite 형태로 상당히(35～85%) 효율적으로 흡수된다. 반추동물에서는 사료 중 무기태 Se가 반추위 미생물에 의하여 아미노산과 결합하여 selenomethionine 또는 selenocystine으로 주로 흡수된다.

Se는 체내의 모든 세포에 들어 있으나 그 함량은 1 ppm 이하이다. 동물의 사료 중에는 1 kg당 0.1 mg의 Se이 함유되어 있으며(NRC 육우 사양표준, 1996), 사료 중 5～10 ppm 이상 함유되어 있으면 중독증상을 일으킨다. 미국의 북태평양 연안에서는 Se의 함량이 극히 적은 곡류와 사료작물이 생산되어 Se 결핍증이 발생하는 경우가 있다고 하지만, 일반적으로는 결핍증이 잘 나타나지 않는다.

Se의 함량이 5～15 mg/kg 이상인 초지에서 방목하는 반추동물은 Se 중독증에 걸리는데, 그 증상으로는 호흡이 거칠어지고, 동작이 둔해지며, 장골의 연결부위에 이상이 생기고, 꼬리가 끊어지는 경우가 있으며, 그 밖에 식욕이 감퇴되고, 피모와 발굽이 이상성장을 하거나 또는 거칠어진다. 그러나 고단백질 사료나 무기태 sulfate 또는 As(arsenic ; 비소)은 Se의 중독증세를 완화시킨다.

13) 몰리브덴

몰리브덴(molybdenum, Mo)은 필수무기물로서 미량원소에 속하며, 동물의 영양에서 몰리브덴이 중요한 의의를 가지게 된 것은 영국의 일부 지방에서 방목중인 소가 설사를 심하게 하는 티어트증(Teart)이라고 불리는 병에 감염되었는데, Ferguson(1938) 등이 이 병은 Mo이 많이 함유되어 있는 땅에서 자란 목초를 소가 섭취함으

표 6-23. 동물 각 기관의 몰리브덴 함량 (단위: 건물 중 ppm)

구 분	간	신 장	비 장	폐	뇌	근 육
성 인	3.2	1.6	0.20	0.15	0.14	0.14
성장한 쥐	1.8	1.0	0.52	0.37	0.24	0.06
병아리	3.6	1.4	-	-	-	0.14

로써 발생하는 Mo중독증이라는 것이 밝혀진 이후부터이다. 이 증세는 사료 중에 구리를 첨가하여 주면 방지할 수 있다.

그러나 생물체 내에서 Mo의 중요성은 xanthine oxidase와 nitrate reductase(미생물에서)의 구성성분이라는 사실이 알려진 이후 인정되었으며, 이 xanthine oxidase는 purine 대사에 중요한 역할을 하고, 간・장 조직・우유 등에도 존재하며(표 6-23), Mo은 장에서 빨리 그리고 쉽게 흡수된다.

텅스텐(tungsten, W)은 Mo의 항대사물질로서 Mo이 뇨를 통한 배설을 촉진시키고, 병아리의 경우 W과 Mo의 비율이 1,000 : 1에서 2,000 : 1로 높이면 성장률이 저하되며, 조직내 Mo의 함량이 감소되고, xanthine oxidase의 농도가 감소되어 xanthine을 uric acid로 전환하는 능력이 크게 감소된다고 한다.

또한 반추동물에서는 Mo와 황산염(sulfate)을 다량 섭취하면 Cu 결핍증을 촉진시키는 것이 밝혀졌다. 즉, Mo은 sulfide oxidase를 방해함으로써 Cu 결핍증이 나타나게 되는데, 이때 Cu를 더 추가 공급하면 Cu 결핍증이 해소된다. 면양의 경우 황산염의 섭취량을 증가시키면 Mo 중독증이 예방된다고 알려져 있는데, 이때 혈액 및 조직 중의 Mo 함량이 현저하게 저하되고, 뇨를 통한 Mo의 배설량이 증가된다고 한다.

동물별로는 소가 Mo 과다섭취에 제일 민감하고 다음이 면양이며 말과 돼지는 Mo 과다섭취에 덜 민감하다. 돼지는 3개월 동안 1000 ppm의 Mo를 섭취해도 부작용이 없으나, 소는 50～100 ppm의 Mo만 섭취해도 설사를 심하게 한다.

Mo 중독증은 풀의 Mo 함량이 0.002% 이상일 때 나타나며, 그 증세로서는 심한 설사를 하고 체중 및 생산능력이 감소된다. 유황을 가지고 있는 함황아미노산(methionine), Cu, Zn, S, Al 및 Cd이 Mo의 과잉섭취로 인한 성장률의 감퇴를 회복시키는데 효과적이라고 알려져 있으며, 또한 Mo은 F의 흡수와 체내, 특히 근육과 뇌에 축적량을 높인다는 것이 밝혀졌다. 반추동물의 경우 Mo은 반추위내 미생물의 활력을 높여서 섬유질 사료의 소화율을 향상시킨다.

14) 비 소

비소(arsenic ; As)는 필수무기물로서 미량원소에 속하며, 동물 체내의 혈액 및 피부에 극미량 분포되어 있으며, 사료 중의 As는 흡수가 잘 되고, 주로 뇨를 통하여 신속하게 배설된다. Arsenic trioxide(As_2O_3) 형태로 투여한 무기질 비소도 역시 잘 흡수되지만 체내 조직 중에 머무는 기간이 길다.

As를 사료 중에 미량 공급하면 어린 동물의 성장촉진 효과가 있지만, 다량 공급하면 중독증을 일으키고 심하면 폐사하게 된다. As의 공급제로 가장 널리 이용되는 화합물은 arsanilic acid(sodium salt)와 3-nitro-4hydroxyphenylarsonic acid로서 전자는 사료의 0.01%까지, 그리고 후자는 사료 1 kg당 40～50 mg 급여하면 닭과 돼지에 있어서 증체율과 사료효율이 개선되고 장질환을 예방・억제할 수 있다고 한다.

As의 결핍증으로는 피모가 거칠어지고 성장률이 저하되며, 중독증으로는 어지러움증, 구토, 설사, 심한 복통, 피로, 근육통과 같은 많은 신경장애 및 체중감소 등이 나타난다.

15) 규 소

규소(silicon ; Si)는 준필수 무기물로서 식물이나 또는 동물의 조직에 널리 분포되어 있으며, 동물의 혈액 중에는 100 ml당 1～2 mg 함유되어 있고, 털에는 0.02～0.08% 함유되어 있으며, 동물체에는 약모(弱毛) 등에도 함유되어 있어 경직성을 부여한다. 그러나 동물체내 생리적 역할에서 Si의 중요성은 Carlisle(1972)가 병아리 뼈의 정상적인 Ca 침착에 Si가 필수적이라는 사실을 발표한 이후 인정되었다. 또한 Si는 mucopolysaccharide의 합성에 관여하여 연골조직의 구조를 유지시키는 작용을 한다고 알려져 있으며 monosilicic acid로서 흡수된다.

쥐와 닭에게 Si가 결핍된 사료를 급여하면 성장률이 감퇴되고, 특히 쥐는 앞니의 빛깔에 이상이 생기며, 닭은 볏이 대단히 작아진다고 한다. Si를 과잉 섭취하면 신장이나 방광 및 요도에 축적되는 요결석(urinary calculi)이 발생하기도 한다.

16) 알루미늄

알루미늄(aluminium ; Al)은 준필수 무기물로서 많은 동・식물에 널리 분포되고 있지만 아직 동물에 필수적이라고 하는 증거는 없다. 쥐에게 매일 1 μg 이하의 Al이 함유되어 있는 사료를 급여해도 아무런 장해가 발생하지 않지만, 다량 급여하면 phosphate의 흡수가 방해됨으로써 구루병(rickets)이 발생하게 된다.

사람이 1일에 섭취하는 Al의 양은 10～100 mg이지만 Al은 사료・식품・알루미늄

그릇 등으로부터 섭취되는 이외에 음식에 넣는 황산나트륨알루미늄(sodium aluminium sulfate)이나 백반(alum)으로서도 섭취된다. 그러나 많이 섭취하더라도 장으로부터의 흡수는 극히 제한되어 있어서 1일 100 μg 정도만 흡수되고, 나머지는 분으로 배설된다. 사람의 몸에 함유되어 있는 Al의 총량은 50～150 mg이다.

17) 니 켈

니켈(nickel ; Ni)은 준필수 무기물로서 Nielsen과 Sandstead(1974)이 14 ppm 이하의 니켈이 함유되어 있는 사료를 병아리에게 급여했을 때 여러 가지 장애현상이 발생하는 것을 밝히고 Ni을 필수미량 무기물이라고 하였으며, 장애현상은 간의 대사에서 일어났다고 하였다. 즉 간의 지방함량이 증가되고 인지질의 함량이 감소되었으며, α-glycerophosphate의 산화능력도 감소되었고, 간세포가 퇴화되었으며, 번식장애・태아사망・성장감퇴・피부염도 발생하였고, 정강이의 착색에 변화가 있었다고 한다.

또한 Nielsen 등(1975)은 쥐에 대하여 연구한 결과 Ni이 세포막의 구조나 핵산에서 어떤 작용을 담당한다고 하였다. 한편, Spears 등(1977)은 Ni이 반추위내 미생물의 urease의 작용에 필수적이라고 하였다.

18) 브 롬

브롬(bromine ; Br)은 준필수 무기물로서 4주령 이내의 병아리에게 8～15 mg / kg 급여하면 8～10%의 성장촉진 효과가 있다는 것이 밝혀졌다. Br은 동・식물계에 널리 분포되어 있어 결핍증이 발생할 염려는 없다.

19) 크 롬

크롬(chromium ; Cr)은 비필수 무기물로서 중독 광물질에 속하며, 조직내에 널리 분포되어 있지만 그 양은 대단히 적어 성인의 체내에는 6 mg 이하의 Cr이 분포되어 있으며, 연령이 증가함에 따라 폐를 제외한 기관의 농도는 감소된다고 한다.

Cr이 생체내에서 작용하기 위해서는 Cr^{6+} 형태의 Cr은 이용이 안 되기 때문에 일단 Cr^{3+} 형태로 환원된 후 여러 가지 유기물과 결합해야 한다. Cr이 생체내에서 기능을 발휘할 때에는 단독으로 작용하지 않고 insulin, 효소, 핵산 등과 상호 협력하여 작용하므로 Cr만의 역할을 분별하기는 어렵지만 생체내에서 Cr^{3+}의 기능을 열거해 보면 다음과 같다.

① 당 허용인자(glucose tolerance factor ; GTF)의 구성성분으로서 혈액에서 각 조직 세포로 당을 용이하게 운송하여 당의 이용효율을 증진시킨다.

② Cr이 결핍되면 glucose의 에너지로의 이용 불능, 당뇨병, 고혈당증 등이 유발된다.
③ Cr은 혈청내 cholesterol의 수준을 일정하게 유지하는 작용을 한다.
④ Cr은 단백질 합성 과정 중 insulin이 필요한 단계에서 insulin의 보조인자로서 작용한다.

육성돈에서 200 ppb의 Cr을 chromium tripicolinate 형태로 사료에 첨가하면 적육량은 증가하고, 체지방은 감소한다(Page 등, 1993).

20) 수 은

수은(mercury ; Hg)은 비필수 무기물로서 중독 무기물에 속하며, 공기·사료 및 피부로부터 체내에 들어가며, 흡수율은 수은화합물의 종류에 따라 다르다. 일반적으로 무기태 수은화합물의 흡수율은 5% 정도이며, alkyl 수은화합물인 methylmercury는 흡수율이 60～100%로 대단히 높고, 주로 신장과 간장에 축적된다.

Hg의 중독은 Hg이 효소분자 중의 SH기와 결합하여 당분해와 단백질 합성에 필요한 효소와 기타 여러 효소의 기능을 상실하게 한다. 유기태의 수은은 중추신경에 영향을 끼쳐 전율·현기증·신경과민증·우울증·시력 및 청각상실 등의 증상을 야기시키고, 무기태의 수은에 중독되면 장의 괴사·설사·사료 섭취량 및 체중의 감소 등의 증상이 나타나고, 심하면 폐사하게 된다. 사료내 Se와 비타민 E의 함량을 높이면 Hg 중독 증상이 완화된다.

21) 납

납(lead ; Pb)은 비필수 무기물로서 체내에 축적되는 중독 광물질로서, 중독되면 신경의 손상, 신장 세뇨관의 역기능, 빈혈 및 골다공증 등의 증상이 나타난다. Schwarz (1974)는 미량의 Pb이 쥐의 정상적인 성장에 필요하다고 하였지만, 필수 미량원소로 평가되려면 더 많은 연구가 필요하다. 흡수된 Pb은 주로 뼈에 많이 축적되고, 근육과 뇌에 가장 적게 축적된다.

Pb은 소화기관과 호흡기를 통하여 흡수되며, 체내 흡수율은 비반추동물에서는 10%, 반추동물에서는 3% 정도이다. Ca·P·Fe·Mg·Cu·Zn과 비타민 E 등은 Pb의 중독증세를 완화시키고, 반면에 Hg·Cd·Mo·Se· F 및 비타민 D는 Pb의 중독증세를 더욱 악화시킨다. 소화기관을 통한 Pb의 흡수율은 동물의 연령과 섭취량에 따라 다르며, 어릴수록 흡수율이 높아 중독증에 걸리기 쉽다.

참고문헌

1. Agricultural Research Council. 1980. The nutrient requirements of ruminant live-stock. Commonwealth Agricultural Bureawx. London.
2. Annenkov, B.N. 1982. Mineral feeding of cattle. In V.I. Georgievskii, B.N. Annenkov and V.I. Samokhim(eds.). Mineral nutrition of animals. Butterworths. London.
3. Bowen, H. J. M. 1966. Trace Elements in Biochemistry. Academic Press, New York.
4. Cousins, R. J. 1979. Nutr. Rev. 37:97.
5. Dallman, P. R. 1986. Annu. Rev. Nutr. 6:13.
6. Fontenot, J.P. and D.C. Church. 1979. The macro(major) Minerals. Digestive physiology and nutrition of ruminants. Vol. 2. pp. 56～99.
7. Gamble, J. L. 1954. Chemical Anatomy, Physiology and Pathology of Extracellular Fluid. Harvard University Press, Cambridge, MA.
8. Garces, M.A. & J.L. Evans, 1971. Calcium and magnesium absorption in growing cattle as influenced by age of animal and source of dietary nitrogen. J. Anim. Sci. 32 : 789～793.
9. Georgievskii, V.I. 1982. General information on minerals. In. V.I. Georgievskii, B.N. Annenkov and V.I. Samokhim(eds.). Mineral nutrition of animals. Butterworths. London.
10. Georgievskii. V.I. 1982. Mineral composition of bodies and tissue of animal. In V.I. Georgievskii, B.N. Annenkov and V.I. Samokhim(eds.). Mineral nutrition of animals. Butterworths.
11. Hubbert, F., Cheng, E. and W. Burroughs. 1958. Mineral requirement of rumen microorganisms for cellulose digestion in vitro. J. Anim. Sci. 17 : 559.
12. Martin, D.W., Mayes, P.A., Rodwell, V.W. and D.K. Granner(20th ed.). 1985. Harper's review of biochemistry. Lange Medical Publication. U.S.A.
13. Maynard, L.A., Loosli, J.K., Hintz, H・F. and R.G. Warner. 1979. Animal nutrition(7th. ed). McGraw-Hill Pub. Co. Ltd.
14. McDonald, P., Edwards R.A. and J.F.D. Greenhalgh. 1978. Animal nutrition. Longman, London and New York.
15. Miller, W.J. 1979. Dairy cattle feeding and nutrition. Academic Press. New York.

16. National Research Council. 1988. Nutrient requirements of dairy cattle(6th. ed). National Academy Press. Washinton, D.C.
17. National Research Council. 1996. Nutrient requirements of beef cattle(7th ed.). National Academy Press. Washinton, D.C.
18. Page, T. G., L. L. Southern, T. L. Ward and D. L. Thompson, Jr. 1993. Effect of chromium picolinate on growth and serum and carcass traits of growing-finishing pigs. J. Anim. Sci. 71:656～662.
19. Peeler, H.T. 1972. Biological availability of nutrients in feeds, availability of major minerals. J. Anim. Sci. 35 : 695～703.
20. Perry, T.W. 1980. Beef cattle feeding and nutrition. Academic Press.
21. Pond, W. G., D. C. Church and K. R. Pond. 1995. Basic Animal Nutrition and Feeding. 4 ed. John Wiely & Sons. New York.
22. Schhtte, K.H. 1964. The biology of the trace elements. Crosby Lockwood and Son Ltd. London.
23. Scott, M.L. Nesheim, M.C. & R.J. Young. 1982. Nutrition of the chicken. M.L. Scott & Associates.
24. Underwood, E.J. 1977. Trace elements in human and animal nutrition(4th. ed). Academic Press. New York.
25. 신형태. 1985. 유해 광물질의 작용기작 · 함량평가 · 오염경로 및 대책. 장안축산회 학술발표회지. 제7호. pp. 1～175.
26. 尹熙燮, 孟元在, 辛炯泰, 金榮吉, 高泰松, 1990. 新稿 家畜營養學. 鄕文社.
27. 韓仁圭 外. 1985. 비타민. 鑛物質營養學. 鄕文社.
28. 韓仁圭. 李榮哲, 鄭槿基, 朴弘錫, 崔辰浩, 1982. 家畜營養學. 先進文化社.

7

비타민과 대사작용

동물체가 생리적 기능을 유지하고 생산활동을 하는 데는 40~50여 가지의 영양소를 필요로 하는데, 그 중 16여 종은 비타민이다(그 이외에 9가지의 비타민 유사물질이 있음). 그러나 1900년대 초까지만 하여도 식이(食餌)에는 단백질, 탄수화물, 광물질, 그리고 물만 있으면 완전한 것으로 간주되었다. 그렇지만 중국에서는 B.C. 2000년 전에 쌀을 주식으로 하는 지역에서 각기병(beriberi)이 나타난다고 하였으며, 히포크라테스는 기원전 400년에 야맹증(night blindness)의 치료에는 동물의 간(肝)이 좋다고 하였다.

또한 1747년 영국의 외과의사인 James Lind는 선원을 대상으로 한 괴혈병(scurvy) 연구에서 귤즙이 괴혈병의 치료나 예방에 좋다고 하였으며, 1881년 Nicholas Lunin은 우유와 같은 일부의 음식이 생명에 필수적인 미지의 물질을 함유하고 있다고 하였다. 그러다가 1912년 Casimir Funk가 vitamine이라는 용어를 사용하였는데, 이전의 사람들과 마찬가지로 각기병・괴혈병・pellagra・구루병 등은 음식에 특정한 물질이 결핍되어 일어나는 것으로 가정하였고, 이러한 특정한 물질을 **비타민**(vitamine)이라고 불렀는데, 동기는 지금의 지아민(thiamine)이 amine기를 함유한 유기물이라는 점에서 비타민이라고 하였지만, 그 후 모든 비타민이 amine기를 함유하고 있지 않다는 것이 밝혀진 후로 vitamin이라고 맨 끝의 e자를 삭제하였다.

이와 같이 비타민이란 모든 동물에게 소량으로 필요한 유기화합물로서 그 자체가 에너지 급원이 되거나 세포의 구성요소가 되는 것은 아니며, 단백질・탄수화물・지방 등의 대사과정에서 조효소(助酵素, coenzyme)로 작용하거나 또는 동물의 정상적인 생리기능을 조절하는 필수불가결한 영양소이다. 따라서 비타민의 요구량은 미량이지만 사료로서 반드시 공급할 필요가 있으며, 그렇지 않을 때에는 일정한 결핍증상을 나타내거나 생산능력을 감퇴시키는 중요한 영양소이다.

그러나 일부 비타민은 동물에 따라 체내에서 합성이 가능하기 때문에 사료로서 섭취할 필요는 없다. 예를 들면, 비타민 D는 자외선에 의해 동물의 피부에서 합성이 되며, 비타민 C는 사람・모르모트・원숭이 이외의 동물에서는 소화관 내에서 합성할 수 있고, 비타민 B군은 반추미생물이 체내에서 합성할 수 있다. 그리고 나이아신(niacin)은 트립토판(tryptophan)으로부터 합성되어지므로 트립토판을 충분히 공급함으로써 비타민 급여효과도 가져오게 된다.

1. 비타민의 중요성

비타민의 요구량은 미량이지만 동물세포의 정상적인 대사작용에서 고유한 조효소 역할을 하는 필수적인 유기물이다. 그 중요성을 요약하면 다음과 같다.

① 동물세포의 고유한 생리현상(시력・골격형성・번식 등)을 조절한다.
② 조효소의 구성성분으로서 탄수화물대사 및 에너지 발생에 관여한다.
③ 피부병, 빈혈, 신경증세 및 근육위축병(nutritional muscular dystrophy) 등을 막아 준다.
④ 여러 가지 영양소의 이용률을 높여 성장률, 사료효율 등을 향상시킨다.
⑤ 항산화제로서 영양소의 산화를 방지한다.
⑥ 항병성을 높여 세균의 감염 등에 따른 스트레스를 예방한다.

2. 비타민의 명칭 및 분류

비타민의 명칭은 공통의 기준 없이 발견된 순서에 따라 A, B, C, D 등으로 기호를 붙여 왔으나 1960년 순수응용화학 국제연합(International Union of Pure and Applied Chemistry, IUPAC)에서 화학적 구조와 생리작용 등을 규명하여 명칭을 통일하였고, 1970년에 수정하였다. 비타민의 분류는 용해도에 따라 지방에 녹는 것을 지용성(脂溶性, fat soluble) 비타민, 물에 녹는 것을 수용성(水溶性, water soluble) 비타민이라고 하였으며, 명칭 및 분류는 표 7-1과 같다.

한편, 진정한 비타민이 아니더라도(사료를 통해서 반드시 공급되어야 하는 물질, 결핍시 그 물질을 공급함으로서만 치유) 비타민과 유사한 활성 때문에 비타민 B 복합체로 분류되기도 하는 비타민 유사물질이 있다(비타민 P, bioflavonoids 등).

표 7-1. 비타민의 명칭 및 분류

구 분	일반명칭 (NRC)	화학명 (IUPAC 공식명)	종래명 (일부 폐명)
지용성 비타민	Vitamin A	Retinol retinal 3-Dehydroretinol	Vit. A_1 Vit. A aldehyde Vit. A_2
	Vitamin D	Ergocalciferol Cholecalciferol	Vit. D_2 Vit. D_3
	Vitamin E	d-α-Tocopherol	항불임성 Vit.
	Vitamin K	Phylloquinone Menaquinone Menadione	Vit. K_1 항출혈성 Vit. Vit. K_2 Vit. K_3
수용성 비타민	Tiamine(B_1) Riboflavin(B_2)	Thiamin Riboflavin	Oryzamine Vit. F Vit. G lactoflavin Ovoflavin
	Pantothenic acid Niacin Pyridoxine(B_6) Pyridoxol Pyridoxal Pyridoxamide	Pantothenic acid Nicotinic acid Nicotinamide Pyridoxine	병아리 항펠라그라 인자 Vit. B_3 항펠라그라 인자 Vit. B_5 Factor I or Y adermin
	Biotin Folic acid(folacin) Vitamin B_{12} Choline Vitamin C	Biotin Pteroylmonoglutamic acid Cyanocobalamin Aquocobalamin Choline Ascorbic acid	Vit. H Vit. B_{10} aPE항 빈혈성 인자 Extrinsic factor Gossypine 항괴혈성 비타민

3. 지용성 비타민

지용성(脂溶性, fat soluble) 비타민에는 비타민 A, D, E, K가 있다. 이들은 사료의 지방과 함께 섭취되므로 지방의 공급이 부족하거나 지방결핍증 동물은 부족되기 쉬우며, 지용성인 성질 때문에 간에 상당히 저장될 수 있고, 수주일의 요구량을 한 번에 급여하여도 결핍증상은 잘 나타나지 않는다.

일반적으로 담즙을 통해 분으로 배설되며, 과다 급여시 비타민 A와 D는 중독증(hypervitaminosis)이 야기된다. 지용성 비타민은 ① 항산화제, ② 독특한 생리적 작용, ③ 조효소 등으로 이용되는데, 비타민 A만이 그 대사적 역할이 규명되어 있을 뿐 나머지는 아직 명확히 알려져 있지 않다.

1) 비타민 A

(1) 구 조

비타민 A는 1913년 McCollum과 Davis가 버터, 난황 또는 간유(肝油) 등에 생물학적 활성을 지닌 '지용성(脂溶性) a'라고 하는 필수 요소가 있다고 하였으며, 1920년에 Drummond가 "비타민 A"라고 명명하였다. 그 구조는 1931년 Karrer 등에 의해 cyclohexenyl 고리구조를 가진 polyisoprenoid이라고 규명하였으며, retinol(비타민 A-alcohol) 구조는 그림 7-1과 같다.

비타민 A의 생물학적 활성을 나타내는 물질은 이 외에 retinal(retinaldehyde : 비타민 A-aldehyde), retinoic acid(비타민 A-acid) 및 여러 이성체들이 있는데, 이를 통칭하여 retinoid라고 한다.

비타민 A의 효력은 국제단위(international unit ; IU)와 RE(retinol equivalent)로 표시하는데, 1967년 FAO와 WHO에서는 활성도(活性度)를 1 μg의 retinol과 6 μg의 β-carotene을 1RE로 표현하였으며, 이들의 환산법은 다음과 같다.

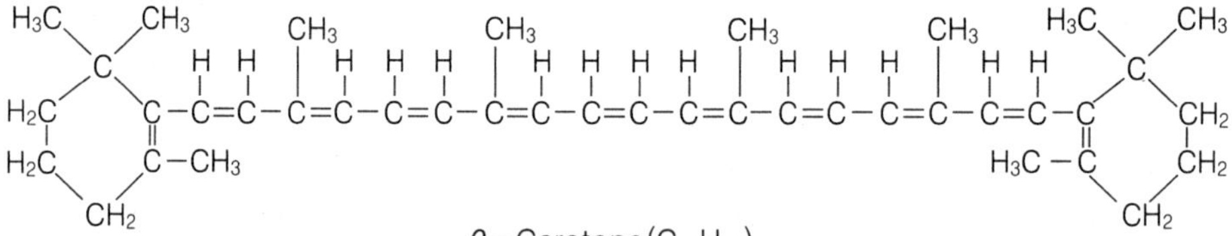

β-Carotene($C_{40}H_{56}$)

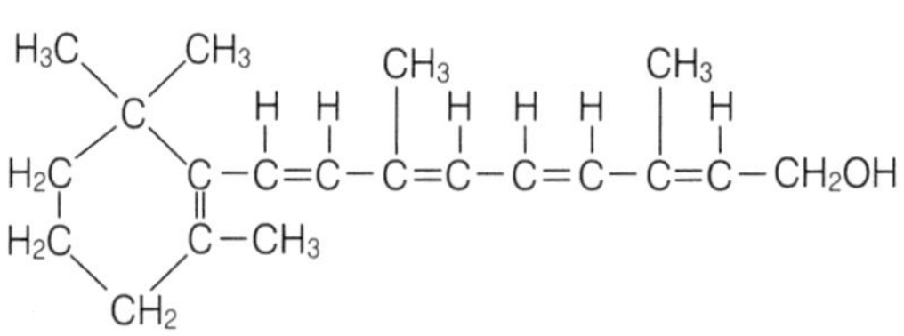

Vitamin A($C_{20}H_{30}O$)

그림 7-1. Retinol의 구조

1IU = 0.3 μg retinol(1 μg retinol = 3.33 IU)
= 0.6 μg β-carotene
1RE = 1 μg retinol
= 6 μg β-carotene
= 12 μg 다른 비타민 A전구체 carotinoid
= 3.33 IU retinol
= 10 μg β-carotene

(2) 기 능

비타민 A의 여러 가지 기능 중에서 가장 잘 알려져 있는 것은 정상적인 야간 시력을 유지하는 데 필수적인 로돕신(rhodopsin)을 형성하는 것이다. 비타민 A는 호흡기관, 소화기관, 피부 등 신체의 내·외부를 감싸고 있는 상피세포(epithelial cell)를 구성하는 데 필요하다. 또한 정상적인 뼈의 성장과 뼈의 재구성에도 비타민 A가 요구된다. 최근의 연구 결과들은 비타민 A와 카로테노이드가 항산화적 성질 때문에 항암작용에도 관여하고 있는 것으로 밝혀졌다. 특히 카로테노이드는 항산화제, 항돌연변이 및 항암효과가 큰 것으로 알려져 있다.

(3) 대사작용

동물성 식품에 함유되어 있는 비타민 A는 주로 retinyl ester 형태이며, 담즙산염·비타민 D, E 등과 작용하여 교질입자(膠質粒子, micelle)를 형성하며, 체액에 함유되어 있는 retinyl ester hydrolase에 의해 retinol로 전변된 직후 소장 상부에서 흡수된

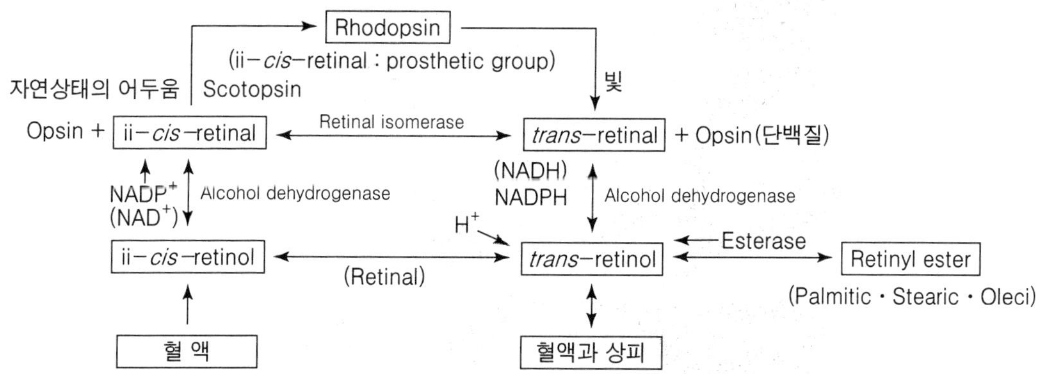

주 : Vitamin A-CHO : Retinal, Vitamin A-CH_2OH : Retinol, Vitamin A-COOH : Retinoic acid)

그림 7-2. 비타민 A와 시력과의 관계

다. 한편, 식물성 식품에 함유되어 있는 비타민 A의 전구체인 β-carotene은 소장과 간을 포함한 여러 조직에서 retinal로 전환되어진다.

소장에서 흡수된 비타민 A는 림프순환을 거쳐 흉관을 통해 혈류로 들어가 간세포에 저장되고, 대사적 요구에 따라 표적기관에 공급되며, 분(糞)을 통해 분해되지 않은 glucuronide 및 유리상태의 retinoic acid 등과 혼합된 상태로 배설된다.

Carotene은 소장에서 일부가 파괴되므로 비타민 A보다 흡수효율이 낮으며, 특히 반추동물은 체내에서 합성이 불가능한데다 carotene이 비타민 A로의 전환율도 12% 정도에 지나지 않기 때문에 비타민 A 공급에 유의하여야 한다. 그러나 가금류에는 비타민 A로의 전환율이 50% 정도 된다. 비타민 A와 시력과의 관계는 그림 7-2와 같다.

(4) 결핍증상

비타민 A의 결핍증상은 간 등에 저장된 비타민이 고갈될 때 나타나는데, 초기 증상으로는 각막에 rhodopsin의 생성을 위한 retinal의 공급이 불충분해지므로 야맹증을 나타낸다. 또한 가역적으로 결막건조증, 각막건조증과 같은 증상을 보이다가 더 진행되면 각막연화증, 각막천공, 내안구염이 병발하기도 한다.

닭의 경우에는 소화관의 점액선 상피조직이 각질화된 층을 이루어 소화관이 팽대되어 폐쇄되기도 한다. 돼지의 경우에는 상피조직의 변화, 절룩거림 등이 보고되어 있으며, 유우는 호흡기 · 구강 · 타액선 · 안구 · 소화기 · 신장 및 생식기의 퇴화가 수반된다.

육우도 야맹증, 심한 설사, 각막의 각질화, 절룩거림, 근육의 뒤틀림 및 뇌척수압의 상승으로 인한 심한 발작 등의 증상이 나타나는데, 대표적인 비타민 A 결핍증상으로

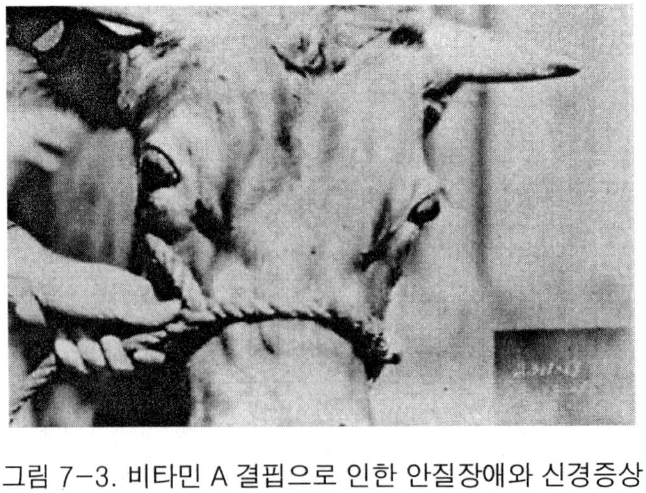

그림 7-3. 비타민 A 결핍으로 인한 안질장애와 신경증상

나타나는 안질장애 및 신경증상을 나타내는 소의 증상은 그림 7-3과 같다.

(5) 중독증

동물에게 비타민 A를 과잉 투여하게 되면 모발이 손상되며 수척해지고, 마비증상을 보이다가 사망하기도 한다. 물론 독성을 나타내는 비타민 A의 수준은 동물에 따라 광범위한데, 소와 돼지의 경우는 매일 체중 kg당 1,000～3,000 ㎍의 비타민 A를 섭취하면 중독증상이 나타나지만, 흰쥐・개・고양이・북극곰 등은 상당한 내성을 보여 매일 체중 kg당 20,000～60,000 ㎍을 투여하여도 임상적인 증상을 나타내지 않는다. 여러 실험동물에서 나타나는 일반적인 과잉증상은 빈혈, 모발의 손상, 피부병변, 골격성장 장해, 퇴행성 위축, 선천성 기형 등이 나타난다.

(6) 요구량 및 공급원

비타민 A의 요구량은 동물의 종류・연령・성장・임신・수유 등 생리적 조건, 장의 질환, 흡수에 영향을 끼치는 요인, 열량 섭취량, 단백질 섭취량, 활동정도 등에 따라 영향을 받으므로 정확한 규정이 어렵지만 각 동물의 비타민 요구량은 표 7-2와 같으며, 주요 공급원으로는 어류의 간(肝) 및 우유와 그 제품에 많이 함유되어 있고, 돼지고기・쇠고기・양고기・토끼고기・칠면조고기 등에도 미량 함유되어 있다.

식물성 공급원으로는 알팔파(alfalfa)와 목초・당근・시금치・고구마 등이 주요 공급원이며, 비타민 A 및 그 전구체의 천연공급원과 함량은 표 7-3과 같다.

표 7-2. 각 동물의 비타민 요구량

구 분	요구량	비 고	구 분	요구량	비 고
고양이	27,777(IU/kg)		돼지 1～5 kg	2,200(IU/kg)	
기니아픽	13(mg/kg)		5～10 kg	2,200(IU/kg)	
햄스터	20,000(IU/kg)		10～20 kg	1,750(IU/kg)	
원숭이	25,556(IU/kg)		20～50 kg	1,300(IU/kg)	
생 쥐	556(IU/kg)	NRC(1972)	50～110 kg	1,300(IU/kg)	NRC(1988)
닭 0～8주	1,500(IU/kg)		유 우	38(1000IU)	NRC(1988)
8～18주	1,500(IU/kg)		육 우	2,200(IU/kg)	NRC(1984)
산란계	4,000(IU/kg)				
종 계	4,000(IU/kg)	NRC(1984)			

표 7-3. 비타민 A 및 그 전구체의 천연공급원과 함량 (단위 : IU/gm)

구 분	retinol 함량	구 분	retinol 함량	구 분	retinol 함량
고래 간유	400,000	청어(menhaden) 제유	340	목초 : 전조된 상태	150
황새치 간유	250,000	정어리 제유	750	당 근	120
넙치 간유	240,000	버 터	35	시금치 · 순무	100
청어(herring) 간유	211,000	치 즈	14	고구마	80～200
다랑어 간유	150,000	달 걀	10	옥수수-글루텐사료 (황색, 60% 단백질)	50
상어 간유	150,000	우 유	1.5		
가다랭이 간유	120,000	알팔파사료(잎) : 탈수상태	530	옥수수-글루텐사료 (황색, 41%단백질)	28
백농성어 간유	50,000				
창꼬치류 간유	40,000	알팔파사료(잎.줄기) : 탈수상태	330	굵게 탄 옥수수 (hominy feed)	12
돔발상어 간유	12,000				
바다표범 간유	10,000	알팔파사료(잎.줄기) : 일광건조 상태	150	황색옥수수	8
대구 간유	4,000			기타 곡류	0
청어(pilchara) 제유	500				

2) 비타민 D

(1) 구 조

비타민 D는 1919년 Mellanby가 빛이 차단된 곳에서 귀리분말(oat meal)을 급여하면 골격의 기형이 초래되며, 이를 **구루병**(ricket)이라고 하였다.

그보다 앞서 McCollum은 동물의 성장을 촉진하는 지용성 물질이 있음을 발견하고,

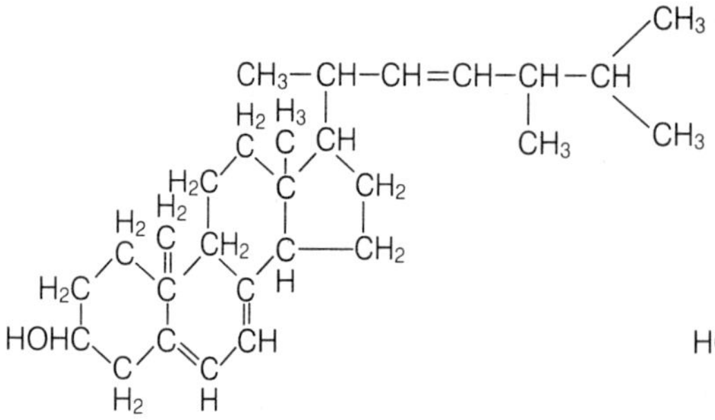

Ergocalciferol(Vitamin D_2, $C_{28}H_{44}O$)

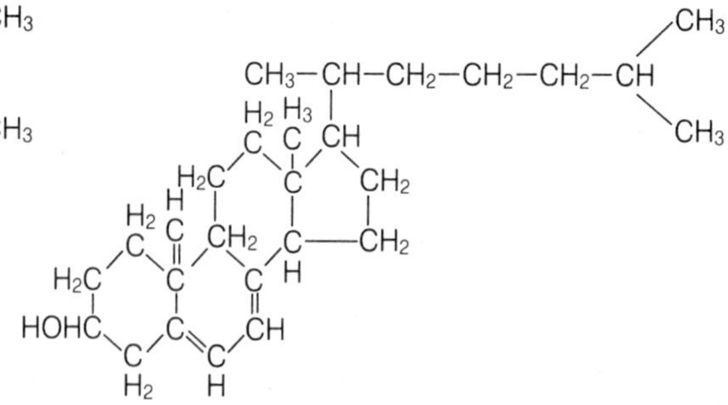

Cholecalciferol(Vitamin D_3, $C_{27}H_{44}O$)
Irradiated 7-Dehydrocholesterol

그림 7-4. 비타민 D의 기본구조

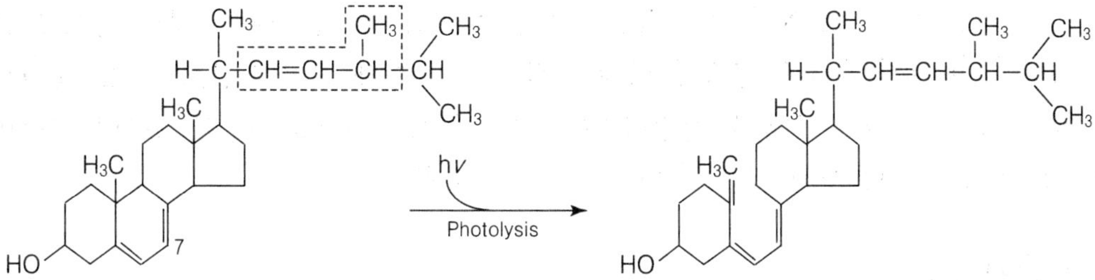

(Ergosterol ; 식물) (Ergocalciferol ; 비타민 D_2)

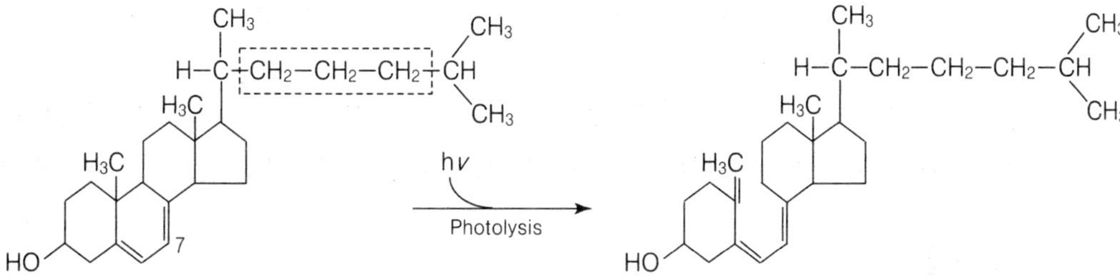

(7−Dehydrocholesterol ; 동물) (Cholecalciferol ; 비타민 D_3)

그림 7−5. 자외선 조사에의 ergosterol 및 7-dehydrocholisterol의 광분해

이 성분을 '지용성(脂溶性) 비타민 A'라고 하였다가 그 후 1925년 이를 '지용성 비타민 D'라고 명명하였다. Askew(1931) 등은 비타민 D_2(ergocalciferol)을 분리하였고, Windaus(1936) 등은 7-dehydrocholesterol을 합성하였으며, 여기에 자외선을 조사하여 비타민 D_3(cholecalciferol)을 분리해 내는데 성공하였다.

따라서 우유, 식빵, 육류, 식물체의 sterol 등에 자외선을 조사하면 비타민 D의 활성이 유도된다는 것을 알게 되었다. 비타민 D의 기본구조는 그림 7-4와 같으며, 자외선 조사에 의한 ergosterol 및 7-dehydrocholesterol의 광분해는 그림 7-5와 같다.

비타민 D의 효력은 국제단위(IU)와 국제추단위(國際雛單位, ICU)로 나타내는데, D_2와 D_3는 소・면양・돼지・개・사람 등에서는 효력이 같고, 닭에 있어서는 D_2가 D_3의 1/35의 효력을 갖는다.

1 IU = 1 USP 단위 = 0.025 ㎍의 결정 비타민 D_3의 효력

(2) 기 능

일반적인 비타민 D의 기능은 혈중 칼슘과 인의 함량을 높여 정상적인 뼈의 형성을 도와주고 정상 수준 이하로 칼슘이 떨어질 때 부갑상선 호르몬과 함께 혈중 칼슘의

농도를 높여 tetany증을 예방한다. 정상적인 혈중 칼슘 농도는 사료로부터 장으로 흡수된 칼슘과 뼈에서 유래된 칼슘에 의해 조절된다. 칼슘과 인이 장상피세포를 통과할 때 비타민 D가 이들의 수송을 촉진시킨다. 부갑상선은 저칼슘증이 발생하면 비타민 D를 활성형으로 전환시켜 칼슘의 재흡수를 촉진시킨다.

(3) 대사작용

비타민 D는 담즙에 의해 micelle을 형성하여 사료내 지질성분과 함께 회장 또는 공장에서 흡수되어 유미관을 통해 림프순환으로 들어가서 흉관을 거쳐 혈류로 들어가 신체 전 부위로 분배된다.

비타민 D의 저장은 잘 알려져 있지 않으나 대체로 간장 및 지방조직에 저장되며, 24 R-hydroxylation에 의하여 비활성화되어 분으로 배설되며, 미량은 뇨로 배설된다.

(4) 결핍증상

비타민 D는 소장에서 Ca과 P의 능동적 운반을 촉진하고, 골격의 유체판막에 함유되어 있는 Ca과 P을 동원하며, 신장에서 Ca과 P의 재흡수를 증대시키고, 뇨로의 배설을 억제하여 혈액의 Ca, P의 농도를 유지하므로 비타민 D가 결핍되면 뼈의 선단(先端)에서 이루어지는 화골작용(化骨作用), 즉 석회화(石灰化, calcification)가 불충분하게 된다. 따라서 어린 동물은 그림 7-6과 같이 구루병에 걸리고, 임신이나 포유중인 동물은 **골연화증**(骨軟化症, osteomalacia)이 생긴다. 가금류에서는 산란율과 부화율이 떨어지고 난각이 엷어진다. 그 외 저칼슘성 tetany, 상피소체 기능저하, 골다공증 등의 대사성 질환이 일어나기도 한다.

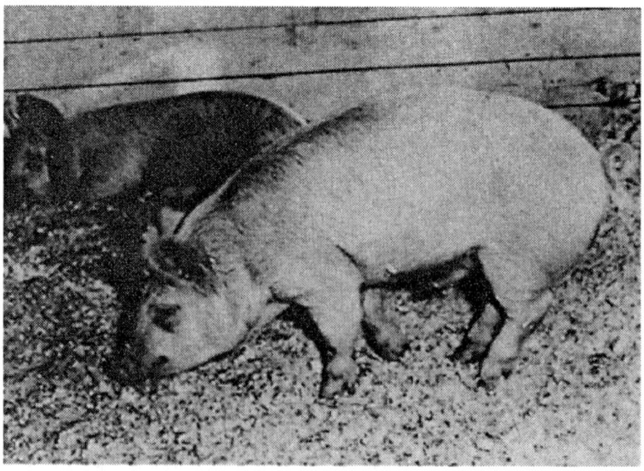

그림 7-6. 비타민 D 결핍에 의한 구루병

(5) 중독증

비타민 D를 과잉 섭취하면 독성을 나타내지만 천연식품이나 사료의 섭취 또는 일광의 노출에 의하여 중독이 야기되는 경우는 극히 희박하다. 일반적인 증상으로는 식욕감퇴·오심·구토·피부의 소양감·다뇨(多尿) 등이며, 다량 투여시 고칼슘혈증으로 신세뇨관에 인산칼슘이 축적되어 신석회증(腎石灰症)을 유발하여 신부전에 이르러 사망하게 된다.

(6) 요구량 및 공급원

각종 동물의 비타민 D 요구량은 동물의 종류, 생리적 조건 및 일광에 노출되는 시간과 일광의 강도 등에 따라 다르지만, 각종 동물의 비타민 D 요구량은 표 7-4와 같다.

표 7-4. 각종 동물의 비타민 D 요구량

구 분	요구량 (IU / kg)	비 고	구 분	요구량 (IU / kg)	비 고
고양이	500	NRC(1988)	돼지 1～5 kg	220	
원숭이	1,589		5～10 kg	220	
생쥐	167		10～20 kg	200	
흰쥐	1,111	NRC(1972)	20～50 kg	150	
			50～110 kg	150	NRC(1988)
닭 0～8주	200				
8～18주	200		유우	299	NRC(1988)
산란계	500		육우	275	NRC(1984)
종계	500	NRC(1984)			

표 7-5. 비타민 D의 천연공급원과 함량

구 분	함 량 (IU/100g)	구 분	함 량 (IU/100g)	구 분	함 량 (IU/100g)	구 분	함 량 (IU/100g)
비강화우유	4.4	고등어	275	대구	10,000	치즈	30
강화우유(미)	44	간유		창꼬치류	470,000	쇠고기	10
어류	100～500	다랑어	400,000	낭황	265	간	10～40
연어	500	고등어	600,000	난백	0	채소류	< 5
정어리	300	넙치	120,000	버터	92	식물종자	< 1

비타민 D는 천연식품에는 풍부하게 함유되어 있지 않으며, D_3의 가장 좋은 공급원은 어류의 간이나 간유로서 다랑어・상어 등의 간유에 특히 많이 함유되어 있으며, 비타민 D의 천연공급원과 함량은 표 7-5와 같다.

3) 비타민 E

(1) 구 조

비타민 E는 1922년 Evans와 Bishop이 그 당시 알려진 영양소만 함유된 사료로 사양한 쥐가 생식능력이 부족하다고 보고한 이후 B. Sure(1924) 등이 생식능력을 지닌 요소는 지금까지 알려진 지용성 비타민과는 다른 새로운 비타민이라고 결론짓고 이를 비타민 E라고 하였다. 그 후 1975년 미국영양학회지(Jourual of Nutrition)에 의한 명명법에 따라 α-2-tocopherol의 생물학적 활성을 나타내는 모든 tocopherol과 tocotrienol 등 8가지에 대한 일반적인 용어로 사용되며, 그 구조는 그림 7-7과 같다.

비타민 E의 효력은 국제단위(I.U)로 나타내며, α-tocopherol acetate 1 mg에 해당하는 생리활성을 갖는 것을 1 I.U라고 한다.

1 I.U = 1 mg dl-α-tocopherol acetate

1.49 I.U = 1 mg d-α-tocopherol

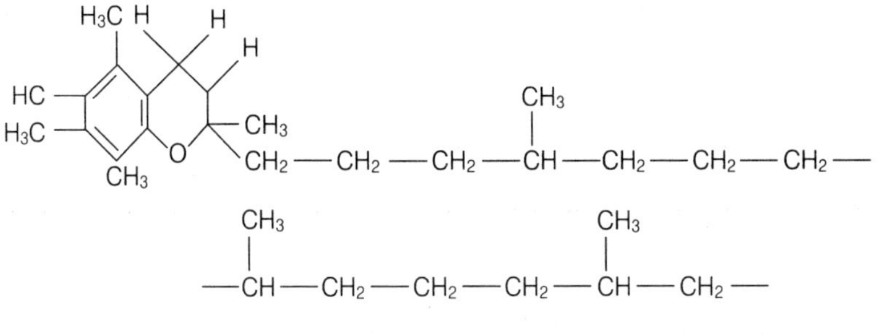

α-Tocopherol($C_{29}H_{50}O_2$)

그림 7-7. 자연계에 존재하는 tocopherol

(2) 기 능

α-tocopherol의 활성은 수산기(hydroxy group)에 의한 항산화 효과와 α-tocopherol의 대사에 의한 효과로 나눈다. 현재 비타민 E의 가장 중요한 역할 중의 하나는 핵산, 단백질, 그리고 미토콘드리아의 대사과정 중에서 생성되는 자유기(free radical)를 제거하는 기능이다. 비타민 E는 단백질 합성에도 관여하는 것으로 알려져 있지만 그 정확한 역할은 아직 밝혀지지 않았다. 비타민 E의 결핍은 여러 효소의 활성에 영향을 미치는 것으로 보아 효소의 대사작용에 관여하는 것으로 보인다. 비타민 E는 근육·정소·비장 등에서 호르몬 prostagrandin의 합성을 조절하며, 잘 배합된 사료를 섭취한 동물의 사료에 비타민 E의 첨가가 항체의 생성(특히 IgG)을 증가시킨다는 보고도 있다.

(3) 대사작용

비타민 E의 흡수도 다른 지용성 비타민과 마찬가지로 담즙과 지방의 작용으로 소장에서 일어나며, 소장벽을 거쳐 림프의 모세관인 유미관으로 들어가 유미립자(chylomicron)로 이동되며, 조류에서는 tocopherol 모두가 문맥을 거쳐 직접 간으로 흡수된다. 흡수된 비타민 E는 β-lipoprotein과 결합하여 운반되며, 지방조직·간·근육에 주로 저장되고, 대부분은 분으로 배설되며, 뇨로도 소량 배설된다.

(4) 결핍증상

비타민 E의 생리적 기능으로는 ① 호흡과정에서의 효소작용, ② 가수산기화반응(hydroxylation), ③ 인산화반응, ④ 핵산대사, ⑤ ascorbic acid 합성, ⑥ 갑상선의 정상적인 기능 등에 관여하므로 결핍증상은 매우 다양하게 나타나는데, 번식장해·간괴사·혈장단백질 손실·빈혈·삼출성 소질·신장 변성·지방조직염·영양성 근육위축병·백색근육 질병 등이 나타난다. 그림 7-8은 비타민 E 결핍에 의한 송아지의 영양성 근육위축병(nutritional muscular dystrophy)을 나타내고 있다. 한편, 이러한

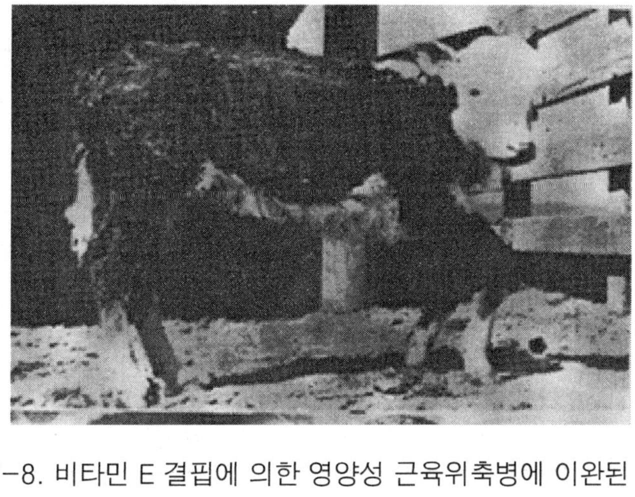

그림 7-8. 비타민 E 결핍에 의한 영양성 근육위축병에 이완된 송아지

증상들은 비타민 E의 결핍에 의해 일어나지만, 일부는 ① Se와 비타민 E의 결핍, ② 항산화제와 비타민 E의 결핍, ③ cystine과 비타민 E의 결핍에 의해 나타나기도 한다.

(5) 중독증

비타민 E는 흰쥐나 생쥐에게 보통 사람에 투여하는 양의 120~200배 정도 투여하여도 비교적 비독성으로서 중독현상이 나타나지 않는다. 그러나 다량으로 급여하면 (1mg / 1일 α-tocopherol) 발암성 물질의 전구체로 작용하여 폐종양 유발률이 높고, March(1973)는 비타민 D가 결핍된 병아리에 비타민 E를 다량(1,000~2,000 IU / kg) 급여한 결과 성장지연, hematocrit 수치의 감소, prothrombin 양의 감소, 골격 석회화의 감소 등이 나타났다고 하였다.

결론적으로, 동물에서의 α-tocopherol의 독성은 매우 많은 양을 투여했을 때 나타나는데, 발암물질이라고는 생각되지 않고 발암 전구물질일 가능성이 높으며, 간과 동맥의 지방축적을 유발하고, ethanol과 같은 간 독성물의 작용을 상승시키며, 비타민 K와의 상호작용에 의하여 혈액응고를 방해한다.

(6) 요구량 및 공급원

각종 동물의 비타민 E 요구량은 급여하는 사료내에 함유되어 있는 산화촉진제, 항산화제, 지방흡수의 효율성(특히, 불포화지방산의 섭취) 등에 따라 다르지만, 일반적인 최소요구량은 표 7-6과 같다. 비타민 E의 주요 공급원으로는 곡류 · 배아 및 배아가 함유되어 있는 부산물, 그리고 목초나 푸른빛을 띤 건초, 특히 알팔파에 풍부히 함유되어 있으며, 가장 농축된 급원은 불포화지방산이 많이 함유되어 있는 밀배아유

표 7-6. 각종 동물의 비타민 E 요구량

구 분	요구량	구 분	요구량
사 람 : 신생아	5~10 IU/day	돼 지 : 초생기	200 IU/kg/diet
어린이	10~15 〃	성장기	10 〃
성인	15 〃	종모돈 · 종빈돈 · 수퇘지	20 〃
병아리 : 초생기와 육추기	30 IU/kg/diet		
성장기와 산란기	10 〃	동 물 : 육성기	20 〃
칠면조 : 초생기와 성장기	30 〃	말 : 육성기	20 〃
육추기	40 〃	밍크와 여우	40 〃
개	40 〃	물고기 : 연어	30 〃
고양이	70 〃	메기	25 〃

표 7-7. 각종 사료의 비타민 E 함량

구 분	α-tocopherol	구 분	α-tocopherol	구 분	α-tocopherol
알팔파 : 건조(17%)	7.27	오트밀(사료)	2.36	쌀(갈색)	1.35
건조(20%)	8.90	옥수수글루텐밀	2.59	지 방 : 동물	0.79
양건(13%)	4.07	면실밀	0.92	가수동물	
건초	5.27	증류기로 건조한		및 채소	5.68
보리(T-3 함유)	3.63	옥수수(가용성)	5.58	가금	1.89
맥주막(건조)	2.68	증류기로 건조한		어 분 : 청어	1.68
황색옥수수(전곡)	1.99	곡류	3.05	청어박	0.57
옥수수글루텐사료	1.48	아마씨밀	0.77	페루산	0.21
고기 및 뼈가루	0.08	엿기물	0.42	쌀 겨	6.08
수수(전곡)	1.22	귀리(전곡)	2.05	왕 겨	0.74
당밀(캔)	0.54	땅콩깻묵	0.29	정 미	8.95
		가금류 부산물	0.22	홍화밀	0.08

·콩기름·면실유 등과 같은 식물성 기름이며, 사료 속에 함유되어 있는 비타민 E의 함량은 표 7-7과 같다.

4) 비타민 K

(1) 구 조

비타민 K는 1929년 Dam이 sterol을 추출한 사료로는 병아리가 잘 자라지 못하고, 경맥하 출혈 및 근육 출혈이 나타나며, 혈액응고가 지연된다는 것을 발견한 후 Holst 등이 신선한 양배추가 이 질병을 예방한다고 하면서 이를 비타민 C라고 하였다.

그러나 Dam은 합성된 비타민 C가 이 질병을 치료하지 못한다는 것을 발견하고, 1935년 식품에 함유되어 있는 합성성분의 분포와 지질에 대한 용해성 연구에서 항출혈성 비타민이 존재한다는 것을 확인하고, 이를 비타민 K라고 명명하였다. 비타민 K(항출혈성 비타민, 독일어의 Koagulation에서 유래)는 동물에서 항출혈성 효과를 나타내는 일반적인 용어로서, 천연에 존재하는 것으로는 알팔파에서 분리된 비타민 K_1(phylloquinone)과 어분에서 분리된 K_2(menaquinone) 등이 있으며, 그 구조식은 그림 7-9와 같다. 비타민 K는 순수합성 화합물(menadione) mg 단위로 표시한다.

0.008 mg menadione = 20 dam unit = 1 ansbacher unit.

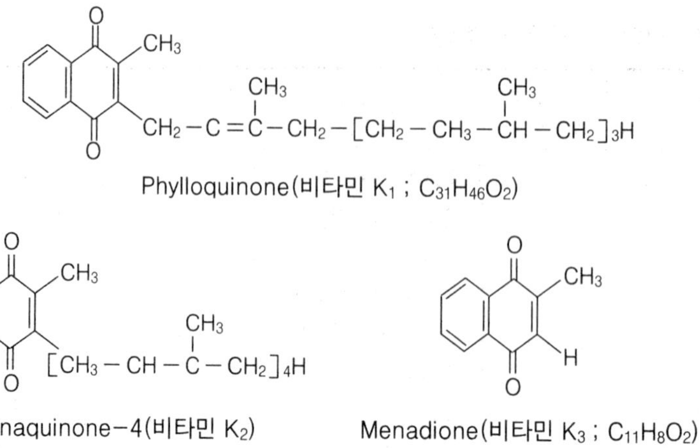

그림 7-9. 비타민 K의 구조

(2) 기 능

비타민 K는 정상적인 혈액응고에 필수적이다. 특히 간에서 prothrombin의 합성에 비타민 K가 요구된다. 비타민 K가 prothrombin의 구성성분은 아니지만 prothrombin 합성에 관여하는 효소체계에 영향하는 것으로 알려져 있다. 비타민 K는 또한 혈액응고 과정에서 최소한 4군데 직접적으로 관여하고 있다.

(3) 대사작용

비타민 K도 다른 지용성 비타민과 마찬가지로 소장에서 췌장액의 존재하에 흡수되는데, phylloquinone은 소장 상부에서 능동흡수에 의해, 그리고 menadione은 소장 말단 부위에서 수동적 확산에 의해 흡수되어진다. 그리고 반추동물의 경우에는 반추미생물에 의해 합성되며, 비반추동물은 소장이나 결장의 박테리아에 의해 합성되나 가금의 경우에는 거의 합성되지 않는다.

따라서 자기분식성(自己糞食性, coprophagy)이 있는 설치류는 비타민 K 결핍증상이 나타나지 않으나 자기분식성을 막으면 결핍증상이 발생한다. 흡수된 후 변하지 않은 채로 소장에서 림프계로 이동하여 흉관에서 대정맥으로 들어가 β-lipoprotein과 결합하여 간과 기타 조직으로 이동된다. 저장은 주로 소장과 간에, 그리고 일부가 피부나 근육에 저장되며, 과잉의 비타민 K는 분이나 뇨로 배설된다.

(4) 결핍증상

비타민 K는 사료에 골고루 분포되어 있고, 가금을 제외한 대부분의 동물은 장내

그림 7-10. 비타민 K 결핍으로 발생된 닭의 내출혈

미생물에 의해 상당량의 비타민 K_2를 합성하기 때문에 비타민 K의 결핍은 잘 일어나지 않는다. 따라서 자연적으로 발생하는 결핍증상은 드물고 비타민 K의 길항제(拮抗制)를 투여했을 때 발생하는데, 그 증상은 prothrombin의 결핍과 자동적인 출혈증상이다(그림 7-10).

쥐의 경우에는 간과 신장의 기능장애도 발생하고, 그에 따라 혈구 감소, 지방침윤 등이 나타나며, 고양이·토끼·개의 경우에는 prothrombin time이 길어지고, 혈액응고가 지연되며, 태아가 자연흡수되거나 피하조직 및 근육조직의 출혈이 나타나기도 한다.

(5) 중독증

사람과 각종 동물에 대한 연구에서 K_1과 K_2는 과량으로 섭취하더라도 독성을 나타내지 않으나 menadione을 다량 투여하면 고혈압, 빈혈, 황달, 혈색소뇨, 호흡곤란, 심장과 혈관의 붕괴현상이 나타난다. 쥐의 경우에는 간과 신장의 기능장애를 초래하였고, 신장의 세뇨관을 손상시키는 hemosiderin 침착증이 발견되었다.

그리고 개·고양이·원숭이 등에 25~50 mg/kg의 menadione을 경구투여한 결과 빈혈, 혈색소뇨 등의 증상이 나타났다. 생쥐에게 K_3를 치사량 투여하면 유루현상, 안구 돌출증, 호흡마비를 일으키다 죽게 되며, 개에게도 다량 투여하면 청색증, methemoglobin, 빈혈, 간과 신장의 장해 등이 일어난다.

(6) 요구량 및 공급원

비타민 K가 모든 동물에서 혈액응고 필수인자를 합성하는 데 필요한 것은 사실이

표 7-8. 동물의 비타민 K 요구량 (단위 µg / kg / day)

구 분	개	돼 지	원숭이	숫 쥐	병아리	칠면조
체중 기준	1.25	5	2	11~16	80~120	180~270
사료무게 기준	60	50	60	100~150	530	1,200

표 7-9. 사료 및 식품의 비타민 K 함량 (mcg / 100 g)

구 분	함량	구 분	함량	구 분	함량	구 분	함량
차(녹색)	712	아스파라거스	57	귀 리	20	쇠고기 (연화시킨 것)	11
순무(녹색)	650	물냉이	57	완 두	19	복숭아(생)	8
브로콜리	200	베이컨	46	통 밀	17	다진 쇠고기	7
상 치	129	커 피	38	소지방	15	닭 간	7
양배추	125	치 즈	35	햄	15	건포도	6
소 간	92	버 터	30	콩(녹색)	14		
시금치	89	돼지간	25	달 걀	11		

구 분	보리 알곡	수수 알곡	옥수수 알곡	대두 종실
비타민 K의 함량(mg/kg)	0.2	0.2	0.2	0.2

지만, 장내 미생물의 합성량과 자기분식성(自己糞食性, corprophagy)의 정도 등에 따라 많은 차이가 있기 때문에 사료 중의 필요량을 제시하기는 어렵다.

Griminger(1971)에 의하면 대부분 동물에 있어서의 요구량은 2~200 µg / kg / 일이라고 하였다. 그러나 이것도 연령 · 성 · 종 및 지방흡수와 장내 미생물총에 따라 달라질 수 있다. 동물의 비타민 K 요구량은 표 7-8과 같다.

비타민 K_1의 공급원으로는 알팔파 · 양배추 · 케일 · 시금치 등의 녹색채소와 치즈, 우유제품, 고기, 난황, 간 등에 풍부히 들어 있다. K_2는 장내세균에 의해 생성되기 때문에 coprophagy의 동물에게는 공급할 필요가 없으며, 일반 사료 및 식품의 비타민 K 함량은 표 7-9와 같다.

4. 수용성 비타민

수용성(水溶性, water soluble) 비타민에는 비타민 B 복합체와 C가 있다. 비타민 B 복합체라고 하는 것은 한 종류의 비타민 B가 있는 곳에는 다른 비타민 B들도 풍부히 존재하고 있으므로 B복합체 또는 B군이란 용어를 아직도 널리 사용하고 있다. 수용성 비타민은 지용성 비타민과는 달리 체내 저장이 잘 되지 않기 때문에 매일같이 공급해 주어야 한다.

그러나 반추동물의 경우에는 반추미생물에 의해 합성이 가능하므로 특별히 공급할 필요가 없으며, 단위동물 중 자기분식성(coprophagy)이 있는 토끼는 자기 분을 섭취함으로써 결장이나 맹장의 미생물에 의해 합성된 비타민을 이용할 수 있지만, 자기분식성이 없는 돼지・가금・사람을 포함한 다른 단위동물들은 매일같이 공급하여야 한다. 배설은 지용성 비타민이 대부분 분(糞)으로 배설되지만, 수용성 비타민은 뇨(尿)로 배설된다. 수용성 비타민은 주로 탄수화물・지방 및 단백질 대사에 있어서 조효소로서 작용한다.

1) 비타민 B_1

(1) 구 조

비타민 B_1(thiamin)은 각기병의 규명 및 치유에 관한 연구에서 시작되어 1926년 Jansen과 Donath가 thiamin을 결정체로 분리하는데 성공하였고, 1936년 Williams가 구조식을 밝히고 합성하였다. Thiamin(티아민)의 구조식(그림 7-11)에서 보는 바와 같이 thiazole 분자와 pyrimidine 분자가 methylene기로 연결되어 있다.

(2) 대사작용

Cocarboxylase라고 불리워지는 thiamin-pyrophosphate(TPP)는 체내에서 티아민과 ATP의 작용에 의해서 생성된다. 물이나 70%의 알코올에 용해되며, 산성의 수용액에서는 안전하지만 pH가 높아지면 파괴되기 쉽다. 또 열에 있어서는 건조상태에서는 100℃에서도 몇 시간 견고하지만 수분이 있는 경우에는 즉시 파괴된다.

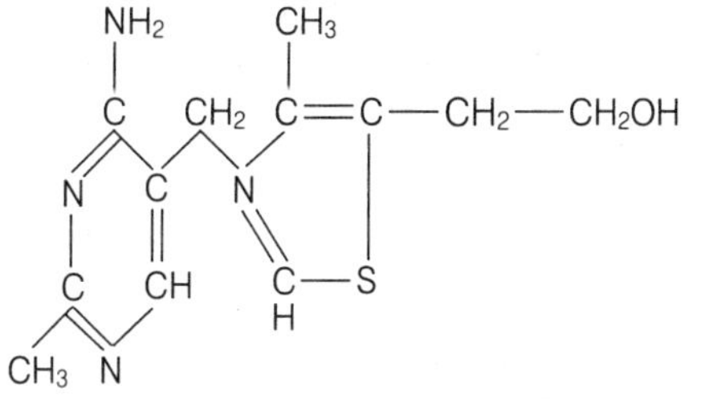

Thiamin($C_{12}H_{17}N_4OS$)

그림 7-11. Thiamin의 구조식

그림 7-12. Thiamin의 결핍증상으로 일어난 다발성 신경염

티아민은 TPP의 구성성분으로 산화적 탈탄산작용의 조효소로서의 역할을 한다. 이 반응은 생리적 작용에 소요되는 에너지를 제공하기 위하여 탄수화물이 이용되는 데 있어서 반드시 필요로 하는 과정이다. 이 반응이 잘 진행되지 않으면 pyruvate, lactate와 같은 중간대사물이 축적되어 사람은 각기병(beriberi), 조류인 경우는 그림 7-12와 같은 다발성 신경염(polyneuritis)이 생긴다.

티아민은 주로 소장에서 흡수되어 혈액에 의해 간으로 이송된다. 간에서 ATP에 의해 인산화되어 TPP로 형성된다. 그러나 저장은 얼마 되지 않고 곧 뇨로 배설되므로 계속적인 공급이 필요하다. 티아민은 모든 동물에 있어서 필수 성분이지만, 반추동물은 반추위내에서 미생물이 합성되기 때문에 사료의 형태로 공급할 필요는 없다. 티아민뿐만 아니라 기타 비타민 B군도 미생물은 합성할 능력이 있다. 말의 맹장과 대장에서도 이러한 합성이 충분히 일어난다.

또한 쥐나 사람 등의 장에서도 이러한 합성이 있는 것은 사실이나 필요한 요구량을 충당하는지는 아직 밝혀지지 않았다.

(3) 결핍증상

비타민 B_1이 결핍되면 식욕감퇴, 소화장해, 체중감소, 산란율 저하, 위장장해, 체온상승, 수종, 피로 등이 생기고, 더욱 진행이 되면 각기병, 신경통이 일어난다.

(4) 공급원

티아민은 맥주효소 및 곡류의 배아나 외각(外殼) 부분에 함유되어 있으므로 곡류보다는 실제로 그 부산물이 더 좋은 공급원이 된다. 지나치게 도정한 밀가루나 쌀에는 거의 결핍되어 있다. 돼지고기·간장·신장·난황도 좋은 공급원이 된다.

식물류에는 생풀, 특히 잎부분에 많이 함유되어 있는데, 티아민은 잎부분, 푸른색 및 단백질 함량과 비례한다. 일반적으로 양질의 건초는 우수한 공급원으로서 건조한 기후에는 거의 손실이 없으나, 수분이 있는 상태에서 열처리하면 티아민의 손실이 매우 크다.

1 USP units = 3 μg thiamin HCl = 1 I.U

2) 비타민 B_2

(1) 구 조

비타민 B_2(riboflavin)는 1932년 Warburg와 Christian이 동·식물계에 존재하는 황색의 녹색 형광물질을 발견하고, 이를 'old yellow enzyme'이라고 하였다. 그 후 Kuhn 등(1933)에 의해 난백에서 flavin이 발견되었으며, 1935년에 구조가 밝혀졌고, Karrer 등에 의해 합성되어졌으며, 이것을 riboflavin이라고 명명하였다. Riboflavin은 1개의 D-ribitol 측쇄가 9번째의 질소에 부착되어 있으며, 그 구조는 그림 7-13과 같다.

구조식에서 보는 바와 같이 FMN(Flavin mono-nucleotide)과 FAD(Flavin adenine dinucleotide)의 구성성분으로서 dimethyl isoalloxazine 핵과 측쇄로 알코올태의 ribose를 지니고 있으며, 순수한 화합물은 물에 약간 용해되는 황색 결정이다. 산 또는 중성 용액에 안전하고, 열에는 비타민 B_1보다 훨씬 강하며, 알칼리 용액이나 자외선에 의해서 잘 파괴된다.

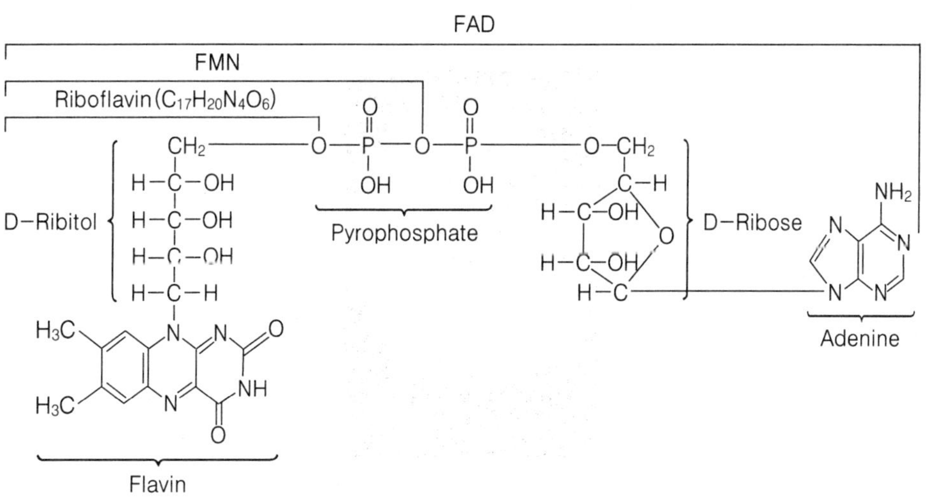

그림 7-13. Riboflavin, FAD 및 FMN의 구조

(2) 대사작용

소장에서 FMN으로 흡수되고, 간과 신장에서 FAD로 합성되며, 간과 신장에 많이 저장되나 섭취량이 많으면 조직은 쉽게 포화되어 급속히 소실된다. Riboflavin은 생화학적으로 산화환원 작용에 없어서는 안 될 물질이다. 이것은 양자 이송체인 조효소 NAD, NADP와 전자를 이송하는 cytochrome 사이에서 조효소 FMN 또는 FAD로서 2개의 양자와 2개의 전자를 이송하는 중간 역할을 한다.

또 다른 중요한 작용은 riboflavin의 조효소인 flavoprotein으로서 hypoxanthine이나 xanthine의 oxydase에 의한 산화작용에서 직접 수소원자를 산소에 이송함으로써 뇨산(尿酸, uric acid)을 생성한다.

(3) 결핍증상

Riboflavin의 결핍증상으로는 성장지연, 피부염을 들 수 있으며, 돼지에서는 다리마비, 백내장이 생긴다. 산란계에서는 부화 제 11일경에 발육중지 난(卵)이 많으며, 병아리는 그림 7-14와 같은 특유한 회지증(回趾症, curled toe paralysis) 등이 생긴다. 말의 경우 주기적으로 눈에 염증을 일으키는 월맹증(ophthalmia)이 나타나며, 육성돈에서는 성장지연・빈혈・설사・안구 이상・비정상적인 걸음걸이를 보이며, 모돈에서는 번식장해가 나타난다. 사람에 있어서는 피부병과 눈의 충혈증세가 일어난다. 모든 동물에 공통적으로 일어나는 결핍증세는 성장률 감퇴와 저조한 사료효율이다. 반추동물은 반추위내의 미생물이 비타민 B_2를 합성하기 때문에 닭이나 돼지에서만 부족될 가능성이 많다.

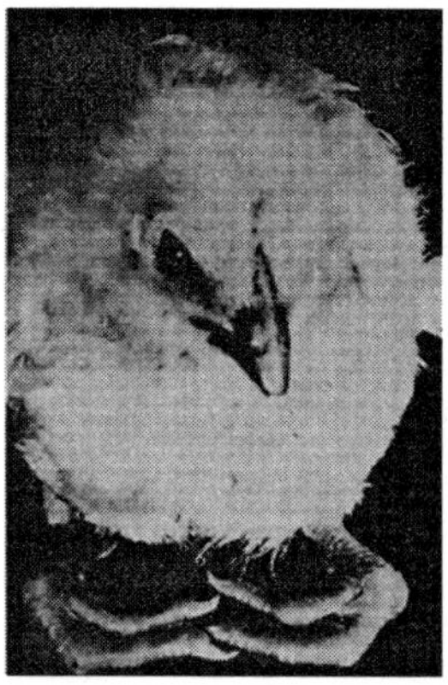

그림 7-14. Riboflavin 결핍으로 발생된 병아리의 회지증

(4) 공급원

공급원으로는 효모 · 탈지분유 · 유장(乳醬) · 계란 · 간장 · 심장 · 신장 등이며, 알팔파 등 푸른잎 식물은 동물에게 중요한 공급원이다.

곡류나 곡류 부산물에는 소량 들어 있지만 박류(粕類)에는 비교적 풍부히 들어 있다. Riboflavin을 과다하게 급여하면 쥐의 경우 무뇨증(無尿症)의 요인이 되는데, 이 쥐의 수뇨관과 신우에는 결석이 생긴다. 또한 피부나 모발이 황색으로 변하며, 분의 색도 노랗게 된다. 그러나 지나치게 다량을 급여하지 않는 한 일부만 흡수되고, 대부분 분뇨나 담즙으로 배설되기 때문에 이 비타민의 중독성은 잘 발생하지 않는다.

3) 나이아신

(1) 구 조

나이아신(niacin, nicotinic acid)은 1867년 독일의 Huber가 nicotine을 산화시켰을 때 nicotinc acid가 생기는 것을 알았으나 그 중요성을 인식하지는 못하다가 1935년 Von Eluer 등이 NAD로부터 nicotinamide를 추출하여 생체의 대사에 있어서 nicotinic acid가 중요하다는 것을 알게 되었고, 그 후 홍반병(紅斑病, pellagra)을 방지하는 데 있어서 nicotinic acid의 기능을 알게 되었다. Nicotinic acid는 nicotin을 산화시켰을 때 생기는 화합물로서 명칭의 어원은 nicotin에 근거하여 사용되어 오다가 1971년 nicotinic acid와 nicotinamide를 총칭하여 niacin으로 개정하였다.

나이아신과 생리적 활성분자인 nicotinamide는 무색결정체로서 물이나 알코올에는 잘 용해되나, 열 · 광선 · 알칼리 · 공기 등에는 매우 강하므로 안전한 비타민이다.

(2) 대사작용

나이아신은 소장에서 흡수된 후 문맥을 거쳐 간으로 운반되어 NAD로 합성되고,

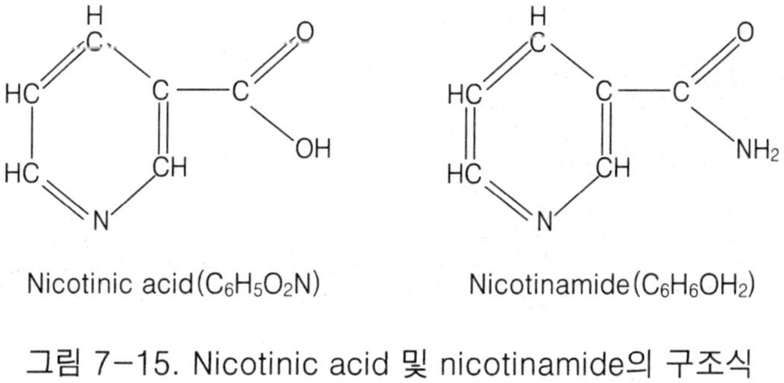

그림 7-15. Nicotinic acid 및 nicotinamide의 구조식

간에서 대사되지 않은 것은 혈액을 통해 다른 조직으로 운반되어 조효소의 합성에 이용된다. Nicotinic acid는 체내에 흡수되어 nicotinamide로 변화되어야만 유효작용을 한다. Nicotinamide는 NAD와 NADP를 구성하고 탈수소효소의 조효소로 작용한다. 또한 나이아신은 체내에서 트립토판(tryptophan)에 의해 합성되기도 한다. 알려진 바에 의하면 35～60 mg의 트립토판이 약 1 mg의 나이아신을 합성할 수 있다고 하므로 트립토판의 공급이 충분하면 쥐・돼지・병아리는 나이아신의 공급을 따로 할 필요가 없다. 반추동물의 경우는 반추위에서 미생물에 의해 합성이 가능하므로 따로 공급해 줄 필요는 없다.

(3) 결핍증상과 중독증

결핍증상으로는 사람의 경우 혀가 붉어지고 입 안이 헐며, 피부병・식욕감퇴 등의 증세를 가진 pellagra가 일어나고, 돼지의 경우에도 비슷한 증세가 일어나는데, 그림 7-16과 같이 체중 감소・피부병・설사・구토・빈혈증・표피박리성 피부염・탈모 등이 일어난다. 병아리에 있어서는 성장부진・피부병・비절의 증대・부리의 염증・설사・깃털의 감소 등이 나타나며, 개의 경우에는 흑설병(黑舌病, black tongue)이 나타나는데 그 증상으로는 식욕부진・감정둔화・성장감퇴・타액분비 이상・구각증・설염・치근염 등을 들 수 있다. 중독 증상으로는 혈관이완, 가려움, 혈중 포도당 및 효소농도의 증가, 위궤양 등이 일어난다.

(4) 공급원

나이아신의 공급원으로는 보리・옥수수글루텐・주정박・어분・기타 수산가공물・목초・탈지강・수수글루텐・밀・밀부산물 등이 있다. 특히 나이아신 함량을 평가할 때에는 사료내의 트립토판 함량도 아울러 고려해야 한다. 동물성 단백질이 풍부한 사료는 트립토판이 풍부하기 때문에 나이아신의 공급이 이루어진다.

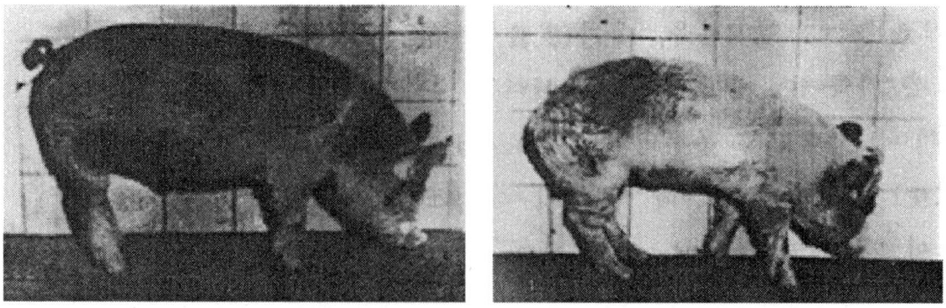

그림 7-16. 정상적인 돼지 왼쪽과 나이아신 결핍으로 위축된 돼지

4) 비타민 B_6

(1) 구 조

비타민 B_6(pyridoxine, pyridoxal, pufidoxanine)는 1934년 GyÖgy가 지아민을 제외한 비타민 B군을 리보플라빈과 보조인자 두 부분으로 분리하는데 성공하였으며, 이 보조인자를 비타민 B_6라 불렀다. 이것을 지아민과 리보플라빈을 공급하였을 때에도 발생하는 피부병을 치료하는 필수인자라 하였다. 이 비타민의 화학병을 pyridoxine이라고 하였으며, 그 후 pyridoxal과 pyridoxamine이 발견되었는데 통칭하여 비타민 B_6라 하였다.

(2) 대사작용

비타민 B_6 흡수는 소장에서 수동적 확산에 의하여 이루어지며 대부분 체조직 내에 존재하는데, 특히 간에 높은 농도로 존재한다. 피리독신 · 피리독살 · 피리독사민 중 피리독신이 가장 안정성이 있으며, 산성에서는 열에 강하지만 알칼리에서는 열과 일광에 의해 파괴된다.

비타민 B_6는 단백질의 대사에 관여하는 여러 가지 효소의 조효소로 작용하며, 아미노산의 탈탄산반응에서 조효소로 작용하는 것은 pyridoxal phosphate이다. Pyridoxal phosphate는 아미노산에서 아미노기를 제거하고 keto acid로 만드는 transaminase의 조효소로 작용한다. 그리고 트립토판의 대사와 적혈구 형성에도 관여한다.

(3) 결핍증상

결핍증상으로는 성장지연 · 홍반성 부종 · 간질성 경련 · 부종 · 부분적인 탈모 등이 나타나는데, 쥐의 경우 경련을 동반하는 피부병을 유발하며, 돼지는 빈혈 · 경련 · 성장부진 등의 증상이 나타나고, 성장 중인 돼지의 경우에는 식욕감퇴 · 소적혈구성 및 저색소성 빈혈 · 근육운동 실조 · 경련보행 · 간의 지방침윤 · 간질성 발작 · 혼수상태

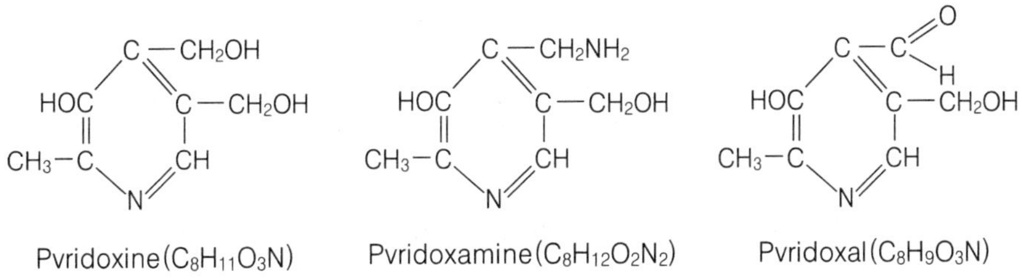

그림 7-17. 비타민 B_6의 구조식

를 일으키며, 개에 있어서는 식욕감퇴 · 성장부진 · 체중감소 · 혈액 중 Fe 농도의 상승 · 간질성 발작 · 피부병 · 원형 탈모증 등이 나타난다.

병아리는 비정상적인 흥분상태로 비틀거리며, 경련을 일으키고, 식욕감퇴 및 성장이 저하되며, 산란계에서는 산란율과 부화율이 저하된다.

(4) 공급원

비타민 B_6는 거의 무독성으로서 중독증은 거의 나타나지 않으며, 주요 공급원으로는 알팔파 건초 · 맥아 · 옥수수글루텐 · 주정박 · 어분 · 어즙 · 아마박 · 목초 · 감자 · 탈지강 · 효모 · 간 · 근육 · 우유 · 곡류와 그 부산물이 모두 좋은 공급원이다. 그 밖의 다른 사료에도 많이 함유되어 있어 거의 결핍증상이 없으며, 반추동물은 반추위의 미생물에 의하여 합성되므로 따로 공급하여 줄 필요는 없다.

5) 판토텐산

(1) 구 조

판토텐산(pantothenic acid, panthothenate)은 1933년 Willams 등이 효모의 성장에 필수적인 bios를 분리하여 이것을 **판토텐산**이라고 하였으며, 그림 7-18에서 보는 바와 같이 pantoic acid와 β-alanine으로 구성되어 있다. 무색 점조(粘稠)한 액체로 알코올, 빙초산에 잘 녹는 유기산의 일종이다.

(2) 대사작용

판토텐산은 소장에서 흡수되어 문맥으로 들어가 모든 조직에 운반되어 존재하며, 특히 간과 신장에 고농도로 존재한다. 이 비타민은 체내에서 CoA의 구성성분으로 acyl기 전이효소(轉移酵素)의 조효소로서 탄수화물과 지방의 대사에 중요한 역할을 한다. 쥐 · 개 · 돼지 · 칠면조 등에는 필수 영양소이지만, 반추동물은 반추위의 미생물에 의해 생성되므로 따로 공급하여 줄 필요는 없다.

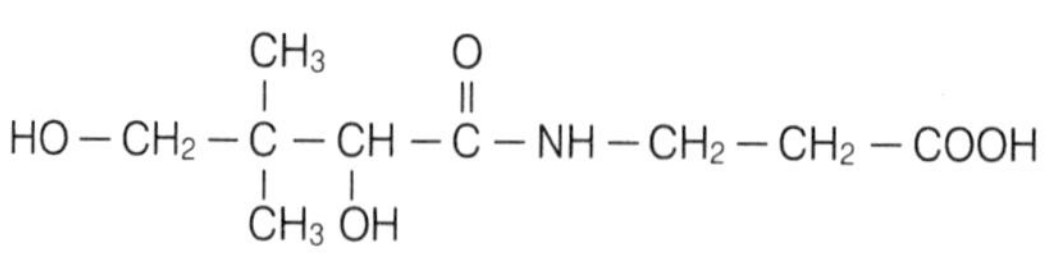

Pantotenic acid($C_9H_{17}NO_6$)

그림 7-18. Pantotheneic acid의 구조식

그림 7-19. Panthothenate 결핍으로 발생된 돼지의 거위걸음

(3) 결핍증상

판토텐산이 부족하면 체중과 성장이 떨어지고 장염 및 피부와 털에 이상이 생기며, 동물에 따라 각종 장해가 일어나는데, 닭의 경우에는 피부염, 배아 사망, 우모(羽毛) 착색이 불량해지고, 산란율·부화율이 떨어진다. 돼지의 경우에는 피부에 비듬이 생기고, 모발 착색이 불량해지며, 눈에서는 갈색 분비물이 나오고, 소화기장해, 성장부진 및 그림 7-19와 같은 특징적인 거위걸음을 하게 된다.

(4) 공급원

판토텐산은 동물성과 식물성 식품 및 여러 가지 사료에 널리 분포되어 있다. 알팔파·땅콩·당밀·효모·쌀겨·밀기울 등에 특히 많이 함유되어 있으며, 곡류·곡류 부산물 및 기타 다른 사료에도 풍부히 들어 있으므로 일반 동물사료에서 오는 결핍증은 거의 드물다. 비교적 무독성이며, 여분의 양은 쉽게 배설된다.

6) 비오틴

(1) 구 조

비오틴(biotin)은 1916년 Bateman이 생난백에는 쥐의 성장에 나쁜 영향을 미치는 인자가 있는데, 이 인자는 열처리를 하면 무해하다고 보고한 이래 1931년 GyÖrgy가 항난백인자(anti-egg white injury factor)를 발견하여 비타민 X라 하였고, 1933년에 Allison 등이 리조비움(*Rhizobium*)균의 성장을 위한 필수인자를 조효소 R이라고 하였다.

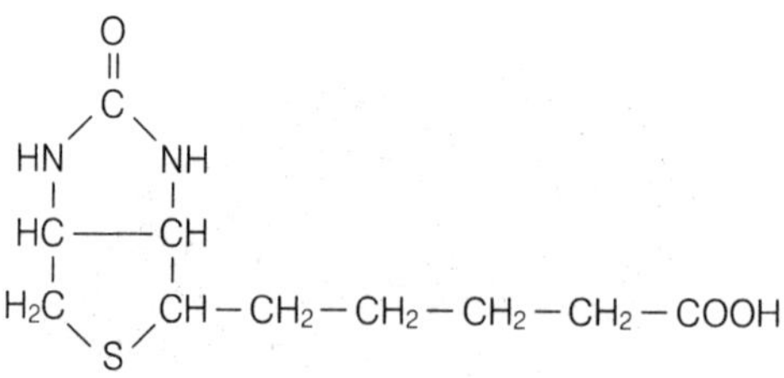

Biotin($C_{10}H_{16}O_3N_2S$)

그림 7-20. 비오틴의 구조식

그 후, 1936년 KÖgl과 Tonnis는 난황에서 효모의 성장을 위한 필수인자를 결정화하는데 성공하여 그것을 biotin이라고 하였으며, 1942년 Vigneaud 등에 의해 구조식이 규명되었다. Biotin은 함유황 비타민으로 thiophene 고리를 지닌 요소 유도체로서 구조식은 그림 7-20과 같다.

Biotin은 무색·무취의 결정형 물질로 온수에는 쉽게 녹으나 냉수에는 약간 녹는다. 그리고 열에는 강하지만 강산이나 알칼리, 산화제에 의해서 파괴되며, 자외선에 의해서도 일부 파괴된다.

(2) 대사작용

비오틴은 주로 소장의 윗부분에서 흡수되지만, 생난백에 함유되어 있는 단백질인 아비딘(avidin)은 비오틴과 결합하여 장내에서의 비오틴 흡수를 방해한다. 한편, 열처리를 한 불활성의 아비딘은 비오틴과의 결합력이 오래 지속되지 않기 때문에 비오틴의 체내 흡수를 크게 방해하지 못한다.

Biotin은 탄수화물·지방·단백질의 대사작용에 요구되며, 주로 decarboxylation·carboxylation·deamination에서 조효소로 작용하며, 또한 aspartic acid·serine·threonine 등의 아미노산으로부터 glucose가 합성될 때 NH_2를 제거하는 탈아미노화 반응에서 조효소로 작용한다.

(3) 결핍증상과 공급원

비오틴의 결핍시에는 돼지의 경우 사료효율의 저하, 발톱의 균열, 피부염, 다리의 불량 등이 나타나고, 병아리·칠면조에서는 피부염과 각약증이, 그리고 산란계에서는 부화율이 저하된다. 중독증은 거의 없으며, 공급원으로는 알팔파·밀·보리·당밀·맥주박·주정박·어즙·전지분유·탈지분유·땅콩박·탈지강·수수·대두박·밀기울·유청 등이 있다.

7) 콜 린

(1) 구 조

콜린(choline)은 1862년 Strecker가 돼지의 담즙으로부터 분리한 새로운 화합물을 choline이라 명명하였고, 1867년 Baeger와 Wurtz가 구조식을 밝혀 최초로 합성하였으나 비타민 B의 기준을 충족시키지 못하기 때문에 비타민으로 분류하는데 많은 논란이 있었다. 그러던 중 1942년 여러 연구자에 의해 쥐·병아리·칠면조 등을 이용하여 choline이 비타민과 같은 성질이라는 것이 확증되었다. 콜린은 구조식(그림 7-21)에서 보는 바와 같이 3개의 methyl기를 가진 간단한 구조물이다.

(2) 대사작용

콜린도 다른 비타민 B복합체와 마찬가지로 위에서 산성화되고 소장에서 흡수된다. Choline은 지방수송을 촉진하고, 또한 간 자체의 지방산 이용을 증진함으로써 지방의 비정상적 축적을 방지한다. 그러므로 콜린은 간에서의 지방대사 작용에 필수적인 역할을 한다. 이러한 기능 때문에 항지방간 인자(antilipotropic factor)라고도 한다.

콜린은 체내에서 어느 정도 합성이 되는 점조(粘稠)한 강염기성의 액체로서 공기중에 노출되면 수분을 쉽게 흡수하며, 산과 함께 접촉하면 choline chloride나 choline bitartrate를 생성한다. 콜린의 비특수적인 역할로서는 생리적으로 용이한 methyl기의 공급원이 되는 것과, 특수한 역할로는 각약증(脚弱症)을 방지하는 것이다.

(3) 결핍증상

콜린이 부족하면 간장에 지방이 축적되어 지방간(fatty liver)이 생기는데, 이는 콜린이 간장의 지방을 lecithin으로 만들어 이동을 촉진시키는 까닭이다. 병아리의 경우에는 각약증이 발생하고, 돼지는 성장부진, 사료효율 저하, 균형이 잡히지 않는 움직임, 그리고 지방간의 증상이 나타난다.

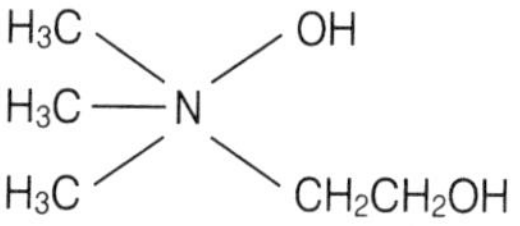

Choline($C_5H_{15}O_2N$)

그림 7-21. Choline의 구조식

(4) 공급원

자연계의 모든 지방에는 콜린이 함유되어 있으므로 지방이 있는 사료로부터 자연적으로 공급받게 된다. 또한 전구물질로부터 체내에서 합성이 가능하므로 병아리를 제외하고는 일반적으로 결핍증상은 일어나지 않는다. 그리고 필수아미노산인 메치오닌(methionine)이 콜린의 역할을 대치할 수 있다. 독성은 아직까지 보고된 바 없으며, 공급원으로는 알팔파・밀・당밀・맥주박・곡류・수산가공 부산물・육가공 부산물・대두박・채종박・탈지강・밀기울・유청 등이 있다.

8) 폴라신

(1) 구 조

폴라신(folacin)은 1941년 Mitchell 등에 의해 제시되었는데, 이것은 시금치에서 발견되었으며, 녹색식물에 널리 분포되어 있는 박테리아의 성장촉진 인자라고 하였다. Folacin은 항빈혈성 인자(anti anemia factor)로서 생리적 활성이 있는 여러 유사물질이 있어 한때는 미지인자로 발표되기도 했다. 따라서 그 명칭도 folacin, folic acid, 비타민 M, 비타민 B, 비타민 U, *Lactobacillus casei* factor, 비타민 B_9・B_{10}・B_{11} 등으로 불리어지기도 했다.

결국 1943년 Parke-Davis 등에 의하여 간에서 분리되었는데, 그 후 Laderle 등에 의해 구조식과 합성이 이루어졌다. 자연상태에서 여러 형태로 존재하며, folacin 그룹의 화합물로 되어 있으며, 생리적 활성은 tetrahydrogolic acid라 불리우는 환원산물이다. 구조식에서 보는 바와 같이 pteroic acid와 paraaminobenzoic acid(PABA), 그리고 glutamate로 구성되어 있다. 폴라신은 황색 결정체이며, 물에 약간 용해되고 산에는 매우 약하다.

(2) 대사작용

폴라신은 소장의 기부에서 주로 흡수되며, serine과 glycine의 상호전환, histidin의 분해, purine의 합성 및 methyl기의 합성 등에 관여한다.

(3) 결핍증상과 공급원

폴라신(엽산)이 부족하면 거대적혈구성 악성빈혈이 생기는데, 그 이유는 혈구의 정상적 성숙에 요구되는 핵단백질의 합성에 장해가 생기기 때문이다. 때로는 성장이 억제되고 우모(羽毛) 착색이 불량해진다.

사람이나 개의 경우 혀에서 이상상태(舌炎, glossitis)가 나타나며, 소화기관의 장해

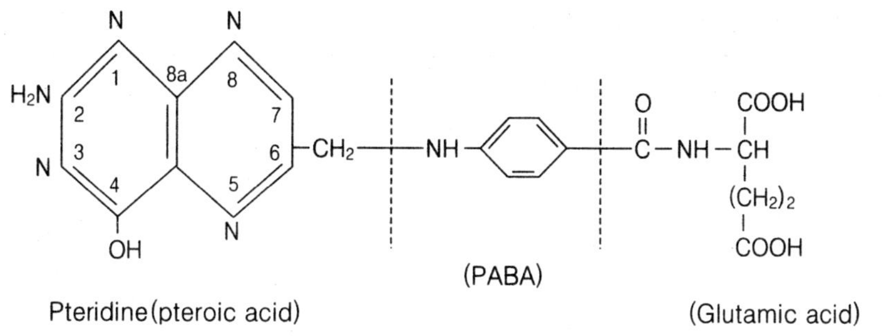

(Folacin ; $C_{19}H_{19}O_6N_7$)

그림 7-22. Folacin 구조식

로 설사를 하기도 한다. 폴라신은 원숭이·병아리·칠면조·밍크·생쥐·guinea pig 등에게는 공급해 주어야 할 필수영양소이지만, 돼지에서는 결핍증세가 거의 없는 것으로 보아 장내 합성이 충분한 것으로 보고 있다. 또한 반추위에서는 미생물에 의해 합성이 충분하므로 별도로 공급하여 줄 필요는 없다. 그러나 갓 태어난 어린 양의 경우는 사료로서 공급해 주어야 한다. 폴라신은 동·식물계에 널리 분포되어 있다.

푸른 잎을 가진 식물과 동물의 부산물들은 가장 좋은 공급원이다. 곡류·콩·알팔파 건초·면실박·주정박·어분·유청·감자·두과종실 및 육류 부산물도 좋은 공급원이다. 동물 중 산란계에서만 추가 공급이 요구되며, 과다 급여시는 신경조직이 손상되고, DNA 합성이 촉진되어 신장의 이상비대(異常肥大)가 초래된다.

9) 비타민 B_{12}

(1) 구 조

비타민 B_{12}(cobalamine, cyanocobalamine)는 1948년 Rickes 등이 간의 항악성 빈혈인자(anti pericious anemia factor ; APA)를 분리하여 이를 cobalamine 또는 B_{12}라고 하였다. 이 외에 B_{12b}, B_{12c} 같은 B_{12}의 효력을 가진 것도 있다(표 7-10). 그 후 1955년 Dorothy Hodgkin에 의해 구조식이 밝혀졌으며, 같은 해 Woodward 등이 합성에 성공하였다. 그러나 지금은 박테리아나 곰팡이의 배양물로 활성이 높은 B_{12} 생산방법이 개발되었다. 구조식을 보면 Co 원자가 4개의 porphyrin ring 중앙에 있고, 1개의 cyanide기가 Co에 붙어 있다.

(2) 대사작용

비타민 B_{12}의 흡수는 회장의 점막세포에서 이루어지며, 간정맥으로 들어가 각 조직

표 7-10. 비타민 B_{12}의 여러 가지 형태

Ⅰ. 비타민 B_{12} 구조의 R기에 따른 형태		Ⅱ. Pseudovitamin B_{12}	
-R	명 칭	5, 6-Dimethyl imidazole을 대치하는 분자	화합물
$-CN$	Cyanocobalamine(비타민 B_{12})	Adenine	Pseydovitamin B_{12} (B_{12f})
$-OH$	Hydroxycobalmine(비타민 B_{12a})	2-Methyladenine	Factor A
$-H_2O$	Aquocobalamine(비타민 B_{12b})	Hypoxanthine	Factor G
$-NO_2$	Nitrilcobalamine(비타민 B_{12c})	2-Methyl hypoxanthine	Factor H
5′-Deoxyadenosyl	5′-Dexyadenosyl cobalamine (coenzyme B_{12})	5-Hydroxy benzimidazole	Factor Ⅲ(B_{12}Ⅲ)
$-CH_3$	Methylcobalamine(methyl B_{12})	no nucleotide	Factor B

에 운반된다. 생체내에서는 coenzyme B_{12}로 존재하고, 간장에 주로 많이 들어 있다.

(3) 결핍증상

비타민 B_{12}가 부족하면 성장저하, 악성빈혈 등 각종 장해가 생기는데, 특히 닭・돼지・쥐 등은 현저한 결핍증상으로서 성장이 감퇴되고, 특히 돼지는 후구가 마비되어 비틀거리게 되며, 성계는 체중과 산란율은 유지되지만 부화율이 떨어지고, 어린 병아리는 각약증과 같은 뼈의 이상발육 현상이 나타난다. 어린 송아지는 발육이 중지되고, 식욕이 감퇴되며, 비틀거리기도 한다. 반추동물은 제 1위내 미생물에 의해 합성이 가능하다.

그러나 Co가 부족하면 B_{12}의 결핍증이 나타날 수가 있다. Coenzyme B_{12}로서의 작용은 methyl기의 전이 및 대사, purine 염기의 대사, 단백질의 합성과 같은 중요한 기능에 관여하고 있다.

(4) 공급원

중독증상은 거의 없으며, 비타민 B_{12}는 일반적으로 미역 외에는 식물성 사료에는 거의 없지만, 동물성 사료에는 많이 들어 있으므로 동물성 단백질 인자(animal protein factor ; APF)를 구성하는 주요 성분으로 알려져 있다. 간・신장・고기・우유・계란・물고기 등에 많이 들어 있으며, 발효부산물에도 충분히 들어 있다.

$$1\ \text{USP} = 1\ \mu g\ B_{12} = 11{,}000\ \text{LLD units.}$$

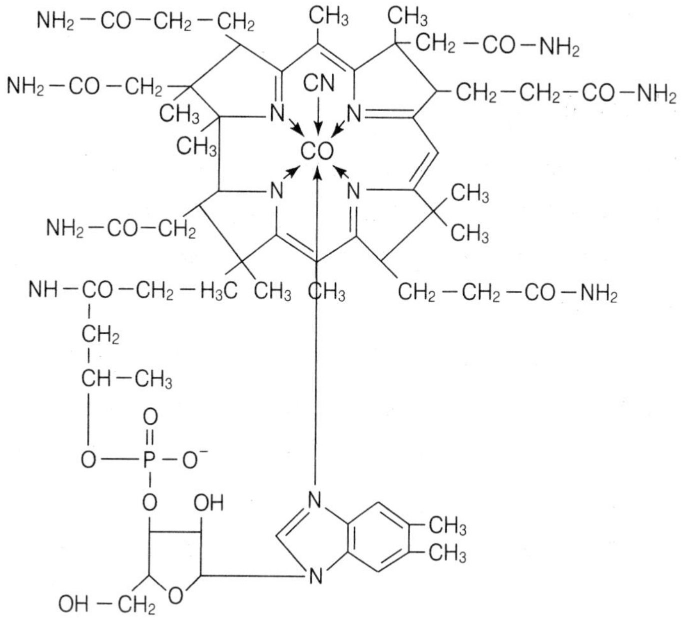

Cobalamin($C_{72}H_{100}CON_{18}O_{17}$)

그림 7-23. Cobalamine의 구조식

10) 기타 비타민 B군

(1) 이노시톨

이노시톨(inositol)은 유기인산 물질인 phytin이 있는 식물에 함유되어 있고, 동물체에서는 cephaline의 구성원으로서 존재한다. Wolley(1940)는 생쥐의 탈모증 예방에 이노시톨이 효과가 있다고 하였다. 6개의 OH기를 지니고 6개의 탄소를 가진 원형의 화합물로 포도당과 밀접한 관계가 있다. 9가지의 형이 있는데 myoinositol만이 활성을 지니고 있다. 이노시톨의 기능은 ① 간과 골수의 발육에 필수적이다. ② Guinea pig의 괴혈병 치료에 효과적이다. ③ RNA 합성에 쓰인다. ④ 탄수화물과 방향족 화합물의 중간 대사물로서 이용된다. ⑤ 지방간을 방지하는 것 등이다. 그러나 아직까지도 이노시톨이 영양학적으로 필수적인지는 의문시되고 있다. 탈모증세는 비타민 B_6나 pantothenate의 결핍으로 일어나는 증세와 비슷하며, 또한 biotin과도 연관이 있다고 판명되었다.

결핍증상으로는 성장지연, 탈모, 특히 눈 주위의 털이 빠진다. 중독증은 알려진 것이 없으며, 주요 공급원으로는 곡류 · 두과류 · 육분 · 육가공 부산물 · 탈지강 · 밀기울 등이 있다.

(2) 파라아미노벤조익산

파라아미노안식향산(paraaminobenzoic acid ; PABA)은 미생물의 성장에 필수인자라고 발견된 이후 병아리의 성장과 쥐의 젖 생산을 돕는다고 하여 비타민으로 인정한 때도 있었다. 이것은 folacin의 구성성분으로서 미생물에 있어서는 folacin의 전구물질 역할을 할 수 있다.

또한 미생물 성장에 필수적이기 때문에 장내 미생물에 의한 비타민 B군 생성을 촉진시킬 수 있다고 본다. 미생물 합성에 의해 장관에서 형성되므로 동물에서의 결핍증상은 거의 나타나지 않고 다량 급여시 신경과민 및 구토를 일으킨다. 공급원으로는 땅콩박·대두박 등이 있다. Sulfonamide를 투여하면 paraaminobenzoic acid와 경합하여 folic acid가 합성되지 않으므로 미생물의 성장을 저지한다.

11) 비타민 C

비타민 C(ascorbic acid, 1-dehydroascorbic acid)하면 괴혈병을 생각할 정도로 널리 알려진 중요한 비타민이다. 그 이름만큼 역사도 깊어서 B. C 1550년 Ebers Papyrus에 괴혈병의 기록이 있은 이래 15세기에서 16세기에는 소금에 절인 고기와 비스켓 위주의 식사를 하던 탐험가 및 해군들이 이 병으로 대부분 죽어갔다. 그러던 중 1600년 Lancaster가 괴혈병의 치료에는 레몬즙이 좋다고 보고하면서부터 1932년 Charles Glen King과 W. A Waugh가 레몬주스에서 항괴혈병성(antiscorbutic) 효과를 지닌 물질을 분리하여 비타민 C라고 하였으며, 1933년 Reichstein에 의해 합성되었고, 1938년에 비타민 C의 이름으로 ascorbic acid가 공식적으로 사용되었다.

(1) 구 조

비타민 C의 구조는 그림 7-24에서 보는 바와 같이 화학적으로 포도당의 구조와 비슷하다. 자연상태로 2가지 형태의 비타민 C가 존재하는데, 환원형인 ascorbic acid와 산화형인 dehydroascorbic acid가 있다.

사람이나 기니아픽, 원숭이, 과일을 먹는 박쥐, bulbul새 등은 합성에 필요한 oxidase가 없기 때문에 포도당에서 ascorbic acid를 합성할 수가 없어 공급해 주지 않으면 결핍증상이 나타나지만, 식물이나 대부분의 동물은 단순한 당으로부터 합성된다.

$$1\ \text{I.U} = 1\ \text{USP unit} = 0.05\ \text{mg L-ascorbic acid.}$$

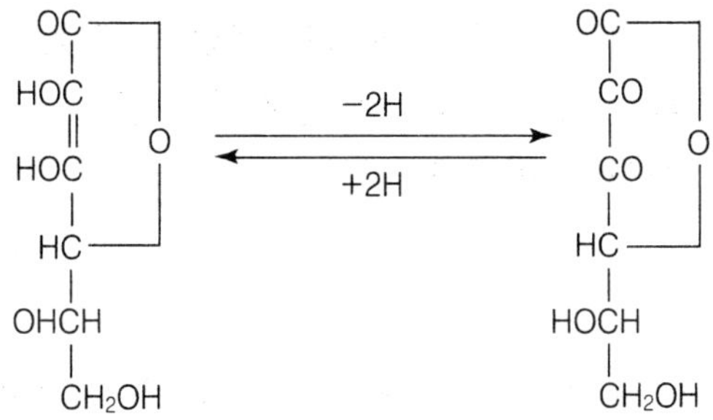

L−Ascorbic acid ($C_6H_8O_6$) (reduced form)   L−Dehvdroascorbic acid ($C_6H_8O_6$) (oxidized form)

그림 7−24. 비타민 C의 구조식

(2) 대사작용

비타민 C는 주로 소장상부에서 모세혈관을 통하여 흡수되어 간을 거쳐 각 조직으로 운반된다. 일반적으로 수용성 비타민은 체내에 저장되지 않는 경향이 있지만, 비타민 C는 부신 · 췌장 · 비장 · 타액선 · 고환 · 뇌 · 안구 등의 조직에 최대 1,500 mg까지 저장된다. 따라서 비타민 C 결핍식이를 공급하면 1일에 45 mg 정도가 소요되므로 약 2개월까지는 결핍증상이 나타나지 않지만, 그 이상 부족될 경우에는 결핍상태에 이르게 된다.

체내에서 비타민 C를 합성할 수 있는 동물에서는 포도당이 여러 단계를 거쳐 D-glucuronic acid로 전변되고, 다시 L-gulonic acid를 거쳐 다시 L-gulonalacton, 3-keto-L-gulonolactone, L-ascorbic acid의 과정을 거쳐 전변된다고 알려져 있다. 그러나 영장류에서는 gulonolactone에서 ascorbic acid로 전변되는 단계가 결핍되어 있기 때문에 합성이 불가능하다.

비타민 C는 활성형 사이에 상호 전변이 가능하므로 체내에서 산화 · 환원의 기능이 강하다. 따라서 많은 생리적 기능에 관여할 수 있으며, 에너지 생성, 산화환원 반응의 전위를 조절한다. 특히 전자수송 체계에서 물을 형성하도록 수소를 주기 때문에 산소의 산화능력을 비활성화시켜 항산화제의 역할을 한다.

(3) 결핍증상

비타민 C의 결핍증상은 혈액 100 ml당 0.1 mg 미만이면 나타난다. 비타민 C가 결핍되면 괴혈병이 나타나는데 그 증상은 동물에 따라 다양하다. 사람에 있어서는 초기에는 약간의 반상출혈이 나타나다가 점점 커지며, 모피 주위에 점상출혈이 나타난다.

그외 모피 각화증, 머리카락의 부서짐, 치육이 부풀고, 잇몸 출혈과 같은 쇼크렌증후군이 나타나며 피로, 쇠약, 조울증, 침울증, 혈관의 불완전, 철분흡수 손상, 엽산 대사장해, 괴혈병성 관절염 등도 유발된다.

(4) 중독증

과잉증은 L-dehydroascorbic acid가 L-ascorbic acid보다 독성이 심한데, 가장 흔한 것이 설사이다. 그외 복부장해 · 발진 · 신장결석 · 소장폐쇄 · 불임증 · 유산 · 혈전증 등이 나타난다고 보고되어 있으나, 이러한 증상들이 단지 비타민 C만의 중독증상 때문인지에 대해서는 논란이 많으므로 더 많은 연구가 요구된다.

(5) 요구량 및 공급원

비타민 C의 권장량은 나라마다 성별 및 연령별로 차이가 많은데, NRC-NAS (1979)에서는 성인의 1일 권장량은 60 mg으로 정하였고, 임산부는 80 mg, 수유부는 100 mg으로 정하였는데, 나라별 권장량은 표 7-11과 같다.

비타민 C의 공급원으로는 싱싱한 채소와 과일류이며, 동물의 조직 중에는 간과 내

표 7-11. 비타민 C 권장량 (단위 : mg)

구 분	한 국	미 국	일 본	NRC-NAS
0～6개월			35	성인 : 60 mg
7개월～12세			40	
13세 이상			50	
0～1세	35	35		
1～10세		45		
11～14세		50		
15세 이상		60		
1～15세	40			
16～19세 (남)	50			
20세 이상(남)	55			
16세 이상(여)	50			임신부 : 80 mg
임신부		+20		
임신부(전기)	+65		+10	수유부 : 100 mg
임신부(후기)	+65		+10	
수유부	+85	+40	+40	

장기관에 소량 함유되어 있다. 단위 중량에 따라 많이 함유되어 있는 식품으로는 케일・무청・파셀리・양배추・오렌지・레몬・딸기 등이다.

5. 동물의 비타민 요구량

앞에서 살펴 본 바와 같이 비타민은 동물이 정상적인 성장과 발육을 하기 위해서 반드시 필요한 영양소이지만 대부분은 사료 중에 널리 분포되어 있고, 또한 비타민 B군은 체내에서 합성이 가능하므로 부족되는 예가 별로 생기지 않는다. 비타민의 요구량은 표 7-12와 같은데, 요구량은 동물의 종류 및 생산능력・연령・체중・성(性) 등에 의해 달라짐을 알 수 있다. 또한 이들 외에도 개체간의 차이, 사료의 형태나 종류 및 물리・화학적 성상, 사육되는 환경 등에 의해서도 비타민의 요구량이 달라지게 된다.

이상에서 설명한 바와 같이 비타민의 요구량은 항상 일정하지 않고 증가하거나 감소하게 되는데, 그 요인을 요약하면 다음과 같다.

표 7-12. 각 동물의 비타민 요구량

동 물	육성계	산란계	육성돈	암돼지	젖 소	육 우
종 류 / 조 건	6~14주령	산란중	60~100 kg	포유돈	착유우/500 kg	육성우/250 kg
비타민 A(IU)	1,500	4,000	1,300	2,000		16,000
비타민 D(IU)	200	500	150	200	38,000	1,650
비타민 E(IU)	5	5	11	22	15,000	15~60
비타민 K(mg)	0.5	0.5	0.5	0.50	-	-
비타민 C(mg)	-	-	-	-	-	-
Thiamin(mg)	1.3	1.3	1.0	1	-	-
Riboflavin(mg)	1.8	2.2	2.0	3.75	-	-
Pantothenic acid (mg)	10	2.2	7.0	12	-	-
Niacin(mg)	11	10	7.0	10	-	-
비타민 B_6(mg)	3	3	1.0	1	-	-
Biotin(mg)	0.10	0.10	0.05	0.2	-	-
Choline(mg)	900	500	300	1,000	-	-
Folacin(mg)	0.25	0.25	0.3	0.3	-	-
비타민 B_{12}(mg)	0.003	0.004	5.0*	15		-

〈 공급량을 증가해야 할 요인 〉

① 사료의 에너지와 단백질 함량이 너무 높을 때
② 사료내 지방함량이 높거나 불포화지방산을 많이 함유한 지방이 에너지원으로 첨가될 때
③ 사료의 성상이 소화기 내에서 소화되기 어려운 상태일 때
④ 혹서·혹한·환기불량·밀집사양 등에 의해 스트레스가 증가할 때
⑤ 질병이나 기생충에 감염되었을 때
⑥ 자기분식성(自己糞食性)이 억제될 때
⑦ 사료가 곰팡이나 항대사물질에 오염되었을 때
⑧ 동물의 능력이 현저히 높을 때

〈 공급량을 줄여도 되는 요인 〉

① 양질의 녹사료(綠飼料)를 공급할 때
② 효모, 비타민제조 부산물이 사료에 첨가될 때
③ 저에너지·저단백질 사료가 급여될 때
④ 동물의 생산능력이 낮을 때

6. 비타민의 상호작용

비타민 중에는 서로 길항작용에 의해서 기능이 상실되는 것이 있으며, 또 아미노산으로부터 합성되는 것도 있다. 예를 들면 pyrithiamin은 thiamin과 구조가 비슷하여 비타민 B_1이 결합해야 되는 효소의 위치에 결합되어 효소의 기능을 불활성화한다.

또 난백 속의 avidin은 biotin과 결합하여 이 비타민의 기능을 상실시키고, pyridine sulfuric acid는 niacin과 길항(拮抗)을 하는 성분이다. 한편으로는 트립토판은 몸속에서 niacin을 합성하는 데 이용되며, 메치오닌은 choline을 합성하는 데 이용된다. 따라서 트립토판이나 메치오닌 같은 아미노산을 충분히 섭취할 때에는 niacin이나 choline 같은 비타민의 요구량이 감소된다.

그외 Ca과 P의 비율이 적합하지 못하거나 부족되면 비타민 D의 요구량이 증가되며, sulfa제와 같은 것을 급여하면 장내에서 비타민 K, folic acid 및 biotin의 합성기능이 저하되는 등 급여하는 영양소에 따라서 비타민의 요구량 및 기능도 변화를 한다. 비타민과 항비타민과의 관계를 보면 표 7-13과 같다.

표 7-13. 비타민과 항비타민의 종류

비타민	항비타민
비타민 A*	비타민 E, sodium benzoate, thyroxine, estrogen.
비타민 B	Phytin, cortisone, thyrocalcitonin.
비타민 E	α-Tocopherol quinone, cod liver oil, thyroxine.
비타민 K	Dicoumarol, sulfonamides, antibiotics, α-tocopherol qyinone
비타민 B_1	Pyithiamine, oxythiamine.
비타민 B_2	Isoridoflavin, aradoflavin, lumiflavin.
비타민 B_6	4-Deoxy pyridoxine, 4-methoxy pyridoxine.
비타민 B_{12}	Pteridine, nicotine amide.
비타민 C	d-Glucoascorbic acid, deoxy corticosterone
Biotin	Norbiotin, avidin.
Folic acid	Aminopterin.
Niacin	3-Acetylpyridine, 6-amino nicotine amide.
Pantothenic acid	Pantoyltaurine, ω-methyl pantothenic acid.

* β-Carotene($C_{40}H_{56}$), Vitamin A($C_{20}H_{30}O$)

7. 미생물에 의한 비타민의 합성과 이용

소화기내의 미생물은 대부분의 수용성 비타민 및 일부 지용성 비타민도 합성할 수 있는데, 이렇게 합성된 비타민은 동물에 의하여 이용될 수도 있다. 특히 반추동물은 반추위내 미생물이 합성한 여러 가지 비타민을 이용할 수 있어서 반추동물의 수용성 비타민 요구량은 단위동물보다는 적다고 할 수 있다. 그러므로 대개의 반추동물에게는 비타민 B군은 공급할 필요가 없다고 하겠다.

그러나 단위동물의 경우 맹장이나 소장에서 일부 비타민이 합성된다고 하더라도 흡수가 거의 되지 않으므로 자기분식성(自己糞食性)이 있는 동물을 제외하고는 사료로서 공급해 주어야 한다. 그리고 반추동물이라 하더라도 사료내에나 반추위 내용물에 비다민의 항대사물질이 함유되어 있으면 수용성 비타민의 합성이 불량해지고, 따라서 결핍증에 걸리기 쉬운데 이 때에는 수용성 비타민을 공급해 주어야 한다.

참고문헌

1. A.O.A.C. 1980. Official Methods of Analysis (13th. Edition). Association of Official Analytical Chemist. Washington, D.C.
2. Church, D.C. 1979. Digestive Physiology and Nutrition of Ruminants. (third ed.). O.B. Books. Oregon.
3. Crampton, E.W. 1969. Applied Animal Nutrition. W.H. Freeman L.E. Harris. Company. San Fransisco.
4. Cunha, T.J. 1977. Swine Feeding and Nutrition. Academic Press.
5. Ensminger, M.E. and C.G. Olentine. 1978. Feeds and Nutrition Complete. (1st ed.). Ensminger Publishing Company. California.
6. Ewing, R.W. 1963. Poultry Nutrition. R.W. Ewing Publishing Co., Pasa-deno, California.
7. Nutrient Requirements of Domestic Animals. 1988. (9th ed). Nutrient Requirements of Swine. National Academy of Science, Wasington, D.C.
8. Pond W.G., D.C. Church, K.R. Pond. 1995. Basic Animal Nutrition and Feeding. (4th ed.). John Wiley & Sons, New York.
9. 박기동 외 6인. 1991. 생화학. 지구문화사.
10. 윤희섭 외 4인. 1988. 신제 가축영양학. 선진문화사.
11. 한인규 외 9인. 1985. 비타민. 광물질 영양학. 향문사.
12. 한인규 외. 1989. 사양관리 핸드북.

8

에너지와 대사작용

동물의 유지・성장 및 생산을 위한 원동력이 되는 모든 영양소의 총화를 **에너지**라고 한다. 동물이 필요로 하는 이 에너지는 모두 식물체의 에너지가 원천이다. 동물체는 식물체처럼 물, 탄산가스 및 태양에너지로부터 유기화합물을 합성할 수 있는 능력이 없으므로 식물체가 태양에너지를 화학에너지 형태로 변화시켜 저장한 탄수화물・지방・단백질외 각종 유기영양소를 섭취하여 생체에너지로 이용하는 것이다. 반추동물과 비반추동물에 따라 에너지대사 및 이용효율은 다소 차이가 있지만, 대부분의 일반적인 환경조건 하에서 육성되는 모든 동물의 제 1성장 제한인자는 에너지 섭취 문제라고 말할 수 있다. 동물영양 급여에 있어서 중요한 생명의 불꽃이 에너지이다.

1. 에너지 용어

식품과 사료의 에너지 단위로서 칼로리(calorie)가 넓게 사용되고 있지만, 물의 비열은 환경온도에 따라 변화되기 때문에 1948년 국제도량협회에서 칼로리는 가급적 사용을 자제하고 앞으로는 쥴(joule)을 사용할 것을 결의하였다. 1969년의 제 8회 국제영양학회에서도 칼로리 대신 쥴을 사용할 것을 권고하였다. 국제연합의 FAO/WHO 에너지・단백질 필요량에 관한 전문위원회에서도 kcal로부터 KJ의 환산에 1 kcal = 4.18 KJ의 식을 사용하고 있다. NRC 사양표준, 일본 사양표준, 그리고 우리나라 사양표준에는 단위를 KJ로 사용하고 있지 않지만, 앞으로 동물영양학 영역에서 KJ를 전면적으로 사용하는 방향으로 나아가야 할 것이다.

국제적으로 사용하고 있는 1 calorie(cal)란 14.5℃의 물 1 g을 15.5℃로 올리는 데 필요한 열량을 말하며, 보통 cal로 표시한다. 보통 우리가 사용하는 에너지의 단위는 이것의 1,000배에 해당하는 것으로, 이것은 1 kg 물의 온도를 1℃ 올리는 데 필요한 열량을 말하는 것이며, 1 kilocalorie를 줄여서 보통 1 kcal이라고 한다.

이것은 지금까지 cal 또는 대 칼로리라고 하는 것이다. 첫자를 대문자로 쓴 이 Cal은 흔히 소문자로 쓴 cal와 혼동하기 쉬우므로 미국의 NRC에서 kcal로 사용하기를 권장하게 되었다. 이보다 더 큰 단위로서는 메가 칼로리(megacalorie)를 쓰는데, 이것은 1,000 kcal 또는 1,000,000 cal(10^6 cal)에 해당되는 것이며, 보통 megcal 또는 mcal이라고 쓴다.

2. 총에너지(gross energy ; GE)

총에너지란 사료내에 들어 있는 에너지를 완전히 연소시켰을 때 발생하는 열의 총량을 말하는 것이다. 총에너지의 측정은 열량계(bomb calorimeter)에 넣어서 완전히 연소시켰을 때 발생하는 사료의 열량으로서 총에너지(gross energy), 사료에너지 또는 연소열가(heat of combution value)라고도 부르며, 각 사료별 함량은 표 8-1과 같다. 에너지 값(energy values)은 사료나 영양가에 따라 다르지만 탄수화물 4.20, 단백질 5.69 및 지방은 9.45(kcal/g)이다.

표 8-1. 여러 조직 · 영양소 및 사료의 총에너지가(價)

구 분		총에너지 (kcal/g)	구 분		총에너지 (kcal/g)
탄수화물	Glucose	3.74	단백질	소의 근육	5.3
	Sucrose	3.94	아미노산 · 요소	Casein	5.9
	전 분	4.18		흰자질	5.7
	Cellulose	4.18		Gluten	6.0
	Glycerol	4.31		Alanine	4.35
지방 · 지방산	버 터	9.1		Tyrosine	5.91
	쇠기름	9.4		요 소	2.25
	옥수수유	9.4		Ethyl alcohol	7.11
	야자유	8.9	사 료	옥수수	4.4
지방산	Acetic acid	3.49		밀기울	4.5
	Propionic acid	4.96		건 초	4.5
	Butyric acid	5.95		볏 짚	4.4
	Palmitic acid	9.35		대 두	5.5
	Stearic acid	9.35		아마박	5.1

화학적인 에너지 값의 차이는 각 영양소를 구성하고 있는 원소의 비율, 즉 탄소(C)와 수소(H)에 대한 산소(O)와 질소(N)의 비율이 다른 데서 기인된 것이다. 예를 들면 glucose는 $C_6H_{12}O_6$의 분자식을 가짐으로써 산소와 탄소 원자는 동일하지만, tristearin과 같은 지방분자는 산소 원자 6개에 탄소 원자는 57개를 가지고 있음으로써 산화를 위하여 더욱 많은 산소를 요구하며 열량 배출량도 많은 것이다.

여러 사료 중에 들어 있는 총에너지가의 변화는 그림 8-1과 같으며, 옥수수의 에너지 관계는 그림 8-2와 같다.

저질 조사료인 볏짚도 옥수수와 총에너지의 함량은 차이가 없다. 그러나 실제 동물에 이용되는 에너지 효율은 크게 다르다. 이와 같이 이용에너지가 크게 다른 것은 동물이 이들 사료의 소화능력에 따라 실제 이용되는 에너지가 크게 다르기 때문이다.

사료 중의 총에너지(GE)
(연소열가)
→ 분에너지
① 소화되지 않은 사료
② 장내 미생물과 그 생산물
③ 소화관의 분비물
④ 소화관에서 분리된 세포

가소화에너지(DE)
→ 뇨에너지
소화에 의한 가스 생산(CH_4)

대사에너지(ME)
→ 열량 증가(대사열)
발효열(제1위 맹장 및 대장)

유지를 위한 정미에너지(NEm)
① 기초대사
② 자율활동
③ 체온유지
④ 체성분 합성
⑤ 노폐물의 합성 및 배설

생산을 위한 정미에니지(NEp)
① 조직에너지(근육, 지방)
② 비유(우유)
③ 번식
④ 양모, 깃털
⑤ 일

그림 8-1. 동물체에서 에너지 이용 경로

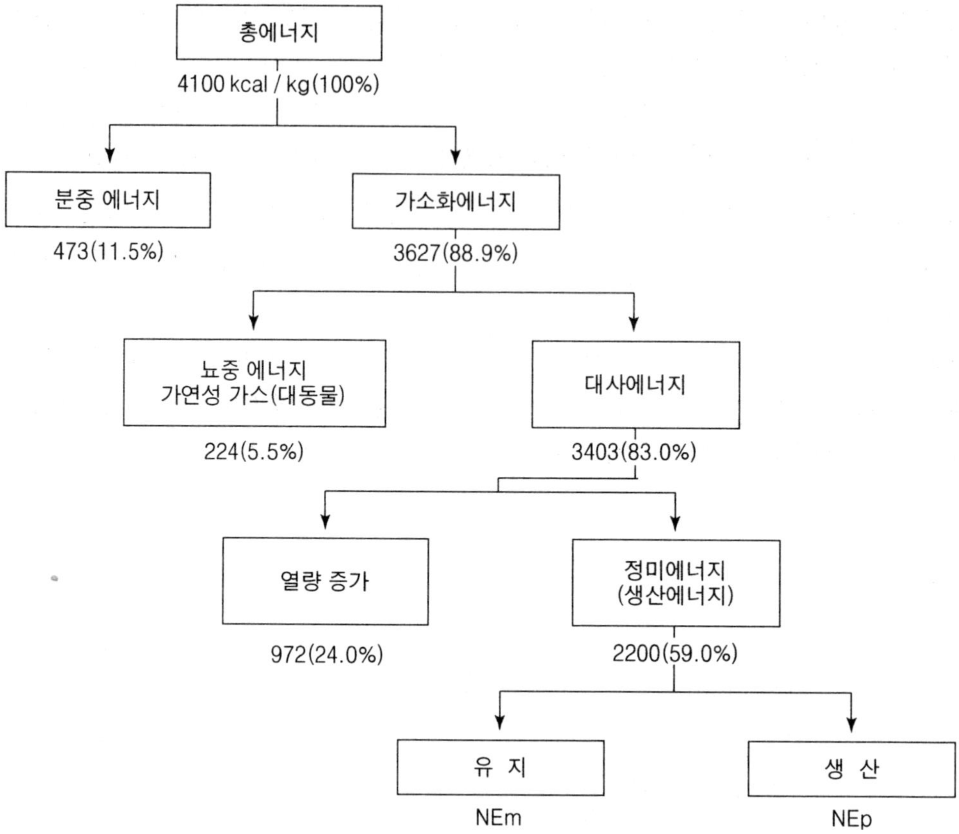

그림 8-2. 옥수수의 에너지별 비율

3. 가소화에너지(digestible energy ; DE)

섭취한 사료의 총에너지에서 배설되는 분 중의 에너지를 제외한 것을 **가소화에너지**라고 한다. 가소화에너지의 측정은 동물이 섭취하는 총에너지의 함량을 세심하게 측정하고 동시에 배설하는 분 중의 에너지 함량을 같은 기간 동안 측정하여 총에너지에서 분중 에너지를 뺀 값으로 나타낸다. 동물의 품종 및 사료의 함량에 따라서 다르기는 하지만, 분으로 배설되는 에너지는 우유를 급여한 어린 동물의 경우 10% 전후이고, 저질 조사료를 급여한 동물의 경우에서는 60% 또는 그 이상에까지 달한다.

실제로 분 중에는 소화되지 않은 사료 외에 장기의 소화액, 세포류 및 장점막 등과 같은 대사성 분에너지(metabolic fecal energy, FmE)도 포함되어 있기 때문이다. 그러므로 대사성 분에 의한 에너지를 제외시킨 후 계산한 것이 순가소화 에너지(true digestible energy, TDE)이지만, 보통 이들 대사성 분은 미량이기 때문에 보통 가소화에너지(digestible energy, DE)를 사용하고, 이를 조가소화 에너지라 부르고 있다.

4. 대사에너지(metabolizable energy ; ME)

대사에너지는 사료 중의 총에너지에서 분과 뇨로 배설되는 에너지 및 소화과정 중에서 생긴 가스에너지(가연성 가스)를 제외한 나머지를 **대사에너지**라고 한다.

가스에너지의 손실은 단위동물에 있어서는 극소량이므로 일반적으로 무시해 버린다. 특히 가금은 분과 뇨를 같이 배설되므로 가금의 사료를 평가할 때나 또는 사양표준을 수립할 때에는 대사에너지를 사용한다. 돼지에 있어서 가소화에너지로부터 대사에너지를 환산하는 데는 다음과 같은 공식을 이용하고 있다.

$$\text{ME(kcal / kg)} = \frac{\text{DE(kcal / kg)} \times 0.96 - (0.202 \times \text{단백질 \%})}{100}$$

메탄가스는 반추동물에 있어서 연소가스(가연성 가스)의 대부분을 차지하고, 사료의 성질과 사료의 섭취량에 따라 다르지만 총에너지 섭취량의 3～10%에 달한다. 특히 저질 조사료는 메탄가스의 생성비율이 높으나 사료섭취량이 증가함으로써 총에너지 중 메탄가스로 없어지는 에너지의 비율은 적어진다.

메탄가스로 없어지는 에너지를 계산하는 공식에는 여러 가지가 있는데, 그 중 첫 번째 예를 들어 보면 다음과 같다(Blaxter와 Clapperton, 1965).

메탄가스(kcal / 100 kcal의 총사료에너지) = 1.30 + 0.112 D-L(2.37 - 0.050 D)

(D : 유지수준으로 급여한 사료의 급여량, L : 유지수준의 배수로 표시한 급여수준)

메탄가스로 없어지는 에너지를 계산하는 두 번째 공식은 다음과 같다(Swift 등, 1948).

메탄가스 = 2.41 × 가소화 탄수화물량(100 g 단위) + 9.80

메탄가스의 생산량은 유지수준으로 사료를 급여하였을 때에는 총에너지 섭취량의 평균 8%이지만, 사료급여 수준이 높을 때에는 6～7%로 떨어진다. 뇨로 없어지는 에너지는 같은 동물의 품종 간에는 일정하지만, 이것이 사료의 종류, 특히 과다한 단백질의 급여나 hippuric acid와 같은 해독산물 및 필수지방산의 함량이 높을 경우에는 증가한다. 반추동물의 경우 아미노산 대사의 결과로 배설되는 에너지의 함량은 질소 1 g당 7.45 kcal로 계산하고, 가금의 경우에는 8.22 kcal로 계산한다. 실제로 반추동물에 있어서 뇨로 없어지는 에너지의 양은 총에너지 섭취량의 3～5%이고, 질소 1 g 배설량당 12～35 kcal이다.

반추동물 사료의 대사에너지가(價)는 다음 공식으로 계산한다. NRC 사양표준에서 나타내고 있는 대사에너지가(價)도 이 공식으로 계산한 것이다.

$$대사에너지 = 가소화에너지 \times 0.82$$

조류는 분과 뇨를 같이 배설하므로 타 동물에 비하여 배설물의 에너지를 측정하기는 쉽다.

5. 정미에너지(net energy ; NE)

정미에너지란 그림 8-1과 같이 대사에너지에서 열량 증가(heat increment ; HI)와 발효열(heat of fermentation ; HF)에 의한 에너지를 제외한 것으로 동물이 순전히 체유지를 위하여 쓰거나 또는 여러 가지 생산활동을 위하여 쓰이는 에너지이다. 열량 증가(HI)란 동물이 사료를 섭취하여 체내에서 이용하는 과정에서 사료의 소화나 대사 자체를 위해 소비한 에너지를 말하며, 일명 특수 동적작용(specific dynamic action ; SDA), 특수 동적효과(specific dynamic effect ; SDE), 특수 동적 열손실(spe-

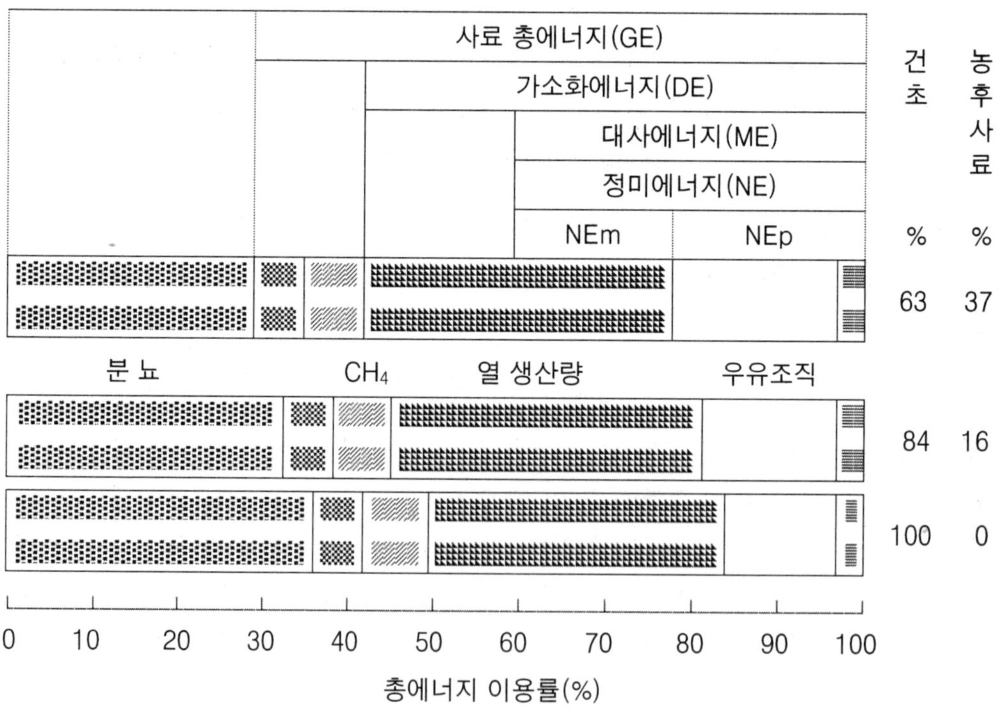

그림 8-3. 사료의 조성에 따른 착유우의 에너지 이용 (Flatt와 Moe, 1967)

cific dynamic hear loss), 열량 생산적 효과(calorigenic effect) 및 열발생적 작용(thermogenic action)이라고도 한다.

발효열(heat of fermentation)이란 총에너지 섭취량의 5～10%에 해당하며, 단위동물에 있어서는 맹장과 대장의 발효에 의하여 다소 발효열이 생긴다. 유지를 위하여 쓰이는 에너지는 주로 근육의 활동, 조직의 유지와 재생 및 일정한 체온의 유지 등에 쓰이는 에너지이다.

그리고 생산을 목적으로 쓰이는 에너지는 조직내의 축적에너지로 저장되거나 또는 우유생산과 노동 등에 쓰이는 에너지이다. 여러 가지 사료를 급여했을 때 생기는 열량 증가는 표 8-2에서와 같다.

쥐나 개에게 고기를 급여시켰을 때 열량 증가는 총에너지 섭취량의 30～40%가 장기간 동안 발생된다. Blaxter(1967)는 소의 경우 유지사료 급여시 열량 증가는 3%, 그리고 유지수준의 2배를 급여했을 때에는 생산능력에 따라 20%로 증가된다고 하였다.

열량 증가 예는 표 8-2와 같으나, 이 표의 대사에너지 성적은 동물의 종류에 따라 일정한 것이 아니며 사료의 영양가에 의하여 좌우된다.

예를 들면, 어떤 영양소의 흡수가 잘 되었다면 체내 조직 중에 축적될 것이고, 열량 증가는 낮아질 것이다. 단백질이나 아미노산이 불균형인 배합사료를 단위동물에게 급여하면 많은 아미노산은 산화되고 높은 열량 증가가 생기게 될 것이다. 대사과정에 필수영양소인 인이나 마그네슘 등이 결핍되어도 열량 증가는 높아지며, 사료급여 빈도가 많으면 빈도가 낮을 때보다 낮은 열량 증가가 생기게 되고, 사료섭취량이 많아지면 열량 증가도 커질 것이다.

Webster(1979)는 반추동물에 있어서 발효열은 총에너지 섭취량의 5～10%에 해당한다고 하였다. 단위동물에 있어서는 소장, 맹장 및 대장의 발효에 의하여 다소 발효열이 생기지만 그 양에 대해서는 아직 확실치 않다. 열량 증가와 발효열은 추운 환경

표 8-2. 급여 성분별 열량 증가(유지수준에서 100 kcal 대사에너지당 kcal)

구 분	영 양 소			
	지 방	탄수화물	단백질	배합사료
쥐	17	23	31	31
돼 지	9	17	26	10～40
면 양	29	32	54	35～70
소	35	37	52	35～70

에서는 영양소의 대사에서 발생한 열량처럼 동물에게 유용하게 이용되나, 기온이 높을 때에는 체온유지에 더 많은 열량을 소모하게 되어 오히려 손해가 된다. 반추동물은 단백질 대신에 요소(尿素)를 급여하면 열의 발생이 감소되고, 소량의 단백질을 급여할 때도 더 적어진다.

사료내 지방의 함량을 증가시켜도 열량 증가가 낮아지므로 더울 때에는 섬유소 양을 줄이고 지방 급여량을 높이는 것이 도움이 되며, 섬유소 급여는 열량 증가를 높여주는 결과를 초래한다.

정미에너지는 다른 에너지 측정시 보다 사료의 대사시 손실량을 더 감안한 것이다. 그래서 동물의 에너지 요구량의 계산이나 사료의 평가 선택의 방편이 되는 것이다. 그러나 동물의 쾌적대 전후의 외부 환경 온도의 다변화, 사료와 동물에 관한 제한된 정보 및 사료 가격이나 기술이 아직은 제한되어 있다는 사실 때문에 가소화에너지, 가소화영양소 총량 및 대사에너지가 보다 더 많이 이용되지 못하고 있다.

6. 가소화영양소 총량(total digestible nutrient ; TDN)

TDN은 표 8-1의 에너지 이용경로 과정에는 없다. 그러나 이것은 미국에서 반추동물과 돼지를 위한 배합사료를 작성하는 데 많이 사용되는 에너지 단위이다. TDN은 가소화에너지와 유사한 것으로서 중량의 단위 및 %로 나타낸다. 따라서 TDN을 가소화에너지가로 전환하고자 할 때는 TDN 1 g을 4.4 kcal의 가소화에너지로 환산한다. TDN은 소화시험에 의하여 결정하며 가소화 조단백질, 가소화 조탄수화물(가용무질소물과 조섬유), 그리고 가소화 조지방에다 2.25를 곱한 것을 모두 합치면 된다.

$$\text{가소화영양소 총량(TDN)} = \text{가소화 조단백질(DCP)} + \text{가소화 가용 무질소물(DNFE)} + \text{가소화 조섬유(DCF)} + \text{가소화 조지방(DEE)} \times 2.25$$

한편, Maynard 등(1979)은 가소화영양소 총량을 다음과 같이 정정하여 개정 가소화영양소 총량(corrected TDN)이라고 제안하였다. 단백질에 1.36을 곱하는 것은 단백질이 탄수화물에 비하여 1.36배의 에너지를 가졌기 때문이다.

$$\text{가소화 영양소 총량(TDN)} = \text{가소화 조단백질} \times 1.36 + \text{가소화 가용 무질소물} + \text{가소화 조섬유} + \text{가소화 조지방} \times 2.25$$

단백질은 가소화에너지로 계산하는 경우에 비해 가소화영양소 총량으로 계산하면 에너지가를 과소 평가하게 되는데, 그 이유는 체내에서 완전 연소가 되지 않고 그 일부가 뇨로 배설되기 때문이다.

가소화영양소 총량과 가소화에너지는 정미에너지에 비하여 조사료의 에너지가를 과대 평가하게 되지만, 가소화영양소 총량을 많이 이용하는 이유는 비교적 자료를 입수하기 쉽고 사용하기 쉽기 때문이다. 미국 NRC 사양표준의 대사에너지와 정미에너지의 대부분은 가소화영양소 총량을 유도하여 계산한 것이다.

7. 기타 사료가치 측정법

전분가(starch value, SV)는 지금까지도 유럽에서 사용되고 있으며, Kellner(1907)에 의하여 독일에서 제안되었다. 비육하는 동물의 에너지 전환을 사료가치와 질소-탄소 균형법에 의하여 측정하였으며, 사료 가치는 NE나 kcal가 아닌 전분가로서 표현하였다.

스칸디나비아의 사료단위도 역시 북유럽에서 사용되고 있는 것으로서 대맥 1 g의 생산가를 1단위로 정하고, 이것을 기준으로 하여 다른 사료의 가치를 나타내며, 사료단위, 비육사료 단위 및 우유생산 단위가 사용된다.

8. 열생산과 에너지 축적량의 측정방법

ME의 이용률을 밝히기를 원한다면 먼저 동물의 열 발생량이나 혹은 일을 하기 위해서 또는 우유를 생산하기 위한 조직내 에너지 저장량을 측정하는 것이 필요하다. 이와 같이 동물의 에너지 균형이나 사료에 대한 대사에너지 또는 정미에너지를 측정하기 위해서는 그 사료를 섭취한 동물의 열 발생량 또는 에너지 축적량을 알 필요가 있다. 이 에너지 측정은 단순한 동물대사 시험만으로는 측정하기 힘들며, 직접칼로리미터와 간접칼로리미터를 사용하여 측정한다. 열 발생량은 여러 가지 방법으로 측정할 수 있다.

1) 직접열량 측정법

동물들은 분과 뇨의 배설, 폐와 피부로부터 수분의 증발, 몸의 표면으로부터 복사, 대류, 그리고 전도에 의하여 몸으로부터 열을 잃는나. 식섭열량 측정법으로서는 절연실의 파이프 내에 물을 순화시키든지 열전기쌍(thermocouples)의 사용에 의하여 이들이 외부로 발산하는 열을 측정하는 장치이다. 최근의 장치는 Pullar(1958)가 Rowett 연구소에서 체중 100 kg까지의 동물을 위한 그림 8-4와 같은 Gradient layer 열량계이며, 열 손실량을 절연실의 벽을 통하여 흡수된 열량으로 측정할 수 있도록 고안된 장치이다. 이 장치 외에도 Atwater와 Rosa(1899)가 개발한 사람을 위한 호흡열량계를 Armsby(1910)가 펜실바니아 주립대학에 설치한 그림 8-5와 같은 장치도 있다.

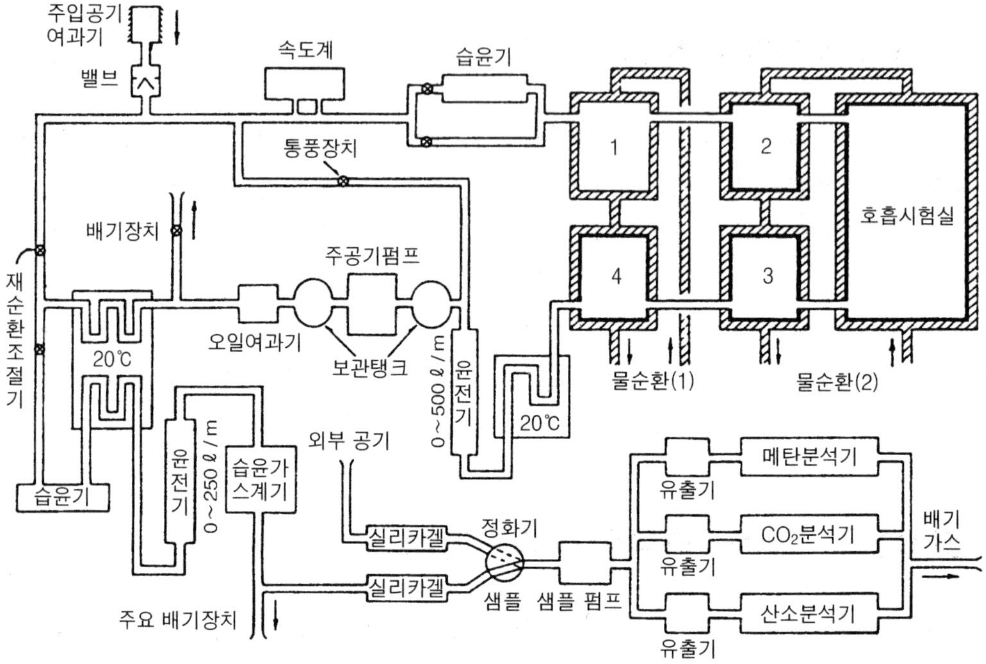

그림 8-4. Gradient layer 열량계와 공기 회로도(1964)

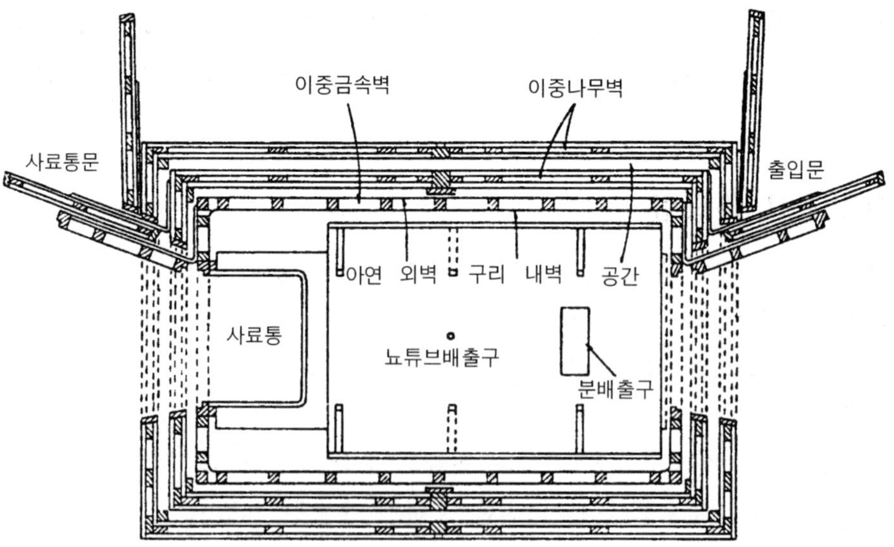

그림 8-5. Armsby의 열량계 평면도(1910)

2) 간접열량 측정법

간접열량 측정법에 있어서 동물의 열 생산량의 측정은 O_2의 흡수량과 CO_2의 배출량으로 측정하며, 이것은 동물의 열 생산량과 밀접한 관계를 가지고 있기 때문이다.

직접열량 측정법보다 훨씬 간편하므로 영양학, 환경생리학 및 내분비학 등의 연구에 많이 이용된다. 방법에 따라서 동물의 크기에 구애됨이 없이 적용할 수 있으며, 조직의 절편, 세포 및 세포 소기관의 에너지대사까지도 미세호흡장치를 사용하여 간접적으로 측정할 수 있다. 간접열량 측정법으로서는 호흡교환법, 질소-탄소 균형법 및 도체분석법 등이 사용된다.

호흡교환법에는 폐쇄회로형 호흡장치와 개방회로형 호흡장치가 있다. 폐쇄회로형에는 호흡시험실법과 마스크법이 있고, 개방회로형에는 중량법과 호흡시험실법, 마스크 또는 후드법 및 기관캐뉼라법이 있다.

참고문헌

1. ARC. 1980. The Nutrient Requirements of Ruminant Livestock. Agr. Res. Council, Commonwealth Agr. Bureaux, London, England.
2. Blaxter, K.L. 1967. The Energy Metabolism of Ruminants, 2nd ed. Hutchinson & Co., London, England.
3. Brody, S. 1945. Bioenergetics and Growth. Hafner Pub. Co., N.Y.
4. D.C. church and W.G. Pond. 1982. Basic Animal Nutrition and Feeding. wiley. New York. pp. 141～159.
5. Elvidge, D.G. and I.E. Coop. 1974. N. Zealand J. Expt. Agr. 2 : 397.
6. Ferrell, C.L. 1988. In The Ruminant Animal. Prentice-Hall, Inc., Englewood Cliffs, N.J.
7. Hefez, E.S. E. and I.A. Dyer(eds.). 1969. Animal Nutrition and Growth. Lea & Febiger Pub. Co., Philadelphia, PA.
8. Kleiber, M. 1961. The Fire fo Life. John Wiley & Sons, N.Y.
9. Maynard, L.A., K. Loosli, H.F. Hintz and R.G. Warner. 1979. Animal nutrition 7th ed. McGraw-Hill Book Company. New York.
10. Milligan, L.P. and B.R. Mcbride. 1985. J. Nutr. 115 : 1374.
11. Mitchell, H.H. 1962. Comparative Nutririon of Man and Domestic Animals, Vol. 1 ; 1964, Vol. 2. Academic Press, N.Y.
12. Moe, P.W. and H.F. Tyrrell. 1975. J. Dairy Sci. 54 : 548.
13. Moe, P.W. , H.F. Tyrrell and W. P. Flatt. 1971. J. Dairy Sci. 54 : 548.
14. NRC. 1981. Nutritional Energetics of Domestic Animals and Glossary of Energy Terms. Nat. Acad. Sci., Washington, D.C.
15. Passmore, R. 1971. Proc. Nutr. Soc. 30 : 122.
16. Reid, J.T. 1970. In Physiology of Digestion and Metabolism in the Ruminant. Oriel Press, newcastle-Upon-Tyne, England.
17. Swift, R.W., et al. 1948. J. Animal Sci. 7 : 475.
18. Tyrrell, H.F. and P.W. Moe. 1972. J. Dairy Sci. 55 : 1106.
19. Van soest. 1982. Nutritional ecology of the ruminant. pp. 294～308.
20. Webster, A.J.F. 1979. In Digestive Physiology and Nutrition of Ruminants, Vol. 2nd ed., D.C. Church(ed.). O & B Books, Inc., Corvallis, OR.
21. Young, B.A. and M.E.P. Webster. B. Kerrigan and R.J. Chrestopherson. 1975. Can. J. Anim. Sci. 55 : 17～22.

9

사료의 영양가치 평가법

사료를 구입하기 전이나 또는 동물에게 먹이기 전에 우선 그 사료가 신선한 사료인지, 또는 곰팡이와 곰팡이 독소 등이 형성되어 있는 사료인지를 확인하여야 한다. 그리고 더 중요한 사항은 그 사료 속에 함유되어 있는 각종 영양소의 함량과 각종 영양소를 동물이 얼마나 이용할 수 있는가 하는 정도를 알아야 적정 가격에 사료를 구입할 수 있게 되며, 또 사료의 이용능력을 최대한으로 높여서 경제적인 동물사양과 생산성을 기대할 수 있게 되는 것이다.

같은 종류의 사료라고 할지라도 서로 다른 지역에서 수집되었을 경우 외관상으로는 서로 차이가 없는 것 같이 보이지만, 실제로는 그 두 지역에서 생산된 같은 종류의 사료를 실험실에 보내서 분석해 보면 하나는 단백질 함량이 13%가 될 수 있고, 다른 것은 15%가 될 수도 있다. 그 이유는 같은 사료라도 생산년도, 시료채취 방법, 품종, 토양 비옥도, 기후, 수확기의 성숙도, 저장방법의 차이 등에 따라서 영양소 함량은 달라지기 때문이다. 실험실에 따른 분석기술의 차이에 의해서도 영양소 함량은 차이가 생길 수 있다. 그러나 이러한 실험실 분석방법은 사료에 대한 화학적 조성만을 나타낼 뿐 동물에 대한 사료영양소의 효율을 나타내는 것은 아니다.

사료내에 함유된 영양소 함량이 높다고 해도 소화율이 낮으면 만복감을 주는 일 외에는 생산성 향상에 기여하지 못할 것이다. 따라서 진정한 사료의 가치를 결정하기 위해서는 대상이 되는 사료를 동물에게 직접 급여하여서 소화율을 측정하고, 또 생산성에 기여하는 정도를 측정해 보아야 한다. 이를 위하여 가장 정확한 방법은 사료가 급여되는 일반 사육자나 목장에서 실제 동물실험을 실시하는 것이다. 그러나 이는 경비가 너무 비싸게 먹히는 일이며, 또 시간적으로도 비현실적이다.

따라서 이러한 약점을 보완하기 위하여 여러 가지 형태의 실험실 분석 방법들이 사료 가치를 측정하기 위하여 개발되었으며, 지금도 계속 새로운 방법들이 개발되고 있는 중이다. 근래에 와서 개발되고 있는 새로운 방법들 중에는 사료를 오염시키고 있는 살충제의 함량, 화학적 공해물질과 오염물질의 함량 등을 탐지하는 방법들이 많이 연구 개발되고 있다.

본 장에서는 일반적인 사료 평가에 필요한 물리·화학적 방법과 함께 동물에 대한 사료의 영양소 효율을 검정하는 방법(사양시험, 소화율 측정, 영양소 균형시험)들을 소개하고자 한다.

1. 시료 채취 및 방법

사료를 평가하기 위해서는 사료 중에 함유되어 있는 각종 영양소들에 대한 물리적·화학적 그리고 생물학적 분석이 이루어져야 한다. 이를 위해서는 사료 전체를 분석할 수 없기 때문에 분석 전에 전체의 양을 대표할 수 있는 적당한 양을 채취하여서 분석에 이용하여야 한다. 따라서 전체를 대표할 수 있는 적은 양을 채취하는 방법이 중요하며, 이 적은 양이 전체를 대표하지 못할 때 분석 자체는 정확성이 없게 되며, 이 분석을 기초로 하여 이루어지는 평가도 실효성을 잃게 된다.

사료의 종류에 따라서 시료를 채취하는 방법과 채취되는 양은 다르다. 건초의 경우 2가지 예를 들어서 설명할 수 있다. 목초지에 분포되어 있는 커다란 베일 건초(baled hay)의 경우 이 건초더미 12~20개 정도를 임의로 선택한 후 시료 수집기를 이용하여 베일 건초의 중심까지 깊이 파고 들어가서 시료가 채취되도록 하여, 이들 각 베일에서 채취된 시료들을 잘 섞은 다음 여기서 약 0.25 kg 이상을 다시 채취하여 플라스틱 용기나 단열된 가방 속에 넣어서 즉시 실험실로 보낸다.

또, 같은 건초라도 베일이 아니고 그냥 쌓여 있거나 절단된 후 퇴적되어 있는 건초는 시료 수집기를 이용하여 12군데 부위로 깊은 곳에서 시료가 채취되도록 한 다음, 이들 12군데 부위에서 채취된 시료들을 잘 섞은 후 여기서 다시 0.25 kg 이상을 채취하여 플라스틱 용기나 단열된 가방 속에 넣어서 즉시 실험실로 보낸다. 사일리지를 위한 시료 채취도 비슷한 방법에 의한다. 즉 탑형 사일로나 토굴 사일로에 사일리지가 저장되었을 경우 취출기를 이용하여 12~20군데에서 한 주먹씩 시료를 채취한 후, 이들을 잘 섞어서 최종적으로 약 4 kg을 택하여 플라스틱 주머니에 넣어서 수분 함량에 차이가 생기지 않도록 즉시 실험실로 보낸다.

목초에서 시료를 직접 채취하고자 할 때에는 'Z' 또는 'X' 형태로 초지를 돌아다니면서 목초를 예취한다. 이 때 약 50보 정도마다 30 cm × 30 cm 내의 풀을 예취기와 같은 높이로 베어서 시료를 수집한다. 예정된 방향을 이탈하여 풀이 밀집되어 있는 곳에서 베어서는 안 된다.

예취가 끝나면 수집된 시료들을 철저히 섞은 후, 최종적으로 약 4 kg의 시료를 택해서 플라스틱 주머니에 넣어서 수분 함량에 차이가 생기지 않도록 즉시 실험실로 보낸다. 곡류사료나 배합사료의 경우 저장된 포대나 벌크상태로 보관장소에서 12～20군데를 임의로 선발하여 시료를 채취한 후, 이들 시료들을 잘 섞은 다음 약 500 g의 시료를 채취하여 플라스틱 주머니나 단열된 가방 등에 넣어서 실험실로 보낸다.

2. 사료의 물리적 평가

1) 물리적 평가

물리적 평가는 주로 시각과 냄새의 차이에 기초를 두고 있다. 그러나 이는 상당한 경험과 이론적인 기초가 있어야 정확성을 기할 수 있다. 이를 위해서는 우선 각 사료마다 그 특성을 이해하는 것이 필요하다.

(1) 양질 건초의 특성

① 성숙 초기 단계에서 예치된 것
② 잎이 많은 것
③ 밝은 녹색일 것
④ 잡초・흙・그루터기 등 이물질이 없을 것
⑤ 곰팡이와 오물이 없을 것
⑥ 줄기가 가늘고 유연한 것
⑦ 상쾌하고 좋은 향기를 가진 것

(2) 양질 사일리지의 특성

① 깨끗하고 향기로운 젖산 냄새가 나는 것
② 상쾌한 맛을 가지며, 신맛이나 쓴맛이 없는 것
③ 곰팡이나 썩은 오물이 없는 것
④ 색깔과 수분 함량이 균일한 것

(3) 양질 곡류와 배합사료의 특성

① 알곡들이 깨졌거나 금이 가지 않은 것
② 건물 함량이 높을 것(건물 함량이 88% 이상이면 일반적으로 양호한 사료로 취

급)

③ 알곡의 색상은 종자 특유의 색깔을 가질 것

④ 알곡사료와 배합사료에는 곰팡이나 오물이 섞어 있지 않을 것

⑤ 배합사료와 알곡사료에는 설치류나 곤충이 없어야 할 것

⑥ 쇠붙이나 못과 같은 이물질이 섞어 있지 않을 것

2) 현미경적 검사 평가

현미경을 이용한 사료 평가는 많은 실험실에서 실시되고 있다. 이 평가를 위해서는 숙련된 기술자가 필요하며, 다음과 같은 내용의 평가를 일반적으로 실시한다.

① 배합사료 내에 함유된 각종 단미사료의 종류와 함유율 정도

② 불순물의 함유 여부와 품질 변화 여부

③ 잡초 종자, 쇠붙이 및 이물질, 곰팡이, 파쇄곡류와 같은 손상사료의 함유 여부

3. 사료의 화학적 분석에 의한 평가

사료의 화학적 분석은 단순히 사료 중에 함유되어 있는 각종 영양소 함량을 비교하여서 사료를 평가할 때 이용되기도 하지만, 각종 사양시험과 소화율 측정, 영양소 균형시험을 실시하는 중 필요에 따라서 영양소의 정량분석이 필요할 때에도 화학적 분석은 이루어진다.

1) 일반성분 분석

현재까지도 세계 각국에서 가장 많이 이용되고 있는 사료 평가를 위한 화학적 분석방법은 사료의 일반성분 분석(proximate analysis)이다. 이 분석방법은 사료의 영양소 성분을 6가지로 나누어 평가하고 있다. 즉 ① 수분 또는 건물(moisture 또는 dry matter ; DM), ② 조회분(crude ash ; CA), ③ 조단백질(crude protein ; CP), ④ 조지방(ethen extract ; EE), ⑤ 조섬유(crude fiber ; CF), ⑥ 가용무질소물(nitrogen-free extract ; NFE) 등 6가지이다. 이들 6가지 영양소들에 대한 정량분석 방법과 중요 구성물질들을 요약해 보면 표 9-1과 같다.

오늘날까지도 많은 실험실에서는 위에 나열된 일반성분 분석을 실시하여 사료 평가에 이용하고 있다. 그러나 이들 분석방법과 내용들에는 장・단점이 함께 하고 있어서 일반성분 분석의 보완을 위한 연구는 계속되어져야 할 것이다.

표 9-1. 일반성분 분석의 분류

분 류	과 정	중요 구성물질
1. 수분(건물)	물의 비등점 바로 위의 온도(102～105℃)에서 시료를 18시간 이상 건조시킨 다음 무게의 손실량을 수분으로 계산하고 남은 양을 건물로 계산한다.	물과 휘발성 물질 100% - 수분% = 건물%
2. 조회분 (광물질)	550～600℃에서 2시간 이상 연소시켜서 모든 유기물이 타서 없어진 후 남은 무기물을 말한다.	광물질 원소들
3. 조단백질	일반적으로 단백질에는 질소 함량이 평균 16% 함유되어 있기 때문에 질소의 함량을 얻은 후 N × 6.25의 계산에 의하여 조단백질 함량을 구한다.	단백질, 비단백태 질소화합물
4. 조지방	시료를 에텔에 8～16시간 동안 추출시킨 후 에텔을 휘발시킨 다음 무게의 차이를 계산하여 조지방 함량을 구한다.	지방, 유지, 왁스, 각종 색소
5. 조섬유	약산과 약알칼리로 각각 30분간씩 끓인 후 남는 물질을 조섬유로 한다.	일부의 셀룰로오스, 일부의 헤미셀룰로오스, 리그닌
6. 가용무질소물	시료를 100으로 하고 위에서 얻어진 각종 영양소 1, 2, 3, 4, 5를 합하여 뺀 값을 말한다. 따라서 가용무질소물은 실험실 분석에서 이루어진 것이 아니고 계산에 의해서 얻어진 값이다.	전분, 당류, 약간의 셀룰로오스와 헤미셀룰로오스, 리그닌

일반성분 분석에 대한 장점을 보면,

① 일반성분 분석에 이용되는 장비는 대체로 값이 싸고 이용하는 데 복잡하지 않다.

② 분석된 일반성분 각각은 동물에 대한 사료의 가치를 평가하는 데 손쉽고 우수한 자료가 된다. 예를 들어 설명하면 조섬유 함량이 높은 사료는 단위동물에서 그 소화율이 낮기 때문에 사료적 가치가 낮으며, 지방 함량이 높은 사료는 고열량 사료로 평가할 수 있다.

③ 사양표준 중에 나타나 있는 TDN 값은 모두가 일반성분 분석에 기초를 두고 있다.

④ 현재까지 나와 있는 거의 모든 사료 성분표는 일반성분 분석 결과에서 얻어진 것들이다.

단점들을 보면,

① 사료의 일반성분 분석에서는 조성분(예; 조단백질 · 조지방 · 조섬유 · 조회분 등)만을 나타내고 있어서 개별적인 순영양소 정량은 할 수가 없다.
② NFE는 정량분석에 의하지 않고 계산에 의존하고 있다.
③ 일반성분 분석은 시간을 많이 요한다.
④ 다른 화학적 분석에서와 마찬가지로 일반성분 분석에서도 동물이 소화할 수 있는 실제적인 양은 나타나 있지 않다.
⑤ 일반성분 분석으로는 각종 사료들에 대한 기호성, 조직, 독성, 소화장해, 사료의 상호작용, 영양효율 등에 대한 정보를 제공하지 못한다.

2) 새로운 섬유소 정량분석 방법

전통적인 사료의 일반성분 분석방법에서는 조섬유와 가용무질소물 함량을 탄수화물로 분류해서 나타내고 있다. 그러나 조섬유를 정량할 때 약산과 약알칼리에 연속적으로 끓이는 동안 실제로 섬유소 내에 함유되어야 할 헤미셀룰로오스나 셀룰로오스, 리그닌은 그 일부가 정량분석 중에 용해되기 때문에 불용성인 잔사만으로는 섬유소의 정량치를 대표할 수 없게 된다.

이러한 결과는 NFE를 계산하는 과정에서 섬유소의 일부인 헤미셀룰로오스나 셀룰로오스 그리고 리그닌 등이 NFE 내에 함유되는 모순을 나타내게 되었다. 또 조섬유의 정량만으로는 섬유소(식물 세포벽)의 주 구성성분을 분리할 수 없으며, 가소화 부분과 불가소화 부분의 분포를 적절히 나타내지 못한다.

(1) 중성세제 섬유질과 산성세제 섬유질 정량분석 방법

1960년 미국 Beltsville에 있는 미국 농무성 소속 국립연구소에서 van Soest 박사는 조섬유 정량으로는 사료작물 내에 함유되어 있는 섬유질 함량과 에너지 함량을 정확하게 측정하지 못하는 단점을 개선하기 위하여 새로운 섬유질 정량 방법, 즉 세제 방식을 생각하게 되었다. van Soest는 세제를 사용하여 섬유질 성분을 중성세제 섬유질(neutral detergent fiber ; NDF)와 산성세제 섬유질(acid detergent fiber ; ADF) 두 부분으로 나누어 정량한 후 다시 ADF에 72% 황산을 가해서 불용해성으로 남은 리그닌 함량을 구하였다.

그림 9-1에 나타나 있는 바와 같이 식물의 세포를 세포벽과 세포 내용물로 나누고, 세포벽은 NDF 함량으로 나타냈으며, 세포 내용물은 탄수화물 · 단백질 · 지방과 같은 영양소 등으로 소화가 용이한 부분이다. 한편, ADF 속에는 셀룰로오스와 리그닌이

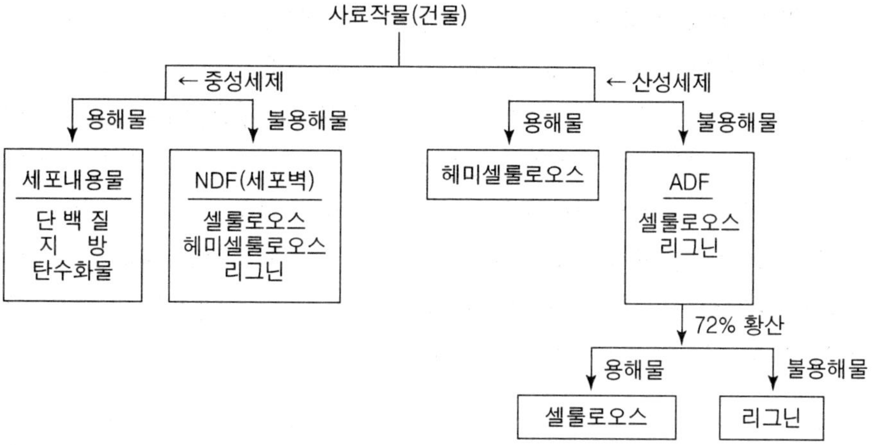

그림 9-1. 세제용액을 이용한 분석방법과 세포벽 구성분의 분류

함유되며, NDF에서 ADF를 제한 나머지를 헤미셀룰로오스 함량으로 하였다. 그리고 ADF에서 리그닌 함량을 빼면 나머지는 셀룰로오스 함량이 된다. 따라서 헤미셀룰로오스와 셀룰로오스 함량은 실제 실험실에서 정량하여 얻은 것이 아니고 계산치에 의해서 얻어진다.

그러나 NDF와 ADF 정량은 반추동물에서 주사료원으로 이용되고 있는 목초나 사료작물에 대한 섬유소 정량을 주목적으로 하여 개발된 것이어서 전분질 함량이 높은 곡류사료나 배합사료에 대한 섬유질 함량을 구하는 데에는 많은 문제점이 노출되었다. 즉, 분석 과정중 전분질은 중성 세제에서 완전히 용해되지 않은 채 남아 있어서 분석치들 간에 많은 오차를 남기는 요인이 되었다. 곡류사료를 위한 섬유질 정량에는 NDF와 ADF 정량방법이 적당치 않다.

(2) 불수용성 섬유질 정량분석 방법

NDF 정량방법은 곡류사료를 위한 분석과 단위동물의 소화기 형태를 위한 섬유질 정량에 적당치 않다는 많은 연구 결과들이 나오게 되자 곡류사료와 단위동물을 위한 새로운 섬유소 정량방법을 필요로 하게 되었다. 따라서 Carré(1985)는 불수용성 섬유질(water insoluble cell wall ; WICW) 정량방법을 보고하기에 이르렀다. 세제용액을 이용하였던 van Soest 방법과는 달리 단백질 분해효소와 전분질 분해효소를 이용하여 세포 내용물을 용해시킨 다음 세포벽의 함량(섬유소 함량)만을 정량하였다. 이 세포벽 내에는 기존 NDF 내에 함유시키지 못했던 pectin과 기타 β-glucan 등이 함유되어 있다.

그러나 이 방법 역시 정량분석을 위하여 많은 시간이 요하고 있는 약점과 함께 일부의 전분질은 전분질 분해효소에 의하여 용해되지 않은 채 남아 있어서 실험상의 오차를 유발하는 요인이 되고 있는 실정이다. 앞으로 더 많은 연구가 요구된다고 하겠다. 최(1999) 등은 이러한 약점을 보완하기 위하여 새로운 분석방법을 보고하였다. 특히 섬유소(셀룰로오스, 헤미셀룰로오스) 등을 전혀 소화하지 못하는 닭의 경우에서는 새로운 섬유소 정량방법이 필요하다. 이들 연구자들에 의하면 섬유소가 아닌 다른 영양소를 먼저 분석한 후 이 분석치들을 전체 양(100)에서 제하는 방법을 이용하였다. 연구자들이 보고한 공식은 다음과 같다.

$$CDF(\%) = 100 - \{CP(\%) + EE(\%) + Starch(\%) + Total\ Sugar(\%) + CA(\%)\}$$

CDF : 닭 사료 중의 섬유소 함량(Chicken Dietary Fiber, CDF)
CP : Crude Protein
EE : Ether Extract
CA : Crude Ash

3) 열량 측정계

사료나 식품을 산소의 존재 하에서 완전히 연소시킬 때 생기는 열을 총에너지 또는 연소열이라고 한다. 열량 측정계(calorimeter)는 사료나 배설물 또는 생성물(예를 들면 분, 뇨 및 조직)의 총에너지 함량을 측정하는 데 사용되는 기기이다. 1칼로리란 1 g의 물을 1℃ 올리는 데 사용되는 열(정확히는 14.5℃ 물을 15.5℃로 올리는 데 소요되는 열)을 말한다.

이 개념을 기반으로 하여 총에너지의 측정은 Bomb가 개발한 calorimeter 내에 있는 백금전선을 측정하고자 하는 시료에 연결하여서 이를 원격 조정하여 시료를 연소시켜서 얻는다. 즉, Bomb calorimeter 주위에 모여 있는 200 g의 물은 Bomb calorimeter 내에서 생긴 25~30 기압으로 충전된 산소와 시료가 타면서 생긴 열에 의하여 물의 온도가 올라가며, 이 때 생기는 물의 온도 변화에 의하여 시료의 총열량을 계산해 낸다.

4) 각종 크로마토그래피와 비색법 및 분광광도법

사료 평가에서는 정확성과 함께 신속성이 항상 요구되며, 또 각종 미량 영양소들에 대한 정량, 그리고 약제 잔류물, 호르몬제, 살충제 등을 정량하고 검출하여야 하는데, 이러한 일련의 분석에는 많은 종류의 기기들이 이용되고 있다.

크로마토그래피는 두 개의 서로 다른 상을 이용하여 화합물을 분리한다. 즉, 정지

표 9-2. 각종 크로마토그래피의 형태와 상(相)의 차이

고정상	이동상	각종 크로마토그래피
고 체	액 체	박층크로마토그래피 이온교환크로마토그래피 젤크로마토그래피 흡수 칼럼크로마토그래피
액 체	기 체	기체 액체크로마토그래피 모세관 칼럼크로마토그래피
고 체	기 체	기체 액체크로마토그래피
액 체	액 체	종이크로마토그래피 분획크로마토그래피 전기영동

(또는 고정)상과 이동상이 그것이다. 그리고 여러 가지 크로마토그래피들 간의 차이란 상(相)에 사용되는 물질들의 차이를 말한다. 고정상에는 고체나 액체 물질을 사용하고 있지만, 이동상이나 운반체에는 기체나 액체를 사용한다. 각종 크로마토그래피의 형태를 보면 표 9-2와 같다. 크로마토그래피를 이용하여 단백질, 아미노산, 당류, 지방산, 광물질 및 기타 영양소를 정량하고 또 약제 잔류물, 호르몬, 살충제 등도 검출한다.

비색법(colorimetry)이나 분광광도법(spectrophotometry)이란 시료 용액에 광선을 통과시켜서 시료 내에 함유되어 있는 영양 성분의 농도를 측정하는 화학적 분석방법이다. 특히 원자흡수 분광광도계(atomic absorption spectrophometry)는 광물질 분석에 가장 널리 사용되는 기구이며, 이 기구를 이용하면 광물질을 10억분의 1(μg / kg) 농도까지 분석할 수 있게 된다. 또, 많은 종류의 미량 영양소나 약품 분석에도 비색법이나 분광광도법이 널리 이용된다.

5) 단백질과 아미노산 분석

기존 켈달 정량분석 방법에서는 시료 중에 함유되어 있는 총 질소함량을 측정하여 단백질 함량을 계산할 수 있도록 되어 있어서 개략적인 분석만 가능케 되어 있는 단점이 있다. 이러한 단점을 보완하기 위하여 많은 학자들은 순단백질의 총량을 정량할 수 있도록 하는 새로운 방법들을 개발하고 있다. 이들 중 현재까지 많이 이용되고 있는 몇 가지 방법에는 뷰렛방법, Lowry 방법, 탁도 측정법, 펩티드 측정법 등을 들 수

있다.

한편, 단위동물의 사료에서는 각종 아미노산의 함량과 그 조성이 고려되어야 한다. 그러나 현실적으로 보면 사료 중에 함유되어 있는 아미노산을 정량분석하는 기기들은 대부분이 자동화되어 있지만, 상당한 시간과 노력을 요하는 단점이 있다. 또 아미노산 분석기기의 가격은 상당히 고가이기 때문에 실제로 실험실에서 이용하기 위하여 구입하는 데에는 많은 어려움이 있는 단점도 있다.

6) 근적외선 반사분광법

앞에서 언급한 사료 일반성분 분석 및 다른 분석 방법들을 습식분석 방법이라고 한다면 근적외선 반사분광법(near infrared reflectance spectroscopy ; NIRS)은 건식분석 방법이라고 할 수 있다. 이 분석 방법에서는 화학약품이나 물을 쓰지 않고 근적외선을 이용하여 분자 결합이 서로 다른 여러 가지 종류의 시료에 투과시켜서 시료의 종류에 따라 근적외선의 흡수 형태가 달라지는 것을 보게 되는데, 이 정보는 컴퓨터로 보내져서 컴퓨터에 의하여 시료내의 영양소 함량이 자동적으로 계산되어 프린터의 용지에 나타나게 된다.

건초를 정량분석할 때 NIRS를 이용하면 수분, 조단백질, 칼슘, 인, 유황, 마그네슘, 칼륨, NDF, ADF 및 다른 영양소 함량을 동시에 정량할 수 있다. 오늘날에는 이 NIRS를 이용한 정량방법이 사료곡물 뿐만 아니라 식품산업에도 널리 이용되고 있다. 그러나 시료의 종류에 따라서는 정확한 정량치 제시에 실패하는 경우도 있어서 일반 실험실에서는 이러한 경우 다시 습식분석 방법에 의하여 정량을 해야 하는 단점이 있다. 앞으로 더 많은 연구가 진행되어야 할 것이다.

7) 곰팡이와 곰팡이 독소의 분석

사료 중에 형성된 곰팡이와 곰팡이 독소가 여러 형태로 동물 생산성에 크게 피해를 미치고 있는 현실에 관해서는 많은 연구 결과들에 의하여 이미 보고된 바 있다. 곰팡이는 일반적으로 그 수를 측정하거나 미생물을 배양함으로써 곰팡이 형성 여부를 판단할 수 있다. 또, 곰팡이에 의해서 분비 형성된 각종 곰팡이 독소는 TLC(thin layer chromatography) 방법이나 새로 개발된 각종 kit에 의하여 정량이 이루어진다.

4. 생물학적 분석 방법

생물학적 분석 방법을 이용하면 사료 내에 함유되어 있는 각종 미량 영양소 분석이 가능하게 된다. 일반적으로 생물학적 분석 방법에는 두 가지 기본 형태가 있는데, 즉 ① 미생물학적인 방법과 ② 영양소 결핍동물을 이용한 사양분석 방법이 그것이다. 그러나 어떤 형태의 생물학적 분석 방법을 이용해도 많은 노력과 시간을 요구하는 경향이 있다. 또 통계적인 신빙성을 얻기 위해서는 많은 시료들과 처리가 필요하며, 이렇게 이루어진 결과들도 흔히 변이를 일으키는 경우가 많이 있다. 영양소 결핍동물을 이용할 경우 동물들의 연령이나 체중이 대체로 같아야 하며, 또 결핍조건을 야기시키는 데 시간이 요구되는 단점도 있다.

5. 사양시험

사료의 최종적인 평가는 동물이 그 사료를 기호하는 정도와 생산성 정도에 따라 이루어져야 한다. 사양시험을 실시하기 위해서는 우선 비교하고자 하는 사료(단미사료, 특수사료 또는 배합사료)들을 먼저 준비하여야 한다. 시험기간 중에는 이들 사료 속에 함유되어 있는 영양소 함량을 동일하게 유지시키면서 성장률과 사료요구율 등을 측정하여 서로 다른 사료들 간의 비교평가를 가능케 하여야 한다. 성장률이나 사

표 9-3. 성장률과 사료요구율의 비교시험

사료 종류	일당 증체량	사료요구율
닭(육계)[a]		
사료 1	2,236	1.792
사료 2	2,248	1.724
사료 3	2,266	1.704
돼지[b]		
사 료 1	717 g	3.19
사 료 2	702 g	3.49
사 료 3	695 g	3.57
사 료 4	689 g	3.74
소[c]		
사 료 1	1.54 kg	6.76
사 료 2	1.31 kg	7.14

[a] Lindemann 등(1986)
[b] Zobell(1986)
[c] Silversides와 Bedtord(1999)

료요구율은 일일 증체와 사료요구율 또는 주간 또는 최종 증체량과 사료요구율 등을 기준으로 하여 비교하는 것이 일반적인 방법이다. 시험목적에 따라서는 젖소에서 유생산량, 산란계에서의 산란율, 번식돈에서 이유자돈 수, 면양에서 양모 생산량 등을 비교하여서 사료의 우열이나 평가를 결정할 수도 있다(표 9-3).

사양시험을 할 때는 통계적인 실험설계에 따라 시험축(試驗畜)의 마리 수, 각 처리에 따른 반복수 등을 정확히 설계한 후 이를 기반으로 하여 시험이 이루어져야 하며, 시험 결과는 통계적인 유의(有意) 차로 비교되어져야 한다. 그리고 시험기간 중 환경 여건, 즉 환경온도, 광도 및 점등시간, 물 급여, 사료 급여, 체중 측정, 잔여 사료의 측정 등은 동일한 시기와 방법 하에서 이루어지도록 하여야 한다. 사양시험 중 저울눈금을 부정확하게 읽거나 시험치들에 대한 기록을 잘못함으로써 최종적인 시험결과를 부정확하게 만드는 경우가 있다. 이러한 실수는 결국 사료 평가를 그릇치는 일이 될 수 있으므로 세심한 주의와 함께 숙련된 지식과 경험이 필요하다.

6. 소화율 시험

사료 가치를 평가할 수 있는 가장 직접적이고 이상적인 방법은 평가하고자 하는 사료를 동물에게 직접 먹인 후 소화시킬 수 있는 양과 소화시킬 수 없는 양을 과학적인 방법으로 산출해 내는 것이다. 그 이유는 사료 중에 함유된 각종 영양소들은 동물의 소화기 내에서 소화 흡수되는 정도에 따라서 소화율이 달라지기 때문이다.

일반적인 소화율 계산 방법에서는 소화시험을 실시한 후 소화 흡수되지 않고 분(糞)으로 배설되는 각종 영양소들의 양을 섭취된 사료 중에 함유되어 있는 각종 영양소 함량에서 뺀 후 이 값으로 소화율을 계산하게 된다. 그러나 일반적으로 분 중에는 사료의 불소화 부분 외에도 소화액, 세균류 또는 소화관 벽이 마멸되어 생긴 탈락상피세포 등이 혼재하고 있다.

보통 소화율을 계산할 때에는 분 중에 함유되어 있는 영양소 함량 전부(사료의 불소화 부분 + 소화액 + 세균류 + 소화관 벽 탈락 상피세포 등)를 불소화물로 간주하여 소화율로 계산하는데, 이를 **실제 소화율**(apparent digestibility)이라고 한다. 이에 반하여 순수하게 동물에 의하여 소화 이용된 부분만을 생각하는 소화율을 **순소화율**(true digestibility)라고 하여 구분하고 있다.

그러나 순소화율의 개념은 불소화물 중에서 소화액, 세균류, 소화관 벽의 탈락 상피세포 등을 정확하게 분리해 내는 일이 실제로 어려운 일이기 때문에 사료의 순소화율 계산은 잘 이용되지 않고 있다.

1) 소화율 측정

사료에 대한 소화율 측정은 배설된 분 중의 영양소 함량을 소화되지 않는 것으로 생각하여 섭취된 사료 중의 영양소 함량으로부터 뺀 값으로 하고 있다. 소화율 측정 방법에는 급여하는 사료 전량과 배설된 분 전량을 전 시험기간 동안 수집 기록하는 직접측정법과 위와 같은 복잡한 과정을 거치지 않고 간접적인 방법으로 소화율을 측정하는 간접측정법이 있다.

(1) 직접측정법

직접측정법에 의하여 소화율을 측정할 때는 ① 동물이 섭취한 사료의 양과 남은 잔량을 정확히 기록하여야 하고, ② 배설된 분(糞)의 전량을 수거하고 정확한 양을 기록해 두어야 하며, ③ 급여된 사료와 분에 함유되어 있는 각종 영양소들에 대한 화학적 분석을 정확히 해 두어야 한다. 이러한 이유 때문에 이 방법을 때로는 전분 채취법(total collection method)이라고도 한다.

시험기간은 예비시험 기간 4～10일, 본시험 기간 4～10일로 나누어진다. 단위동물의 경우는 예비시험과 본시험을 각각 4～5일, 반추동물의 경우는 각각 7～10일로 조정하여 실시하는 것이 보통이다. 예비시험 기간 동안에는 시험시료를 급여시켜서 소화기 내에 존재하고 있던 시험사료가 아닌 사료가 전부 체외로 배출될 수 있도록 하여야 하며, 시험축(試驗畜)이 대사틀(metabolism cage, metabolism crate) 이용에도 익숙할 수 있도록 한다(그림 9-2).

그림 9-2. 대사틀

예비시험이 끝난 다음 본시험 기간 동안에는 급여되는 사료 전량을 정확히 측정하여 기록해 두어야 하고 동시에 배설된 분도 전량 채취하여 기록해 두어야 한다. 분을 채취할 때에는 뇨가 분에 오염되지 않도록 분리 채취를 하여야 하며, 필요할 때에는 분뇨 분리장치를 이용하여야 한다(그림 9-3). 수거된 사료와 분은 전량 건조기로 옮겨서 건조시킨 후 사료와 분을 각각 잘 섞은 다음 화학적 분석 시까지 냉동 보관되어야 한다.

소화율 계산에 이용되는 공식은 아래와 같다.

$$\text{소화율}(\%) = \frac{\text{섭취된 영양소 함량} - \text{분 중에 함유된 영양소 함량}}{\text{섭취된 영양소 함량}} \times 100$$

표 9-4의 예에서 보는 바와 같이 소화율을 계산할 수 있는 영양소들은 유기물・조단백질・조지방・가용무질소물・조섬유・순단백질 등이 있다. 무기물은 일단 소화

그림 9-3. 분뇨 분리장치

표 9-4. 젖소를 위한 건초의 소화율 계산 예

	조단백질	조섬유	NFE	조지방
섭취된 건물량(50,800 g)	10,216	8,255	20,823	1,697
분으로 배설된 건물량(11,609 g)	2,559	2,158	4,042	783
소화된 영양소 양(g)	7,657	6,097	16,781	914
소화율(%)	75	73.9	80.6	53.9

흡수되었다가 다시 장내로 배출되어 분 중에 섞여 나오는 것이 있기 때문에 무기물의 소화율은 구할 수 없다. 건물의 소화율 계산은 이론상 가능하지만, 이 건물 중에는 무기물이 함유되어 있기 때문에 정확한 의미에서 소화율이라고 할 수는 없다.

(2) 간접측정법

이 방법은 때로 표시법(index method) 또는 지시물질법(indicator method)라고도 부른다. 사료 내에 소화되지 않는 일정량(1% 이하)의 표시물을 혼합하여서 시험동물에게 급여시킨 후 수집된 사료 및 분 내에 함유된 표시물 함량을 정량한다. 정량된 표시물 함량은 사료와 분 중에 함유된 각각의 영양소 함량을 같이 이용하여 아래 공식으로 영양소 각각에 대한 소화율을 계산하게 된다.

표시물로 가장 많이 쓰고 있는 화학물질로는 산화크롬(Cr_2O_3, chromic oxide)이 있다. 표시물을 이용한 소화율 계산 공식은 아래와 같다.

$$\text{소화율}(\%) = 100 - 100 \times \left[\frac{\text{사료 중의 표시물 함량}(\%)}{\text{분 중의 표시물 함량}(\%)} \times \frac{\text{분 중의 영양소 함량}(\%)}{\text{사료 중의 영양소 함량}(\%)} \right]$$

〈계산의 예〉 사료 중에 함유되어 있는 단백질 소화율을 구한다고 가정하자.
사료 중 단백질 함량 : 15%
사료 중에 배합된 산화크롬 함량 : 0.5%
배설된 분 중의 단백질 함량 : 10%
배설된 분 중의 산화크롬 함량 : 1%

$$\text{단백질 소화율}(\%) = 100 - 100 \times \left[\frac{0.5}{1} \times \frac{10}{15} \right] = 100 - 100 \times \frac{1}{3} = 77\%$$

이 방법은 급여된 사료 중에 함유된 표시물이 균일하게 혼합되어 있어야 하는 조건과 또 소화관 내를 사료와 함께 균일한 비율로 통과하고, 배설된 분 중에 표시물이 균일하게 함유되어 있을 때만이 정확한 소화율을 구할 수 있다. 닭이나 돼지와 같은 단위동물의 사료에는 표시물(산화크롬)을 균일하게 배합할 수 있으며, 또 분 중에도 균일하게 배설되기 때뮤에 간접측정법은 편리하게 이용될 수 있다. 그러나 반추동물에서는 조사료와 농후사료를 이용하여야 하기 때문에 표시물을 균일하게 혼합하기가 어렵고, 또한 반추위의 복잡한 소화구조와 소화작용 때문에 분 중에 표시물이 균일하게 배설되지 않는 폐단이 있다.

따라서 반추동물을 위하여 간접측정법에 의한 소화율 측정을 하고자 할 때에는 더 섬세한 주의가 필요하다. 방목지에서 풀을 뜯는 동물에 대하여 풀의 소화율을 산출

(표시물법)할 때는 색소원(chromogen ; 풀 속에 존재하는 식물 색소로서, 이 색소는 85% aceton으로 추출되며, 최대 흡수계수는 410 nm이다)을 먼저 정량한 후 풀의 섭취량(소화율)을 구한다. 풀의 섭취량은 다음과 같이 구한다.

$$\text{풀의 섭취량(g/일, 건물)} = \frac{\text{분의 건물 1 g 중 표시물(g)} \times \text{배설물의 건물량(g/일)}}{\text{생초의 건물 1 g 중 표시물(g)}}$$

이 방법에서는 방목하는 동안 소에게 채분(採糞) 주머니를 달아 주어서 방목 중에 배설된 분을 전량 수집하고, 또 생초 및 분 중에 함유된 표시물로 색소원의 양을 정량하므로 풀의 섭취량을 간접적으로 알 수 있게 된다. 이때 이용되는 표시물에는 색소원과 함께 산화크롬을 병행하면 전반적인 사료 섭취에 대한 소화율 계산에 표시물을 더 유용하게 이용할 수 있게 된다. 간접측정법에는 표시물질법 외에도 사료의 성분치에 의한 계산방법이나 펩신을 이용한 단백질의 인공소화법 등이 있지만 정확성이 낮기 때문에 널리 이용되지 못하고 있다.

(3) 소화율에 영향을 미치는 요인들

소화율에 영향을 미치는 인자들로서는 시험축(試驗畜)으로부터 유래되는 부분과 사료로부터 유래되는 부분으로 나누어질 수 있다.

가) 시험동물으로부터 유래되는 요인

① 동물의 종류
② 동물의 품종
③ 동물의 개체, 연령 및 기타

나) 사료로부터 유래되는 요인

① 사료의 섭취량
② 사료의 종류
③ 가용무질소물의 함량, 조단백질 · 조지방 · 조섬유 등의 함량, 유리지방산의 함량, 무기물의 함량, 향미료 · 자극물 등의 함량
④ 사료 가공처리 정도

2) *In vitro* 또는 *in situ* 소화율 시험법

사료의 소화율 측정을 위하여 과학자들은 *in vitro*(생체외, 시험관내) 소화시험법을

그림 9-4. 피스튤라

많이 이용하고 있다. *In vitro* 소화율 시험방법은 각종 동물에서 이용되고 있으나, 일반적으로 반추동물에서 가장 활발하게 이용되고 있다. 이러한 이유 때문에 *in vitro* 소화시험법을 인공반추위 평가법이라고도 부른다.

이 방법을 간단히 소개하면 반추위 내용물을 반추위에 설치한 피스튤라(예: 플라스틱 피스튤라의 경우 한쪽 끝을 체벽에 봉합시키고, 다른 끝은 소화기관 벽에 봉합시켜서 개구를 설치하는 방법으로, 소화기관으로부터 내용물의 유출을 막고 혐기적 상태를 유지하기 위하여 마개를 설치한다. 소화기관으로부터 시료를 채취할 때에는 마개를 연다)를 통하여 수집한 후 가제를 이용하여 반추위 내용물을 여과시킨다.

이렇게 여과시킨 반추위 내용물은 완충제와 함께 시료(사료)를 시험관 내에 넣는다. 이때 반추위액은 이론적으로 미생물군을 대표하여야 한다. 그런 다음 이산화탄소를 인위적으로 주입시켜서(혐기상태 유지) 동물 체내의 온도와 같은 온도로 일정시간(대개 48시간) 유지시킨다. 이러한 조건 하에서 미생물들이 시료(사료)를 소화시키도록 한 후 건조시켜서 무게의 차이를 측정하여 소화율을 계산한다.

최근에는 *in situ* 방법이 반추동물에서 사료 평가를 위하여 많이 이용되고 있다. 이 방법에서는 다수의 나일론 주머니에 일정량의 시료를 담은 후 반추위에 설치된 피스튤라를 통하여 반추위 속에 매달아 두고 일정시간이 지난 후에 꺼내서 시료를 건조시킨 후 무게 차이를 측정하여 소화율을 계산한다.

7. 가소화영양소 총량과 전분가

가소화영양소(digestible nutrient)란 동물이 사료를 섭취한 후 소화 흡수하여 이용할 수 있는 영양소를 말한다. 각종 영양소들에 대한 가소화영양소 계산은 사료 중의 각종 영양소에 대한 화학적 조성분에 소화율을 곱하여 구한다.

가소화영양소(%) = 사료 조성분의 함량(%) × 소화율(%)

예) 밀기울 중에 함유된 조단백질 함량 : 16%
밀기울 중에 함유된 조단백질의 소화율 : 78%
가소화 조단백질 함량(%) = 16 × 0.78% = 12.48%

사료 중에 함유되어 있는 각종 영양소들의 가소화영양소 함량을 전부 합한 값을 **가소화영양소 총량**(total digestible nutrient ; TDN)이라고 하며, 계산 공식은 아래와 같다.

TDN(%) = 가소화 조단백질(%) + 가소화 조지방(%) × 2.25 +
가소화 가용무질소물(%) + 가소화 조섬유(%)

가소화 조지방에 2.25를 곱한 이유는 다른 영양소들에 비하여 지방은 2.25배 더 높은 에너지를 지니고 있기 때문이다. 가소화영양소 총량은 가소화에너지(digestible energy ; DE)와 비슷하지만 무게 단위나 또는 % 단위로 표시되고 있으며, 일반적으로 1 g의 TDN은 4.4 kcal DE에 해당된다. TDN과 DE가(價)를 정미에너지가(net energy; NE)와 비교하면 조사료의 에너지를 과대평가하는 것이 되지만, 그래도 TDN을 NE 산출에 흔히 이용하고 있는 이유는 비교적 TDN을 구하기가 쉽기 때문이다. 미국 NRC 사양표준에 나타나 있는 대사에너지(metabolizable energy ; ME)와 NE의 대부분은 TDN 값을 이용하여 계산된 값들이다.

동물이 체유지에 필요한 이상의 가소화 영양소를 섭취하면 여분의 영양소는 체지방으로 축적된다. 가소화 전분 1 kg은 동물의 체내에서 0.248 kg의 체지방을 합성할 수 있는데, 이것을 기준으로 하여 전분가(澱粉價, starch value ; SV)를 정하였다. 일반적으로 가소화 조지방의 전분가는 사료의 종류에 따라서 다른데, 조사료와 근채류의 경우 전분가는 1.91, 곡류와 강피류의 경우 2.12, 유실류와 유박류의 경우 전분가는 2.41이 된다.

8. 영양소 균형

사료 중에 함유되어 있는 특정한 영양소를 동물에게 섭취시킨 후 흡수되지 않고 손실되는 양을 측정하여서 사료를 비교 평가하는 시험을 **영양소 균형시험**이라 한다.

영양소 균형에는 2가지가 있다. 즉, 어떤 동물에서 섭취되는 특정 영양소의 양이 손실되는 양보다 많을 때 정(正)의 영양소 균형이라고 하며, 섭취되는 특정 영양소의 양이 손실된 양보다 적을 때는 부(負)의 영양소 균형이라고 한다. 다시 말해서 정(正)의 영양소 균형이란 섭취된 특정 영양소가 섭취 과량으로 인하여 체조직과 체액 안으로 병합되고 있는 것을 뜻하며, 반대로 부(負)의 영양소 균형이란 그 동물의 체 유지를 위하여 조직 내에 저장된 영양소를 이화시키고 있는 것을 말한다.

영양소 균형시험은 어떤 종류의 영양소에서도 실시될 수 있지만, 가장 널리 이용되고 있는 영양소는 단백질과 에너지이다.

1) 질소 균형

사료 중에 함유되어 있는 단백질의 영양적 가치 평가법은 일반 조성분인 조단백질(crude protein ; CP), 가소화 조단백질(digestible crude protein ; DCP), 가소화 순단백질(digestible pure protein ; DPP, digestible ture protein ; DTP) 등의 함량으로 평가되기도 한다. 그러나 더 정확한 영양적 평가법은 단백질을 동물에게 급여시킨 후 체중이 증가되거나 또는 생산물로 축적될 수 있는 단백질의 양을 생물학적 효과로 나타내어 단백질원에 대한 질소 균형시험을 실시하는 것이다. 동물의 체내에서 일어나는 질소 균형에 대한 생물학적 실험은 다음 3가지 방법 중 보통 하나를 택하여 실시한다.

(1) 단백질 생물가

단백질 생물가(biological value ; BV)를 측정하기 위한 질소 균형시험에서는 분과 뇨를 채취하는 것이 필요하다. 시험축을 이화조건으로 유도하기 위하여 절식을 시키

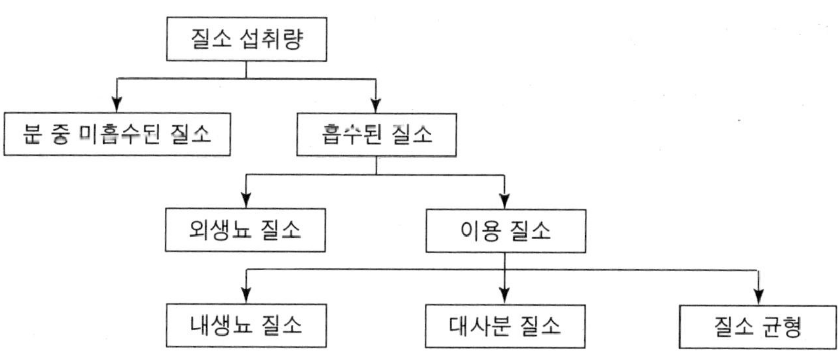

그림 9-5. 질소 균형

는데, 이때 채집한 분과 뇨에는 대사과정 중에 손실되는 상당량의 질소가 함유되어 있다. 절식기간 동안 뇨로 배설되는 질소를 **내생뇨 질소**(endogenous nitrogen ; EN)라고 부르며, 분으로 배설된 질소를 **대사분 질소**(metabolic nitrogen ; MN)라고 부른다. 체내에서 일어나고 있는 질소 균형을 도식해 보면 그림 9-5와 같다.

그리고 단백질 생물가란 흡수된 질소 중에서 얼마만큼의 질소가 체내에 축적되었는지를 나타내는 값이며, 다음과 같은 공식을 이용하여 계산한다.

$$\text{풀의 섭취량(g/일, 건물)} = \frac{\text{분의 건물 1 g 중 표시물(g)} \times \text{배설물의 건물량(g/일)}}{\text{생초의 건물 1 g 중 표시물(g)}}$$

$$\text{BV(\%)} = \frac{\text{체내에 축적된 질소}}{\text{흡수된 질소}} \times 100$$

$$= \frac{\text{질소 섭취량} - (\text{총 분질소} - \text{대사분 질소}) - (\text{총 뇨질소} - \text{내생뇨 질소})}{\text{질소 섭취량} - (\text{총 분질소} - \text{대사분 질소})} \times 100$$

(2) 단백질 효율

사료 중에 함유되어 있는 단백질원을 평가하는 또 다른 방법은 단백질 효율(protein efficiency ratio ; PER)을 계산하는 것이다. 실제 동물시험에서 단백질 효율을 구하고자 할 때는 단백질 이외의 다른 영양소들이 완전히 함유되어 있는 기초사료에 공시할 단백질을 일정량 첨가하여서 일정기간 사육시킨 후 전 시험기간 중에 섭취된 단백질의 양을 전부 합한 후 이 양을 체중 증가량과 비교하여서 단백질 효율을 계산한다.

$$\text{PER} = \frac{\text{체중 증가량}}{\text{단백질 섭취량}}$$

(3) 정미단백질 이용률

단백질 효율에 의한 영양 평가의 모순점을 보완하기 위하여 정미단백질 이용률(net protein utilization ; NPU)을 이용하여 단백질의 품질을 평가하기도 한다.

$$\text{NPU} = \frac{\text{B} - \text{Bn}}{\text{I}}$$

B : 시험하고자 하는 질소 급원을 함유하고 있는 사료를 급여하였을 때 시험동물의 체내에 축적된 질소 함량

Bn : 시험사료로부터 섭취된 질소를 제외한 원래부터 시험동물 체내에 축적되어 있던 질소 함량

I : 시험축의 질소 섭취량

2) 열량 측정

동물이 사료를 섭취하여서 발생되는 열량을 측정함으로써 사료 중에 함유되어 있는 에너지 함량을 측정하려는 시도는 약 200년 전부터 시작되었다. 이러한 열량 측정법에는 직접열량 측정법과 간접열량 측정법으로 나누어진다.

(1) 직접열량 측정법

직접열량 측정법에서는 단열이 잘 된 시험방에 실험동물을 매단 후 이 시험동물에 의하여 손실되는 총 열손실량(동물 표면으로부터의 복사 · 대류 · 전도, 피부의 세포로부터 수분증발, 그리고 뇨와 분의 배설에 의하여 생긴 열 손실)은 ① 이미 알고 있는 용량의 물 온도를 상승시키거나, ② 손실되는 총 열량이 열전기쌍을 통과할 때 발생하는 전류의 양을 이용하여 측정한다. 그러나 이 측정법에는 많은 비용이 요구되며, 또 작동이 어려운 단점이 있다.

(2) 간접열량 측정법

간접열량 측정은 실험동물의 호흡교환(산소 소비량과 이산화탄소 생성량)을 측정하여서 계산한다. 그 이유는 산소(O_2) 소비량과 이산화탄소(CO_2) 생성량이 열 발생에 밀접한 관계를 갖고 있으며, 또 산소와 이산화탄소가 화합하는 형태에 따라 뚜렷한 차이를 갖고 있기 때문이다.

산소 소비량에 대한 이산화탄소 생성 비율을 **호흡상**(respiratory quotient ; RQ)이라고 하며, 다음 공식을 이용하여 RQ를 얻는다.

$$RQ = \frac{CO_2 \text{ 생성량}}{O_2 \text{ 소비량}}$$

탄수화물과 지방의 분해대사 방정식에서 호흡상을 계산해 보면 다음과 같다.

가) 탄수화물

$$C_6H_{12}O_6 + 6O_2 \rightarrow 6CO_2 + 6H_2O + \text{열}$$

$$RQ = \frac{6CO_2}{6O_2} = 1$$

나) 지방산(팔미틴산)

$$C_{16}H_{32}O_2 + 23O_2 \rightarrow 16CO_2 + 16H_2O + \text{열}$$

$$RQ = \frac{16CO_2}{23O_2} = 0.70$$

대부분의 지방과 지방산의 호흡상은 0.7～0.8 정도이며, 1보다 낮다. 반면, 단백질은 0.81 정도의 호흡상을 나타낸다.

동물이 스트레스 상태하에 있을 때에는 다량의 이산화탄소가 배출되며, 산소부족 현상이 나타나는 과도 호흡현상이 일어난다. 이때 호흡상은 1보다 크다. 이러한 현상이 지나치게 오랫동안 계속되면 대사 산중독증(metabolic acidosis)이 발생하게 된다. 시험동물에 대한 호흡교환을 측정하는 데에는 몇 가지 형태의 측정법들이 이용되고 있다. 즉 ① 개방회로 측정법, ② 개방회로 챔버방식, ③ 개방회로 마스크방식, ④ 폐쇄회로 마스크방식 등이 있다.

9. 기타 사료가치 평가법

사료 가치에 대한 평가를 하기 위하여 이용되는 몇 가지 다른 방법들을 소개하면 다음과 같다.

1) 영양률

영양률(nutritive ratio ; NR)이란 사료 중에 함유되어 있는 에너지와 단백질의 함유 비율이 동물종별로 얼마만큼 유효하게 생산성을 보장할 수 있는지 여부를 측정하여 사료의 가치를 평가하는 방법이다.

$$NR = \frac{\text{가소화 조지방} \times 2.25 + \text{가소화 가용무질소물} + \text{가소화 조섬유}}{\text{가소화 조단백질}}$$

$$= \frac{\text{가소화영양소 총량}}{\text{가소화 조단백질}} - 1$$

$$= \frac{\text{가소화영양소 총량} - \text{가소화 조단백질}}{\text{가소화 조단백질}}$$

영양률이 4 이하이면 영양률은 좁으며, 5～7은 중등이며, 8 이상은 넓다고 평가한다.

2) 칼로리 단백비

칼로리 단백비(calorie protein ratio ; CPR)는 닭사료의 평가에 많이 이용되고 있다. 이 방법에서는 사료 중의 단백질 함량과 에너지 함량이 닭의 생산성을 높일 수 있는 적정 비율을 찾는데 이용되는 사료평가 방법이다.

$$\text{칼로리 단백비(CPR)} = \frac{\text{사료(kg) 중의 대사에너지(kcal) 함량}}{\text{사료 중의 단백질 함량(\%)}}$$

3) 사료효율과 사료요구율

동물에 어떤 사료를 급여했을 경우 나타나는 증체량(생산량)과 사료 섭취량의 비율을 **사료효율**(飼料效率, feed efficiency ; FE)이라고 한다.

$$\text{FE} = \frac{\text{증체량(생산량)}}{\text{사료 섭취량}}$$

사료효율과 반대되는 개념이 **사료요구율**(飼料要求率, feed conversion ; FC)이다.

$$\text{FC} = \frac{\text{사료 섭취량}}{\text{증체량(생산량)}}$$

참고문헌

1. CHOI, I. H., J.H. Son and K. H. Nahm, 1999. Dietary fiber fractions for grains containing high levels of water-soluble non-starch polysaccharides. Jpn. Poult. Sci. 36 : 269-274
2. Church, D.C. and W.G. Pond, 1982. Basic animal nutrition and feeding. John Wiley & Sons Pub. Co.
3. Nahm, K.H., 1992. Practical guide to feed, forage and water analysis. Yoo Han Pub. Co.
4. Schneider, B.H. and W.P. Flatt, 1975. The evaluation of feeds through digestibility experiments. University of Georgia Pess.
5. Silversides, F. G. and M. R. Bedford, 1999, Effect of pelleting temperature on the recovery and efficacy of a xylanase engymein wheat-based diets. Poult. Sci. 78 : 1184-1190
6. Warner, R.G., H.F. Hintz, J.K. Loosli and L.A. Maynard, 1979. Animal nutrition. McGraw - Hill Pub. Co.
7. 윤희섭, 맹원재, 신형태, 김영길, 고태송, 1990. 동물영양학. 향문사.

10

사양표준

동물을 사양할 경우 능력을 충분히 발휘할 목적으로 축종에 따른 동물의 상태와 생산활동(성장, 비육, 유생산 및 난생산)에 의해서 영양소 요구량이 달라진다. 이와 같이 서로 다른 생산활동에 필요한 모든 영양소는 사료로서 급여되는데, 어떤 동물에게 얼마의 영양소를 공급해 주어야 하는가를 많은 시험성적에 의해 과학적으로 전체 영양소의 표준을 종합적으로 나타낸 것이 **사양표준**(feeding standard)이다.

축산경영에 있어서 동물의 생산비 중 사료비의 비율이 50~70%를 차지하고 있기 때문에 동물을 얼마나 합리적이고도 경제적으로 사양하는가 하는 문제는 모든 영양소의 과부족 없이 동물이 필요로 하는 영양소를 어느 정도 급여해야 하는냐 하는 문제를 결정하는데 달려 있다고 할 수 있다. 따라서 동물에 급여되는 사료의 영양소를 합리적으로 하기 위해서 사료를 배합하여 계산할 경우 사양표준을 활용하는 것은 매우 중요하다. 이 사양표준을 기준으로 사료를 배합할 때에는 이들 사료 중의 영양소 함량이 표시되어 있는 **사료성분표**를 이용하는 것이 필요하다.

1. 사양표준과 표시방법

오래 전부터 과학자들은 여러 가지의 다양한 사양표준을 제시하였다. 이들은 모든 동물을 품종별, 또는 생리적 상태, 즉 동물이 생산・성장 및 노동 등을 하지 않는 휴식상태로 체중을 유지하는 데 필요로 하는 유지사료와 생산・성장 및 노동 등에 필요한 생산사료를 고려하여 사양표준을 제정하였다. 일반적으로 사양표준을 표시할 경우에는 유지사료와 생산사료를 구분하는 경우와 구분하지 않는 경우가 있다.

현재 사용되고 있는 사양표준에는 동물의 종류와 사양목적에 의해서 다음과 같은 영양소의 급여정량 또는 영양소 요구량을 표시하고 있다.

1) 단백질

조단백질 또는 가소화 조단백질로 표시하는 경우가 대부분이다. 그러나 과거에는 가소화 순단백질로 표시하는 경우도 있었으나, 최근에는 순단백질의 단위는 그다지 사용하지 않는다.

2) 에너지 총량

가소화영양소 총량(TDN), 가소화에너지 및 대사에너지 등으로 표시되며, 또한 정미에너지와 사료단위 등으로 표시하는 경우도 있으나 가금에 대해서는 주로 대사에너지로 표시된다. 한편, 에너지 단위는 나라마다 또는 지역에 따라서 약간씩 다르게 사용되는 경우도 있다.

3) 건물 또는 풍건사료의 전량

동물에게 만복감을 주기에 충분한 사료의 양과 동물이 섭취하는 일정량의 정해진 양을 고려해서 건물 요구량 또는 풍건사료(건물량의 약 90%)의 전량으로 나타낸다.

4) 무기물, 비타민 및 아미노산

가금 및 돼지의 사양표준에는 Ca, P 등의 각종 무기물과 비타민 및 각종 필수아미노산 등이 표시되어 있다.

2. 사양표준의 종류

지금까지 제정되어 있는 사양표준은 종류가 많고, 이들 사양표준은 제정한 사람의 이름을 사용하고 있는 경우가 많다. 지금까지 사용되었거나 또는 현재 사용되고 있는 세계의 주요 사양표준을 연대순으로 요약하면 다음과 같다.

1) Grouven 사양표준

사양표준의 시초는 1810년경 독일의 Thear가 건초의 영양가를 기준으로 한 건초가(hay value)를 각종 사료에 대해서 비교하는 기준으로 정한 것으로, 건초 100 kg이 가지는 영양소와 똑같은 가치를 나타낸다고 하였다. 그 후 Grouven은 1859년에 단백질・지방・탄수화물 등 사료의 조성분으로 급여량을 표시한 사양표준을 처음으로 제정하였으며, 이 Grouven 사양표준은 초기 사양표준의 시초로서 모든 사양표준의 토대가 되었다.

2) Wolff-Lehman 사양표준

사양표준의 형태를 갖춘 가장 최초의 것으로, 1864년에 독일의 Wolff에 의해서 총가소화 성분에 의한 사양표준이 제정되었고, 1896년에 Lehman이 이것을 개정하였다. 이 사양표준을 유럽에서는 1897년 Wolff-Lehman 사양표준이라고 칭하였으며, 건물량, 가소화 조단백질, 가소화 탄수화물 및 가소화 조지방과 영양률을 표시하고 있다.

Wolff-Lehman 사양표준은 사료배합에 있어서 실제 요구량보다 10~20% 정도 높게 나타나는 것으로 간주되고 있으며, 또한 사료배합을 위한 성분계산에 있어서도 매우 복잡한 결점을 지니고 있기 때문에 광범위하게 이용되지는 않았으나, 현재 사용되고 있는 사양표준의 시초라고 할 수 있다.

3) Kellner 사양표준

1907년에 독일의 Kellner는 건물량, 가소화 순단백질 및 전분가의 요구량을 표시한 사양표준을 제정하였다. 이 사양표준에는 이와 같은 양분 이외에도 가소화 조단백질, 가소화 조지방 및 가소화 가용무질소물 등의 요구량을 표시하고 있으며, 특히 정미에너지 단위를 사용한 최초의 사양표준이다. 이 사양표준은 각 동물의 비육과 역용에 대해서는 광범위하게 이용되었으나 비유동물에서는 그다지 이용되지 않았다.

Kellner가 사망한 후 그 제자인 Fingerling은 Kellner의 사양표준을 개정하였으며, 특히 돼지 등에 실험하여 사양표준을 제정하였고, 이것을 Nehring이 1956년에 통합하여 발표하였다. Kellner 사양표준에는 건물량, 가소화 조단백질(DCP) 및 전분가, TDN 또는 칼로리(calorie)의 단위로 표시되어 있다.

4) Haecher 및 기타 사양표준

미국에서는 1914년 이후 유우에 대해서 Haecher, Savage, Eckles, Forbes, Ellet, Brody 및 Gaines 등이 차례로 사양표준을 제정하였다. 이들은 모두 유우에 대해서 보다 정밀한 사양표준을 발표하였다. 즉, 산유량 뿐만 아니라 유질, 특히 유지율까지도 고려하여 사양표준을 제정하였고, 가소화 조단백질(DCP)을 적용하고 있다.

5) Hansson 사양표준

덴마크의 Fjord는 1887년에 대맥 1 kg과 연맥 2 kg을 혼합한 것을 1 사료단위로 표시하였다. 그 후 스웨덴의 Hansson은 Kellner의 사양표준을 개정하였으며, 당시 스칸디나비아 반도의 협의에 의해 대맥 1 kg을 1 사료단위로 정하고, 이 사료단위에 의해서 1915년에 사양표준을 제정하였다. 즉, Hansson은 건물량, 가소화 순단백질 및 사료단위를 기준으로 하는 사양표준을 발표하였다. 특히 이것은 유우용 사양표준으로서 스웨덴, 노르웨이, 덴마크 및 핀란드 등의 북구 유럽에서 상당히 광범위하게 이용되며, 현재에도 사용되고 있다.

덴마크의 MÖllgaard는 비육우의 경우 정미에너지의 칼로리로서 NFk 단위를 사용하여 830 NFk를 사료단위로 하여 1929년에 사양표준을 제정 발표하였다. 그러나 이 MÖllgaard의 사양표준은 그다지 보급되지는 못하였다.

6) Armsby 사양표준

미국의 Armsby는 가소화 순단백질과 정미에너지의 요구량을 나타낸 사양표준을 1917년에 제정하였다. 이 사양표준에 표시되어 있는 정미에너지가(價)는 다양한 종류의 사료에 대하여 나타내고 있으며, 전분가를 사용하지는 않았으나 Kellner(1907)의 사양표준과 비슷하다. 또한 동일한 사료에 대해서도 조건에 따라서는 차이가 있기 때문에 미국에서도 이 사양표준은 그다지 실용화되지는 못하였다.

7) Morrison 사양표준

미국은 Armsby 이후 다양한 사양표준이 제정되었다. 이 경우에도 Morrison 사양표준은 가장 우수한 것으로 알려졌기 때문에 장기간 광범위하게 이용되었다. 먼저 Morrison은 1936년에 Wolff-Lehman 사양표준을 개정해서 가소화 조단백질(DCP) 및 가소화영양소 총량(TDN)의 요구량을 표시하였으며, 또한 Kellner와 Armsby 사양표준의 가소화 순단백질(DTP)과 정미에너지(NE)를 가소화 조단백질과 가소화영양소 총량으로 표시한 사양표준을 제정하였다. 그 후 Morrison 사양표준은 다시 개정되어 가소화 조단백질 및 가소화영양소 총량에 추가로 Ca, P 및 카로틴 등의 요구량을 표시하였다. 또한 이 사양표준에는 각 동물에 대해서 동물의 체중과 생산물량을 고려하여 이들의 양분 요구량을 상세히 표시하였다.

8) Fraps 사양표준

미국의 Fraps는 정미에너지 개념에 의한 생산가와 가소화 조단백질에 의한 사양표준을 1944년에 제정하였으나 이용되지는 않았다. 그 후 가금에 대하여 생산에너지를 단위로 하는 사양표준이 미국에서 잠깐 사용되었으나 그다지 활용되지는 않았다.

9) ARC 사양표준

영국에서는 Wood 등에 의해서 농수산성 사양표준으로 1933년에 제정되었으며, 건물, 가소화 조단백질 및 전분가 등으로 동물의 요구량을 표시하였다. 그 후 Woodman과 Halnan에 의해서 개정되었고, 닭 등의 사양표준이 추가되었다. 더욱이 1960년에는 Evans에 의해서 사양표준이 제정되었으며, 또한 Bolton에 의해서 NRC 사양표준에 준하는 가금의 사양표준이 발표되었다. 그 후 농업연구위원회(Agricultural Research Council, ARC)에 동물영양기술위원회가 설립되어 사양표준의 개정 및 총괄적인 업무를 담당하면서 문헌과 자료 등에 의해서 가금, 반추동물 및 돼지에 대한 ARC 사양표준을 제정 · 발표하였다. 이 사양표준은 현재 영국에서 가장 권위 있는 사양표준이다.

특히 ARC 사양표준에는 반추동물(유우 · 육우 · 면양)의 경우 가소화 조단백질과 유효단백질 개념을 도입하여 반추위내 분해섭취 단백질(DIP)과 미분해섭취 단백질(UIP) 및 대사에너지(ME)의 단위를 사용하고 있으며, 돼지에는 조단백질을 이상단백질(ideal protein)의 요구량으로, 에너지는 가소화에너지(DE)의 단위를 사용하고 있다. 더욱이 반추동물과 돼지의 경우에는 비타민과 무기물 등의 요구량을 표시하였으며, 돼지에는 아미노산의 요구량을 표시하고 있다. 또한 닭에는 ME와 CP의 단위를 사용하고, 아미노산 · 비타민 · 무기물 등의 요구량도 표시되어 있다.

10) NRC 사양표준

미국 국가연구위원회(National Research Council, NRC)의 동물영양위원회는 1945년 이후 Morrison 사양표준을 기초로 폭넓은 문헌조사를 통하여 유우 · 육우 · 돼지 · 닭 · 물고기 · 개 및 실험동물에 이르기까지 모든 동물에 대한 사양표준을 제정하였다. 이것은 새로운 연구 성과에 의해서 수시로 개정 · 보완되어 왔으며, 앞으로도 계속적인 수정과 보완이 지속적으로 이루어질 것으로 간주되기 때문에 세계에서 가장 권위 있고 과학적인 사양표준이라 할 수 있다.

특히 유우에 대한 사양표준은 2001년(7차 개정)에 젖소가 요구하는 각종 영양소에 대하여 보다 세밀하게 보완되어 개성 발표되었으며, 육우(2000년 ; 7차 개정), 돼지(1998년 ; 10차 개정), 가금(1994년 ; 9차 개정), 면양(1985년 ; 6차 개정) 등에 대한 사양표준이 개정되었으며, 가금 · 면양 및 다른 축종에 대한 사양표준도 조만간에 개정 · 발표될 것으로 간주된다. 현재 NRC 사양표준은 미국, 캐나다 및 세계 각국에서 광범위하게 보급되어 사용되고 있으며, 우리나라에서도 모든 축종에 대하여 NRC 사양표준을 기준으로 많이 사용하고 있다. 초기에는 유우 · 육우 · 말 · 돼지 · 면양의 경우 건물량(또는 사료 전량), 가소화 조단백질(DCP) 또는 조단백질(CP), 가소화영양소 총량(TDN), Ca・P・카로틴・비타민 D 및 그 외의 비타민 요구량이 표시되어 있으나, 그 후의 개정에서는 유우・육우・말・면양에 대해서는 앞에서 언급한 양분 이외에도 DE・ME・NE(유우에는 NEm, NEg, NEi) 등의 요구량을 나타내고 있다.

한편, 유우의 단백질 요구량에 대해서는 2001년(7차 개정)에 조단백질(CP), 반추위 분해단백질(RDP)과 미분해단백질(RUP) 등으로 개정하였다. 또한 돼지에 대해서는 앞에서 언급한 양분 이외에도 DE, ME, 필수아미노산 및 미량무기물 등의 요구량을 나타내고 있다. 특히 닭・칠면조 등의 가금에 대해서는 조단백질, ME, 각종 비타민과 무기물 요구량 및 필수아미노산 요구량도 표시되어 있을 뿐만 아니라 다른 어떤 사양표준보다도 많은 동물을 다루고 있으며, 비교적 정확하고 세밀하게 요구량이 표시되어 있는 것이 특징이다.

11) 일본 사양표준

1973년 농림성에 사양표준연구회가 설치되어 지금까지 사용하고 있던 유우, 육돈, 육용우 및 broiler의 사양표준을 취합하여 새로운 일본 사양표준(Japanese Feeding Standard)을 발표하였다. 즉, 유우와 가금의 사양표준은 1974년, 돼지와 육용우의 사양표준은 1975년에 발표하였다. 그 후 이것을 다시 개정하여 1980년에 발표하였으며, 최근에 가금(1984년), 유우와 육우 및 돼지(1987) 등의 사양표준이 다시 개정・발표되었다. 이 사양표준은 가소화 조단백질, 가소화영양소 총량, Ca, P 및 카로틴 등과 축종에 따라 비타민, 무기물 및 아미노산 요구량도 표시되어 있다.

12) 한국 사양표준

축산이 발전한 세계 각국에서는 각각 자기 나라에서 사양하는 동물에 대해서 그 나라에 적합한 사양표준을 만들고, 이것을 응용하여 사료를 합리적으로 급여하고 있다. 한편, 우리나라에서는 지금까지 한국 실정에 알맞는 고유의 사양표준이 없어 주로 미국의 NRC 사양표준을 이용하여 왔다. 그러나 축산업이 크게 성장한 1960년대 후반부터는 우리나라에 알맞는 사양표준의 제정이 필요하게 되었으며, 축산업이 전업화 또는 기업화됨에 따라 사양표준의 필요성이 더욱더 절실하게 되었다.

따라서 한국사료정보센터(Korea Feed Information Center, KFIC)에서는 국내 대학들과 미국의 NRC와 협력하여 1985년에 한국을 기반으로 한 온대지역에 알맞은 "동물의 영양소 요구량 및 사양체계"를 제정・발표하였으며, 한우에 대한 "한국표준 가축사료급여기준"이 농촌진흥청에 의해 제정되었다(1994).

특히 농림부, 농촌진흥청, 축산연구소에서는 2002년 미국(NRC) 및 일본 사양표준을 토대로 우리나라 실정에 알맞게 젖소, 한우, 돼지 및 가금에 대한 사양표준을 제정·발표하였다. 우리나라 사양표준은 최근의 동물개량과 사육여건 등 변화된 여러 가지 환경을 감안하여 지금까지 나타난 문제점과 미비한 점을 국내·외 연구논문 결과를 참고로 보완하였다.

따라서 우리나라 사양표준은 지금까지 제정된 각종 사양표준을 세밀히 비교·분석하여 그 장점만을 우리나라의 실정에 맞도록 적절히 선택하였으며, 앞으로도 계속적인 연구결과의 축적으로 보다 우수한 우리나라의 사양표준이 보완·개정될 것이다.

우리나라 사양표준은 젖소·한우·돼지·가금 등 4편으로 구분되어 있으며, 각 동물에 대하여 주로 영양소의 중요성과 요구량, 성장 단계별 사양체계와 사료성분표로 구성되어 있다. 우리나라 사양표준의 주요 특징은 다음과 같다.

① 젖소: 영양소 요구량을 체중과 증체량 및 산유량을 기준으로 단백질 요구량은 조단백질(CP)로 표시하고, 에너지는 TDN과 NE(NEm, NEg, NEℓ) 등으로 표시하고 있다.

② 한우: 거세우·수소·암소·성빈우의 육성 또는 비육에 대한 영양소 요구량을 기준으로 단백질 요구량은 CP로, 에너지는 TDN, ME, DE 등으로 표시하고 있다.

③ 돼지: 에너지와 단백질 요구량은 사육단계별로 자돈·육성돈·비육돈·임신돈·포유돈·웅돈으로 구분하였으며, 단백질 요구량은 CP, 에너지 요구량은 ME와 DE 등으로 나타내고 있다.

④ 가금: 육용계와 산란계를 갈색종과 백색종으로 구분하였을 뿐만 아니라 육용종계에 대해서도 영양소 요구량을 설정하였으며, 단백질 요구량은 CP, 에너지 요구량은 ME로 나타내고 있다.

3. 주요 사양표준의 특성

세계 각국에서 활용되고 있는 사양표준은 그 나라의 지역적 특성과 사양환경에 따라 각각 독특한 특징을 가지고 있으며, 우리나라에서는 NRC 사양표준을 널리 이용하고 있다. 특히 사양표준을 활용할 경우 유의할 사항은 모든 사양표준에 나타난 영양소 요구량은 동일 동물에 대해서도 반드시 영양소 요구량은 같지 않다는 것과, 사양표준에 제시된 모든 영양소는 각 동물의 최소 요구량만을 설정하였기 때문에 실제 응용할 경우에는 얼마간의 여유를 두어 결정하는 것이 바람직하다.

일반적으로 중요시되고 있는 영양소는 주로 단백질과 에너지이다. 이들 영양소는 사양표준에 따라 그 표시방법이 다소 다르게 나타나는 특징이 있다. 따라서 세계 각국에서 널리 이용되고 있는 NRC 사양표준과 ARC 사양표준 및 우리나라와 여건이 비슷한 일본 사양표준과 우리나라 사양표준에서 표시하고 있는 단백질과 에너지의 표시방법을 비교하면 다음 표 10-1과 같다.

즉, 미국의 NRC 사양표준에서 유우는 단백질의 경우 다른 동물과 같이 CP의 단위를 사용하면서도 RDP와 RUP의 단위를 겸용하고 있다. 그러나 육우에 대해서는 ARC 사양표준과 같이 DIP와 UIP의 단위를 사용하고 있다. 또한 에너지의 경우에는 Armsby의 정미에너지에다 체유지, 성장 및 유생산 등을 가미한 NEm・NEg・NE$_{\ell}$ 단위를 사용하고 있는 것이 특징이다.

영국의 ARC 사양표준에서 반추동물의 경우 단백질은 다른 사양표준과는 달리 지금까지 사용하고 있던 DTP 또는 단백질 당량의 단위 대신에 DIP와 UIP의 단위를

표 10-1. 사양표준에 의한 단백질과 에너지 표시방법

구 분	NRC				ARC		
	유 우 2001	육 우 2000	돼 지 1998	닭 1994	반추동물 1980	돼 지 1981	닭 1975
단백질	CP RDP[1] RUP[2]	CP DIP[3] UIP[4]	CP	CP	DIP[3] UIP[4]	이상 단백질	CP
에너지	$NE_{m,g,\ell}$ (ME, DE, TDN)	$NE_{m,g}$	DE ME	ME	ME	DE	ME

구 분	한 국				일 본			
	젖 소 2002	한 우 2002	돼 지 2002	가 금 2002	유 우 1987	육 우 1987	돼 지 1987	닭 1984
단백질	CP	CP	CP	CP	DCP (CP)	DCP (CP)	DCP (CP)	CP
에너지	$NE_{m,g,\ell}$ (ME, DE, TDN)	$NE_{m,g}$ (ME, TDN)	DE (ME)	ME_n	TDN (DE)	TDN (DE)	DE (TDN)	ME (TDN)

[1] 반추위내 분해단백질(rumen degradable protein ; RDP).

[2] 반추위내 미분해단백질(rumen undegradable protein ; RUP).

[3] 반추위내 분해섭취 단백질(degraded intake protein ; DIP).

[4] 반추위내 미분해섭취 단백질(undegraded intake protein ; UIP).

사용하고 있다. 특히 돼지의 경우에는 필수아미노산의 요구량은 lysine 요구량을 기준(100)으로 하여 다른 아미노산들과의 일정한 비율이 유지되도록 하는 이상단백질 요구량으로 표시하고 있는 것이 특징이다.

일본 사양표준에서 닭의 경우 단백질을 CP의 단위로 사용하는 것을 제외하고는 모두 DCP의 단위를 사용하면서 CP를 겸용하여 사용하고 있다. 에너지의 경우에는 반추동물(유우 및 육우)에는 TDN의 단위를 주로 사용하며, 돼지에는 DE를, 닭에는 ME의 단위를 사용하고 있다.

한편, 우리나라 사양표준에서는 단백질의 경우 주로 CP의 단위를 사용하고 있다. 그리고 에너지의 경우 젖소는 NRC 사양표준에서와 같이 체유지와 성장 및 유생산 등의 특성에 따라 NEm · NEg · NE_ℓ 단위를 사용하고 있는 것이 특징이며, 돼지는 DE와 ME의 단위를 겸용하고 있으며, 닭의 경우에는 다른 사양표준에서와 같이 ME의 단위를 사용하고 있다.

4. 사양표준에 의한 사료급여

동물에게 사료를 급여하는 가장 큰 목적은 동물이 요구하는 영양소를 충분히 공급하여 건강을 유지하면서 생산능력을 최대한으로 발휘할 수 있게 하는 것이다. 특히 영양소를 충분히 급여하기 위해서는 한 가지의 단일사료만으로는 합리적으로 영양소를 공급할 수 없으므로 적어도 몇 종의 사료를 배합해서 급여하여야 한다.

더욱이 여러 종류의 사료를 배합하는 경우에는 이들 사료의 기호성에 관련되는 풍미 등도 고려할 필요가 있으나 동물에게 사료를 급여하는 목적이 영양소를 보충, 급여하는 것이 주목적이므로 합리적으로 영양소의 보충, 급여가 될 수 있도록 사료를 배합하는 것이 가장 중요한 문제이다.

이러한 조건들을 충족시키기 위해서는 사양표준에 의해서 사료를 배합하고 계산하는 것이 필요하다. 이렇게 함으로써 동물의 생산비 중에서 가장 큰 비중을 차지하고 있는 사료비의 가격을 고려하여 가능한 한 저렴하고도 품질이 우수한 사료를 배합할 수 있을 것이다.

1) 사양표준과 사료성분표

사양표준을 사용하여 사료를 배합할 경우에는 그 배합에 사용되는 각종 사료의 성분표를 이용하여야 한다. 일반적으로, 사료성분표에는 가소화 조단백질 또는 조단백질과 에너지 이외에 아미노산, 비타민 및 무기물 등의 함량이 나타나 있다. 또한 사양표준은 주로 영양소를 최소 요구량으로 표시하고 있기 때문에 사양표준의 수준보다는 다소 높게 하여 급여할 필요가 있으며, 특히 사료배합시에 손실될 가능성이 많은 비타민 등은 여분으로 급여할 필요가 있다.

일반적으로, 유우・육우・면양 등의 반추동물의 사양표준에는 사료의 풍건물 또는 건물량, 가소화 조단백질, 에너지 이외에 2～3종의 무기물과 1～2종의 비타민 요구량이 표시되어 있으나, 돼지와 가금 등의 단위동물의 사양표준에는 여러 종류의 비타민과 무기물 요구량이 표시되어 있다. 또한 모든 축종에 대한 이들 영양소 중에서 단백질과 에너지가 사료비의 약 80% 이상을 차지하고 있기 때문에 이 두 가지 영양소의 급여량을 우선적으로 계산할 필요가 있다.

2) 사료배합 계산의 요점

사료배합을 위하여 계산할 경우에는 각 동물이 요구하는 영양소 요구량을 사양표준에 의하여 구한다. 먼저 유지사료와 생산사료를 계산할 경우에는 이들 두 가지 사료를 사용하여 생산량에 의한 영양소 요구량을 계산한다. 그 다음에는 이들의 영양소 요구량에 적합하도록 사료배합을 계산하는데, 다음과 같은 순서와 방법으로 하는 것이 좋다.

(1) 소와 면양 등 조사료 위주의 반추동물

먼저 급여하는 사료의 전량을 조사료로 급여하여 DCP와 TDN을 계산한다. 이 경우 영양소 요구량을 계산한 후 조사료만으로도 가능한가를 확인하고, 만약 부족되면 농후사료로 보충하며, 보충된 농후사료의 양을 조사료 양에서 빼줌으로써 조사료와 농후사료의 급여량을 결정한다. 이와 같은 방법으로 DCP와 TDN 요구량이 충족되면 다음에는 Ca, P 등의 무기물과 비타민 등을 보충 급여하여 사료를 배합하는 것이 좋다.

(2) 가금과 돼지 등의 단위동물

일반적으로 농후사료를 위주로 하기 때문에 먼저 이들 농후사료를 사용하여 대략적으로 배합한다. 이들 농후사료에 의해서 보충 급여되는 각종 비타민과 무기물량을 구하고, 이것을 사양표준의 요구량과 비교하여 부족되면 비타민 사료첨가제 및 무기물 사료첨가제 등을 배합하여 보충 급여하는 것이 좋다.

(3) 여러 종류의 단미사료를 배합계산 할 경우

계산식에 의해서 여러 종류의 사료를 가지고 배합계산을 할 경우에는 매우 복잡하다. 따라서 먼저 단백질 기초사료와 에너지 기초사료를 각각 2~3종류씩 배합하며, 이 두 가지 사료의 배합비율은 다음과 같은 계산식에 의해서 구한다.

동물의 DCP 요구량 : P, 단백질 기초사료의 DCP(또는 CP) 양 : a%, TDN 양 : b%
동물의 TDN 요구량 : T, 에너지 기초사료의 DCP(또는 CP) 양 : c%, TDN 양 : d%

단백질 기초사료의 배합량 : X kg, 에너지 기초사료의 배합량 : Y kg이라고 하면,

$$P = a \times X + c \times Y$$
$$T = b \times X + d \times Y$$가 된다.

이 방정식에 의해 X와 Y를 구하면 이들 기초사료의 배합량은 결정된다. 이와 같은 방법으로 각 기초사료 중의 단미사료의 배합량도 구할 수 있다. 따라서 이와 같이 배합함으로써 DCP와 TDN 이외의 무기물 및 비타민의 보충 급여량과 동물의 요구량과의 차이에 의해서 이들 무기물과 비타민의 배합량을 계산할 수 있다.

(4) 가금 등의 사료배합

먼저 경험에 의해 몇 종류의 단미사료를 배합 계산하여 CP, TDN 또는 ME의 요구량을 확인한 후 단미사료를 배합한다. 다음에는 이 배합에 의해서 무기물, 비타민 또는 lysine과 methionine 등의 보충 급여량을 계산하고, 각 성분에 의해 요구량에 대한 부족량을 계산하여 각종 사료첨가제의 배합량을 결정한다.

(5) 선형계획법에 의한 사료의 배합계산

최근에는 사료의 배합계산을 신속하고도 합리적으로 수행함과 동시에 가장 저렴한 가격으로 가장 우수한 사료를 배합하기 위해서 컴퓨터를 사용하고 있다. 많은 단미사료의 조단백질, 에너지, 각종 무기물 및 비타민 등의 모든 성분에 대한 동물의 요구량과 사료가격 등을 고려하여 계산하는 방법이 광범위하게 응용되고 있다. 즉, 컴퓨터를 활용함으로써 이와 같이 복잡한 계산을 간단하게 할 수 있다.

선형계획법(線型計劃法, linear programming ; LP)을 이용하여 컴퓨터로 사료배합률을 작성해 내는 방법은 배합사료 제조분야에 획기적인 발전을 주게 되었으며, 이러한 방법에 의해 사료배합률을 작성하는 것을 최저가격 사료배합률(least cost formulation, LCF)이라고도 한다. 따라서 LCF에 의해 생산된 사료로 동물을 사육할 경우 가장 경제적인 축산물을 생산 할 수 있으므로 사료배합률 계산에 있어서 컴퓨터

의 도입은 필수적이라 할 수 있다.

일반적으로 컴퓨터를 이용하지 않고 배합률을 작성할 경우 배합률 작성 담당자의 숙련된 경험과 많은 시간이 소비되는 어려움이 있으나, LP법에 의해서 계산할 경우에는 각 단미사료의 영양소 함량과 재고량, 각 배합사료의 영양소 요구량 및 특정 단미사료 배합비율의 제한 등에 관한 모든 항목을 컴퓨터에 입력시킨 후, 이 모델에 의해 컴퓨터는 자동적으로 사료배합률을 계산해 주게 된다.

표 10-2. 비유 단계별 영양소 요구량(유우 ; NRC, 2001)

1. 비유 초기와 비유 중기의 영양소 요구량(경산우, 체중 680 kg, TDN 78%)

Milk (kg)	Fat (%)	True protein (%)	DMI (kg)	LW change (kg)	NEL (Mcal)	RDP (g)	RUP (g)	RDP (%)	RUP (%)	CP (%)
비유 초기										
20	3.0	3.0	12.0	−0.2	23.6	1,360	670	11.3	5.6	16.9
20	3.0	3.5	12.0	−0.3	24.2	1,360	850	11.3	7.1	18.4
20	3.5	3.0	12.4	−0.2	24.5	1,400	660	11.3	5.3	16.6
20	3.5	3.5	12.4	−0.4	25.1	1,400	840	11.3	6.8	18.1
20	4.0	3.0	12.7	−0.3	25.4	1,440	650	11.3	5.1	16.5
20	4.0	3.5	12.7	−0.4	26.0	1,440	820	11.3	6.5	17.8
30	3.0	3.0	14.0	−0.8	30.1	1,570	1,130	11.2	8.1	19.3
30	3.0	3.5	14.0	−1.0	30.9	1,570	1,390	11.2	9.9	21.1
30	3.5	3.0	14.5	−0.9	31.4	1,620	1,110	11.2	7.7	18.8
30	3.5	3.5	14.5	−1.1	32.3	1,620	1,370	11.2	9.4	20.6
30	4.0	3.0	15.1	−1.0	32.8	1,670	1,090	11.1	7.2	18.3
30	4.0	3.5	15.1	−1.2	33.7	1,670	1,350	11.1	8.9	20.0
40	30	3.0	16.0	−1.5	36.5	1,760	1,580	11.0	9.9	20.9
40	3.0	3.5	16.0	−1.7	37.7	1,760	1,930	11.0	12.1	23.1
40	3.5	3.0	16.7	−1.6	38.4	1,830	1,560	11.0	9.3	20.3
40	3.5	3.5	16.7	−1.9	39.6	1,830	1,910	11.0	11.4	22.4
40	4.0	3.0	17.4	−1.8	40.2	1,900	1,540	10.9	8.9	19.8
40	4.0	3.5	17.4	−2.0	41.4	1,900	1,890	10.9	10.9	21.8
비유 중기										
35	3.0	2.5	22.7	1.3	32.2	2,370	820	10.4	3.6	14.1
35	3.0	3.0	22.7	1.1	33.2	2,370	1,130	10.4	5.0	15.4
35	3.0	3.5	22.7	0.9	34.2	2,370	1,430	10.4	6.3	16.7
35	3.5	2.5	23.6	1.2	33.8	2,450	800	10.4	3.4	13.8
35	3.5	3.0	23.6	1.0	34.8	2,450	1,110	10.4	4.7	15.1
35	3.5	3.5	23.6	0.8	35.9	2,450	1,410	10.4	6.0	16.4
35	4.0	2.5	24.5	1.1	35.4	2,520	780	10.3	3.2	13.5
35	4.0	3.0	24.5	0.9	36.5	2,520	1,090	10.3	4.4	14.7
35	4.0	3.5	24.5	0.7	37.5	2,520	1,390	10.3	5.7	16.0
45	3.0	2.5	25.7	0.8	38.3	2,620	1,190	10.2	4.6	14.8
45	3.0	3.0	25.7	0.5	39.7	2,620	1,580	10.2	6.1	16.3
45	3.0	3.5	25.7	0.3	41.0	2,620	1,970	10.2	7.7	17.9
45	3.5	2.5	26.9	0.7	40.4	2,710	1,170	10.1	4.3	14.4
45	3.5	3.0	26.9	0.4	41.8	2,710	1,560	10.1	5.8	15.9
45	3.5	3.5	26.9	0.2	43.1	2,710	1,950	10.1	7.2	17.3
45	4.0	2.5	28.1	0.5	42.5	2,800	1,150	10.0	4.1	14.1
45	4.0	3.0	28.1	0.3	43.8	2,800	1,540	10.0	5.5	15.4
45	4.0	3.5	28.1	0	45.2	2,800	1,930	10.0	6.9	16.8

2. 초산우의 영양소 요구량(기초사료 : CP 17.4%, TDN 71%, NDF 23.7%, NEL 1.75 Mcal)

	Holstein, 680kg, 유지방 3.5%, 유단백 3.0%, 유당 4.8%				Jersey, 454kg, 유지방 4.2%, 유단백 3.6%, 유당 4.8%	
	기초 사료	기초사료 + 20% 증가	기초 사료	기초사료 + 20% 증가	기초 사료	기초사료 + 20% 증가
유량(kg)	25	25	35	35	25	25
건물섭취량(kg)	13.5	16.1	15.6	18.8	11.9	14.3
에너지(NE_L, Mcal/kg)	2.06	1.73	2.23	1.85	2.33	1.93
단백질(%)						
RDP[1]	10.5	10.5	10.5	10.3	10.5	10.3
RUP[2]	7.0	5.4	9.0	5.6	10.6	8.4
1 + 2(CP)	17.5	15.9	19.5	15.9	21.1	18.7
섬유소와 탄수화물 (%)						
NDF(%)	25～33	25～33	25～33	25～33	25～33	25～33
ADF(%)	17～21	17～21	17～21	17～21	17～21	17～21
NFC(%)	36～44	36～44	36～44	36～44	36～44	36～44
광물질(%)						
Ca	0.74	0.65	0.79	0.68	0.80	0.70
P	0.38	0.34	0.42	0.37	0.40	0.36
Mg	0.27	0.23	0.29	0.24	0.27	0.22
Cl	0.36	0.30	0.40	0.33	0.36	0.30
K	1.19	1.11	1.24	1.14	1.19	1.10
Na	0.34	0.29	0.34	0.28	0.31	0.26
S	0.2	0.2	0.2	0.2	0.2	0.2
Co(mg/kg)	0.11	0.11	0.11	0.11	0.11	0.11
Cu(mg/kg)	16	13	16	13	15	12
I(mg/kg)	0.88	0.74	0.77	0.64	0.67	0.56
Fe(mg/kg)	19	16	22	19	21	17
Mn(mg/kg)	21	17	21	17	19	15
Se(mg/kg)	0.3	0.3	0.3	0.3	0.3	0.3
Zn(mg/kg)	65	54	73	60	67	56
비타민						
A(IU/kg)	5,540	4,646	4.795	3,978	4,193	3,490
D(IU/kg)	1,511	1,267	1,308	1,085	1,143	951
E(IU/kg)	40	34	35	29	31	25

3. 육성기 미경산우의 영양소 요구량(도달 체중 680 kg)

	6개월령 (200 kg)	12개월령 (300 kg)	18개월령 (450 kg)
건물섭취량(kg)	5.2	7.1	11.3
에너지(NE_L, Mcal/kg)	2.04	2.28	1.79
TDN(%)	61	62	56
단백질(%)			
RDP[1]	9.3	9.4	8.6
RUP[2]	3.4	2.9	0.8
1 + 2(CP)	12.7	12.3	9.4
섬유소와 탄수화물(%)			
NDF(%)	30～33	30～33	30～33
ADF(%)	20～21	20～21	20～21
NFC(%)	34～38	34～38	34～38
광물질(%)			
Ca	0.41	0.41	0.37
P	0.28	0.23	0.18
Mg	0.11	0.11	0.08
Cl	0.11	0.12	0.10
K	0.47	0.48	0.46
Na	0.08	0.08	0.07
S	0.2	0.2	0.2
Co(mg/kg)	0.11	0.11	0.11
Cu(mg/kg)	10	10	9
I(mg/kg)	0.27	0.30	0.30
Fe(mg/kg)	43	31	13
Mn(mg/kg)	22	20	14
Se(mg/kg)	0.3	0.3	0.3
Zn(mg/kg)	32	27	18
비타민			
A(IU/kg)	3.076	3,380	3,185
D(IU/kg)	1,154	1,268	1,195
E(IU/kg)	31	34	32

4. 비육우와 임신우의 영양소 요구량

Live weight (kg)	Energy				Total crude protein (g)	Minerals		Vitamins	
	NEL (Mcal)	ME (Mcal)	DE (Mcal)	TDN (kg)		Ca (g)	P (g)	A (1,000	D I.U)
			Maintenance of Mature Lactating Cows[a]						
400	7.16	12.01	13.80	3.13	318	16	11	30	12
450	7.82	13.12	15.08	3.42	341	18	13	34	14
500	8.46	14.20	16.32	3.70	364	20	14	38	15
550	9.09	15.25	17.53	3.97	386	22	16	42	17
600	9.70	16.28	18.71	4.24	406	24	17	46	18
650	10.30	17.29	19.86	4.51	428	26	19	49	20
700	10.89	18.28	21.00	4.76	449	28	20	53	21
750	11.47	19.25	22.12	5.02	468	30	21	57	23
800	12.03	20.20	23.21	5.26	486	32	23	61	24
			Mintenance Plus Last 2 Months of Gestation of Mature Dry Cows[b]						
400	9.30	15.26	18.23	4.15	875	26	16	30	12
450	10.16	16.66	19.91	4.53	928	30	18	34	14
500	11.00	18.04	21.55	4.90	978	33	20	38	15
550	11.81	19.37	23.14	5.27	1,027	36	22	42	17
600	12.61	20.68	24.71	5.62	1,074	39	24	46	18
650	13.39	21.96	26.23	5.97	1,120	43	26	49	20
700	14.15	23.21	27.73	6.31	1,165	46	28	53	21
750	14.90	24.44	29.21	6.65	1,209	49	30	57	23
800	15.64	25.66	30.65	6.98	1,254	53	32	61	24
			Milk Production-Nutrients/kg of Milk of Different Fat Percentages						
(Fat %)									
3.0	0.64	1.07	1.23	0.280	78	2.73	1.68	-	-
3.5	0.69	1.15	1.33	0.301	84	2.97	1.83	-	-
4.0	0.74	1.24	1.42	0.322	90	3.21	1.98	-	-
4.5	0.78	1.32	1.51	0.343	96	3.45	2.13	-	-
5.0	0.83	1.40	1.61	0.364	101	3.69	2.28	-	-
5.5	0.88	1.48	1.70	0.385	107	3.93	2.43	-	-
			Live Weight Change During Lactation-Nutrients/kg of Weight Change[c]						
Weight loss	-4.92	-8.25	-9.55	-2.17	-320	-	-	-	-
Weight gain	5.12	8.55	9.96	2.26	320	-	-	-	-

표 10-3. 성장 단계별 영양소 요구량(육우 ; NRC, 2000)

1. 육우의 육성 및 비육시의 영양소 요구량(marbling wt. 533 kg)

체중, kg	200	250	300	350	400	450
유지 요구량						
NEm, Mcal/d	4.1	4.84	5.55	6.23	6.89	7.52
MP, g/d	202	239	274	307	340	371
Ca, g/d	6	8	9	11	12	14
P, g/d	5	6	7	8	10	11
성장 요구량						
	증체를 위한 NEg 요구량, Mcal/d					
0.5, kg/d	1.27	1.50	1.72	1.93	2.14	2.33
1.0, kg/d	2.72	3.21	3.68	4.13	4.57	4.99
1.5, kg/d	4.24	5.01	5.74	6.45	7.13	7.79
2.0, kg/d	5.81	6.87	7.88	8.84	9.77	10.68
2.5, kg/d	7.42	8.78	10.06	11.29	12.48	13.64
	증체를 위한 MP 요구량, g/d					
0.5, kg/d	154	155	158	157	145	133
1.0, kg/d	299	300	303	298	272	246
1.5, kg/d	441	440	442	432	391	352
2.0, kg/d	580	577	577	561	505	451
2.5, kg/d	718	712	710	687	616	547
	증체를 위한 Ca 요구량, g/d					
0.5, kg/d	14	13	12	11	10	9
1.0, kg/d	27	25	23	21	19	17
1.5, kg/d	39	36	33	30	27	25
2.0, kg/d	52	47	43	39	35	32
2.5, kg/d	64	59	53	48	43	38
	증체를 위한 P 요구량, g/d					
0.5, kg/d	6	5	5	4	4	4
1.0, kg/d	11	10	9	8	8	7
1.5, kg/d	16	15	13	12	11	10
2.0, kg/d	21	19	18	16	14	13
2.5, kg/d	26	24	22	19	17	15

2. 미거세우의 영양소 요구량(maturity wt. 890 kg)

체중, kg	300	400	500	600	700	800
유지 요구량						
NEm, Mcal/d	6.38	7.92	9.36	10.73	12.05	13.32
MP, g/d	274	340	402	461	517	572
Ca, g/d	9	12	15	19	22	25
P, g/d	7	10	12	14	17	19
성장 요구량						
			증체를 위한 NEg 요구량, Mcal/d			
0.5, kg/d	1.72	2.13	2.52	2.89	3.25	3.59
1.0, kg/d	3.68	4.56	5.39	6.18	6.94	7.67
1.5, kg/d	5.74	7.12	8.42	9.65	10.83	11.97
2.0, kg/d	7.87	9.76	11.54	13.23	14.85	16.41
2.5, kg/d	10.05	12.47	14.74	16.90	18.97	20.97
			증체를 위한 MP 요구량, g/d			
0.5, kg/d	158	145	122	100	78	58
1.0, kg/d	303	272	222	175	130	86
1.5, kg/d	442	392	314	241	170	102
2.0, kg/d	577	506	400	299	202	109
2.5, kg/d	710	617	481	352	228	109
			증체를 위한 Ca 요구량, g/d			
0.5, kg/d	12	10	9	7	6	4
1.0, kg/d	23	19	16	12	9	6
1.5, kg/d	33	27	22	17	12	7
2.0, kg/d	43	35	28	21	14	8
2.5, kg/d	53	43	34	25	16	8
			증체를 위한 P 요구량, g/d			
0.5, kg/d	5	4	3	3	2	2
1.0, kg/d	9	8	6	5	4	2
1.5, kg/d	13	11	9	7	5	3
2.0, kg/d	18	14	11	8	6	3
2.5, kg/d	22	17	14	10	6	3

3. 임신우의 영양소 요구량

	임신 개월								
	1	2	3	4	5	6	7	8	9
NEm, Mcal/d									
유 지	5.98	6.14	6.30	6.46	6.61	6.77	6.92	7.07	7.23
성 장	2.29	2.36	2.42	2.48	2.54	2.59	2.65	2.71	2.77
임 신	0.03	0.07	0.16	0.32	0.64	1.18	2.08	3.44	5.37
합 계	8.31	8.57	8.87	9.26	9.79	10.55	11.65	13.23	15.37
MP, g/d									
유 지	295	303	311	319	326	334	342	349	357
성 장	118	119	119	119	119	117	115	113	110
임 신	2	4	7	18	27	50	88	151	251
합 계	415	425	437	457	472	501	545	613	718
광물질									
Ca, g/d									
유 지	10	11	11	11	12	12	12	13	13
성 장	9	9	9	8	8	8	8	8	8
임 신	0	0	0	0	0	0	12	12	12
합 계	19	19	20	20	20	20	33	33	33
P, g/d									
유 지	8	8	8	9	9	9	10	10	10
성 장	4	4	3	3	3	3	3	3	3
임 신	0	0	0	0	0	0	7	7	7
합 계	12	12	12	12	12	13	20	20	20
증체량, kg/d									
성 장	0.39	0.39	0.39	0.39	0.39	0.39	0.39	0.39	0.39
임 신	0.03	0.05	0.08	0.12	0.19	0.28	0.40	0.57	0.77
합 계	0.42	0.44	0.47	0.51	0.58	0.67	0.79	0.96	1.16

표 10-4. 성장 단계별 영양소 요구량 (한우 ; 한국사양표준, 2002)

1-1. 거세우 육성, 비육시 영양소 요구량

체중 BW (kg)	일당 증체량 DG (kg)	건물 DMI (kg)	조단백질 CP (%)	가소화 영양소 총량 TDN (%)	대사 에너지 ME (Mcal)	가소화 에너지 DE (Mcal)	대사 단백질 MP (g)	칼슘 Ca (g)	인 P (g)	비타민 A Vit. A (1,000 I.U)	비타민 D Vit. D (1,000 I.U)
150	0.6	3.3	13.9	70	8.37	10.21	373	21	10	6.4	0.9
	0.8	3.6	14.9	72	9.28	11.31	441	26	12	6.4	0.9
	1.0	3.8	16.0	74	10.14	12.36	511	31	14	6.4	0.9
	1.2	4.0	16.8	75	10.96	13.36	581	36	15	6.4	0.9
200	0.6	4.1	12.2	70	10.39	12.67	396	21	11	8.5	1.2
	0.8	4.4	12.9	72	11.51	14.04	457	26	13	8.5	1.2
	1.0	4.7	13.6	74	12.58	15.34	520	31	15	8.5	1.2
	1.2	5.0	14.1	75	13.59	16.58	583	36	16	8.5	1.2
250	0.6	4.9	12.0	70	12.28	14.98	416	21	13	10.6	1.5
	0.8	5.2	12.0	72	13.61	16.59	427	26	14	10.6	1.5
	1.0	5.6	12.0	74	14.87	18.13	472	31	16	10.6	1.5
	1.2	5.9	12.3	75	16.07	19.60	517	35	17	10.6	1.5
300	0.6	5.6	12.0	70	14.08	17.17	406	22	14	12.7	1.8
	0.8	6.0	12.0	72	15.60	19.03	442	26	15	12.7	1.8
	1.0	6.4	12.0	74	17.05	20.79	482	30	17	12.7	1.8
	1.2	6.8	12.0	75	18.43	22.47	521	35	18	12.7	1.8
350	0.6	6.2	12.0	70	15.81	19.28	427	22	15	14.8	2.1
	0.8	6.7	12.0	72	17.51	21.36	457	26	17	14.8	2.1
	1.0	7.2	12.0	74	19.14	23.34	491	30	18	14.8	2.1
	1.2	7.6	12.0	75	20.68	25.22	524	34	19	14.8	2.1
400	0.6	6.9	12.0	70	17.47	21.31	472	23	17	17.0	2.4
	0.8	7.4	12.0	72	19.36	23.61	504	26	18	17.0	2.4
	1.0	7.9	12.0	74	21.15	25.80	541	30	19	17.0	2.4
	1.2	8.4	12.0	75	22.86	27.88	577	34	20	17.0	2.4

1-2. 거세우 육성, 비육시 영양소 요구량

체중 BW (kg)	일당 증체량 DG (kg)	건물 DMI (kg)	조단백질 CP (%)	가소화 영양소 총량 TDN (%)	대사 에너지 ME (Mcal)	가소화 에너지 DE (Mcal)	대사 단백질 MP (g)	칼슘 Ca (g)	인 P (g)	비타민 A Vit. A (1,000 I.U)	비타민 D Vit. D (1,000 I.U)
450	0.6	7.5	12.0	70	19.08	23.27	488	23	18	19.1	2.7
	0.8	8.1	12.0	72	21.15	25.79	514	27	19	19.1	2.7
	1.0	8.6	12.0	74	23.11	28.18	543	30	20	19.1	2.7
	1.2	9.2	12.0	75	24.97	30.46	573	33	21	19.1	2.7
500	0.6	8.2	12.0	70	20.65	25.19	504	24	19	21.2	3.0
	0.8	8.8	12.0	72	22.88	27.19	523	27	20	21.1	3.0
	1.0	9.3	12.0	74	25.01	30.50	546	29	21	21.2	3.0
	1.2	10.0	12.0	75	27.03	32.96	569	32	22	21.2	3.0
550	0.4	8.0	12.0	68	19.66	23.98	514	22	20	23.3	3.3
	0.6	8.8	12.0	70	22.18	27.05	519	24	21	23.3	3.3
	0.8	9.4	12.0	72	24.58	29.98	531	27	21	23.3	3.3
	1.0	10.0	12.0	74	26.86	32.75	547	29	22	23.3	3.3
600	0.4	8.5	12.0	68	20.99	25.59	536	23	21	25.4	3.6
	0.6	9.4	12.0	70	23.68	28.88	534	25	22	25.4	3.6
	0.8	10.1	12.0	72	26.24	32.00	538	27	22	25.4	3.6
	1.0	10.7	12.0	74	28.67	34.96	548	29	23	25.4	3.6
650	0.4	9.1	12.0	68	22.29	27.18	558	24	23	27.6	3.9
	0.6	9.9	12.0	70	25.15	30.66	548	25	23	27.6	3.9
	0.8	10.7	12.0	72	27.86	33.98	546	27	24	27.6	3.9
	1.0	11.4	12.0	74	30.44	37.13	549	29	24	27.6	3.9
700	0.4	9.6	12.0	68	23.56	28.73	579	24	24	29.7	4.2
	0.6	10.5	12.0	70	26.58	32.42	561	26	24	29.7	4.2
	0.8	11.3	12.0	72	29.45	35.92	552	27	25	29.7	4.2

2. 암소 육성시 영양소 요구량

체중 BW (kg)	일당 증체량 DG (kg)	건물 DMI (kg)	조단백질 CP (%)	가소화 영양소 총량 TDN (%)	대사 에너지 ME (Mcal)	가소화 에너지 DE (Mcal)	대사 단백질 MP (g)	칼 슘 Ca (g)	인 P (g)	비타민 A Vit. A (1,000 I.U)	비타민 D Vit. D (1,000 I.U)
150	0.4	3.8	12.0	58	7.89	9.62	252	15	8	6.4	0.9
	0.6	4.0	12.0	62	9.05	11.04	305	20	10	6.4	0.9
	0.8	4.2	12.2	66	10.09	12.30	361	25	11	6.4	0.9
	1.0	4.4	13.9	69	11.01	13.43	417	30	13	6.4	0.9
	1.2	4.5	15.5	73	11.85	14.45	476	35	15	6.4	0.9
200	0.4	4.7	12.0	58	9.79	11.94	276	15	10	8.5	1.2
	0.6	5.0	12.0	62	11.23	13.70	322	20	11	8.5	1.2
	0.8	5.2	12.0	66	12.52	15.26	371	25	13	8.5	1.2
	1.0	5.5	12.0	69	13.67	16.67	421	29	14	8.5	1.2
	1.2	5.6	12.9	73	14.71	17.93	474	34	16	8.5	1.2
250	0.2	4.9	12.0	55	9.65	11.77	269	12	10	10.6	1.5
	0.4	5.5	12.0	58	11.57	14.11	298	16	11	10.6	1.5
	0.6	5.9	12.0	62	13.28	16.19	337	20	12	10.6	1.5
	0.8	6.2	12.0	66	14.80	18.04	380	24	14	10.6	1.5
300	0.2	5.6	12.0	55	11.06	13.49	307	13	11	12.7	1.8
	0.4	6.3	12.0	58	13.27	16.18	318	17	12	12.7	1.8
	0.6	6.8	12.0	62	15.22	18.56	350	20	13	12.7	1.8
	0.8	7.1	12.0	66	16.96	20.69	387	24	15	12.7	1.8
350	0.2	6.2	12.0	55	12.42	15.14	326	14	13	14.8	2.1
	0.4	7.1	12.0	58	14.90	18.17	338	17	14	14.8	2.1
	0.6	7.6	12.0	62	17.09	20.84	363	21	15	14.8	2.1
	0.8	8.0	12.0	66	19.04	23.22	393	24	16	14.8	2.1
400	0.2	6.9	12.0	55	13.73	16.74	354	15	14	17.0	2.4
	0.4	7.9	12.0	58	16.47	20.08	357	18	15	17.0	2.4
	0.6	8.4	12.0	62	18.89	23.04	374	21	16	17.0	2.4
450	0.2	7.5	12.0	55	14.99	18.29	380	16	16	19.1	2.7
	0.4	8.6	12.0	58	17.99	21.93	375	19	16	19.1	2.7
	0.6	9.2	12.0	62	20.63	25.16	385	21	17	19.1	2.7

3. 성빈우 유지에 필요한 영양소 요구량

체중 BW (kg)	건물 DMI (kg)	조단백질 CP (%)	가소화영양소총량 TDN (%)	대사에너지 ME (Mcal)	가소화에너지 DE (Mcal)	대사단백질 MP (g)	칼슘 Ca (g)	인 P (g)	비타민 A Vit. A (1,000 I.U)	비타민 D Vit. D (1,000 I.U)
350	6.1	12.0	50.0	10.99	13.40	562	11	12	14.84	2.1
400	6.7	12.0	50.0	12.15	14.81	569	12	13	16.96	2.4
450	7.3	12.0	50.0	13.27	16.18	576	14	15	19.08	2.7
500	7.9	12.0	50.0	14.36	17.51	582	15	16	21.20	3.0
550	8.5	12.0	50.0	15.42	18.81	587	17	18	23.32	3.3
600	9.1	12.0	50.0	16.46	20.08	593	18	20	25.44	3.6

4. 임신 말기 2개월 간에 유지에 더해 주어야 할 영양소 공급량

대사에너지 ME, Mcal	가소화에너지 DE, Mcal	가소화영양소총량 TDN, kg	조단백질 CP, g	칼슘 Ca, g	인 P, g
2.71	3.30	0.75	166	13.7	4.5

5. 포유 중 유지에 더해 주어야 할 영양소 요구량(영양소/우유 1 kg)

대사에너지 ME, Mcal	가소화에너지 DE, Mcal	가소화영양소총량 TDN, kg	조단백질 CP, g	칼슘 Ca, g	인 P, g
1.31	1.59	0.36	66	2.5	1.0

표 10-5. 성장 단계별 영양소 요구량 (돼지 ; NRC, 1998)

1. 자유채식시 육성돈의 영양소 요구량

	Body Weight(kg)					
	3~5	5~10	10~20	20~50	50~80	80~20
Average weight in range(kg)	4	7.5	15	35	65	100
DE content of diet(kcal/kg)	3,400	3,400	3,400	3,400	3,400	3,400
ME content of diet(kcal/kg)[b]	3,265	3,265	3,265	3,265	3,265	3,265
Estimated DE intake(kcal/day)	855	1,690	3,400	6,305	8,760	10,450
Estimated ME intake(kcal/day)[b]	820	1,620	3,265	6,050	8,410	10,030
Estimated feed intake(g/day)	250	500	1,000	1,855	2,575	3,075
Crude protein(%)[c]	26.0	23.7	20.9	18.0	15.5	13.2
			Amino acid requirements[d]			
			True ileal digestible basis(%)			
Arginine	0.54	0.49	0.42	0.33	0.24	0.16
Histidine	0.43	0.68	0.32	0.26	0.21	0.16
Isoleucine	0.73	0.65	0.55	0.45	0.37	0.29
Leucine	1.35	1.20	1.02	0.83	0.67	0.51
Lysine	1.34	1.19	1.01	0.83	0.66	0.52
Methionine	0.36	0.32	0.27	0.22	0.18	0.14
Methionine + cystine	0.76	0.68	0.58	0.47	0.39	0.31
Phenylalanine	0.80	0.71	0.61	0.49	0.40	0.31
Phenylalanine + tyrosine	1.26	1.12	0.95	0.78	0.63	0.49
Threonine	0.84	0.74	0.63	0.52	0.43	0.34
Tryptophan	0.24	0.22	0.18	0.15	0.12	0.10
Valine	0.91	0.81	0.69	0.56	0.45	0.35
			Apparent ileal digestible basis(%)			
Arginine	0.51	0.46	0.39	0.31	0.22	0.14
Histidine	0.40	0.36	0.31	0.25	0.20	0.16
Isoleucine	0.69	0.61	0.52	0.42	0.34	0.26
Leucine	1.29	1.15	0.98	0.80	0.64	0.50
Lysine	1.26	1.11	0.94	0.77	0.61	0.47
Methionine	0.34	0.30	0.26	0.21	0.17	0.13
Methionine + cystine	0.71	0.63	0.53	0.44	0.36	0.29
Phenylalanine	0.75	0.66	0.56	0.46	0.37	0.28
Phenylalanine + tyrosine	1.18	1.05	0.89	0.72	0.58	0.45
Threonine	0.75	0.66	0.56	0.46	0.37	0.30
Tryptophan	0.22	0.19	0.16	0.13	0.10	0.08
Valine	0.84	0.74	0.63	0.51	0.41	0.32
			Total basis(%)[e]			
Arginine	0.59	0.54	0.46	0.37	0.27	0.19
Histidine	0.48	0.43	0.36	0.30	0.24	0.19
Isoleucine	0.83	0.73	0.63	0.51	0.42	0.33
Leucine	1.50	1.32	1.12	0.90	0.71	0.54
Lysine	1.50	1.35	1.15	0.95	0.75	0.60
Methionine	0.40	0.35	0.30	0.25	0.20	0.16
Methionine + cystine	0.86	0.76	0.65	0.54	0.44	0.35
Phenylalanine	0.90	0.80	0.68	0.55	0.44	0.34
Phenylalanine + tyrosine	1.41	1.25	1.06	0.87	0.70	0.55
Threonine	0.98	0.86	0.74	0.61	0.51	0.41
Tryptophan	0.27	0.24	0.21	0.17	0.14	0.11
Valine	1.04	0.92	0.79	0.64	0.52	0.40

2. 자유채식시 거세 수퇘지와 미경산돈의 영양소 요구량

Body weight range : Lean gain (g/day) Gender	50~80 kg Body Weight						80~120 kg Body Weight					
	300 Barrow	300 Gilt	325 Barrow	325 Gilt	350 Barrow	350 Gilt	300 Barrow	300 Gilt	325 Barrow	325 Gilt	350 Barrow	350 Gilt
Average weight in range(kg)	65	65	65	65	65	65	100	100	100	100	100	100
DE content of diet(kcal/kg)	3,400	3,400	3,400	3,400	3,400	3,400	3,400	3,400	3,400	3,400	3,400	3,400
ME content of diet(kcal/kg)[b]	3,265	3,265	3,265	3,265	3,265	3,265	3,265	3,265	3,265	3,265	3,265	3,265
Estimated DE intake(kcal/day)	9,360	8,165	9,360	8,165	9,360	8,165	11,150	9,750	11,150	9,750	11,150	9,750
Estimated ME intake(kcal/day)[b]	8,985	7,840	8,985	7,840	8,985	7,840	10,705	9,360	10,705	9,360	10,705	9,360
Estimated feed intake(g/day)	2,750	2,400	2,755	2,400	2,755	2,400	3,280	2,865	3,280	2,865	3,280	2,865
Crude protein(%)[c]	14.2	15.5	14.9	16.3	15.6	17.1	12.2	13.2	12.7	13.8	13.2	14.4
							Amino acid requirements[d]					
							True ileal digestible basis(%)					
Arginine	0.20	0.23	0.22	0.26	0.25	0.28	0.13	0.15	0.15	0.17	0.16	0.19
Histidine	0.18	0.21	0.20	0.23	0.21	0.24	0.14	0.16	0.15	0.18	0.17	0.19
Isoleucine	0.32	0.36	0.34	0.39	0.37	0.42	0.25	0.29	0.27	0.31	0.29	0.33
Leucine	0.58	0.66	0.62	0.72	0.67	0.77	0.45	0.51	0.48	0.55	0.52	0.59
Lysine	0.58	0.66	0.62	0.71	0.67	0.76	0.45	0.51	0.48	0.55	0.52	0.59
Methionine	0.16	0.18	0.17	0.19	0.18	0.21	0.12	0.14	0.13	0.15	0.14	0.16
Methionine + cystine	0.34	0.39	0.36	0.42	0.39	0.44	0.27	0.31	0.29	0.33	0.31	0.35
Phenylalanine	0.34	0.39	0.37	0.42	0.40	0.46	0.27	0.30	0.29	0.33	0.31	0.35
Phenylalanine + tyrosine	0.54	0.62	0.59	0.67	0.63	0.72	0.43	0.49	0.46	0.52	0.49	0.56
Threonine	0.37	0.43	0.40	0.46	0.43	0.49	0.30	0.34	0.32	0.37	0.34	0.39
Tryptophan	0.11	0.12	0.11	0.13	0.12	0.14	0.08	0.10	0.09	0.10	0.10	0.11
Valine	0.39	0.45	0.42	0.48	0.45	0.52	0.30	0.35	0.33	0.38	0.35	0.40
							Apparent ileal digestible basis(%)					
Arginine	0.19	0.21	0.21	0.24	0.23	0.26	0.12	0.13	0.13	0.15	0.15	0.17
Histidine	0.17	0.20	0.19	0.21	0.20	0.23	0.14	0.15	0.15	0.17	0.16	0.18
Isoleucine	0.29	0.34	0.31	0.36	0.34	0.39	0.23	0.26	0.24	0.28	0.26	0.30
Leucine	0.56	0.64	0.60	0.69	0.65	0.74	0.43	0.50	0.47	0.53	0.50	0.57
Lysine	0.53	0.61	0.57	0.66	0.61	0.71	0.41	0.47	0.44	0.51	0.47	0.54
Methionine	0.15	0.17	0.16	0.18	0.17	0.20	0.12	0.13	0.13	0.14	0.13	0.15
Methionine + cystine	0.31	0.36	0.34	0.39	0.36	0.41	0.25	0.29	0.27	0.30	0.29	0.33
Phenylalanine	0.32	0.36	0.34	0.39	0.37	0.42	0.24	0.28	0.26	0.30	0.28	0.32
Phenylalanine + tyrosine	0.50	0.58	0.54	0.62	0.58	0.67	0.39	0.45	0.42	0.49	0.45	0.52
Threonine	0.32	0.37	0.35	0.40	0.37	0.43	0.26	0.30	0.28	0.32	0.30	0.34
Tryptophan	0.09	0.10	0.10	0.11	0.10	0.12	0.07	0.08	0.07	0.09	0.08	0.09
Valine	0.36	0.41	0.38	0.44	0.41	0.47	0.28	0.32	0.30	0.34	0.32	0.37
							Total basis(%)[e]					
Arginine	0.24	0.27	0.26	0.29	0.28	0.32	0.16	0.18	0.18	0.20	0.19	0.22
Histidine	0.21	0.24	0.23	0.26	0.24	0.28	0.17	0.19	0.18	0.20	0.19	0.22
Isoleucine	0.36	0.41	0.39	0.45	0.42	0.48	0.29	0.33	0.31	0.35	0.33	0.37
Leucine	0.61	0.71	0.67	0.77	0.72	0.83	0.46	0.54	0.50	0.58	0.54	0.63
Lysine	0.67	0.76	0.72	0.82	0.77	0.88	0.53	0.60	0.57	0.64	0.60	0.69
Methionine	0.17	0.20	0.19	0.21	0.20	0.23	0.14	0.15	0.15	0.17	0.16	0.18
Methionine + cystine	0.38	0.44	0.41	0.47	0.44	0.50	0.31	0.35	0.33	0.38	0.35	0.40
Phenylalanine	0.38	0.44	0.41	0.47	0.44	0.51	0.29	0.34	0.32	0.36	0.34	0.39
Phenylalanine + tyrosine	0.61	0.70	0.65	0.75	0.70	0.80	0.48	0.54	0.51	0.59	0.55	0.63
Threonine	0.44	0.50	0.47	0.54	0.51	0.58	0.36	0.41	0.38	0.44	0.41	0.46
Tryptophan	0.12	0.14	0.13	0.15	0.14	0.16	0.10	0.11	0.10	0.12	0.11	0.13
Valine	0.45	0.51	0.48	0.55	0.52	0.59	0.35	0.40	0.38	0.43	0.40	0.46

3. 임신돈의 영양소 요구량

	Body Weight at Breeding (kg)					
	125	150	175	200	200	200
	Gestation Weight Gain(kg)b					
	55	45	40	35	30	35
	Anticipated Pigs in Litter					
	11	12	12	12	12	14
DE content of diet(kcal/kg)	3,400	3,400	3,400	3,400	3,400	3,400
ME content of diet(kcal/kg)[c]	3,265	3,265	3,265	3,265	3,265	3,265
Estimated DE intake(kcal/day)	6,660	6,265	6,405	6,535	6,115	6,275
Estimated ME intake(kcal/day)[c]	6,395	6,015	6,150	6,275	5,870	6,025
Estimated feed intake(kg/day)	1.96	1.84	1.88	1.92	1.80	1.85
Crude protein(%)[d]	12.9	12.8	12.4	12.0	12.1	12.4
	Amino acid requirements *True ileal digestible basis(%)*					
Arginine	0.04	0.00	0.00	0.00	0.00	0.00
Histidine	0.16	0.16	0.15	0.14	0.14	0.15
Isoleucine	0.29	0.28	0.27	0.26	0.26	0.27
Leucine	0.48	0.47	0.44	0.41	0.41	0.44
Lysine	0.50	0.49	0.46	0.44	0.44	0.46
Methionine	0.14	0.13	0.13	0.12	0.12	0.13
Methionine + cystine	0.33	0.33	0.32	0.31	0.32	0.33
Phenylalanine	0.29	0.28	0.27	0.25	0.25	0.27
Phenylalanine + tyrosine	0.48	0.48	0.46	0.44	0.44	0.46
Threonine	0.37	0.38	0.37	0.36	0.37	0.38
Tryptophan	0.10	0.10	0.09	0.09	0.09	0.09
Valine	0.34	0.33	0.31	0.30	0.30	0.31
	Apparent ileal digestible basis(%)					
Arginine	0.03	0.00	0.00	0.00	0.00	0.00
Histidine	0.15	0.15	0.14	0.13	0.13	0.14
Isoleucine	0.26	0.26	0.25	0.24	0.24	0.25
Leucine	0.47	0.46	0.43	0.40	0.40	0.43
Lysine	0.45	0.45	0.42	0.40	0.40	0.42
Methionine	0.13	0.13	0.12	0.11	0.12	0.12
Methionine + cystine	0.30	0.31	0.30	0.29	0.30	0.31
Phenylalanine	0.27	0.26	0.24	0.23	0.23	0.24
Phenylalanine + tyrosine	0.45	0.44	0.42	0.40	0.41	0.43
Threonine	0.32	0.33	0.32	0.31	0.32	0.33
Tryptophan	0.08	0.08	0.08	0.07	0.07	0.08
Valine	0.31	0.30	0.28	0.27	0.27	0.28
	Total basis(%)[d]					
Arginine	0.06	0.03	0.00	0.00	0.00	0.00
Histidine	0.19	0.18	0.17	0.16	0.17	0.17
Isoleucine	0.33	0.32	0.31	0.30	0.30	0.31
Leucine	0.50	0.49	0.46	0.42	0.43	0.45
Lysine	0.58	0.57	0.54	0.52	0.52	0.54
Methionine	0.15	0.15	0.14	0.13	0.13	0.14
Methionine + cystine	0.37	0.38	0.37	0.36	0.36	0.37
Phenylalanine	0.32	0.32	0.30	0.28	0.28	0.30
Phenylalanine + tyrosine	0.54	0.54	0.51	0.49	0.49	0.51
Threonine	0.44	0.45	0.44	0.43	0.44	0.45
Tryptophan	0.11	0.11	0.11	0.10	0.10	0.11
Valine	0.39	0.38	0.36	0.34	0.34	0.36

4. 포유돈의 영양소 요구량

	Sow Postfarrowing Weight(kg)					
	175	175	175	175	175	175
	Anticipated Lactational Weight change(kg)[b]					
	0	0	0	-10	-10	-10
	Daily Weight Gain of Pigs(g)[b]					
	150	200	250	150	200	250
DE content of diet(kcal/kg)	3,400	3,400	3,400	3,400	3,400	3,400
ME content of diet(kcal/kg)c	3,265	3,265	3,265	3,265	3,265	3,265
Estimated DE intake(kcal/day)	14,645	18,205	21,765	12,120	15,680	19,240
Estimated ME intake(kcal/day)[c]	14,060	17,475	20,895	11,635	15.055	18,470
Estimated feed intake(kg/day)	4.31	5.35	6.40	3.56	4.61	5.66
Crude protein(%)[d]	16.3	17.5	18.4	17.2	18.5	19.2
	Amino acid requirements *True ileal digestible basis(%)*					
Arginine	0.36	0.44	0.49	0.35	0.44	0.50
Histidine	0.28	0.32	0.34	0.30	0.34	0.36
Isoleucine	0.40	0.44	0.47	0.44	0.48	0.50
Leucine	0.80	0.90	0.96	0.87	0.97	1.03
Lysine	0.71	0.79	0.85	0.77	0.85	0.90
Methionine	0.19	0.21	0.22	0.20	0.22	0.23
Methionine + cystine	0.35	0.39	0.41	0.39	0.42	0.43
Phenylalanine	0.39	0.43	0.46	0.42	0.46	0.49
Phenylalanine + tyrosine	0.80	0.89	0.95	0.88	0.97	1.02
Threonine	0.45	0.49	0.52	0.50	0.53	0.56
Tryptophan	0.13	0.14	0.15	0.15	0.16	0.17
Valine	0.60	0.67	0.72	0.66	0.73	0.77
	Apparent ileal digestible basis(%)					
Arginine	0.34	0.41	0.46	0.33	0.41	0.47
Histidine	0.27	0.30	0.32	0.29	0.32	0.34
Isoleucine	0.37	0.41	0.44	0.41	0.44	0.47
Leucine	0.77	0.86	0.92	0.83	0.92	0.98
Lysine	0.66	0.73	0.79	0.72	0.79	0.84
Methionine	0.18	0.20	0.21	0.19	0.21	0.22
Methionine + cystine	0.33	0.36	0.38	0.36	0.39	0.40
Phenylalanine	0.36	0.40	0.43	0.39	0.43	0.46
Phenylalanine + tyrosine	0.75	0.83	0.89	0.82	0.90	0.96
Threonine	0.40	0.43	0.46	0.44	0.47	0.49
Tryptophan	0.11	0.12	0.13	0.13	0.14	0.14
Valine	0.55	0.61	0.66	0.61	0.67	0.71
	Total basis(%)[d]					
Arginine	0.40	0.48	0.54	0.39	0.49	0.55
Histidine	0.32	0.36	0.38	0.34	0.38	0.40
Isoleucine	0.45	0.50	0.53	0.50	0.54	0.57
Leucine	0.86	0.97	1.05	0.95	1.05	1.12
Lysine	0.82	0.91	0.97	0.89	0.97	1.03
Methionine	0.21	0.23	0.24	0.22	0.24	0.26
Methionine + cystine	0.40	0.44	0.46	0.44	0.47	0.49
Phenylalanine	0.43	0.48	0.52	0.47	0.52	0.55
Phenylalanine + tyrosine	0.90	1.00	1.07	0.98	1.08	1.14
Threonine	0.54	0.58	0.61	0.58	0.63	0.65
Tryptophan	0.15	0.16	0.17	0.17	0.18	0.19
Valine	0.68	0.76	0.82	0.76	0.83	0.88

표 10-6. 성장 단계별 영양소 요구량(가금 ; NRC, 1994)

1. 레구혼의 체중과 사료요구량

주 령	백색 산란계		갈색 산란계	
	체 중	사료섭취량	체 중	사료섭취량
	g	g/주	g	g/주
0	35	50	37	70
2	100	140	120	160
4	260	260	325	280
6	450	340	500	350
8	660	360	750	380
10	750	380	900	400
12	980	400	1,100	420
14	1,100	420	1,240	450
16	1,220	430	1,380	470
18	1,375	450	1,500	500
20	1,475	500	1,600	550

2. 육계의 체중, 사료섭취량 및 에너지 요구량

주령	체중 (g)		에너지 요구량/주 (g)		사료섭취량 (g)		에너지 요구량/주 (ME kcal/1 수)		에너지 섭취량 (ME kcal/1 수)	
	♂	♀	♂	♀	♂	♀	♂	♀	♂	♀
1	152	144	135	131	135	131	432	419	432	419
2	376	344	290	273	425	404	928	874	1,360	1,293
3	686	617	487	444	912	848	1,558	1,422	2,918	2,715
4	1,085	965	704	642	1,616	1,490	2,256	2,056	5,174	4,771
5	1,576	1,344	960	738	2,576	2,228	3,075	2,519	8,249	7,290
6	2,088	1,741	1,141	1,001	3,717	3,229	3,651	3,045	11,900	10,335
7	2,590	2,134	1,281	1,081	4,998	4,310	4,102	3,459	16,002	13,794
8	3,077	2,506	1,432	1,165	6,430	5,475	4,585	3,728	20,587	17,522
9	3,551	2,842	1,577	1,246	8,007	6,721	5,049	3,986	25,636	21,508

3. 레구혼의 영양소 요구량

(% 또는 사료 1 kg 중의 mg ; 90% DM)

영 양 소	백색 산란계				갈색 산란계			
	0~6주; 450 g 2,850	6~12주; 980 g 2,850	12~18주; 1,375 g 2,900	18주~초산; 1,475 g 2,900	0~6주; 500 g 2,800	6~12주; 1,100 g 2,800	12~18주; 1,500 g 2,850	18주~초산; 1,600 g 2,850
단백질과 에너지								
단백질(%)	18	16	15	17	17	15	14	16
Arginine(%)	1.00	0.83	0.67	0.75	0.94	0.78	0.62	0.72
Glycine + serine(%)	0.70	0.58	0.47	0.53	0.66	0.54	0.44	0.50
Histidine(%)	0.26	0.22	0.17	0.20	0.25	0.21	0.16	0.18
Isoleucine(%)	0.60	0.50	0.40	0.45	0.57	0.47	0.37	0.42
Leucine(%)	1.10	0.85	0.70	0.80	1.00	0.80	0.65	0.75
Lysine(%)	0.85	0.60	0.45	0.52	0.80	0.56	0.42	0.49
Methionine(%)	0.30	0.25	0.20	0.22	0.28	0.23	0.19	0.21
Methionine + cystine(%)	0.62	0.52	0.42	0.47	0.59	0.49	0.39	0.44
Phenylalanine(%)	0.54	0.45	0.36	0.40	0.51	0.42	0.34	0.38
Phenylalanine + tyrosine(%)	1.00	0.83	0.67	0.75	0.94	0.78	0.63	0.70
Threonine(%)	0.68	0.57	0.37	0.47	0.64	0.53	0.35	0.44
Tryptophan(%)	0.17	0.14	0.11	0.12	0.16	0.13	0.10	0.11
Valine(%)	0.62	0.52	0.41	0.46	0.59	0.49	0.38	0.43
지 방								
Linoleic acid(%)	1.00	1.00	1.00	1.00	1.00	1.00	1.00	1.00
다량광물질								
칼슘(%)	0.90	0.80	0.80	2.00	0.90	0.80	0.80	1.80
유효인(%)	0.40	0.35	0.30	0.32	0.40	0.35	0.30	0.35
칼륨(%)	0.25	0.25	0.25	0.25	0.25	0.25	0.25	0.25
나트륨(%)	0.15	0.15	0.15	0.15	0.15	0.15	0.15	0.15
염소(%)	0.15	0.12	0.12	0.15	0.12	0.11	0.11	0.11
마그네슘(mg)	600	500	400	400	570	470	370	370
미량광물질								
망간(mg)	60	30	30	30	56	28	28	28
아연(mg)	40	35	35	35	38	33	33	33
철(mg)	80	60	60	60	75	56	56	56
구리(mg)	5	4	4	4	5	4	4	4
요오드(mg)	0.35	0.35	0.35	0.35	0.33	0.33	0.33	0.33
셀렌(mg)	0.15	0.10	0.10	0.10	0.14	0.10	0.10	0.10
지용성 비타민								
A(IU)	1,500	1,500	1,500	1,500	1,420	1,420	1,420	1,420
D_3(ICU)	200	200	200	300	190	190	190	280
E(IU)	10	5	5	5	9.5	4.7	4.7	4.7
K(mg)	0.5	0.5	0.5	0.5	0.47	0.47	0.47	0.47
수용성 비타민								
Riboflavin(mg)	3.6	1.8	1.8	2.2	3.4	1.7	1.7	1.7
Pantothenic acid(mg)	10.0	10.0	10.0	10.0	9.4	9.4	9.4	9.4
Niacin(mg)	27.0	11.0	11.0	11.0	26	10.3	10.3	10.3
B_{12}(mg)	0.009	0.003	0.003	0.004	0.009	0.003	0.003	0.003
Choline(mg)	1,300	900	500	500	1,225	850	470	470
Biotin(mg)	0.15	0.10	0.10	0.10	0.14	0.09	0.09	0.09
Folic acid(mg)	0.55	0.25	0.25	0.25	0.52	0.23	0.23	0.23
Thiamin(mg)	1.0	1.0	0.8	0.80	1.0	1.0	0.80	0.80
Pyridoxine(mg)	3.0	3.0	3.0	3.0	2.8	2.8	2.8	2.8

4. 산란용 육성계의 영양소 요구량

(% 또는 사료 1 kg 중의 mg ; 90% DM)

영 양 소	백색 산란계의 영양소 요구량 (섭취량이 서로 다를 경우)			1일 영양소 요구량 (mg 또는 IU)		
	80	100	120	백색 종계; 100 g/1일, 사료	백색 산란계; 100 g/1일, 사료	갈색 산란계; 110 g/1일, 사료
단백질과 아미노산						
단백질(%)	18.8	15.0	12.5	15,000	15,000	16,500
Arginine(%)	0.88	0.70	0.58	700	700	770
Histidine(%)	0.21	0.17	0.14	170	170	190
Isoleucine(%)	0.81	0.65	0.54	650	650	715
Leucine(%)	1.03	0.82	0.68	820	820	900
Lysine(%)	0.86	0.69	0.58	690	690	760
Methionine(%)	0.38	0.30	0.25	300	300	330
Methionine + cystine(%)	0.73	0.58	0.48	580	580	645
Phenylalanine(%)	0.59	0.47	0.39	470	470	520
Phenylalanine + tyrosine(%)	1.04	0.83	0.69	830	830	910
Threonine(%)	0.59	0.47	0.39	470	470	520
Tryptophan(%)	0.20	0.16	0.13	160	160	175
Valine(%)	0.88	0.70	0.58	700	700	770
지방						
Linoleic acid(%)	1.25	1.00	0.83	1,000	1,000	1,100
다량광물질						
칼슘(%)	4.06	3.25	2.71	3,250	3,250	3,600
염소(%)	0.16	0.13	0.11	130	130	145
마그네슘(mg)	625	500	420	50	50	55
유효인(%)	0.31	0.25	0.21	250	250	275
칼륨(%)	0.19	0.15	0.13	150	150	165
나트륨(%)	0.19	0.15	0.13	150	150	165
미량광물질						
구리(mg)	–	–	–	–	–	–
요오드(mg)	0.044	0.035	0.029	0.010	0.004	0.004
철(mg)	56	45	38	6.0	4.5	5.0
망간(mg)	25	20	17	2.0	2.0	2.2
셀렌(mg)	0.08	0.06	0.05	0.006	0.006	0.006
아연(mg)	44	35	29	4.5	3.5	3.9
지용성 비타민						
A(IU)	3,750	3,000	2,500	300	300	330
D_3(ICU)	375	300*	250	30	30	33
E(IU)	6	5	4	1.0	0.5	0.55
K(mg)수용성	0.6	0.5	0.4	0.1	0.05	0.055
비타민						
B_{12}(mg)	0.004	0.004	0.004	0.008	0.0004	0.0004
Biotin(mg)	0.13	0.10	0.08	0.01	0.01	0.011
Choline(mg)	1,310	1,050	875	105	105	115
Folic acid(mg)	0.31	0.25	0.21	0.035	0.025	0.028
Niacin(mg)	12.5	10.0	8.3	1.0	1.0	1.1
Pantothenic acid(mg)	2.5	2.0	1.7	0.7	0.20	0.22
Pyridoxine(mg)	3.1	2.5	2.1	0.45	0.25	0.28
Riboflavin(mg)	3.1	2.5	2.1	0.36	0.25	0.28
Thiamin(mg)	0.88	0.70	0.60	0.07	0.07	0.08

5. 육계의 양양소 요구량

(% 또는 사료 1 kg 중의 mg ; 90% DM)

주 령 Kcal ME/Kg, 사료	0~3주령 3,200	3~6주령 3,200	6~8주령 3,200
단백질과 아미노산			
단백질(%)	23.00	20.00	18.00
Arginine(%)	1.25	1.10	1.00
Glycine + serine(%)	1.25	1.14	0.97
Histidine(%)	0.35	0.32	0.27
Isoleucine(%)	0.80	0.73	0.62
Leucine(%)	1.20	1.09	0.93
Lysine(%)	1.10	1.00	0.85
Methionine(%)	0.50	0.38	0.32
Methionine + cystine(%)	0.90	0.72	0.60
Phenylalanine(%)	0.72	0.65	0.56
Phenylalanine + tyrosine(%)	1.34	1.22	1.04
Proline(%)	0.60	0.55	0.46
Threonine(%)	0.80	0.74	0.68
Tryptophan(%)	0.20	0.18	0.16
Valine(%)	0.90	0.82	0.70
지방			
Linoleic acid(%)	1.00	1.00	1.00
다량광물질			
칼슘(%)	1.00	0.90	0.80
염소(%)	0.20	0.15	0.12
마그네슘(mg)	600	600	600
유효인(%)	0.45	0.35	0.30
칼륨(%)	0.30	0.30	0.30
나트륨(%)	0.20	0.15	0.12
미량광물질			
구리(mg)	8	8	8
요오드(mg)	0.35	0.35	0.35
철(mg)	80	80	80
망간	60	60	60
셀렌(mg)	0.15	0.15	0.15
아연(mg)	40	40	40
지용성 비타민			
A(IU)	1,500	1,500	1,500
D_3(ICU)	200	200	200
E(IU)	10	10	10
K(mg)	0.50	0.50	0.50
수용성 비타민			
B_{12}(mg)	0.01	0.01	0.007
Biotin(mg)	0.15	0.15	0.12
Choline(mg)	1,300	1,000	750
Folacin(mg)	0.55	0.55	0.50
Niacin(mg)	35	30	25
Pantothenic acid(mg)	10	10	10
Pyridoxine(mg)	3.5	3.5	3.0
Riboflavin(mg)	3.60	3.60	3.00
Thiamin(mg)	1.80	1.80	1.80

6. 산란 종계의 영양소 요구량

(수수/일 ; 90% DM)

영 양 소	요구량	영 양 소	요구량
단백질과 아미노산		광물질	
단백질(g)	19.5	칼슘(g)	4.0
Arginine(mg)	1,110	염소(mg)	185
Histidine(mg)	205	유효인(mg)	350
Isoleucine(mg)	850	나트륨(mg)	150
Leucine(mg)	1,250		
Lysine(mg)	765	비타민	
Methionine(mg)	450	Biotin(mg)	16
Methionine + cystine(mg)	700		
Phenylalanine(mg)	610		
Phenylalanine + tyrosine(mg)	1,112		
Threonine(mg)	720		
Tryptophan(mg)	190		
Valine(mg)	750		

7. 체중과 산란율에 따른 대사에너지 요구량

(kcal)

체중(kg)	산 란 율(%)					
	0	50	60	70	80	90
	대사에너지(kcal/1일, 1수)					
1.0	130	192	205	217	229	242
1.5	177	239	251	264	276	289
2.0	218	280	292	305	317	330
2.5	259	321	333	346	358	371
3.0	296	358	370	383	395	408

8. 육용 종계의 영양소 요구량

(%/수수/일 ; 90% DM)

영 양 소	주 령		
	0～4	4～20	20～60
대사에너지(kcal)	-	-	350～400
단백질과 아미노산			
단백질(%)	15.00	12.00	-
Lysine(%)	0.79	0.64	-
Methionine(%)	0.36	0.31	-
Methionine + cystine(%)	0.61	0.49	-
광물질			
칼슘(%)	0.90	0.90	-
유효인(%)	0.45	0.45	-
단백질과 아미노산			
단백질(g)	-	-	12
Arginine(mg)	-	-	680
Lysine(mg)	-	-	475
Methionine(mg)	-	-	340
Methionine + cystine(mg)	-	-	490
광물질			
칼슘(mg)	-	-	200
유효인(mg)	-	-	110

참고문헌

1. ARC. 1975. The Nutrient Requirements of Farm Livestock. No. 1. Poultry.
2. ARC. 1980. The Nutrient Requirements of Farm Livestock. No. 2. Ruminants.
3. ARC. 1981. The Nutrient Requirements of Farm Livestock. No. 3. Pigs.
4. NRC. 2002. Nutrient requirements of Dairy Cattle. 7th. Revised Edi. National Academy Press. Washington, D.C.
5. NRC. 2000. Nutrient requirements of Beef Cattle. 7th. Revised Edi. National Academy Press. Washington, D.C.
6. NRC. 1994. Nutrient requirements of poultry. 9th. Revised Edi. National Academy Press. Washington, D.C.
7. NRC. 1998. Nutrient requirements of Swine. 10th. Revised Edi. National Academy Press. Washington, D.C.
8. NRC. 1988. Nutrient requirements of Dairy Cattle. 6th. Revised Edi. National Academy Press. Washington, D.C.
9. NRC. 1984. Nutrient requirements of beef cattle. 6th. Revised Edi. National Academy Press. Washington, D.C.
10. NRC. 1984. Nutrient requirements of poultry. 8th. Revised Edi. National Academy Press. Washington, D.C.
11. 森本 宏 外. 1989. 改著 飼料學. 養賢堂. 日本. 東京.
12. 姜漢錫 外. 1994. 改訂 家畜飼養學. 先進文化社.
13. 한국사양표준 (젖소). 2002. 농림부, 농촌진흥청, 축산기술연구소.
14. 한국사양표준 (한우). 2002. 농림부, 농촌진흥청, 축산기술연구소.
15. 한국사양표준 (돼지). 2002. 농림부, 농촌진흥청, 축산기술연구소.
16. 한국사양표준 (가금). 2002. 농림부, 농촌진흥청, 축산기술연구소.
17. 孟元在 外. 1993. 飼料資源學. 鄕文社.
18. 한국사료정보센터. 1985. 가축의 영양소 요구량과 사양체계. No 1. 닭, No 2. 돼지, No 3. 한국소와 고기소, No 4. 젖소. 동신문화사.
19. 한국표준가축사료급여기준(한우). 1992. 농촌진흥청.

11

사료첨가제 및 성장촉진제

사료첨가제(feed additives)는 동물의 성장을 촉진하거나 생산능력을 자극하고 사료 이용효율 개선이나 동물의 건강 유지와 대사활동 증진에 도움이 되는 비영양 물질로 된 사료 구성요소를 말하며, 비영양성 사료첨가제와 성장촉진 물질 또는 보조영양소를 포함한다.

사료첨가제로 분류된 물질들은 대부분 약제로서 의약품으로도 사용된다. 일반적으로 많이 사용되고 있는 사료첨가제는 항미생물제로서, 여기에는 항생제, 항균제 및 항곰팡이제 등이 포함된다. 근래 유기축산, 친환경 동물생산 및 동물성 식품의 안전성에 대한 소비자의 관심이 높아져 환경친화적 사료첨가제는 물론 호르몬과 비슷한 역할을 하는 물질, 생균제 등의 대체 항생제, 효소, 유기비소제, 황산동, 반추위 발효조정제 및 미지성장인자 등이 포함된다.

성장촉진제(growth stimulators)는 사료에 첨가되어 이용되기도 하고, 호르몬이나 호르몬과 비슷한 작용을 하는 물질들처럼 구강으로 섭취하기 보다는 피하나 근육내 주사로 이용되기도 한다.

사료첨가제는 미국을 비롯한 세계 여러 나라에서 지난 50~60년대 항생제와 설파제의 상업적 생산이 시작된 때부터 많이 사용되었으나, 이후 사료첨가제가 갖는 특유의 성질이나 사용 목적이 매우 다양하고, 동물의 생산성에 유리하다고 하더라도 그 안전성이 불확실하여 사용이 줄어드는 경향을 보인다. 이러한 사료첨가제의 이용감소 경향은 비록 문제가 바로 나타나지 않는다 하여도 특정 동물에 사용하는 사료내 항생제 등이 인류에게 치명적일 수 있다는 주장들 때문이었다.

이러한 사실은 확실히 증명할 수는 없으나 병원성 미생물에 대하여 항미생물제를 사용함으로써 내성균주(耐性菌株)가 생성되고, 그 조직 잔류물이 인류나 환경에 미치는 영향을 고려하는 것이 중요하기 때문에 최근에는 항생물질의 사용에 대한 법적

규제가 강화되고 있다.

현재, 미국을 비롯한 많은 나라들에서 제조된 배합사료의 80～85%는 약제 처리된 것으로 추정되고, 소비되는 고기와 계란의 약 80%에 해당되는 양이 그 동물의 일생 동안 한 번 이상의 약제사료를 섭취한다는 것으로 알려져 있다.

미국의 경우 FDA(미국 식품의약품 안전청)를 통하여 새로운 약제의 사용이 허용되기 전에 안전성, 사용효율 및 조직내 잔류에 관한 매우 폭넓은 검증을 요구한다. 검증결과 사용이 허가되면 사료에 함유된 성분에 대한 적절한 표시를 해야 하는데, 제품명 바로 밑에 사용한 약제명을 표시하는 것을 의무화하고 있다. 이러한 사용약제의 표시는 식품으로 이용되는 축산물을 생산하는 동물의 도축전 휴약기간, 잘못 사용되는 경우의 방지 및 사료의 적절한 이용방법 등을 일깨우기 위함이다.

사료첨가제의 보편적인 사용에 따라 생겨나는 여러 가지 문제점들을 간과할 수는 없다. 큰 문제 중의 하나는 사료공장에서 약제사료를 배합한 뒤 이어지는 비약제 사료의 가공과 배합과정에서 발생되는 부주의에 의한 것으로 먼저 배합한 사료의 완전 제거가 사실상 어렵기 때문이다. 또 다른 문제점으로는 약제의 혼합사용이 공인된 성적에 미치지 못하고, 지역에 따라 생산자들이 '특수배합'을 요구하는 상황으로 되어 과잉사용 및 불법배합이 이루어질지도 모른다는 것이다.

1. 사료첨가제 및 성장촉진제의 특성

수많은 사료첨가제가 동물에게 공급되고 있으며, 많은 숫자의 각종 물질들이 시험단계는 물론 실제 적용단계를 거치는 동안 경제적 가치, 조직내 잔류, 독성 혹은 사용의 보편성 및 사용효과의 미약 등의 이유로 이용가치를 잃고 없어지기도 하였다.

주로 사용되고 있는 비영양 물질의 사료첨가제는 생산효율 개선을 위한 항균물질로서 항생제가 가장 많고, 비소제(砒素劑), nitrofuran류와 호르몬 및 호르몬과 비슷한 화합물 등이 어린 동물의 성장과 사료효율 개선을 유도하고 빠른 증체가 되도록 한다.

이러한 항생제·항균제·항곰팡이 복합제 등은 동물과 가금 사료에 널리 사용되고 있으며, 사용되는 항생제의 경우 곰팡이나 세균을 이용한 발효법으로 생산된 것이 대부분이다.

사료첨가제 및 성장촉진제로서 대표적인 항생제의 일반적인 기능과 각종 미생물에 대한 작용을 요약해 보면 다음과 같다.

① 영양소의 소화와 흡수를 지속적으로 증진시킨다.
② 비타민이나 아미노산과 같은 영양소의 요구량을 감소시키는 영양소 절약작용이 있다.
③ 독소를 생산하는 장내 유해미생물의 증식을 억제하고 독성물질의 영향을 감소시킨다.
④ 사료 및 물의 섭취량을 증가시킨다.
⑤ 섭취된 영양소 대사에 관여하는 장내 미생물을 선택적으로 증식시킨다.
⑥ 사료와 함께 소화관 내로 유입된 장내 미생물을 제어한다.

특히 몇 가지 항생제에 대한 연구결과를 보면 penicillin은 미생물 세포벽의 합성을 억제하고, streptomycin은 mRNA에 있는 단백질 생합성에 관계되는 신호전달 체계에 관여하여 미생물의 증식을 제어한다. Novobiotin은 DNA 복제에 관여하는 효소의 활성을 억제하며, erythromycin은 ribosome과 결합하여 아미노산의 전이를 방해하여 단백질 생합성 억제작용을 한다.

사료첨가제와 성장촉진제로 사용되는 각종 물질들은 주로 사료에 첨가되거나 음수중에 혼합되기도 하며, 근육주사를 통해 주입되기도 한다. 주로 사료효율 개선, 성장촉진 등의 생산효율 개선을 위한 목적으로 사용되지만, 일부는 내·외부 기생충, 해충 및 각종 전염성 질병의 조절을 위해 사용되기도 한다. 미국의 경우 FDA에 의해 통제를 받으며, 「The Feed Additive Conpendium」을 통하여 새로운 물질의 사용허가와 허가취소 등의 내용을 전달한다.

대부분의 사료첨가제는 매우 낮은 사용 수준으로 생산효율 개선이 입증되었는데, chlortetracycline은 사료 톤당 10～50 g를 첨가하여 돼지의 성장과 사료효율 개선에 효과적임이 알려졌다. 톤당 50～100 g의 사용수준에서는 돼지의 세균성 장염의 방지에 효과적이고, 위축성 비염에 감염된 상태에서도 증체가 유지되었으며, 자궁농양의 발현이 감소되었다고 한다.

대부분의 사료첨가제로 사용되는 약품들은 일정한 수준의 사용한계에서 그 효과가 입증되어 있으나 질병이나 기생충 조절을 위하여 높은 수준으로 사용되기도 하는데, 이들은 생산능력 향상을 위하여 과다하게 사용될 수 있는 문제점을 안고 있다. 닭·돼지·양 및 소의 콕시듐의 예방과 치료를 위하여 생산능력 향상을 위한 사용 수준보다 높은 수준으로 약품을 사용하는 것이 좋은 예이다. 그 외에도 가금의 만성 호흡기 질병, 전염성 비강염, 돼지의 돈적리, 소의 농양으로 인한 간조직 괴사 억제, 고창증, 파리조절 등의 목적으로 사용된다. 그러나 말, 토끼, 양 및 오리 등에는 이를 약품이 매우 제한적으로 사용되고 있다.

또한, 이들 약품들은 다양한 생산활동을 조절하는 사료첨가 물질들과 혼합하여 사용된다. 동물과 가금의 생산효율 향상과 건강증진 및 질병이나 기생충 감소를 목적으로 사용되는 각종 사료첨가제의 공인된 용도 및 대상 동물을 고려해 볼 때 판매 잠재량에 상응하는 경제적 이윤과 관련되어 충분한 양의 사용을 보장받을 수 있어야 함을 나타내고 있다.

2. 사료첨가제의 분류

어린 동물의 성장을 촉진하고 사료효율을 개선하며, 동물과 가금의 건강증진 및 각종 질병과 기생충 조절, 생산활동을 조절할 목적으로 주로 사료에 첨가하여 이용하는 사료첨가제는 항생제·항균제·항곰팡이제·호르몬제·유기비소제·광물질 및 생균제 등의 대체 항생제가 있으며, 이들 물질들은 단일 제제(製劑)로서 혹은 혼합물로서 사용된다.

미국 식품의약품 안전청(FDA)에 의하여 사용이 승인된 사료첨가제의 해당 동물과 사용목적을 보면 표 11-1과 같다.

표 11-1. FDA에 의하여 사용 승인된 사료첨가제

첨가제명	동 물	사용목적
Amprolium	송아지 닭 칠면조 꿩	콕시듐 콕시듐 콕시듐 콕시듐
Apramycin	돼 지	설 사
Arsanilic acid	돼 지 닭, 칠면조	성장촉진, 사료효율, 설사 성장촉진, 사료효율, 착색
Bacitracin methylene disalicylate	닭 돼 지 칠면조	성장촉진, 사료효율 성장촉진, 사료효율 성장촉진, 사료효율
Bacitracin zinc	소 돼 지 산란계 닭, 칠면조 꿩, 메추리	성장촉진, 사료효율 성장촉진, 사료효율 성장촉진, 산란 성장촉진, 사료효율 성장촉진, 사료효율

(계 속)

첨가제명	동 물	사용목적
Banbermycins	돼지 닭, 칠면조	성장촉진, 사료효율 성장촉진, 사료효율
Carbadox	돼지	성장촉진, 사료효율
Chlorotetracyline	송아지 소 면 양 돼 지 말 밍 크 닭, 칠면조 오 리 앵무새	성장촉진, 사료효율 특정 질병 성장촉진, 사료효율, 장내독소증 성장촉진, 사료효율 성장촉진, 사료효율 성장촉진, 모피크기 성장촉진, 사료효율 가금콜레라 앵무병
Clopidol	닭, 칠면조	성장촉진, 사료효율
Colimix	돼 지	설 사
Coumaphos	소 닭	장내기생충 장내기생충
Decoquinate	소, 닭	콕시듐
Dichlorovos	돼 지	장내기생충
Erythromycin	닭, 칠면조	만성 호흡기 질병
Fenbendazole	돼 지	장내기생충
Halofuginone hydrobromide	닭, 칠면조	콕시듐
Hygromycin B	돼 지 닭	장내기생충 장내기생충
Lasalocid	소 면 양 닭	성장촉진, 사료효율 콕시듐 콕시듐
Levamisole hydrochloride	소 돼 지	장내기생충, 폐충 장내기생충, 폐충
Lincomycin	돼 지 닭	성장촉진, 사료효율, 설사, 폐렴 성장촉진, 사료효율, 장염
Maduramicine Ammonium	닭	콕시듐
Melengestrol Acetate	육 우	성장촉진, 사료효율, 발정억제
Methoprene	육 우	파리구제

(계 속)

첨가제명	동 물	사용목적
Monensin	소 산 양 닭, 칠면조 메추리	성장촉진, 사료효율 콕시듐 콕시듐 콕시듐
Morantel tartrate	소	장내기생충
Narasin	닭	콕시듐
Nicarbazin	닭	콕시듐
Nitrosone	닭, 칠면조	흑두병
Novobiocin	밍 크 닭, 칠면조 오 리	일반감염증, 종양 흉부포진, 가금콜레라 가금콜레라
Nystatin	닭, 칠면조	소낭진균증, 진균성 설사
Oxytetracycline	송아지 육 우 젖 소 면 양 돼 지 밍 크 토 끼 닭 칠면조 메 기 연 어	성장촉진, 사료효율, 세균성 성설사 성장촉진, 사료효율, 간종양, 세균성 설사 고창증, 세균성 설사 성장촉진, 사료효율, 세균성 설사 성장촉진, 사료효율, 세균성 장염 성장촉진, 사료효율, 세균성 설사 성장촉진, 사료효율 사료효율, 만성 호흡기질병, 산란, 가금콜레라 성장촉진, 사료효율, 산란, 부비강염 세균성 패혈증 궤양, 세균성 패혈증
Penicillin	돼 지 닭 칠면조 꿩, 메추리	성장촉진, 사료효율 성장촉진, 사료효율, 만성 호흡기질병 성장촉진, 사료효율 성장촉진, 사료효율
Poloxalene	소	고창증
Propylene glycol	소	케토시스
Pyrantel tratrate	돼 지	장내기생충
Rabon	소, 돼지	파리구제
Robenidine hydrochloride	닭	콕시듐

(계 속)

제제명	동 물	사용목적
Roxarsone	돼 지 닭	성장촉진, 사료효율 성장촉진, 사료효율
Salinomycin	닭	콕시듐
Sulfadimethoxide and Ormetoprim	닭 칠면조 오 리 메 기 연 어	콕시듐, 전염성 코라이자, 가금콜레라 가금콜레라, 콕시듐 가금콜레라 패혈증 세균성 절종증
Tiabendazole	소 면양, 산양 돼 지 꿩	장내기생충 장내기생충 회 충 촌 충
Tiamulin	돼 지	성장촉진, 사료효율, 설사
Tylosin	소 돼 지 닭	간종양 성장촉진, 사료효율, 설사 성장촉진, 사료효율, 만성 호흡기질병
Virginiamycin	돼 지 닭 칠면조	성장촉진, 사료효율, 설사 성장촉진, 사료효율, 장염 성장촉진, 사료효율
Zoalene	닭, 칠면조	콕시듐

(주) 이 표에 열거되지 않은 물질들도 다수 승인되어 있으며, 사용목적은 모든 경우를 완전하게 설명하지는 못하였음.

3. 사용효과

1) 항생제

항생제는 다른 유기물의 성장을 방해하는 하나의 미생물에 의해 생성된 화합물로서 사료첨가제로 가장 널리 사용되고 있다. 현재에도 계속하여 다른 새로운 항생제가 분리되어 연구되고 있지만, 특히 chlorotetracyclin, oxytetracycline, penicillin 및 bactracin은 다른 항생제보다 오랫동안 사용되어 왔으며 널리 이용되고 있는 항생제이다. 그러나 penicillin의 사용은 갈수록 심한 규제를 받고 있으며, monensin과

lasalocid sodium은 비교적 최근에 승인된 사료첨가제이며, 비소제(砒素劑)와 nitrofuran류는 기본적으로 돼지와 가금에 주로 사용된다.

일반적으로 항생제는 성장촉진제로서 사용될 때는 대부분 낮은 수준으로 사용되지만 질병의 치료나 기생충 구제를 위한 목적으로 사용될 때는 사용수준이 대단히 높다. 항생제의 사용은 법으로 허용이 되고 있는데, 동물과 가금의 성장률, 사료효율에 유리한 영향을 미치고 건강증진의 효과가 보장되기 때문에 계속 사용되고 있다. 보통, 항생제는 성장 중인 어린 동물에 급여했을 때 생산효율 증진 효과가 크게 나타나는데, 이는 사료섭취량을 증가시켜 사료효율이 개선되는 결과로 설명된다. 이러한 항생제가 갖는 동물과 가금의 성장과 사료효율 개선 효과는 동물의 종류와 발육단계 및 장소에 따라 다양한 결과를 나타낸다. 예를 들어 새로운 시설, 깨끗한 환경 혹은 무균상태에서 사육된 병원균 부재동물의 경우 항생제의 효과는 거의 없거나 적다.

일반적으로 설사를 유발하는 *E. coli*를 포함한 다른 미생물이 많이 존재하는 조건에서는 성장 중인 동물에 대한 항생제의 효과는 매우 높은데, 이는 항생제가 설사의 발생이나 그 정도를 약화시키는 데 직접 작용을 하기 때문이다. 항생제는 병아리, 돼지 및 쥐에서 아미노산과 비타민 B군의 사료 중 요구량을 절약하는 효과가 있다고 밝혀져 이들 영양소 수준이 낮을 경우 항생제를 첨가하면 좋은 효과를 나타낼 것이다.

이러한 항생제 급여에 의한 영양소 절약 효과는 ① 영양소 합성을 위한 장관내 미

표 11-2. 돼지의 성장과 사료효율에 대한 항생제의 효과

단 계	대조구	항생제	개선율(%)
자돈기(72kg)			
일당증체(kg)	0.39	0.45	16.4
사료요구율	2.28	2.13	6.9
육성기(17～49kg)			
일당증체(kg)	0.59	0.66	10.6
사료요구율	2.91	2.78	4.5
육성 비육기(24～89kg)			
일당증체(kg)	0.69	0.72	4.2
사료요구율	3.30	3.23	2.2

* 세 단계에 걸친 결과치는 각각 453회, 298회 및 443회 시험을 통하여 13,632두, 5,783두 및 13,140두의 돼지를 공시하여 얻은 결과임.

생물을 자극하고, ② 영양소에 대하여 경쟁관계에 있는 미생물을 위축시키며, ③ 장관벽의 변화에 의한 영양소 흡수가 개선됨에 따른 결과로 추정된다. 또한 항생제의 성장촉진 효과는 효소체계가 자극된 결과와 장관내 암모니아 발생량 저하에 의한 결과로 볼 수 있다. 돼지에 대한 항생제의 급여효과는 표 11-2와 같다. 즉, 체중 7.2 kg 자돈의 성장률 향상이 16.4%로 가장 효과가 좋은 것으로 나타났고, 사료효율 또한 자돈 단계에서 우수한 것으로 나타나고 있으며, 육성기 및 육성 비육기의 항생제 효과는 자돈에 비하여 점차 떨어지는 것으로 나타나 항생제의 급여효과는 어린 동물

표 11-3. 1950년부터 1977년까지와 1978년부터 1985년까지의 돼지에 대한 항생제의 효과

단 계	항생제 효과(%)	
	1950～1977[a]	1978～1985[b]
자돈기		
일당증체	16.1	15.0
사료요구율	6.9	6.5
육성 비육기		
일당증체	4.0	3.6
사료요구율	2.1	2.4

[a] 두 단계에 걸쳐 각각 378회 및 279회 시험을 통한 10,023두 및 5,666두의 돼지를 공시한 결과임.

[b] 두 단계에 걸쳐 각각 75회 및 164회 시험을 통한 3,609두 및 7,474두의 돼지를 공시한 결과임.

표 11-4. 대학 연구농장과 일반농장에서의 항생제 효과 비교

장 소	시험수	항생제 효과(%)	
		일당 증체량	사료요구율
요 약 1			
연구농장	128	16.9	7.0
일반농장	32	28.4	14.5
요약 2			
연구농장	9	13.2	3.7
일반농장	67	25.5	10.0

요약 1 : 체중 7～26kg의 돼지 12,000두 자료이며, chlortetracycline-sulfamethazine-penicillin, tylosin -sulfamethazine, tetracycline 및 carbadox 사용

요약 2 : 체중 8～20kg의 돼지 3,321두 자료이며, chlortetracycline-sulfamethazine-penicillin 사용

표 11-5. 소에 대한 monensin과 lasalocid의 급여효과

구 분	생산성적		
	사료섭취량(kg/일)	일당 증체량(kg/일)	사료요구율(feed/gain)
Feedlot 사양[a]			
대조구	8.27	1.09	8.09
Monensin	7.73	1.10	7.43
대조구	8.89	1.14	8.01
Monensin	8.65	1.18	7.43
Implant	9.61	1.28	7.63
Monensin + implant	8.97	1.32	6.85
Pasture 사양			
대조구		0.61	
Monensin		0.69	
Feedlot 사양[b]			
대조구	8.68	0.99	8.75
Lasalocid, 30 g/T	8.27	1.02	8.09
Lasalocid, 45 g/T	8.09	1.04	7.79
Monensin, 30 g/T	8.09	10.3	7.93

[a] 장소가 다른 많은 시험을 편집한 자료임.

[b] 처리구당 48두씩 배치, 급여사료는 고수분 옥수수 60%, 옥수수 사일레지 30%(건물비)였음.

및 열악한 환경조건에서 더욱 크게 나타남을 잘 보여 주고 있다.

Monensin과 lasalocid는 비육우에 널리 사용되고 있는 대표적인 항생제로 성장 중이거나 성숙한 소에 대해서도 좋은 효과를 나타내는데, 이들 물질의 작용기전이 완전히 밝혀지지는 않았지만 반추위내의 휘발성 지방산 중 propionic acid가 비교적 많이 생성되게 하여 메탄으로 소실되는 에너지를 줄임으로써 성장률이나 사료효율을 개선하는 것으로 보이며, 반추위내 단백질의 분해감소와 전분의 반추위 이후의 소화증가 및 분뇨로의 에너지 소실의 감소와 관련된 것으로 보인다.

2) 항생제에 대한 이해

항생제는 수십 년 동안 사료첨가제로서 사용이 보편화되어 왔지만 계속 사용에 대한 이해가 요구된다. 그 주된 내용은 비록 낮은 수준으로 사용하더라도 계속 사용할 경우 특정 병원균에 대한 내성(耐性)을 생기게 하여 인체에게 해를 줄 수 있다는 것이다.

일부의 부작용을 감수하더라도 저수준으로 항생제를 사료첨가제로 사용하는 것을 지지하는 측의 주장은 ① 오늘날과 같이 스트레스 요인이 많은 환경에서 동물을 건강하게 키우려면 항생제가 필수적이다. ② 항생제 사용을 금지할 경우 소비자들의 식품비 지출이 급증한다는 것이 요지이다. 반대로, 동물과 가금에 대한 사료첨가제로서 항생제 사용을 반대하는 측의 주장은 ① 동물이 항생제를 섭취함으로써 축산물 혹은 식품의 잔류 및 내성균 생성으로 인류의 건강이 저해된다. ② 항생제를 사용함으로써 정상적이고 위생적인 동물관리를 소홀히 할 수 있어 비정상적이고 비위생적인 동물관리가 야기될 수 있다는 것이다.

동물과 가금에 대한 항생제에 대한 논란은 앞으로도 계속될 것이다. 경제적인 이유로 항생제를 사용하게 되고, 그 결과 발생될 수 있는 인류 건강의 위험을 최소화하기 위해 주기적이고 신중한 관찰이 필요하며, 최종 결정은 과학적 사실에 근거하여 내려져야 한다.

항생제 사용에 있어서 다음 몇 가지 사항에 특히 유의해야 한다.

① 내성균주의 발생 여부를 조사한다.
② 한 종류의 항생제를 장기간 혹은 사용량을 초과하여 사용하지 않는다.
③ 부작용 여부를 면밀히 검토한다.
④ 가급적 사료첨가 혹은 음수용으로 사용한다.

미국 식품의약품안전청(FDA)에 의한 항생제 사용제한 혹은 항생제 사용에 대한 몇 가지 명백한 사실은 다음과 같다.

① 항생제 사용에 대한 제한조치로서 이미 몇 가지 물질의 사용이 금지되었다: Bovatec과 Rumensin을 소 사료에 다른 항생제와 같이 사용하는 것을 금지하였다.

② 잔류물질 문제에 대한 구체적인 연구결과가 없는 한두 가지의 사료첨가제를 함께 사용할 수 없다.

③ 호주・캐나다・일본・남미・대만・체코 등의 나라에서는 동물사료에 항생제를 사용할 수 있도록 허가하고 있으며, 영국은 항생제를 사료첨가제와 같이 수의사의 처방에 의한 사용으로 국한시켰고, 스웨덴은 1986년 항생제의 성장촉진제로서의 사용을 금지시켰다.

④ Penicilline과 tetracycline은 50년이 넘게 사용되어 왔으며, 닭과 칠면조에서 내성을 가진 균이 알려졌지만 여전히 다른 새로운 항생제보다 성장촉진제로서 우수한 효과를 갖고 있다.

⑤ 동물에 사용되는 특수한 항생제가 늘어나고 있다 : 증체나 사료효율 개선 효과가 있으나 치료용으로 사용할 수 없기 때문에 내성균으로 인한 건강침해 위험이 없이 동물을 위해 특수하게 생산된 항생제로서는 virginiamycin, bambermycin, bacitracin, monensin 및 lasalocid 등이 있다.

3) 호르몬제

호르몬이란 동물체의 특정한 부위에서 생성되어 다른 부위로 운반되고, 그곳에서 각종 생리적 반응을 일으키는 화학물질이다.

지금까지 생물체의 수많은 호르몬이 밝혀졌고, 자연적인 호르몬과 동일한 생리학적 반응을 일으키는 수많은 호르몬 혹은 호르몬 모양의 화합물을 합성하였다. 경우에 따라 이 물질을 주사하여 특수한 반응을 일으킬 수 있는데, 성장을 촉진하고 우유 생산량 증진 및 육생산 효율을 개선하는 등의 효과를 볼 수 있다. 많은 호르몬이 성장촉진, 유생산 증가 및 산육(産肉) 효율향상을 목적으로 동물에 급여하거나 주사로서 사용해 오고 있다. 성장호르몬, 부신피질호르몬, estrogen, androgen, progesterone, androgen-estrogen 복합체, thyroid와 antithyroid 혼합물 등이 해당된다.

한때 DES(diethylstilbesterol)가 소에 대한 경구투여 혹은 피하주사 및 양에 대한 주사제로 널리 이용되기도 하였으나, 많은 양을 사용할 경우 잔류로 인하여 암을 유발할지도 모른다는 연구결과가 나와 사용이 금지되었다.

반추동물에 대한 호르몬의 이용은 사료섭취량 증가에 따라 체내 질소 축적을 증가시키는 결과를 가져와 성장률 개선, 사료효율 개선 효과를 보이기도 하나, 때로는 체지방 축적이 감소되어 호르몬을 사용하지 않는 것과 비교하여 같은 체중의 동물보다 육 등급이 낮은 결과를 나타내기도 한다.

성장호르몬(growth hormone, somatotropin)은 동물의 성장과 조직대사 및 에너지 분배에 관여하는 뇌하수체에서 분비되는 호르몬으로 시상하부의 말단 신경세포에서 방출되는 두 개의 분비조절 호르몬에 의하여 분비 조절된다.

축산분야에서 이용되는 성장호르몬으로 대표적인 것이 젖소의 산유량 증가를 위한 소 성장호르몬(bovine somatotropin, bST)과 돼지의 성장률과 사료효율 향상을 위한 돼지 성장호르몬(porcine somatotropin, pST)이다. 성장호르몬의 직접적인 작용기전은 성장호르몬이 직접 여러 기관에 작용하여 지방분해를 촉진시키고 세포의 성장 및 영양소의 재분배 과정에 관여하게 되는 것이고, 간접적인 작용기전은 간에서 somatotropin의 활성에 의한 간접적인 작용으로 Insulin-like growth factor I(IGF-I)을 매개하여 유선, 골격 및 다른 기관의 성장에 영향을 미치게 되는 것이다.

성장호르몬의 사용은 주로 송아지나 소에 대하여 효과적인 것으로 보이며, 돼지에 대한 호르몬 사용효과는 일관된 성적이 나타나지 않고 있으나 성장호르몬인 porcine somatotropin은 모든 돼지에 적용되며, 일반적인 환경하에서 15～20%의 증체효과, 사료효율 개선 및 정육 생산량이 증가하는 결과를 가져온다. 착유우에 대한 성장호르몬의 근육주사제로 사용에 대한 연구가 진행되어 적당량 사용은 사료섭취 증가와 유생산 촉진의 효과가 입증되었다.

Molengestrol acetate(합성 progesterol)은 비육 암소에 널리 이용되고 있는데, 발정을 억제하여 증체효율을 높여 주며, thyroprotein(iodinated casein)은 젖소의 산유 절정기에 급여를 시작하면 산유량이 증가하게 되나 비유기 18～20주 이상 계속되지는 않는다. Thyroprotein은 산유 절정기의 비유량을 지속시키기 위하여 이용되며, 특히 비만한 암소에 잘 이용될 수 있다. 최근에는 유전자 조작 또는 DNA 재조합 기법에 의해 합성된 성장호르몬을 젖소에 주입하면 산유량이 크게 향상되며, 유조성 개선 및 사료효율 향상의 결과를 가져온다고 보고되어 있다.

한편, 호르몬제가 항생물질처럼 널리 이용되지 못하는 것은 다음과 같은 몇 가지 이유 때문이며, 이들의 관계가 명확하게 규명되지 못했기 때문이다.

① 동물에 대한 호르몬의 작용기전이 아직 완전히 밝혀지지 않았다.
② 몇 종의 호르몬에 대해서는 정제방법이나 분석방법이 확립되지 않았다.
③ 호르몬은 상호간 혹은 특정 영양소와 밀접한 상관관계가 있다.
④ 사용한 호르몬이 도체나 우유 내에 잔류할 수 있다.

따라서 호르몬제의 사용으로 인하여 발생될 수 있는 인체에 대한 유해성 여부를 면밀히 검토하고 각별한 주의가 필요하다.

4) 생균제

생균제(probiotics)는 "for life"를 뜻하며, 항생제(antibiotics)의 "against life"와는 반대 의미를 가지며, 장내 미생물 균형에 도움을 주는 미생물이나 물질들을 말한다. 생균제는 항생제와 비교하여 일반적인 사양환경 하에서 성장촉진 효과가 약간 뒤지는 것으로 보이나, 항생제가 갖는 잔류나 내성균 등의 문제가 없기 때문에 사료첨가제로서 지속적으로 사용이 확대되어 나갈 것으로 보인다.

특히 갓 태어난 어린 동물에게 항생제를 사용하여 질병을 치료하고 난 후에 장내에 바람직한 세균총의 균형을 이루기 위해 생균제의 투여가 필요하다. 아직까지 생균제의 정확한 작용기전에 대해서는 밝혀지지 않았으며 사용에 따라 반응도 다양하다. 장내균총의 구성은 숙주의 생리, 사료의 종류, 약물, 사육환경 등의 요인에 의하여 영향을 받으며, 숙주의 건강에 여러 가지 영향을 미치게 된다. 장관내 부위에 따라 산소 농도, pH 등의 조건이 다르므로 한 가지 생균보다는 부위별로 적합한 복합생균제가 더욱 효과적이다. 생균제는 항생제만큼 장내균총에 대하여 강력한 작용을 하지 않지만 장내균총을 교란시키지 않고 정상적인 구성이 되도록 도와준다. 생균제의 사용에 대한 반응의 차이는 동물이 받는 각종 stress의 정도와 생균제의 적정사용 수준과도 관련이 깊다.

일반적으로 동물에게 급여되는 생균제는 생균, 사균 및 발효 부산물을 포함하며, 이들 중에서 대표적인 것으로는 유산생성균 · *Bacillus*균 · 호모제 · 효소제 · 생효모 배양물 및 이들의 복합제가 있다.

생균제로 가장 많이 이용되고 있는 미생물은 유산생성균으로 주로 *Lactobacillus*와 *Streptococcus*이다. *Lactobacillus* sp. 중에는 *L. acidophillus, L. bulgaricus, L. plantarum*이 주요 균종이고, *L. casei* 및 *Streptococcus* sp. 중에서는 *S. faecium, S. thermophilus, S. diacetilactus*가 주요 균종이다.

곰팡이류로서는 *Aspergillus niger*와 *Aspergillus oryzae*가 주로 이용되며, 효모류로는 유포자 효모인 *Saccharomyces*와 무포자 효모인 *Torulopsis*가 이용되며, 특히 *S. cerevisiae*는 yeast culture로 많이 이용된다.

사료첨가제로서 생균제가 갖추어야 할 일반적인 조건은 다음과 같다.

① 사료 제조, 보관 및 소화관 내에서 안정성이 유지되어야 한다.
② 적정량의 살아 있는 생균이 함유되어 있어야 한다.
③ 동물에 대한 안정성이 있어야 한다.
④ 섭취된 생균은 빨리 활성화되면서 빠른 성장과 산생성이 있어야 한다.
⑤ 투여효과가 항상 고르게 나타나야 한다.
⑥ 장관내 유용균의 발육증식 및 정상균총을 유지해야 한다.
⑦ 항생제나 화학요법제와 같이 사용하여도 길항작용이 없어야 한다.

생균제가 갖는 일반적인 효과는 크게 영양효과와 건강효과 및 살균효과로 나눌 수 있다. 먼저 영양효과 면에서는 유기산 · 항생물질 · 소화효소 등의 유익산물의 생성, 비타민의 합성, 사료의 소화촉진, 영양소 흡수촉진, 번식율 향상과 폐사율 감소효과를 나타낸다. 건강효과 면에서는 유해균의 증식억제, 가스배출 효과, 혈중 콜레스테롤 감소, 장내 pH의 적정 조절, 조혈 및 면역기능의 촉진, 유익균 증식촉진, 생성된 독소물질의 중화작용 등의 효과를 가진다.

살균효과는 항균성 물질의 생성으로 장내 부패균의 억제, 분변의 발효억제, 악취, 유독가스의 방지, 설사예방, 면역기능 활성화로 감염방지, 대장균 및 유해균의 살균 등의 효과를 보인다.

5) 기타 사료첨가제

대표적인 사료첨가제인 항생제를 포함하여 호르몬제·생균제 등 앞에서 설명한 수많은 물질들 이외에도 사료보충제, 액상사료, 무기물 및 비타민 공급원으로 또는 다른 특수한 목적으로 사용되는 여러 가지 다른 첨가제가 있다.

(1) 베타 아고니스트

β-adrenergic agonist는 epinephrine과 화학적·약리적으로 비슷한 특성을 지니며, 체단백질 축적을 증가시키고 지방축적을 감소시키는 효과가 있다고 알려져 있으며, 이 β-adrenergic agonist에는 합성물질인 cimaterol과 clenbuterol이 있다. β-agonist의 사용효과는 동물의 종에 따라 큰 차이가 있는데, 특히 돼지의 경우에 사용효과가 양이나 소에 비하여 떨어진다는 보고가 많다. 그런데 이러한 원인은 돼지 지방조직의 catecholamine 수용체가 높은 특이성을 갖고 있기 때문인 것으로 추측된다.

돼지에 대한 cimaterol 첨가효과를 요약하면 성장률과 사료효율을 개선하고 저지방 돈육을 생산하는 것으로 보고 되고 있으나, 육질에 영향을 미치는 β-agonist의 효과는 동물의 종이나 실험조건에 따라 달라질 수 있고, 연구자에 따라 상이한 결과를 나타내기도 한다.

(2) 지오라이트

지오라이트는 규산염 광물질의 한 종류로서 결정구조상이나 화학조성상 50여 종의 규산염 광물질들이 있는 것으로 알려져 있다. 그러나 대규모로 생산되는 지오리이트는 전 세계적으로 clinoptilolite, analcine, chabazite, mordenite, erionite, heulandite, philipsite, ferrienite 등의 10여 종 이내로, 이 중에서는 clinopilolite가 가장 많이 생산된다고 한다.

지오라이트는 저온 및 저압의 조건에서만 안정되는 광물로 지각변동 등에 의한 생성조건의 변화에 따라 쉽게 다른 광물로 전이되는 경향이 있다. 지오라이트의 사료적 가치와 오염물질 감소효과에 대해서는 1970년대 후반부터 돼지와 닭을 대상으로 다양하게 이루어져 왔다. 지오라이트 급여가 증체율 개선에 효과적인 것은 소화기내에서 단백질 분해가 이루어지는 동안 발생되는 암모니아의 흡수를 감소시키기 때문이라 하였고, 체중 25 kg인 돼지에 옥수수를 대체하여 지오라이트와 clinoptilolit를 첨가한 경우 일당 증체, 사료섭취량 및 사료효율에는 차이가 없었으나 대사에너지 이용률은 상당히 증가한다고 하였다. 그러나 일부 연구에서는 성장능력에 영향을 미치지 않았다고 보고하기도 하였다.

(3) 효소제

효소는 살아 있는 세포에서 생산된 복잡한 단백질로, 단일 또는 복합효소제가 소화 보조제로서 사료에 첨가되어 이용되어 왔다. 사료에 효소를 첨가하는 주된 목적은 항영양인자의 제거, 소화율 개선, 배설물의 오염부담 경감 등이다. 효소제의 장점은 효소제는 천연화합물로서 독성이 없으며, 특이성을 가지고 작용온도와 pH 범위가 넓고, 고온・고압, 높은 산도에서도 특별한 장치 없이 작용할 수 있으며, 저농도에서도 활력이 높고, 기질이 일정한 농도에 이르면 효소는 쉽게 불활성화시킬 수 있다는 것이다.

(4) 완충제

완충제란 반추동물 사료에 첨가하여 소화기관의 수소이온 농도의 변화를 감소시키는 물질을 말한다. 많이 사용되는 완충제로는 중탄산나트륨・산화마그네슘・석회석・유청 등이며, 비육・비유 등의 목적에 따라 적절한 급여수준이 달라진다. 비육 효과를 촉진하기 위하여 곡류 비중이 높은 사료를 급여하게 되면 반추위의 산도가 높아져 이로 인한 식욕감퇴와 사료효율 및 증체율 저하로 이어질 수 있는데, 이러한 경우에는 sodium bicarbonite를 완충제로 이용할 수 있다.

젖소의 경우에는 비유 초기 많은 양의 농후사료 급여시, 발효 목초가 사료 중 비중이 클 때, 사료의 입자 크기가 분쇄 등으로 작아져서 반추위의 발효속도를 증가시키고 타액의 분비와 완충효과를 저하시킬 때 완충제를 사용하면 효과적이다.

(5) 비테인

비테인(betaine)은 천연 화합물로 glycine의 N원자에 3개의 메틸기가 부착되어 있는 guaternary ammonium compound이다. 살아 있는 모든 생명체에 존재하지만 그 양은 변이가 크다. 비테인은 메틸화 반응에 직접적으로 작용하기 때문에 지방대사에 중요한 영향을 미치게 된다. 간의 지방 동원을 자극하며, 혈중 지단백질(lipoprotein) 성상에 영향을 미친다. 비테인이 지방간을 예방한다는 사실 이외에도 도체지방의 함량과 분배에 있어서 중요한 역할을 한다. 사료에 비테인 첨가가 암돼지의 성장률과 도체율에는 별 영향을 미치지 않았으나 등지방 두께는 대조구에 비하여 14.8% 감소 효과가 있었다고 하였다.

(6) 카르니틴

사료를 통하여 카르니틴(carnitine)을 급여하게 되면 지방체의 분해가 촉진되며, 신생자돈의 에너지 공급원으로서 대사에너지의 50% 이상을 중간사슬 지방산으로 공급하게 되면 지방산의 산화를 20% 이상 증가시킨다고 보고된 바 있다. 일반적으로 카르니틴을 적정 수준으로 급여하게 되면 사료 이용성을 개선시켜 준다고 알려져 있지만 일부 연구결과, 특히 비육기의 연구결과에서는 효과가 없다고 하여 보다 다양한 연구가 요망된다.

(7) 셀레늄

셀레늄(selenium)은 다양한 용도로 쓰이고 있으며, 공업용으로는 화학촉매, 반도체, 푸른빛을 내는 유리・샴푸 등의 원료로, 농업분야에서는 항곰팡이제・살균제 및 살충제로 이용되고 있으며, 동물에 대해서는 셀레늄 결핍을 예방 또는 치료할 목적으로 첨가제 형태로 사료에 첨가되거나 주사제로 이용되어 왔다. 최근에는 동물사료에 첨가하여 셀레늄을 함유한 축산물을 생산하여 궁극적으로 인체의 건강증진 효과를 기대할 수 있는 기능성 식품 생산을 위하여 이용되기도 한다.

사료를 통한 셀레늄의 소화 흡수과정은 동물에 따라 차이가 있는데, 돼지는 위에서는 흡수되지 않고 소장의 상단부위인 십이지장에서 흡수된다. 반추동물은 섭취된 셀레늄의 많은 부분이 반추위 내에서 환원작용을 거치면서 이용이 거의 되지 못하는 불용성 selenide형태로 변하여 체외로 배출되므로 셀레늄의 이용률이 단위동물에 비해 매우 낮다.

무기태 셀레늄(selenite)은 일반적인 광물질의 흡수처럼 단순 확산에 의해 흡수되므로 외관상 소화율은 80% 정도로 능동수송으로 운송되는 유기태 셀레늄보다 높다. 흡수된 무기태 셀레늄의 대부분은 뇨를 통해서 체외로 다시 배출되므로 실제적으로 체내에 축적되는 셀레늄의 양은 외관상 소화율이 낮지만, 체외로 배설되는 양이 상대적으로 적은 유기태 셀레늄에서 더 높게 나타난다. 흡수된 셀레늄은 혈액을 통하여 체내 여러 조직으로 운송되어 축적되는데, 간과 신장에서 가장 높은 농도를 보인다.

(8) 유기산

어린 돼지의 위장 점막에서 분비되는 염산은 그 양이 충분하지 못하여 위 내용물의 pH가 높아지고, 따라서 pepsinogen 같은 효소의 활성화가 잘 이루어지지 않게 되어 단백질 소화가 저하되고, 해로운 박테리아의 번식이 가능하게 되며, 이러한 소화장해가 설사로 나타나게 된다. 자돈의 소화장해를 극복하기 위하여 처음으로 시도된 유기산은 lactic acid였다. 음수량의 1% 수준으로 lactic acid를 급여하였더니 증체율과 사료효율이 개선되었고, 소장에서의 *E. coli* 숫자도 감소되었다. 사용되는 유기산은 lactic acid를 비롯하여 propionic acid, fumaric acid, citric acid 등이다.

(9) 유카추출물

유카는 사막에 자생하는 식물로서 식용 또는 약용으로 이용되고 있으며, 향미제로도 사용된다. 유카추출물의 주성분은 saponin이다. 유카추출물이 암모니아 농도를 감소시키는 기작에는 두 가지 설이 있다. 첫째는 urease 활성의 억제로 암모니아 발생을 억제하는 것이고, 다른 하나는 유카추출물이 urease 활성을 억제해서가 아니라 암모니아와 결합하여 유리 암모니아 농도를 감소시키거나 암모니아를 다른 물질로 전환시켜 암모니아 농도를 감소시킨다는 것이다.

참고문헌

1. AFCO. 1988. Official publication 1988. Washington, D.C. : Assoc. Amer. Feed Control officials.
2. Berger, L.L., S.C. Ricke and G.C. Fahey, Jr. 1981. J. Anim. Sci. 53 : 1440.
3. Church, D.C., W.G. Pond. 1988. Basic Animal Nutrition and Feeding. 3rd Ed. John Wiley & Sons.
4. Church, D.C. 1991. Livestock Feeds and Feeding, 3rd Ed. Prentice Hall. Inc.
5. Dalyrmple, R.H., P.K. Baker and C.A. Riche. 1984. Proc. Georgia Nutr. Conf. Univ. of Georgia, Athens, GA. p. 111.
6. Duffy, D. and P. Brooks. 1998. Using Yucca Shidigera in pig diets: Effects on nitrogen metabilism. In: Biotechnology in the Feed Industry (Ed. T.P. Lyons and K.A. Jacques). Proc. Alltech's Foundation Annual Symposium.
7. Fain, J.N and J.A. Garcia-sainz. 1983. J. Lipid Res. 24 : 945.
8. Feed additive compendium. 1994. Miller Publ. Co., Minnetonka, MN , and The Animal Health Institute, Alexandria, VA.
9. Goodrich, R.D., et al. 1984. J. Anim. Sci. 58 : 1484.
10. Han, In K., J.H. Kim and R. Blum. 1998. Use of L-carnitine to produce lean pork. Proceedings of 8th World Conference on Animal Production, Pre-Conference Symposia The 8th World Conference Organizing Committee, Seoul, Korea.
11. Hays, V.W. 1979. In Drugs in Livestock Feed, Vol. I. pp 29～36. Tech. Rep. Office of Technology Assesment, Cangress of the United States, Washington, D.C.
12. Hirsch, D.C. and N. Wiger. 1978. J. Anim. Sci. 31 : 1102.
13. Kirk, D.J., L.W. Greene, G.T. Scheelling and F.M. Beyers. 1985. J. Anim. Sci. 60 : 1479.
14. Owen, K.Q., J.L. Nelssen, R.D. Goodband, T.L. Weeden and S.A. Blum. 1996. Effect of L-carnitine and soybean oil on growth performance and body composition of early-weaned pigs. J. Anim. Sci. 74 : 1612.
15. Peel, C.J., T.J. Frank, D.E. Bauman and R.C, Gorewit. 1983. J. Dairy Sci. 66 : 776.
16. Various authors. 1984. Symposium on Monensin in cattle. J. Anim. Sci. 58

: 1461.

17. Wallace, H.D. 1970. J. Anim. Sci. 31 : 118.
18. Yen, J.T. and W.G. Pond. 1993. Effecs of carbadox, copper of Yucca shidigera extract on growth performance and visceral weight of young pigs. J. Anim. Sci. 71 : 2140.
19. 백인기. 1989. 생균제의 사용 효과. 한영사보. 13(3) : 175.
20. 정정수. 1992. 성장호르몬이 돼지의 생산성과 육질에 미치는 영향. 92 영양사료 기술세미나. 한국.

12

영양과 유전자

현대 영양학의 가장 큰 과제 중 하나는 동물의 종별 혹은 개체별 요구량의 차이를 이해하는 것과 건강을 유지하면서 최대의 성장과 생산성을 달성하는 것이다. 이와 같은 목적을 달성하기 위해서는 전통적인 영양학과 내분비학을 연결하는 것 뿐만 아니라 아직까지는 생소한 영양과 유전자 발현을 서로 연결하는 것도 필요하게 되었다. 최근의 분자생물학과 유전학의 눈부신 발전은 특정 개체나 종별로 요구되는 영양소와 이들의 생체내 작용을 유전자 수준에서 이해하는 데 커다란 기여를 하고 있다.

약 15～20년 전만 하여도 극히 일부 연구자가 영양과 유전자에 관한 연구에 참여하였으나 현재는 많은 연구자가 이 분야에 참여하고 있다. 2002년과 2003년 생쥐와 인간유전체 해독사업이 각각 완료되었고, 2004년에는 쥐와 소의 유전체 해독 초안이 완료되었으며, 기타 수종의 미생물 및 식물의 유전체 해독사업도 완료되었다. 현재, 돼지 등 경제 동물과 개・고양이 등의 애완동물에 대한 유전체 해독사업도 진행하고 있다.

따라서 앞으로의 연구는 유전체와 유전자의 기능 연구가 급속히 진행될 것으로 예상된다. 이러한 변화 속에서 유전체와 영양에 관한 연구도 활발하게 진행되고 있다. 이와 같이 연구 환경이 변함에 따라 등장한 새로운 학문이 영양유전체학(nutrigenomics 혹은 nutritional genomics)이다. 앞으로의 영양학 분야는 영양유전체학이 연구 중심이 되어 급속히 발전할 것으로 보인다.

1. 영양과 유전자

영양소들은 그 영양소 고유의 역할, 즉 에너지 생성과 저장, 체구성 유지 등의 역할을 넘어 유전자의 발현을 조절하는 주요한 기능이 있다. 그림 12-1은 영양소의 섭취와 유전자 발현과 단백질 합성과의 관계, 그리고 영양소 요구량에 대한 유전자 발현의 영향 등의 상호관계를 나타낸 것이다. 영양소와 유전자 발현과의 관계는 일방적인 관계가 아닌 서로 영향을 미칠 수 있는 상호관계의 위치에 있다는 것을 알 수 있다. 영양소는 직·간접적으로 유전자 발현에 영향을 미친다.

세포 수준에서는 영양소가 ① 유전자 전사조절인자(transcription factor) 수용체(receptor)의 ligand로서 작용하며, ② 영양소가 1차 또는 2차 대사과정으로 이용되어져 기질 혹은 중간 대사산물의 변화를 유도하고, ③ 신호전달 체계에서 '촉진' 혹은 '억제'로 작용할 수 있다. 예를 들면 지방산은 산화되어 세포를 위한 에너지를 생산하게 된다. 이 경우 세포간 에너지 균형의 변화는 NAD 항상성 관련 유전자 발현에 간접적으로 영향을 주게 되고, 미토콘드리아의 전자전달 활성도에도 영향을 미치게 된다. 이는 유전체의 크로마틴(chromatin)의 재구성을 유도하고 히스톤의 아세틸화(acetylation)와 DNA 메틸화(methylation) 반응에 따라 장·단기 유전자 조절이 일어나 목적으로 하는 최종 유전자를 조절하게 된다.

영양소의 변화에 대한 반응으로서 유전자 발현이 조절된다는 것은 단세포 미생물이나 하등 진핵생물에서 잘 볼 수 있다. 히스티딘과 트립토판 오페론(operon)은 영양의존적 락토오스 생합성 조절의 좋은 예이다. 그러나 고등생물에서는 단세포 생물에서처럼 영양소에 의한 유전자 조절이 간단치 않다. 고등동물에서는 영양소 이외에 호르몬·신경 등의 여러 요소가 유전자 발현에 관여하고 있기 때문이다.

영양과 유전자(유전체) 연구에 있어서 연구자들은 ① 최상의 대사작용을 위하여 요구되는 영양소(특히, 미량 영양소)의 양은? ② 유전적 배경이 다른 경우 각 동물에 대한 최상의 영양소 섭취량은? ③ 사료 영양소(dietary chemicals/nutrients)와 장·단기 체내 대사조절과의 연관관계는? ④ 출생부터 성장단계별 영양소 이용과 변화에

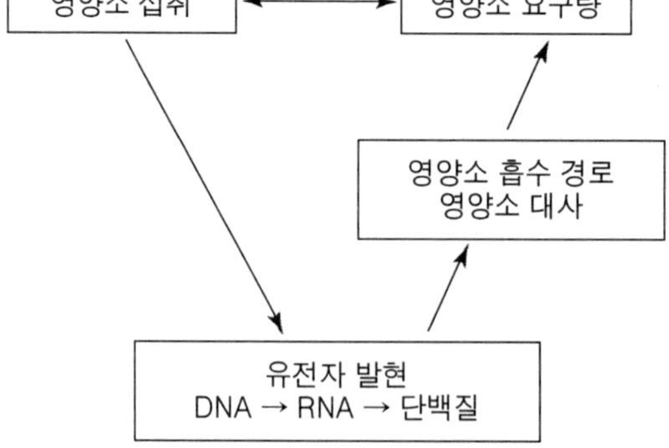

그림 12-1. 영양과 유전자 발현의 상호관계(Hesketh 등, 1998)

대한 평가 방법은? ⑤ 영양-유전자 간 상호관계의 연구에서 얻은 정보를 동물의 사육・생산・이용 등에 어떻게 이용할 것인지? 등에 대하여 기본적으로 생각해 보아야 한다.

2. 분자수준에서의 영양소

세포는 원형질막(plasma membrane)을 통과하여 미량 영양소(micronutrients)를 운반하며 세포내에 운반된 미량 영양소들은 다양한 종류의 단백질 혹은 소기관들에서 이용되어진다(그림 12-2). 세포에서 이러한 과정은 여러 가지 의문점을 제기하게 된다. 어떻게 세포는 충분한 영양소를 얻을 수 있을까? 특정한 영양소를 어떻게 잘 조율하여 세포내로 운반된 영양소들을 적절한 위치의 소기관에 배분하는지? 만약 미량 영양소가 제한적으로 공급될 때 대사과정 혹은 효소반응에서 특정 영양소를 우선적으로 사용하는지 등이다.

그 첫 번째 질문에 대하여 영양소의 세포내로의 수송에 관한 많은 연구들이 이루어졌으며, 그 결과 다양한 종류의 영양소 운반체가 밝혀졌고 그 성격이 규명되었다. 그러나 세포내로 영양소의 수송 이후 이들에 대한 생화학적 과정, 즉 특정한 단백질 혹은 대사과정 등에 이용되는 영양소들이 무엇에 의하여 영양소가 분배되고 있는지

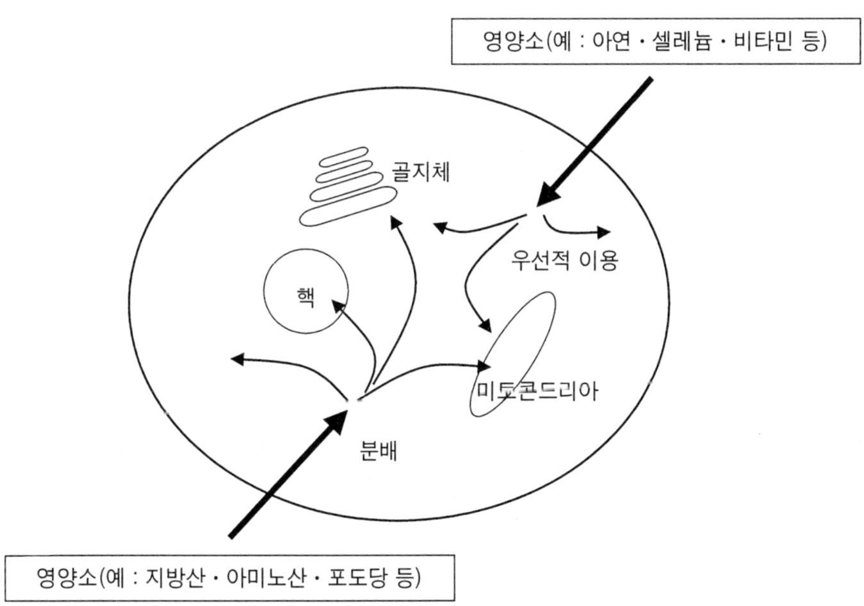

그림 12-2. 세포 수준에서의 영양소(Hesketh and Villette, 2002)

에 대해서는 알려진 것이 많지 않다. 세포내 물질의 분배체계나 미량 영양소의 우선적 사용 등에 대한 것은 효율적인 영양소의 이용 측면에서 매우 중요하다.

각 영양소는 서로 다른 각각의 생화학 대사과정이 있으며, 이것은 결국 영양소의 대사반응에 영향을 미치며 궁극적으로 각각의 영양소에 대한 요구량에도 영향을 미치게 된다. 세포내 영양소 분배체계에서 영양소별 서로 다른 차이는 유전자형에 근간을 두게 된다. 따라서 세포내 영양소의 분배와 우선적 이용에 관련된 중요한 역할을 하는 세포의 구성요소를 찾는 것과 이들과 연관된 유전자들의 조절, 그리고 대사와 요구량에 영양학적으로 중요하게 영향을 미치는 이들 유전자들의 각각의 변이 정도를 평가하는 것 등은 매우 중요하다. 분자생물학과 유전체학 기법들은 주요 유전자의 조절에 대한 연구와 동물간 변이를 결정하거나 혹은 영양에서의 앞의 변이가 미치는 정도를 평가하는 것 등이 가능하게 하였다.

3. 유전자의 발현

1) 유전자의 발현과정

유전자가 발현되는 과정을 간단히 소개하면 다음과 같다. 세포의 핵에 있는 DNA가 가지고 있는 유전정보는 일차 전사체(primary transcript)인 RNA를 만들고, 이는 핵 내에서 적절한 가공처리가 된 다음 성숙한 mRNA(전령 RNA)로 된다. 성숙한

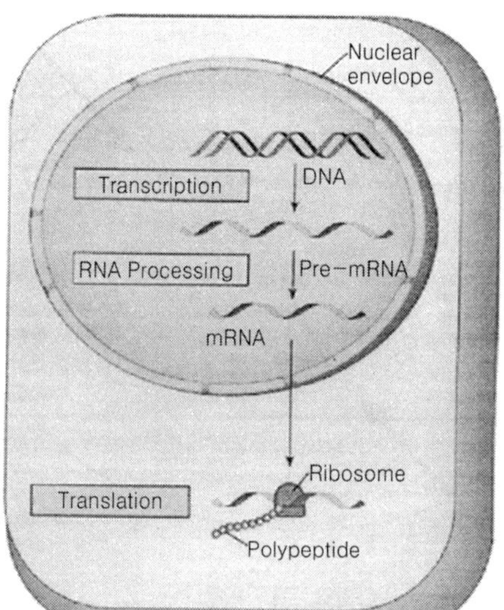

그림 12-3. DNA에서 단백질 합성에 이르기까지 유전자 발현과정

mRNA는 핵에서 세포질로 이동되고, 이곳에서 mRNA가 가지고 있는 아미노산 염기 배열에 대한 유전정보에 따라서 단백질이 합성된다(그림 12-3).

이 과정 중에서 영양소가 유전자 발현에 영향을 미칠 수 있는 단계는 RNA가 만들어지는 전사(transcription) 단계에서부터 최종 활성이 있는 단백질이 만들어지는 단계까지이다. 즉, 영양소는 발현되는 기능적 단백질의 양을 전사단계, 전사 후 번역(translation) 단계, 번역 후 단계 등 여러 곳에서 특정 유전자를 이용하여 조절할 수 있다. 여기에서는 다량 영양소(macronutrient ; 탄수화물 · 지방 · 단백질)와 미량 영양소(micronutirient ; 비타민과 광물질)에 의한 유전자 발현 조절에 대하여 소개하고자 한다.

2) 영양소에 의한 유전자의 발현조절

유전자들은 복잡한 과정을 통하여 조절되는데 영양소와 호르몬들은 유전자의 전사단계에 직접 관여하거나 혹은 간접적으로 조절하게 된다. 비타민 A, 비타민 D, 지방산, 스테롤, Zn 등은 직접적으로 잔사에 관여하는 영양소로 알려져 있다. 반면 식이성 섬유소와 같은 경우 호르몬의 신호전달체계, 기계적 자극, 장의 미생물에 의해 생성된 중간 대사산물 등의 변화를 통하여 간접적으로 유전자의 발현에 영향을 미칠 수 있다.

살아 있는 생물의 기능은 영양소의 환경적 이용성에 의지한다. 모든 개체가 특정 영양소에 대한 동일한 반응을 보이지는 않는다는 것이다. 동일한 영양소에 좋게, 중

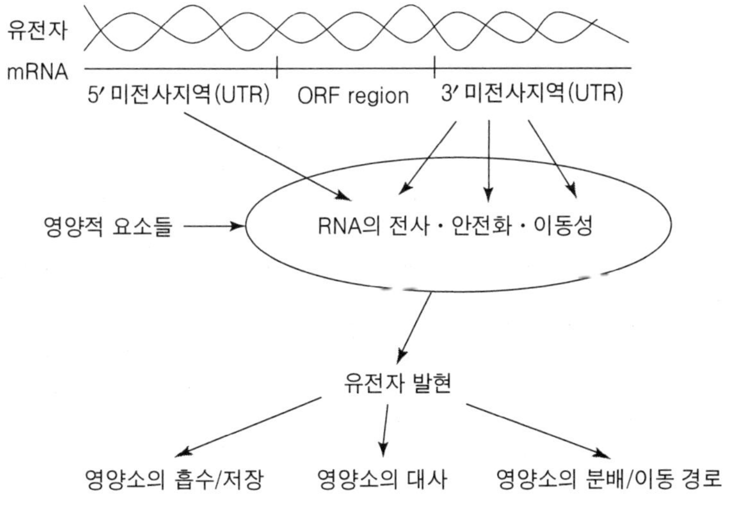

그림 12-4. 영양소에 의한 유전자 발현의 조절(Hesketh 등, 1998)

간, 나쁘게 혹은 무반응으로 나타날 수 있다. 이와 같은 현상은 영양소-유전자 간 상호관계가 복잡하며, 영양소와 유전체 간에는 일방적이 아닌 즉, 양방향의 관계에 있다는 것이다.

예를 들면, 특정 영양소를 과다하게 섭취하였다면 그 동물은 그러한 상황에 대비하는 대사기전에 적응한다. 지방 혹은 탄수화물이 풍부한 사료를 섭취하게 되면 비만으로 이어지고, 비인슐린형 당뇨병 혹은 고지혈증 등을 유발할 수 있다. 이러한 사항에서는 동물이 유전자 전사조절 기작을 통하여 일정 수준의 콜레스테롤을 유지하려고 한다. 따라서 체내의 과다한 콜레스테롤은 옥시스테롤로 전환되고, 이와 연관된 유전자 전사요소들을 조절하여 과다한 콜레스테롤의 축적을 제한하게 한다. 이는 영양소

표 12-1. 영양소-유전자 상호작용에 관여하는 전사인자와 영양소

영양소 종류	영양소	전사인자
거대영양소		
지 방	지방산	PPARs, SREBPs, LXR, HNF4,
	콜레스테롤	SEEBPs, LXRs, FXR
탄수화물	포도당	USFs, SREBPs, ChREBP
단백질	아미노산	C/EBPs
미량 영양소		
비타민	비타민 A	RAR, RXR
	비타민 D	VDR
	비타민 E	PXR
광물질	칼슘	Calcium/NF-ATs
	철	IRP1, IRP2
	아연	MTF1
기타 물질들	Flavonoids	ER, NF-κB, AP1
	Xenobiotics	CAR, PXR

PPAR, peroxisome ; SREBP, sterol-responsive-element binding protein ; LXR, liver X receptor ; HNF, hepatocyte nuclear factor ; FXR, farnesoid X receptor; USF, upstream stimulatory factor ; ChREBP, carbohydrate responsive element binding protein ; C/EBP, CAAT/enhancer binding protein ; RAR, retinonic acid receptor ; RXR, retinoid X receptor ; VDR, vitamin D receptor ; PXR, pregnane X receptor ; NF-AT, nuclear factor of activated T cells ; IRP, iron regulatory protein ; MTF, metal-responsive transcription factors ; ER, oestrogen receptor ; NFκB, nuclear factor κB ; AP, activated protein ; CAR, constitutively active receptor.

Muller와 Kersten(2003).

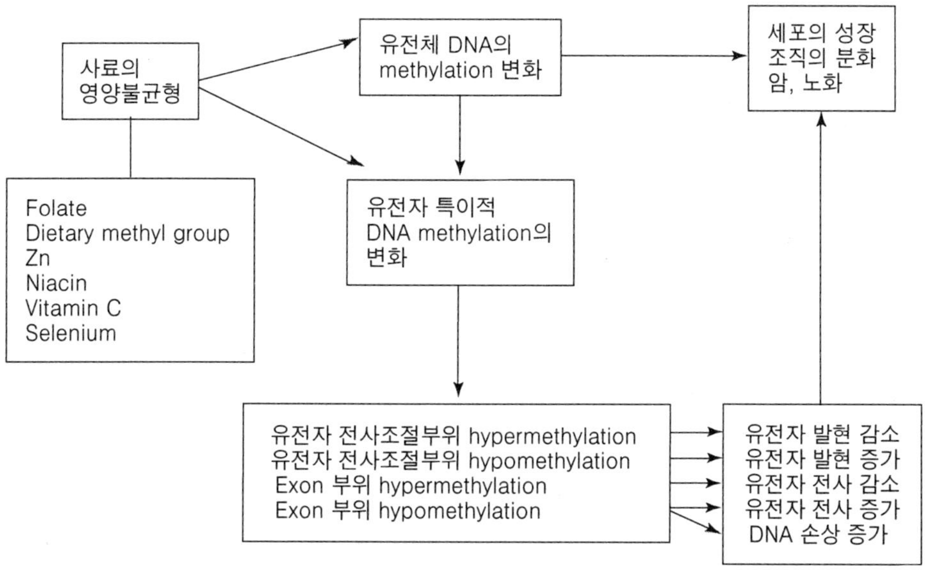

그림 12-5. 영양소, 유전자 발현, DNA 메틸화와 생체반응과의 관계

가 유전자 발현을 조절하여 체내대사에 관여하고 있음을 보여 주는 것이다.

그림 12-4는 영양소에 의한 유전자 조절 모식도이다. 유전자 DNA의 미전사지역(untranslated region ; UTR)에는 그 유전자를 조절하는 부위를 포함하고 있으면서 RNA의 전사, 안정화, 이동 등을 조절하여 궁극적으로 유전자의 발현까지 관여한다. DNA의 전사조절 신호는 특정한 단백질과 결합하는데 단백질-DNA의 상호간의 결합이 영양적 요소들에 의해 반응하면서 유전자 발현을 조절한다. 예를 들면, 영양소 흡수나 저장에 관련된 ferritin, GLUT1, 대사에 관련된 lipoprotein lipase, 영양소 분획과 경로와 연관된 selenoproteins, metallothionein 등의 유전자 산물의 생산이 영양소의 조절을 받는다. 표 12-1은 영양소와 유전자 상호작용에 관여하는 전사인자와 영양소들을 요약한 것이다.

4. 영양소 형태에 따른 유전자 발현조절

균형이 잡히지 않은 주요 다량 영양소(지방·탄수화물·단백질)들은 이를 섭취하는 동물들에게 유전자 발현 등에 영향을 미쳐 성장·번식·생산 등에 지장을 줄 뿐만 아니라 만성적인 질병의 유발 혹은 질병의 악화 등으로 이어질 수 있다. 아미노산·지방산·탄수화물 등은 서로 다른 생물학적 시스템에 관여하면서 여러 작용을 통하여 유전발현을 조절하고 있다. 같은 사료라도 사료의 가공 처리방법과 정도에 따라서 특정 영양소의 양적 혹은 질적인 변화를 일으키고, 자연에서 유래된 물질 뿐만 아니라 가공처리에 의해서 생성되는 화학적인 물질들도 세포내 유전자들의 발현에도 영향을 미칠 수 있다.

1) 아미노산과 유전자 발현조절

아미노산은 특정 유전자 발현의 조절에서 영양적 신호(nutritional signals)의 역할을 할 수 있다. 체내 세포들은 아미노산 수준의 변화를 탐지할 수 있으며 유전자의 전사 및 mRNA의 안전성 등의 기작에 대하여 반응하며 전사개시의 촉진과 억제 등의 조절에도 반응하게 된다. 예를 들면, 아미노산에 의한 C/EBP homologous protein (CHOP)의 발현조절에 관한 연구가 많이 되어 있다.

CHOP는 전사조절인자 중의 하나인 C/EBP(CCAAT/enhancer-binding protein)계와 연관되어 있는 하나의 작은 핵단백질을 코딩(coding)하고 있으면서 광범위한 세포

표 12-2. 아미노산에 의해 조절되는 유전자들

유전자	조절(단계)
아미노산에 결핍에 의해 억제되는 유전자들	
지방합성효소(fatty acid synthase)	-
Prepro-glucagon	-
아미노산 첨가에 의해 유도되는 유전자들	
Argininosuccinate synthase	세포 팽창
ODC	mRNA안정화, 단백질 회전
Collagenase	AP-1 의존형
Tissue inhibitor of metalloprotenase	-
아미노산 결핍에 의해 유도되는 유전자들	
Amino acid transporters	-
IGFBP-1	-
CHOP	전사, mRNA의 안전화
C/EBP β	-
ApoB100	-
Asparagine synthase	전사, 전사 후
Ribosomal proteins	-

ODC, ornithin decarboxylase ; CHOP, C/EBP homologous protein ; IGFBP, IGF binding protein ; C/EBP, CAAT/enhancer binding protein ;

-; 밝혀지지 않음. Farournoux 등(2000).

에서 발현되고 있는 유전자이다.

CHOP의 유도는 소포체(endoplasmic reticulum)의 작용을 저해하는 요소들에 의해 활성화된다. 사람의 세포주(cell line)에서 아미노산 leucine의 제한은 농도변화에 비례하여 반응하면서 CHOP mRNA와 단백질의 발현을 증가시킨다.

인간세포의 아미노산 L-tryptophan이 생체조직 농도 이상으로 존재하면 유전자 전사수준에서 collagenase의 유전자 발현을 강력하게 유도하는 유도제로서 작용한다. 이 collagenase의 mRNA의 발현은 가역적이며 시간과 L-tryptophan의 농도에 비례한다. 그러나 아미노산에 의한 유전자 발현에 대한 조절에 있어서 분자생물학적 기작과 중간 매개체 등 아직 알려지지 않은 부분이 많이 남아 있다.

아미노산에 의한 유전자 조절에 대한 좋은 예로서 필수아미노산 제한에 의한 단백질 결핍과 IGFBP-1 조절에 의한 성장제한이다. 단위동물(돼지)과 가금(닭)에서 필수아미노산은 성장과 밀접한 관계에 있다. 성장은 유전적 요인과 호르몬 그리고 영양적 요소 등에 의해 조절되는 복잡한 현상이다. 그 성장을 조절하는 주요 부분이 성장호르몬과 IGF인데, IGF의 생리적 활성은 IGFBP라는 단백질에 의해 조절된다.

이 단백질에는 6종류가 알려져 있지만 그 중에서 IGFBP-1이 영양적 상태에 따라 민감하게 발현이 조절된다. 즉, 절식 혹은 영양결핍이 일어나면 혈중 IGFBP-1의 농도는 증가하게 되며, 이 단백질은 인슐린과 성장호르몬, 포도당 등에 의해 조절되면서 간에서 합성된다. 따라서 단백질 결핍은 간에서의 IGFBP-1의 발현을 증가시키고 동물의 성장을 저하시키게 된다.

2) 지방산과 유전자 발현조절

지방산은 유전자 발현조절을 통하여 생물학적 진행과정의 조절에 관여한다. 지방산 농도의 변화에 반응하여 목적으로 하는 유전자들의 발현이 개시되거나 종료된다. 모두 다는 아니지만 지방산 대사에 관여하는 많은 유전자들은 PPAR(peroxisomal proliferator activated receptors)계에 의해 조절된다. 특히 PPAR은 지방산에 의한 유전자 발현에 관여하고 있는 것으로 알려져 있다. PPAR은 조절하고자 하는 유전자들의 증폭위치에 있는 PPRE(peroxisomal proliferator response elements)에 결합하여 작동되는 ligand 의존형 전사조절 인자이다.

아고니스트(agonist)가 PPAR에 결합하게 되면 형태적인 변화가 오고 전사조절 보조인자와 결합할 수 있는 형태로 전환되고, 이 결과로 유전자의 전사가 증가하게 되는 것이다. PPAR에는 3종류의 PPAR 유사형(α, δ, γ)이 존재한다. PPARα는 지방의 감지기로서 중요한 역할을 할 뿐만 아니라 세포의 에너지 대사의 조절자이기도 하다. 그리고 지방산 운송단백질(fatty acid transport protein ; FATP)과 지방산 위치이동 효소(fatty acid translocase ; FAT) 단백질의 발현을 자극하므로 세포에서의 지방산 흡수와 지방의 항상성에 중요한 역할을 한다. PPARα의 활성은 또한 장쇄지방산 acyl-CoA synthetase와 peroxysomal β-산화과정의 여러 효소들(acyl-CoA oxidase, acyl-CoA hydratase, acyl-CoA dehydrogenase, keto-acyl-CoA thiolase)의 유전자 전사를 증가시키기도 한다.

PPARγ는 PPAR계 중에서 유일하게 지방세포 분화의 조절자로서 역할을 한다. 그리고 지방대사에 관여하는 수많은 유전자들(fatty acid-binding protein, phosphoenolpyruvate carboxykinase, acyl-CoA synthetase, lipoprotein lipase)의 발현을 조절하고, 또한 세포의 에너지 항상성을 제어하는 유전자들을 조절한다. 그리고 갈색지방조직(brown adipose tissue)에 있는 mitochondrial uncoupling proteins(UCP-1, UCP-2, UCP-3)들의 발현을 증가시키기도 한다. 또한 TNFα나 leptin처럼 insulin의 작용에 영향하는 유전자들과도 관계가 있다. PPARδ는 오늘날까지 특이적 유전자의 발현에 대한 연구는 미약하다.

3) 탄수화물과 유전자 발현조절

탄수화물에 대한 유전자 발현조절에 대한 연구는 최근에 많이 이루어지고 있으며, 그 대부분이 포도당(glucose)에 대한 것이다. 높은 농도의 포도당은 탄수화물 분해와 지방합성 관련 대사와 연관된 유전자들의 전사를 유도한다. 포유류에서 유전자 발현에 대한 식이성 포도당에 대한 연구는 insulin, glucagon 등의 포도당 섭취에 따른 변이가 심하기 때문에 많은 주의가 필요하다. 따라서 세포배양을 이용한 포도당 관련 유전자 조절 연구를 하게 된다.

높은 농도의 포도당에서는 간과 췌장 β-세포의 L-pyruvate kinase, 지방합성 관련 효소인 지방과 췌장 β-세포의 acetyl-CoA carboxylase, 간과 지방세포에서의 지방합성 효소(fatty acid synthase) 등 유전자들의 전사를 증가시킨다. 그러나 이들 유전자들의 유전자 발현에는 특히 간과 지방조직에서 insulin이 관여하는 것으로 알려져 있다.

영양소와 유전자 발현에 대한 많은 연구들이 최근에 이루어지고 있지만 아직도 이 분야에 대한 연구는 초기단계라고 할 수 있다.

4) 비타민과 미량원소에 의한 유전자 발현조절

어떤 비타민들은 DNA를 보호하거나 유전체의 안정성에 관여하기도 한다. 다시 말하면, 특정 영양소(비타민)의 결핍은 DNA의 손상과 이로 인한 세포의 기능 상실을 초래하고 심한 경우는 노화와 암으로 이어진다. 비타민 A의 전구물질인 카로테노이드(carotenoids)는 항산화제의 성질을 가지고 있어 DNA의 손상을 낮추어 준다. 비타민 A의 활성형인 레티노익산(retinoic acid)은 proto-oncogene, c-fos, c-myc, tumor growth factor-β1(TGF-β1), interleukin 6(IL-6), 각종 성장 인자 등 여러 유전자의 발현에 관여한다.

비타민 B_{12}와 folate는 DNA 대사에 필수적인데, folate의 결핍시 dUMP(deoxyuridine monophosphate)의 축적이 세포에서 일어나고, uracil은 thymine 대신 DNA에 결합됨으로써 DNA와 염색체의 절단을 초래하게 된다. 또한 methionine과 S-adenosylmethionine의 생체내 합성에 필수적이다. 이들 성분들은 DNA의 구성, 유지 및 methylation에 필수적이다. 비타민 C 또한 강한 항산화력과 DNA의 산화적 손상의 정도를 완화시키는 성질이 있다. 이와 동시에 fra-1, glutathionine S-transferase, p53 등의 유전자의 발현에 관여한다.

비타민 D는 염색체의 구조를 안정화시키는 기능이 세포배양시험에서는 잘 증명되었지만 동물에서는 소수의 시험에서만 입증이 되었기 때문에 사료에 비타민 D를 첨가하는 문제는 더 검정이 필요하다. 또한 비타민 D는 잠재적으로 독성이 있기 때문에 사료 첨가제로서 이용하려면 이에 의한 부작용도 고려하여야 한다. 그러나 일반적으로 뼈의 생성, 동맥경화, 고혈압, 암 등을 고려한다면 동물의 요구량에 맞게 공급해 주어야 한다. 비타민 D에 의하여 많은 유전자가 상승 혹은 억제작용을 받는 것으로 알려져 있다.

종양 성장 억제효과에 대한 비타민 D의 기능은 종양생성과 연관 있는 유전자들, 즉 bcl-2, proto-oncogene c-fos, c-myc 등의 유전자 발현에 영향을 주기 때문이다. 유전자 적출 동물시험에서 비타민 D는 renin 유전자 발현의 조절자로서 작용하며, 비타민 D를 처리한 조골세포에서 수많은 유전자 발현의 변화를 cDNA microarray를 이용하여 관찰할 수 있다.

비타민 E는 지방에서 유래되는 과산화기를 제거함으로써 염색체의 손상을 감소시키는 기능과 이미 손상된 DNA의 제거를 도와주는 기능을 가지고 있다. 비다민 E의 사료 중 첨가에 대해서는 암, 심혈관, 부종, 기타 질환 등의 치료에 유익한지에 대해서는 의견이 일치하지 않는다. 비타민 E는 사람의 유방암 등과 관련된 유전자 c-jun의 발현에 영향을 미치는 것으로 알려져 있으며, 사람의 섬유세포에서는 heat shock 단백질의 합성 조절에 영향하는 것으로 알려져 있다. 또한 사람의 T세포 mRNA 수준에서 유전자 IL-4의 발현을 억제한다. 이외에 전사수준에서 비타민 E에 의해 조절되는 유전자에는 collagenase, a-tropomysin 등이 알려져 있다.

표 12-3. 미량원소 결핍과 DNA 손상과의 관계

미량원소	DNA 손상	동물에 대한 영향
Folic acid	염색체 절단	결장암, 심장질환, 뇌기능장애
비타민 B_{12}	아직 규명되지 못함	Folic acid와 동일, 신경손상
비타민 B_6	아직 규명되지 못함	Folic acid와 동일
비타민 C	DNA의 산화	백내장, 암
비타민 E	DNA의 산화	결장암, 심장질환, 면역체계 이상
철	DNA 절단	뇌, 면역체계 이상, 암
아연	염색체 절단	뇌, 면역체계 이상, 암
Niacin	DNA수리 불가	신경손상, 기억력 상실

Kaput와 Rodriguez(2004)

표 12-4. 영양소, 유전자 전사 후 조절 그리고 UTR의 조절요소

유전자	영양소 종류	조절위치	UTR 조절부위
Ferritin	철	번역의 안정화	5′UTR
Transferrin receptor	철	번역의 안정화	3′UTR
세포질 glutathione peroxidase	셀레늄	번역단계	3′UTR
Metallothionein-2	아 연	번역단계	3′UTR
c-myc	아미노산	번역 안정화	?
Retinol-binding protein	비타민 A	번역의 안정화	?

Hesketh 등(1998)

Se은 사람과 동물의 정상적인 성장과 건강을 위하여 필수적인 미량원소이다. Se에 대한 심각한 영양적 결핍은 암, 면역체계 이상, 바이러스성 질환 등을 초래할 수 있다. Se은 아미노산 selenocysteine에 결합되기 때문에 체내에서 주요 대사기능에 참여하고 있다. 식이성 Se은 일반적으로 selonomethionine, selenocysteine, selenide 등으로 존재한다. 이들은 흡수된 후 selenite로 대사되어 selenomonophosphate로 전변된다.

Selenocysteine은 selenomonophosphate와 sery-tRNA에 의해 형성된 selenocysteyl-tRNAsec에 의해 단백질로 유입된다. 또한 selenocysteine은 유전자의 번역과정 동안 단백질의 초기 폴리펩티드 chain에 유입되는 것으로 알려져 있으며, 위치는 stop codon인 UGA 이후의 3'UTR(untranslated region)에 작용하여 특정 유전자(예, glutathione peroxidase)의 단백질 합성을 조절하기도 한다. 따라서 식이성 Se의 공급은 glutathione peroxidase 효소의 활성과 해당 mRNA을 생성을 조절하는 것이다.

철(Fe)은 유전자 ferritin과 transferrin receptor의 5'UTR과 3'UTR에 작용하여 mRNA의 번역의 안정화에 기여하고 있다.

아연(Zn)은 유전자 metallothionein-2의 번역단계에 관여하고 있는 것으로 알려져 있다.

5. 영양-유전체학에 이용되는 연구방법

영양소와 유전자 간의 상호작용을 연구하는 데 이용되는 연구방법들을 간단히 소개한다.

1) DNA 미세배열

DNA 미세배열(microarray) 기법은 1990년대 중반에 등장하였으며, 유전자 발현에 관련된 분자생물학의 연구 속도를 실질적으로 증가시키는 새롭고 강력한 기술이다. 일반적으로, 유전자 발현에 대한 연구는 Northern blot analysis, dot blotting, differential display 기법 등이 주종이었으나, 이는 분석할 수 있는 샘플의 수가 매우 한정되어 있고, 분석에 필요로 하는 시료의 양이 비교적 많이 요구되며, 처리에 대한 결과를 보기 위해서는 비교적 긴 시간이 소요된다.

그러나 컴퓨터의 발달과 현대 분자생물학의 접목은 빠른 시간 내에 수천 개의 유전자의 발현과 분석을 할 수 있게 하였다. 초기에는 7 × 8 cm 내외의 nylon 혹은 nitrocellulose membrane에 수천 개의 유전자를 심어 유전자 발현에 대한 연구를 하였으나, 현재는 유리슬라이드 또는 실리콘 등의 고형 지지체(matrix)에 수천에서 수만 개의 유전자를 고밀도로 미세 배열하여 부착시킨 미세배열(microarrays)법을 이용하여 특정 혹은 임의의 유전자 발현 분석에 이용한다.

올리고뉴클레오티드(oligonucleotide) 20~60개의 염기서열은 수만 개를, 유전자 cDNA와 같이 긴 염기서열은 수천 개를 13 mm × 13 mm의 고형 지지대에 부착시킬 수 있다.

DNA microarray 기법에 의한 유전자 발현 연구는 고정된 표적 염기서열의 고밀도 배열에 mRNA에 상응하는 형광으로 처리된 특수 유전자의 RNA 혹은 cDNA를 hybridization 시키는 것이다. 이렇게 표식된 mRNA 시료들은 array에 hybridization 반응을 하는데 각각의 형광 처리된 특정 유전자의 염기서열은 상응하는 목표 염기서

열에 hybridization 반응이 일어난다.

Array 글라스 혹은 membrane 세척 후 그 array에서 각 부위에서의 형광성은 특정한 유전자의 발현 수준에 대한 정량적 수치이다. 두 가지의 서로 다르게 표식된 mRNA는 두 개의 시료에서 유전자 발현을 정량적으로 비교할 수 있게 한다. 이러한 기법은 많은 수의 유전자를 동시에 분석할 수 있을 뿐만 아니라 많은 수의 시료들의 비교분석을 연속으로 용이하게 하여 유전자 발현 분석의 영역을 확장시켰다.

영양과 유전자 발현 연구에서 DNA microarray를 이용한 유전자 발현 분석은 세포와 생물체에서 일어나는 경로와 상호작용의 이해는 중요한 수단이다. DNA microarray 기술은 영양소 구성성분의 기능과 독성 효과의 분석, 돌연변이체 분석에 의한 동물 유전자 기능과 대사 경로의 해결 등에 유용하게 이용될 수 있다. DNA microarray는 대단히 많은 양의 데이터를 제공하기 때문에 유도된 유전자 발현 데이터를 DNA 염기서열 정보와 분리된 데이터베이스에서 이용 가능한 실험 데이터로 연결할 수 있어야 한다. 이를 위하여 자료 처리를 위한 컴퓨터와 소프터웨어가 이용된다.

사람을 포함한 소수의 동·식물 그리고 미생물의 게놈 염기서열 분석 사업에서 이미 다량의 염기서열 데이터를 제공하였고, 앞으로도 이러한 작업은 주변의 다른 동물에도 확대될 것이다. DNA microarray 기술은 이러한 염기서열의 기능이 무엇인지에 관한 답변을 하는 데에 많은 도움이 될 수 있다. 이 기술은 유전자 변형된 동물체, 사료 성분의 독성 분석 또는 신호전달 경로 공학과 같은 연구를 가속화하고, 이러한 분야에서의 지식을 향상시킬 것으로 기대된다. 그러나 DNA microarray 기술은 발현 연구를 mRNA 수준으로 제한하므로 앞으로 단백질 수준에서의 분석도 병행되어야 한다. 세포에서 존재하는 단백질의 대량 분석인 proteomics는 급속하게 발전하고 있으므로 두 기술을 동일한 절차의 서로 다른 단계에 초점을 맞추며 상호 보완적으로 활용하여야 한다.

2) 유전자 단일염기 다형에 의한 연구

각 개체의 유전적인 배경은 영양소 요구량을 결정하는데 필수적이다. 같은 종(species)이라도 개체의 변이들을 발견할 수 있는데 DNA 염기배열의 단일 염기의 변화(single nucleotide polymorphism, SNP)에서 그 원인을 찾을 수 있다. 사람을 비롯한 동물과 식물의 유전체 염기서열 해독이 완료되면 유전자의 기능에 대한 연구가 집중될 것이다. 그러나 특정 유전자의 기능이 알려져도 그 유전자가 특정 동물 종에 똑같은 기능을 하여도 개체별 차이는 여전히 발생할 것이다. 이러한 측면에서 SNP를 개체별로 연구하게 되면 개체별 영양소-유전자 간 특이성을 밝혀 낼 수 있다.

이 방법은 실험동물 혹은 희귀동물에게 그 개체에만 적용되는 맞춤사료 혹은 맞춤 치료/약품의 개발이 가능하고 이는 사람에게도 적용될 수 있다.

3) 특정 유전자 불활성화와 형질전환

표적 유전자 불활성화 또는 유전자 knockout은 동물 혹은 세포 수준에서 유전자의 결손이 영양소의 대사경로나 사료에 대한 반응에 어떻게 영향하는지를 연구함으로써 그 특정 유전자의 기능을 규명할 수 있다. 가장 일반적인 특정 유전자의 knockout 기법은 배아의 줄기세포에서 유전자의 특정 부위를 변형, 결손 혹은 부가시켜 상동 염색체 간 유전자 재조합이 일어나게 하는 것이다. 유전자 재조합이 일어난 줄기세포는 미세주입 기법을 이용하여 배아(embryo)에 주입한 후 대리모에 이식을 한다. 이 과정을 이용하여 태어난 knockout된 동물은 유전자 재조합된 특정 유전자의 발현을 하지 못하게 된다.

사료 중 특정 영양소의 결핍이나 첨가에 따라서 특정 유전자가 knockout된 동물은 정상적인 동물과 차이를 나타낼 수 있으며, 그 결과를 분석하면 특정 영양소와 해당 유전자와의 상관관계, 즉 유전자의 기능을 알 수 있는 것이다. 예를 들면, acyl-CoA cholesterol acyltransferase의 유전자를 knockout시키면 그 동물은 콜레스테롤의 흡수에 장해가 발생하므로 이 유전자가 콜레스테롤 흡수과정에 중요한 역할을 하고 있음을 알 수 있다.

형질전환 동물도 유전자 연구에 많이 이용되고 있다. 형질전환은 knockout과 반대 개념으로서 특정 유전자를 개체 혹은 세포에 과다하게 발현시켜 그 유전자의 기능을 연구하는 것이다. 형질전환 동물을 생산하기 위해서는 특정 유전자를 과다 발현시키기 위한 전사조절 부위(promoter)를 선택하여야 한다. 실험 목적에 따라서 특정 조직에서만 유전자의 발현을 유도할 것인지, 아니면 체내의 광범위한 부위에 과다 발현을 유도할 것인가에 따라 전사조절 부위의 종류를 선택할 수 있다.

전사조절 부위의 종류가 결정되면 특정 유전자를 전사조절 부위 다음에 연결하고, 전사된 RNA의 안정화를 위하여 유전자의 끝부분에 poly(A) tail을 부가한다. 이렇게 만들어진 transgenic construct는 미세주입 방법을 이용하여 동물의 수정란에 주입한 후 대리모에 이식을 하여 형질전환 동물을 생산한다. 생산된 형질전환 동물은 knockout 동물과 같은 목적으로 영양소와 유전자 간의 상호작용 및 대사관련 연구에 활용할 수 있다.

참고문헌

1. Farournoux P, Bruhat A, and Jousse C. 2000. Amino acid regulation of gene expression. Biochem. J. 351 : 1～12.
2. Friso S. and Choi S. 2002. Gene-Nutrient interactions and DNA methylation. J. Nutr. 132 : 2382S-2387S.
3. Hesketh J. Vasconcelos and Bermano G. 1998. Regulatory signals in messenger RNA: determinats of nutrient-gene interaction and metabolic compartmentation. 80 : 307～321.
4. Hesketh J. and Villette S. 2002. Intracellular traficking of micronutrients : from gene regulation to nutrient requirements. Proc. of the Nutr. Society. 61 : 405～414.
5. Kaput J. and Rodriguez R. 2004. Nutritional genomics : the next frontier in the postgenomic era. Physiol. Genomics 16 : 166～177.
6. Muller M and Kersten S. 2003. Nutrigenomics : goals and strategies. Nature reviews/genetics 4 : 315～322.
7. Paoloni-Giacobino, Grimble R. and Pichard C. 2003. Genetics and nutrition. Clinical Nutrition. 22 : 429～435.
8. Trayhurn P. 2003. Nutritional genomics-"Nutrigenomics" British J. of Nutrition. 89 : 1～2.

찾아보기

ㅇ

ㅈ

Index

동물영양학

2008년 8월 10일 재판 1쇄 발행
2016년 8월 20일 재판 2쇄 발행
2021년 12월 15일 재판 3쇄 발행

공 저 : 강한석 · 고영두 · 김두환 · 김용구 · 김재황 · 김창현
남기홍 · 류영우 · 명규호 · 문양수 · 송영민 · 안병홍
안종호 · 이성실 · 장인석 · 정근기 · 하정기

펴낸이 : 천승배

펴낸곳 : 도서출판 유한문화사

주소 : 경기도 고양시 덕양구 지도로124번길 8-35
전화 : 2668-2055
팩스 : 2668-2565
http://www.yuhansa.com
E-mail : yuhansa@hanmail.net
등록 : 제 5-31호. 1979. 3. 6.

값 24,000 원

ISBN : 978-89-7722-631-9 93520